Die Dunkle Triade der Persönlichkeit in der Personalauswahl

Wirtschaftspsychologie

Die Dunkle Triade der Persönlichkeit in der Personalauswahl

Prof. Dr. Dominik Schwarzinger

Herausgeber der Reihe:

Prof. Dr. Heinz Schuler

Dominik Schwarzinger

Die Dunkle Triade der Persönlichkeit in der Personalauswahl

Narzissmus, Machiavellismus und subklinische Psychopathie am Arbeitsplatz

Prof. Dr. Dominik Schwarzinger, geb. 1983. Studium der Wirtschaftswissenschaften mit Spezialisierung auf Personalpsychologie an der Universität Hohenheim. Mehrjährige Praxistätigkeit für die HR Diagnostics AG. 2018 Promotion. Seit 2019 Professor im Fachbereich Psychologie der Hochschule für Medien, Kommunikation und Wirtschaft, Berlin.

Bibliografische Information der Deutschen Nationalbibliothek
Die Deutsche Nationalbibliothek verzeichnet diese Publikation in der Deutschen Nationalbibliografie; detaillierte bibliografische Daten sind im Internet über http://dnb.dnb.de abrufbar.

Hogrefe Verlag GmbH & Co. KG
Merkelstraße 3
37085 Göttingen
Deutschland
Tel. +49 551 999 50 0
Fax +49 551 999 50 111
info@hogrefe.de
www.hogrefe.de

Umschlagabbildung: © iStock.com by Getty Images / twinsterphoto
Satz: ARThür Grafik-Design & Kunst, Weimar
Druck: Finidr, s.r.o., Český Těšín
Printed in Czech Republic
Auf säurefreiem Papier gedruckt

1. Auflage 2020

(E-Book-ISBN [PDF] 978-3-8409-3014-0; E-Book-ISBN [EPUB] 978-3-8444-3014-1)
ISBN 978-3-8017-3014-7
https://doi.org/10.1026/03014-000

Vorwort

Drei Klassiker der Psychologie sind in den letzten Jahren wieder zu größerer wissenschaftlicher, vor allem aber öffentlicher Wahrnehmung gelangt – *Narzissmus*, *Machiavellismus* und *Psychopathie*. Gemeinsam gefasst unter dem ansprechenden Titel „dark triad of personality" (Paulhus & Williams, 2002) werden sie seither verstärkt in vielerlei Bereichen von der Paarpsychologie bis zur Managementforschung betrachtet. Dabei konnte in nur wenigen Jahren eine enorme Breite an Erkenntnissen zur Dunklen Triade gewonnen werden. Ganz aktuell mehren sich kritische Stimmen, die monieren, dass dabei Tiefe und Stringenz der Beschäftigung teilweise vernachlässigt wurden, was den wissenschaftlichen Fortschritt hemmt, vielfach Missverständnisse erzeugt hat und letztlich insbesondere für angewandte Zwecke erhebliche Gefahren bedeuten kann.

Der vorliegende Band bespricht *Die Dunkle Triade der Persönlichkeit in der Personalauswahl* und damit ein angewandtes Feld, das nicht nur rechtlich und fachlich hoch reguliert ist, sondern entsprechend seiner Bedeutung für Person und Organisation auch aus berufsethischen Gründen ein besonderes Augenmaß und Qualität verlangt. Daher sollen in dem folgenden Text alle relevanten Aspekte für einen solchen Einsatz thematisiert werden, um den aktuellen Forschungsstand zu bewerten und der Praxis eine belastbare Basis für operative Anwendungen der Dunklen Triade bereitzustellen.

Es gibt viele Personen und Organisationen, ohne die das vorliegende Buch nicht möglich gewesen wäre, weshalb hier nur die wichtigsten gewürdigt werden können. Herzlichen Dank an Herrn Professor Heinz Schuler für die jahrelange fachlich inspirierende und menschlich angenehme Zusammenarbeit und die Möglichkeit, meine (stark überarbeitete) Dissertation in seiner Buchreihe Wirtschaftspsychologie zu veröffentlichen. Frau Professor Marion Büttgen und ihrem gesamten Lehrstuhlteam sowie der HR Diagnostics AG für vielfältige und unersetzbare Unterstützung. Dem Hogrefe Verlag für die ausgezeichnete Zusammenarbeit rund um das vorliegende Buchprojekt und den Test TOP, vor allem Frau Tanja Ulbricht und Frau Sara Wellenzohn. Und nicht zuletzt Frau Anne Konz, im Namen aller Leser[1], für unschätzbar wichtige sprachliche Überarbeitungen und Korrekturen am Typoskript.

Berlin, im November 2019 — Dominik Schwarzinger

1 Aus Gründen der besseren Lesbarkeit wird im vorliegenden Text die männliche Sprachform gewählt. Selbstverständlich gelten die entsprechenden Aussagen für alle Geschlechter.

Inhaltsverzeichnis

1 Einleitung

1.1 Die Dunkle Triade der Persönlichkeit – ein Trendthema der vergangenen Jahre

Die Eigenschaften Narzissmus, Machiavellismus und subklinische Psychopathie sind seit ihrer gemeinsamen Betrachtung unter dem Begriff Dunkle Triade der Persönlichkeit zu einem der größten Trendthemen in der psychologischen Forschung der letzten zehn Jahre avanciert. Dies kann mit der Anzahl und der inhaltlichen Breite der wissenschaftlichen Artikel zur Dunklen Triade belegt werden. So wurde die initiale Arbeit von Paulhus und Williams (2002) bislang über 2000 Mal zitiert und Muris, Merckelbach, Otgaar und Meijer (2017) konnten fast 100 Arbeiten in ihre Metaanalyse mit Datenstand Januar 2016 einbeziehen, die jeweils alle drei Triade-Bestandteile umfassen. Die überwiegende Mehrheit davon ist in den letzten Jahren erschienen und damit ein quasi exponentieller Anstieg der Anzahl von Fachartikeln zu verzeichnen (vgl. Abbildung 1).

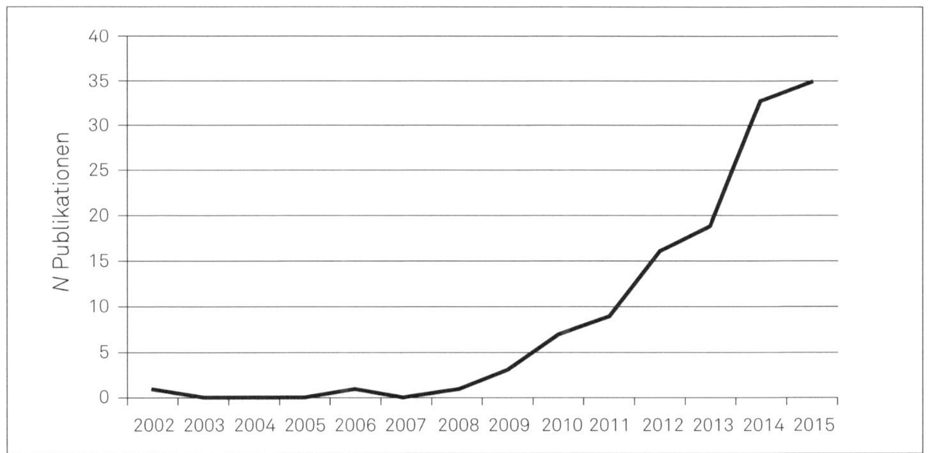

Abbildung 1: Publikationen zur Dunklen Triade seit der Begriffsschöpfung, basierend auf einer Web-of-Science-Recherche (aus Muris et al., 2017, S. 185)

Anfang 2019 – nur drei Jahre nach „Redaktionsschluss“ der Metaanalyse und 17 Jahre nach der „Erfindung“ der Dunklen Triade – lagen bereits mehrere Hundert spezifische Fachpublikationen vor, alleine im Journal *Personality and Individual Differences* erschienen zuletzt über 20 pro Jahr. Eine Auswahl der dort 2018 in Bezug zur Triade behandelten Themen kann die Breite der Beschäftigung illustrieren: Kinderzahl, Intelligenz, Wohnortpräferenzen, akademisches Fehlverhalten, Schlaflosigkeit, Gewalt in Beziehungen, sportliche Aktivität, Verhalten in sozialen Medien.

Der Trend geht so weit, dass in mehreren Publikationen mittlerweile erhebliche Kritik geübt wird (z. B. Adam, 2019; Miller, Vize, Crowe & Lynam, 2019): weniger am Konzept der Dunklen Triade selbst als an der Art und Weise, wie einige Studien durchgeführt wurden, etwa an deren theoretischer Fundierung und den eingesetzten Messverfahren, vor allem aber daran, wie die Vielzahl der Erkenntnisse (nicht) kumulativ reflektiert und integriert wurde – also an einigen der Grundlagen jeder seriösen wissenschaftlichen Forschung. Man kann die Kritik daher auch als eine an den Beteiligten und dem System lesen, das eine zu unkritisch geprüfte Publikationszahl erzeugt und zugelassen hat, die zum derzeit bestehenden teilweise missverständlichen Forschungsstand beigetragen hat.

Diesen Umstand mag man als eine von Zeit zu Zeit in verschiedenen Wissenschaftsbereichen vorkommende Entwicklung ansehen, welche die betroffene Scientific Community ja auch bereits im Korrigieren begriffen ist, und damit vielleicht als nicht weiter schlimm. Ein vergleichsweise größeres Problem liegt jedoch darin, dass die Dunkle Triade in den letzten Jahren (und damit vor den Korrekturen und uneingedenk der Mahnungen der einschlägigen Fachwelt) auch auf ein überwältigendes Interesse in den der Psychologie angrenzenden Fachbereichen, wie der betriebswirtschaftlichen Management- und Personalforschung, sowie vor allem in der populärwissenschaftlichen und Publikumspresse gestoßen ist – dies in erster Linie aufgrund der Auswirkungen der Dunklen Triade in der Arbeitswelt, einem in jüngerer Zeit zunehmend an Bedeutung gewinnenden Forschungsschwerpunkt (z. B. Cohen, 2016; O'Boyle, Forsyth, Banks & McDaniel, 2012; Spain, Harms & LeBreton, 2014; Wille, De Fruyt & De Clercq, 2013). Gerade die hierzu gewonnenen Ergebnisse werden gerne außerhalb des wissenschaftlichen Bereichs rezipiert, vor allem in Online-Medien jeglichen Hintergrunds und Qualitätsniveaus, aber auch in Karriereteilen von großen Tages- und Wochenzeitungen – es ist ein regelrechter Hype um die Auswirkungen der Merkmale im Berufsleben ausgebrochen.

So titeln beispielsweise Artikel mit Aussagen wie „Die Dunkle Triade – warum radikal rücksichtslose Menschen weiter kommen", und es werden an verschiedenen Stellen Narzissten und Psychopathen im Top-Management thematisiert. In der aktuellen Diskussion werden erhöhte Werte der Dunklen Triade somit zum Teil als zuträglich für beruflichen Erfolg beschrieben, vor allem in Führungspositionen, entsprechend dem Hintergrund der Merkmale und der umgangssprachlichen Verwendung der Begriffe aber in erster Linie und überwiegend negative Konsequenzen für Dritte mit ihnen verbunden.

Aufgrund der bisherigen wissenschaftlichen Befundlage (oder der medialen Berichterstattung?) ist es jedenfalls wenig überraschend, dass bereits Arbeitgeber Mitarbeiter mit diesen Eigenschaften „erkennen, loswerden, bestrafen [oder] umschulen" möchten (Jonason, Wee, Li & Jackson, 2014, S. 122). Für das Merkmal Psychopathie wurde mehrfach gefordert, Screening-Maßnahmen einzusetzen, um gefährliche Personen von bestimmten Positionen fernzuhalten (Skeem, Polaschek, Patrick & Lilienfeld, 2011). Mehrere einschlägige Autoren verweisen explizit auf einen möglichen eignungsdiagnostischen Einsatz, namentlich die Personalauswahl auf Basis der Dunklen Triade (z. B. O'Boyle et al., 2012; Schyns, 2015; Wu & LeBreton, 2011) – womit sie zu einem Forschungsobjekt der *Berufseignungsdiagnostik* geworden ist.

Eine weitere Erforschung der Auswirkungen der Dunklen Triade am Arbeitsplatz ist dringend angebracht, will man sie nicht nur für wissenschaftlichen Erkenntnisgewinn und öffentliche Diskussion, sondern für Personalarbeit in der Praxis nutzen. Für die Rechtfertigung eines tatsächlichen operativen Einsatzes der Eigenschaften als Grundlage von Personalentscheidungen müssen sie zunächst in der Lage sein, für diesen Zweck relevante Kriterien sicher vorherzusagen – und die Befundlage hierzu ist weit weniger breit und klar, als es die öffentliche Rezeption vermuten lässt. Allerdings liegen mittlerweile genügend hochwertige empirische Arbeiten vor, die auf der Basis von Daten aus Unternehmen und von Berufstätigen Aussagen darüber zulassen, inwieweit ein Einsatz der Dunklen Triade in der Personalarbeit tatsächlich nutzenbringend ist.

Mit einem angewandten eignungsdiagnostischen Einsatz von Narzissmus, Machiavellismus und Psychopathie ist jedoch eine Reihe von potenziellen Problemen verbunden, die von ethischen Erwägungen und fachlich-rechtlichen Vorgaben über ungeklärte theoretische Fragestellungen bis hin zu grundlegenden psychometrischen Anforderungen an die dafür vorgesehenen Verfahren reichen. Diese Fragen sind im Gegensatz zu den bislang meist untersuchten Kriterienbeziehungen noch weitgehend ungeklärt, was in erster Linie daran liegt, dass die Triade-Forschung nicht von Beginn an berufsbezogen war und erst seit etwa fünf Jahren eine breitere Beschäftigung in dieser Hinsicht stattfindet. Vor allem aber bestehen kaum Erfahrungen aus dem organisationalen Kontext, wie die Anwendung „dunkler“ Persönlichkeit in der praktischen Personalarbeit gelingen kann, auf welche Reaktionen sie trifft und wie wertvoll die gewonnenen Ergebnisse wirklich sind. Hierzu sollen in dem vorliegenden Band erste Beiträge geleistet und geprüft werden, ob der Hype um die Dunkle Triade der Persönlichkeit aus personalpsychologischer Sicht gerechtfertigt ist.

1.2 Zu den Notwendigkeiten der Betrachtung „dunkler“ Persönlichkeitsmerkmale am Arbeitsplatz

Die aktuell verstärkte Hinwendung zu „dunklen“ Persönlichkeitseigenschaften in der Arbeits- und Organisationspsychologie entstammt meist dem Wunsch, Merkmale zu identifizieren, die dafür verantwortlich sind, dass Mitarbeiter auf dem Karriereweg „entgleisen“ – ein Risiko, welches von manchen Autoren für über die Hälfte aller Führungskräfte gesehen wird (Dalal & Nolan, 2009). Simonet, Tett, Foster, Angelback und Bartlett (2018) gehen auf Basis von Experteneinschätzungen davon aus, dass die Kosten für eine „entgleiste“ Führungskraft in die Millionen gehen können und diese damit nicht nur häufig, sondern auch kostspielig sind.

Bei De Fruyt, Wille und Furnham (2013) weisen über 20 % der getesteten Manager eine potenzielle Persönlichkeitsstörung auf. Die Autoren machen deutlich, dass sich jeder HR-Verantwortliche mit der Thematik beschäftigen sollte, da 15 % der Bevölkerung (hier der USA) im Verlauf ihres Lebens mindestens eine Persönlichkeitsstörung bzw. deren Symptome aufweisen, man also zwangsläufig mit betroffenen Mitarbeitern in Kontakt kommt. Daran zeigt sich auch, dass das Problem nicht nur Manager bzw. Personen in gehobenen Hierarchie-Leveln einer Organisation betrifft, im Gegenteil ist die „dunkle Seite“ der Persönlichkeit eines Menschen (vor allem, wenn man nicht nur klinische Störungen, sondern auch deren viel weiter verbreitete subklinische Formen in die Betrachtung einbezieht) auf allen Ebenen und in allen Wirtschaftsbereichen einer der wesentlichen Einflussfaktoren für deviantes Verhalten (vgl. dazu Abschnitt 2.2 und 4.1).

Auch wenn die Beschäftigung mit „dunklen“ Persönlichkeitseigenschaften sehr relevant und nicht neu ist, stößt sie erst in den letzten Jahren auf breites Interesse in der Arbeits- und Organisationspsychologie und den Managementwissenschaften (Harms & Spain, 2015), was zu zwei Sonderheften von Fachzeitschriften zu „dark personalities in the workplace“ geführt hat (Murphy, 2014; Stephan, 2015). Diese und eine Reihe von in den Folgejahren erschienenen Arbeiten belegen, dass verschiedenste psychische Störungen und auch harmlosere Auffälligkeiten und sogar Überausprägungen eigentlich positiver Merkmale, wie Perfektionismus, zumeist negativ mit beruflicher Leistung verbunden sind (z. B. McCord, Joseph & Grijalva, 2014). Es werden aber auch positive Auswirkungen „dunkler" Merkmale diskutiert (zumeist für ihren Träger), die jedoch nicht eindeutig sind und nicht für alle Eigenschaften und Berufe in gleicher Form gelten (z. B. Gaddis & Foster, 2015).

Zusammenfassend wird der potenzielle Mehrwert der Betrachtung der „dunklen Seite" der Persönlichkeit erkannt, aber sehr deutlich auf den unklaren und widersprüchlichen Forschungsstand hingewiesen und gerade für praktische Anwendungszwecke in der Personalarbeit auf die erheblichen Einschränkungen und Risiken, die noch weitgehend ungeklärt sind und oftmals nicht bedacht werden. Jackson (2014) stellt für maladaptive Persönlichkeitseigenschaften allgemein fest, dass berufsbezogene Forschung angebracht ist, der Schritt hin zur Nutzung für tatsächliche Besetzungsentscheidungen jedoch Herausforderungen bereithält, die alles andere als trivial sind. Harms und Spain (2015) sehen „dunkle" Eigenschaften zum Mainstream in der Forschung werden, während für die Anwendung der Merkmale in der Organisationspraxis ungeklärte Fragen bezüglich ihrer theoretischen Fundierung bestehen, in erster Linie auch solche, die die praktische Erfassung von „dunklen" Persönlichkeitseigenschaften angehen.

Spain et al. (2014) weisen beispielsweise in ihrem Review darauf hin, dass die am weitesten verbreiteten Inventare zur Messung der Dunklen Triade aufgrund ihrer psychometrischen Qualität kritisiert und gerade hinsichtlich der Nutzung in angewandten beruflichen Kontexten praktische und sogar potenzielle rechtliche Probleme aufgeworfen worden sind. O'Boyle et al. (2012) sehen extreme Einschränkungen für die gängigerweise eingesetzten Maße, die sie speziell für die Personalauswahl als inadäquat bezeichnen, weshalb ihre eindeutige Empfehlung für die zukünftige Forschung zur Dunklen Triade, die laut ihnen von vielen Autoren geteilt wird, in ihrer besseren berufsbezogenen Messung liegt.

Dem großen Interesse an der Dunklen Triade und ihrem mutmaßlichen eignungsdiagnostischen Nutzen stehen damit ungeklärte Fragen gegenüber, die ihre tatsächliche Brauchbarkeit und Anwendbarkeit zu Zwecken praktischer Personalarbeit betreffen – in allererster Linie bezüglich der dafür einzusetzenden Messverfahren. In dem vorliegenden Buch sollen daher die angesprochenen Probleme thematisiert und Kenntnislücken bezüglich der Dunklen Triade in der Personalauswahl geschlossen werden. Aufgrund der großen Schäden, die mit diesen „dunklen" Eigenschaften verbunden sind, und der Chancen, welche die Betrachtung der „dunklen Seite" bietet, müssen jedoch noch viele weitere Anstrengungen geleistet werden – in Forschung wie Praxis –, um das Potenzial dieser Merkmalsgruppe voll auszuschöpfen und zu verhindern, dabei schwere Fehler im Umgang mit anderen Menschen, namentlich Bewerbern, zu begehen – also selbst durch nicht regelkonformes Verhalten auf die „dunkle Seite" zu wechseln.

1.3 Aufbau des Buches

Wie im vorigen Abschnitt angesprochen, besteht weiterer Forschungsbedarf zu den berufsbezogenen Auswirkungen der Dunklen Triade der Persönlichkeit und einige Skepsis bezüglich ihrer praktischen Anwendbarkeit, namentlich dem Einsatz der gängigen Messmethodik zu Personalauswahlzwecken. Im vorliegenden Buch soll daher dargestellt werden, inwieweit die Dunkle Triade für operative Personalarbeit, in erster Linie in der Personalauswahl, tatsächlich nutzbar ist. Hierfür werden Befunde aus der Literatur vorgestellt, anhand derer sich die grundsätzliche eignungsdiagnostische Brauchbarkeit von Narzissmus, Machiavellismus und subklinischer Psychopathie beurteilen lässt, und Rahmenbedingungen und Anforderungen für den praktischen Einsatz, speziell zur Personalauswahl, besprochen. Darauf aufbauend wird ein Testverfahren vorgestellt, das den Anforderungen bezüglich rechtlicher und fachlicher Vorgaben und der praktischen Anwendbarkeit im Zielfeld Organisation genügen soll. So wird, ähnlich der „grand migration“ (Furnham, Richards & Paulhus, 2013, S. 200) von klinischer zu subklinischer Sphäre, in diesem Text der Versuch einer „small migration“ der Dunklen Triade von der subklinischen zur Arbeitssphäre vorgenommen.

Die notwendigen Schritte dieser Wanderungsbewegung können in die beiden großen Blöcke *Grundlagen* und *Praktische Anwendung* sortiert werden; die Grundlagen umfassen dabei die Kapitel 1 bis 3, die praktische Anwendung die Kapitel 4 bis 6. Den Abschluss bildet mit Kapitel 7 ein Fazit mit Handlungsempfehlungen.

Nach der vorliegenden Einleitung werden in Kapitel 2 die Grundlagen für das Hauptthema – die Dunkle Triade der Persönlichkeit in der Personalauswahl – vorgestellt, es ist daher eher kurz und überblicksartig gehalten. Zunächst erfolgt in Abschnitt 2.1 eine Darstellung des derzeitigen Standes der Persönlichkeitsstrukturforschung und der in der Klinischen Psychologie entstandenen Schemata. Für ersteren wird vor allem auf die breit anerkannten Modelle *Big Five* und *HEXACO* eingegangen, bezüglich der Klinischen Psychologie in erster Linie auf die DSM-Systematik der Amerikanischen Psychiatrischen Vereinigung (APA). Anschließend werden in Abschnitt 2.2 zentrale Befunde zu personalpsychologischen Anwendungsmöglichkeiten von allgemeinen Persönlichkeitsmerkmalen und gängige Konzeptualisierungen beruflichen Erfolgs und Misserfolgs vorgestellt. Der Abschnitt 2.3 beschäftigt sich darauf aufbauend mit dem Konzept der sogenannten „dunklen“ Persönlichkeitseigenschaften, dabei werden der Hintergrund für die wachsende berufsbezogene Beschäftigung mit diesem Ansatz sowie die Begriffsgenese und die unter dem Begriff gefassten Merkmale näher beschrieben. Zudem wird eine Abgrenzung zur DSM-Systematik vorgenommen und das neue *alternative DSM-5-Modell für Persönlichkeitsstörungen* vorgestellt.

Die Dunkle Triade der Persönlichkeit wird in den Kapiteln 3 und 4 besprochen. Abschnitt 3.1 gibt eine Einführung in die historische Entwicklung von und den aktuellen Forschungsstand zu der isolierten Betrachtung der Merkmale Narzissmus, Machiavellismus und Psychopathie. In Abschnitt 3.2 werden ausgewählte (nicht-berufsbezogene) Befunde zu den Eigenschaften bezüglich der in der Forschung am stärksten beachteten Fragestellungen beschrieben, die eine Grundlage für das Verständnis der typischen Motivation und Verhaltensweisen von Dunkle-Triade-Merkmalsträgern geben sollen, welche auch für das berufsbezogene Verständnis dieser Merkmale von Bedeutung ist. In Abschnitt 3.3 erfolgt eine Gegenüberstellung von verschiedenen Auffassungen zu Struktur und typischen analytischen Methoden der Dunklen Triade und der forschungsmethodischen Kritik, die in den letzten Jahren besonders hinsichtlich dieser Aspekte formuliert wurde, sowie eine Abgrenzung der Triade-Bestandteile voneinander und die Darstellung ihrer jeweiligen Besonderheiten.

In Kapitel 4 werden nach einleitenden, allgemeinen Ausführungen zur Dunklen Triade im Berufsleben vielfältige Belege für ihre grundsätzliche eignungsdiagnostische Nützlichkeit vorgestellt. In Abschnitt 4.1 zunächst zu ihren Beziehungen mit kontraproduktiven Verhaltensweisen am Arbeitsplatz, in Abschnitt 4.2 zu ihren Zusammenhängen mit Kriterien beruflicher Leistung und beruflichen Erfolgs sowie (destruktivem) Führungsverhalten. Der

Abschnitt 4.3 bespricht weitere eignungsdiagnostische Anwendungsfelder der Dunklen Triade und berufsrelevante Korrelate, die für die praktische Personalarbeit und Berufsberatung von Interesse sind.

Kapitel 5 behandelt die fachlichen, rechtlichen und ethischen Voraussetzungen für eine operative Nutzung der Dunklen Triade. In Abschnitt 5.1 werden die verschiedenen bislang für die Dunkle Triade vorgeschlagenen Messansätze vorgestellt und bezüglich ihrer Qualität und Nutzbarkeit in der Personalpraxis evaluiert. Darauf aufbauend werden in Abschnitt 5.2 die Notwendigkeit eines berufsbezogenen Messverfahrens und die fachlich-rechtlichen Anforderungen besprochen, die für den Einsatz eines solchen in angewandten eignungsdiagnostischen Kontexten bestehen, und in Abschnitt 5.3 wird auf die Sicht der Bewerber und damit verbundene ethische Aspekte eingegangen.

Kapitel 6 gibt, als ein Beispiel für eine explizit berufsbezogene Nutzung der Dunklen Triade, einen Überblick über das Testverfahren *Dark Triad of Personality at Work* (TOP; Schwarzinger & Schuler, 2016), der in Abschnitt 6.1 zunächst die Zielsetzungen der Testentwicklung zusammenfasst sowie die Konstruktion der TOP von der Formulierung der Items über Itemanalysen und -reduktion bis hin zur faktoriellen Exploration des Itemmaterials beschreibt. In Abschnitt 6.2 werden Ergebnisse der Reliabilitäts- und Validitätsuntersuchungen bezüglich der Beziehungen der TOP zu externen Variablen, ihren Effekten auf Dritte sowie zu Maßen individueller und kollektiver Leistung und beruflichen Erfolgs berichtet. Zum Abschluss des Kapitels werden in Abschnitt 6.3 Fragen zum Praxiseinsatz der TOP besprochen, was die Statthaftigkeit ihrer Anwendung vor dem Hintergrund fachlich-formaler und rechtlicher Standards sowie die Akzeptanz der Testteilnehmer angeht.

In der gemeinsamen Betrachtung der theoretischen Arbeiten zu Inhalten und Struktur der Triade, ihrer Messmethodik und berufsbezogenen Befunden sowie den operativen Anwendungsvoraussetzungen rechtlicher und fachlicher Natur werden in Kapitel 7 ein abschließendes Fazit gezogen und praktische Anwendungsempfehlungen für die Nutzung der Dunklen Triade der Persönlichkeit in der sowohl empirisch forschenden (Abschnitt 7.1) als auch praktisch angewandten Berufseignungsdiagnostik (Abschnitt 7.2) gegeben.

2 (Dunkle) Persönlichkeit, berufliche Leistung und beruflicher Erfolg

Bevor ab Kapitel 3 die Dunkle Triade der Persönlichkeit behandelt wird, soll zunächst ein Überblick über die verschiedenen Strömungen in der Frage, was die menschliche Persönlichkeit konkret ausmacht, über die „dunkle Seite" der Persönlichkeit allgemein sowie die berufsbezogene Anwendung von „hellen" und „dunklen" Eigenschaften gegeben werden. Aufgrund der Breite und Tiefe dieser Forschungslinien kann kein Anspruch auf Vollständigkeit erhoben werden. Eine Übersicht, welche die zentralen allgemeinen Persönlichkeitsmerkmale sind und wie sie berufsbezogen wirken sowie über die Konzepte und Klassifikationen, die in der Klinischen Psychologie für die am häufigsten auftretenden Persönlichkeitsstörungen gewählt wurden, ist als Grundlage für das Verständnis der Struktur der Dunklen Triade, ihrer Verwandtschaftsbeziehungen und der für sie erbrachten berufsbezogenen Befunde gleichwohl bedeutsam.

Zudem werden verschiedene Konzeptualisierungen von *beruflicher Leistung* und *beruflichem Erfolg* vorgestellt, um den Kriterienraum zu definieren, an dem die eignungsdiagnostische Brauchbarkeit von Persönlichkeitseigenschaften allgemein und der Dunklen Triade im Speziellen beurteilt werden kann.

2.1 Von der Schädeldeutung zum Fünf-Faktoren-Modell und dem DSM-5

Die Beschäftigung mit der menschlichen Persönlichkeit kann auf eine lange und wechselvolle Geschichte zurückblicken und hat dabei keine einzelne und eindeutige, einer naturwissenschaftlichen Theorie vergleichbare Systematik hervorgebracht, „ganz zu schweigen von einem Periodensystem der psychischen Elemente" (Schuler, 2014a, S. 143). So ist es nicht verwunderlich, dass Persönlichkeit je nach Zeitalter und Sprachraum ganz unterschiedlich definiert wurde (Amelang & Bartussek, 1997). Von frühen Versuchen, sich den Unterschieden in Charaktereigenschaften von „außen" – also vom Aussehen oder dem Verhalten her – zu nähern, beispielsweise Lerschs phänomenologische Persönlichkeitstheorie oder, bereits mit eignungsdiagnostischen Erwartungen verknüpft, Lavaters physiognomische Charakterdeutung (Schuler, 2014a), bis hin zu Untersuchungen von „innen" durch moderne neurowissenschaftliche oder molekulargenetische Methoden (vgl. Asendorpf, 2009).

2.1.1 „Normale" Persönlichkeit und Persönlichkeitsstörungen

Es existiert heute immer noch eine Vielzahl von Persönlichkeitstheorien nebeneinander, Asendorpf (2009) unterscheidet verschiedene Paradigmen, um diese zumindest in Gruppen zu gliedern. Innerhalb des *Eigenschaftsparadigmas* ging man in jüngerer Zeit dazu über, Persönlichkeit durch eine (empirische) Reduktion auf wenige, statistisch möglichst unabhängige Dimensionen bzw. Eigenschaften auszudifferenzieren und zu klassifizieren. So herrscht derzeit weitgehende Einigkeit darüber, dass sich die menschliche Persönlichkeit im Normalbereich vollständig mit unterschiedlich starken Ausprägungen auf diesen – je nach Autor zwischen drei und sieben – breiten Dimensionen beschreiben lässt, die sowohl durch weniger Faktoren höherer Ordnung erklärt, als auch in jeweils zwei zentrale Aspekte und weiter aufgeschlüsselte Subfacetten gegliedert werden können (Guenole, 2014).

In einem solchen hierarchischen Modell wurden auch zwei Faktoren höherer Ordnung, mit *alpha* und *beta* (Digman, 1997) oder *Stabilität* und *Plastizität* (DeYoung, Peterson & Higgins, 2002) bezeichnet, sowie ein *Generalfaktor der Persönlichkeit* vorgeschlagen (z. B. Erdle & Rushton, 2010; Musek, 2007) und gleichzeitig die Nützlichkeit feiner aufgegliederter Faktoren gezeigt (z. B. DeYoung, Quilty & Peterson, 2007) – gerade für anwendungsbezogene Fragestellungen. Dieser Ansatz wird auch für die Beschäftigung mit der Dunklen Triade der Persönlichkeit weiter unten aufgegriffen. Mit bildgebenden oder molekulargenetischen Methoden können Annahmen des eigenschaftstheoretischen Ansatzes zunehmend bestätigt bzw. spezifische Unterschiede für Persönlichkeitsfaktoren in der Hirnanatomie gezeigt werden (z. B. DeYoung et al., 2010).

Die geschilderten Erkenntnisse beziehen sich auf den sogenannten „normalen" Bereich der Persönlichkeit. Obwohl zwischen diesem und psychischen Störungen durchaus Zusammenhänge bestehen und letztere teilweise schlicht als extreme Ausprägungen menschlicher Charakterzüge gesehen werden (vgl. Moscoso & Salgado, 2004), sind in der Klinischen Psychologie davon quasi unabhängige Klassifikationsschemata entstanden. Dazu zählen das ursprünglich nur für die USA entwickelte, „nationale" *Diagnostische und Statistische Manual Psychischer Störungen*, kurz DSM (aktuellste deutsche Fassung DSM-5; APA/Falkai et al., 2018), und die von der Weltgesundheitsorganisation herausgegebene *Internationale statistische Klassifikation der Krankheiten und verwandter Gesundheitsprobleme*, kurz ICD (aktuellste deutsche Fassung ICD-10-GM; DIMDI, 2019).

Die ICD ist wesentlich breiter auf Krankheiten allgemein angelegt, das DSM ausschließlich auf Krankheiten des Geistes, weshalb es auch mehr Störungsbilder und feiner aufgeschlüsselte diagnostische Kriterien abbilden kann. In der Arbeitsversion für die neue ICD-11 (WHO, 2019) werden in der Kategorie Persönlichkeitsstörungen (Code 6D10) lediglich allgemeine Merkmale der Gruppe genannt und einzelne DSM-Störungen sogar davon getrennt geführt (aber weder Narzissmus noch Psychopathie). In Abschnitt 3.1.1 des vorliegenden Bandes finden sich als Beispiel für ein Klassifikationsschema die diagnostischen Kriterien für die *Narzisstische Persönlichkeitsstörung* nach DSM-5. Eine Diagnose kann beispielsweise mithilfe des *Strukturierten Klinischen Interviews für DSM-5-Störungen* vorgenommen werden (SCID-5-PD; Beesdo-Baum, Zaudig & Wittchen, 2019). Nur Personen mit entsprechender Approbation wie Psychologische Psychotherapeuten oder psychotherapeutische Fachärzte (vgl. *Psychotherapeutengesetz – PsychThG*, hierzu insbesondere dessen aktuell im Gesetzgebungsprozess befindliche Neufassung für 2020) sind befugt, Persönlichkeitsstörungen offiziell zu diagnostizieren und zu behandeln.

DSM und ICD eint, im Gegensatz zur skizzierten dimensionalen Sicht des eigenschaftsorientierten Ansatzes, die Fokussierung auf durch bestimmte Symptome manifestierte typische Krankheitsbilder, d. h. ein kategoriales Modell psychischer Störungen. Klinischer und normaler Persönlichkeitsbereich sind aber nicht vollständig unabhängig voneinander, was sich in konzeptionellen Arbeiten z. B. zu den Big Five und DSM-Störungen (Widiger, Trull, Clarkin, Sanderson & Costa, 2002) und auch metaanalytisch bestätigten Korrelationsmustern für diese Bereiche (Samuel & Widiger, 2008a) sowie geteilten latenten Dimensionen beider Seiten und Vorschlägen zur gemeinsamen Fassung unter einem hierarchischen

Modell zeigt (Markon, Krueger & Watson, 2005). Die „phänomenologische Sicht" bzw. kategoriale Sichtweise wird daher im klinischen Bereich zunehmend aufgebrochen bzw. ergänzt um eine dimensionale (z. B. Eaton, Krueger, South, Simms & Clark, 2011), weshalb in Teil III der neuesten, fünften Auflage des DSM auch ein Ansatz für eine dimensionale Konzeptualisierung von Persönlichkeitsstörungen aufgenommen wurde (die bisherigen Kategorien bleiben weiter im Hauptteil des DSM-5 bestehen).

Auf das DSM-5 und den dort neu enthaltenen dimensionalen Ansatz wird in Abschnitt 2.3.1 zu „dunklen" Persönlichkeitseigenschaften näher eingegangen. Zunächst sollen in knapper Form der Stand der Forschung zur „normalen" Persönlichkeit und in Abschnitt 2.2 deren Anwendungsmöglichkeiten in der Personalpsychologie vorgestellt werden.

2.1.2 Die Big Five und das Fehlen „dunkler" Faktoren

Heutzutage als Referenzrahmen allgemein anerkannt ist das sogenannte *Fünf-Faktoren-Modell* der Persönlichkeit (FFM) von Costa und McCrae (1985) mit den fünf breiten, bipolaren Dimensionen *Neurotizismus*, *Extraversion*, *Offenheit für Erfahrung*, *Verträglichkeit* und *Gewissenhaftigkeit*. Für dieses Modell bzw. seine Bestandteile wird auch das Synonym *Big Five* verwendet (Goldberg, 1993). Die Entwicklung des Fünf-Faktoren-Modells wird im Folgenden etwas ausführlicher referiert, da in ihr ein möglicher Hauptgrund für die lange Nichtbeachtung „dunkler" Eigenschaften zu finden ist. Denn es drängt sich natürlich die Frage auf, warum die „dunklen" Eigenschaften nicht Teil der klassischen, breiten Persönlichkeitsmodelle wie der Big Five sind.

Bereits 1933 wurde von Thurstone erstmals über ein Fünf-Faktoren-Modell berichtet, auch andere namhafte Autoren wie Cattell oder die Guilfords fanden Lösungen, die den heutigen Big Five ähneln (Digman, 1996). Einen Meilenstein in der Persönlichkeitsstrukturforschung markierte der *lexikalische Ansatz* von Allport und Odbert (1936), aus einem Wörterbuch Persönlichkeitsbeschreibungen zu extrahieren. Cattell (1947) ermittelte auf dieser Basis zunächst 35 Trait-Cluster, die Fiske (1949) auf fünf Faktoren reduzierte (Wiggins & Trapnell, 1997). Tupes und Christal (1958, 1961) extrahierten aus den Cattell'schen Variablen-Clustern „eine klare, generalisierbare Fünf-Faktoren-Lösung, welche sie als Begeisterungsfähigkeit/Extraversion, Verträglichkeit, Gewissenhaftigkeit, Emotionale Stabilität und Kultur identifizierten" (Wiggins & Trapnell, 1997, S. 741), weshalb sie als die „wahren Väter" der Big Five (Goldberg, 1993, S. 27) bezeichnet werden. Daraufhin kam es in den späten 1980er und den 1990er Jahren zum „Beinahe-Konsens über die Anzahl und Natur der Basisdimensionen der Persönlichkeitsunterschiede" (Lee & Ashton, 2006, S. 182) und durch die Verbreitung des ersten Inventars, das auf den fünf Faktoren beruhte, zur „Hegemonialstellung" (Schuler & Höft, 2006, S. 117) des Fünf-Faktoren-Modells.

Doch warum sind in diesem elaborierten Modell keine „dunklen" Eigenschaften enthalten? Spain et al. (2014) führen das auf ein Fehlen „dunkler" Persönlichkeitsaspekte im lexikalischen Ansatz zurück. So wurden laut Tellegen (1993) beispielsweise bewertende Beschreibungen, wie „böse", aus der grundlegenden Adjektivliste von Allport und Odbert (1936) entfernt, die später faktorenanalytisch zu den Big Five verdichtet wurde (siehe dazu auch Saucier, 2019). Dass bestimmte „negative" Aspekte fehlen, zeigt sich daran, dass eine Aufnahme entsprechender Adjektive in unabhängige lexikalische Studien nicht etwa nur neue Extremaspekte bestehender Faktoren erbrachte, sondern zu ganz neuen geführt hat, die in eben diese Richtung weisen (vgl. HEXACO, Ashton & Lee, 2008; Big-7, Waller & Zavala, 1993).

Von den weiteren diskutierten Modellen soll in knapper Form nur auf das von Ashton und Lee (2008) näher eingegangen werden (siehe Kasten): Hier konnte durch neue lexikalische Analysen (von sieben europäischen und asiatischen Sprachen sowie in weiteren Sprachfamilien unterschiedlicher Herkunft) ein Faktor gefunden werden, der zentrale Aspekte „dunkler" Persönlichkeitseigenschaften umfasst.

HEXACO-Modell

Im HEXACO-Modell der Persönlichkeitsstruktur finden sich als sechs Hauptdimensionen der Persönlichkeit der neue Faktor *Honesty-Humility* (Ehrlichkeit-Bescheidenheit), daneben *Emotionality* (Emotionalität), *Extraversion* (Extraversion), *Agreeableness* (Verträglichkeit), *Conscientiousness* (Gewissenhaftigkeit) und *Openness to Experience* (Offenheit für Erfahrung).

Emotionalität und Verträglichkeit sind keine direkten Entsprechungen der FFM-Faktoren, sondern lediglich deren rotierte Varianten; die Faktoren Extraversion, Gewissenhaftigkeit und Offenheit für Erfahrung des HEXACO-Modells sind hingegen denen des Fünf-Faktoren-Modells sehr ähnlich (Lee & Ashton, 2006). Obwohl das Modell somit nicht einfach ein „Big Five plus eins" darstellt, ist sein zentraler Beitrag der neue Faktor Ehrlichkeit-Bescheidenheit oder „H-Faktor". Vereinfacht gesprochen, stellt dieser sechste Faktor eine Art Gegenteil der Wesenszüge dar, die häufig mit der Dunklen Triade einhergehen oder unter dieser subsumiert werden, weshalb Paulhus (2014) geringe Ausprägungen auf dem „H-Faktor" als einen gemeinsamen Kern der Dunklen Triade sieht (vgl. Abschnitt 3.3).

Der Inhalt des neuen Faktors und sein Zusatznutzen zu den Big Five wird von Lee, Ashton und de Vries (2005, S. 182) untersucht und wie folgt beschrieben: „[Ehrlichkeit-Bescheidenheit] repräsentiert individuelle Unterschiede in der Abneigung versus dem Willen, andere auszubeuten, eine Tendenz, die von keinem der Big-Five-Faktoren adäquat erfasst werden kann." Gerade diese Neigung, andere für den eigenen Vorteil auszunutzen, ist, wie weiter unten erörtert wird, demgegenüber ein Hauptmerkmal der Dunklen Triade. Weitere Befunde zum Zusammenhang des „H-Faktors" und allgemein der vorgestellten Persönlichkeitsmodelle mit der Dunklen Triade finden sich in Kapitel 3, zuvor wird im nächsten Abschnitt auf Kriterien beruflichen Erfolgs und ihre Zusammenhänge mit „hellen" Persönlichkeitsmerkmalen eingegangen.

2.2 Prognose beruflicher Leistung mit Persönlichkeitsmerkmalen

An dieser Stelle sollen zunächst gängige Operationalisierungen beruflicher Leistung und beruflichen Erfolgs vorgestellt werden – nicht zuletzt, da die Zusammenhänge der Dunklen Triade mit diesen Kriterien die Rechtfertigung dafür darstellen, Narzissmus, Machiavellismus und Psychopathie eignungsdiagnostisch zu nutzen. Anschließend werden Befunde zur Validität von allgemeinen Persönlichkeitsfaktoren für die Vorhersage dieser Kriterien besprochen.

2.2.1 Berufliche Leistung und beruflicher Erfolg

Berufliche Leistung ist eines der am meisten erforschten Kriterien der Arbeits- und Organisationspsychologie, was sich in der Anzahl publizierter Artikel widerspiegelt (Cascio & Aguinis, 2008). Sie kann als mehrdimensionales Konzept verstanden werden, das den Gesamtbeitrag einer Person zu „organisationalem Erfolg" umfasst (Motowidlo, 2003). Daran wird ersichtlich, dass es nicht „die eine" berufliche Leistung gibt, sondern sie ein Konstrukt ist, welches aus vielen, miteinander verbundenen Teilaspekten in einer längerfristigen Betrachtungsperspektive besteht, die alle zur Gesamtleistung beitragen, und denen ein übergeordneter Faktor zugrunde liegt (Lohaus & Schuler, 2014; Viswesvaran, Schmidt & Ones, 2005). Versuche, sie zu messen, können daher jeweils nur einzelne Ausschnitte der Gesamtleistung erfassen, womit Leistungskriterien *defizient* sind, also relevante Teile der Leistung nicht erfassen, und *kontaminiert*, da sie Einflüssen ausgesetzt sind, die nicht auf die eigentliche Leistung der Person zurückgehen (Lohaus & Schuler, 2014).

Von faktischer Leistung abzugrenzen ist beruflicher Erfolg, dessen Kennzeichen gerade nicht der Beitrag zum Erfolg der Organisation, sondern das individuelle Ergebnis (über den konkreten Arbeitsplatz hinaus) ist – gerade bei „dunklen" Persönlichkeitseigenschaften scheinen differenzielle Beziehungen zu diesen beiden Kriterien möglich. Zur Messung von Erfolg werden häufig objektive Maße wie Gehalt, Gehaltssteigerungen oder Beförderungen als Kriterien herangezogen (Henslin, 2005). Auch diese sind defizient, unter anderem da sich in vielen Berufen und für viele Personen Erfolg nicht valide in monetären Maßen oder nach klassischen Hierarchien bemessen lässt. Zudem kann Erfolg im Beruf auch im Sinnerleben durch die Tätigkeit bestehen, der eigenen Zufriedenheit damit, dem Gefühl der persönlichen Passung zum Arbeitsplatz und der Organisation oder der konkreten Tätigkeit zu den eigenen Interessen (Schuler, 2014a).

Obwohl in der Forschung meist auf die Beziehung von verschiedenen Prädiktoren zu beruflicher Leistung fokussiert wird, werden auch subjektive Erfolgsmaße wie *Arbeitszufriedenheit* oder *Karrierezufriedenheit* betrachtet. Beide Bereiche weisen gegenseitige Abhängigkeiten auf, sollten aber als eigenständige Konstrukte aufgefasst bzw. gemessen werden (Henslin, 2005). Neben Arbeitszufriedenheit ist (organisationales) *Commitment* eine zweite wichtige Variable, die Werthaltungen bezüglich der Arbeit beschreibt. Die eine erfasst subjektives Empfinden der eigenen Aufgabe oder des Arbeitsplatzes, die andere solches gegenüber der Organisation (Sanecka, 2013) – beide stellen somit Indikatoren einer als erfolgreich erlebten beruflichen Platzierung oder Entwicklung dar. Auf verschiedene Formen der Messung objektiven und subjektiven Erfolgs und beruflicher Leistung wird zum Ende des vorliegenden Abschnitts noch einmal eingegangen, zuerst werden die wichtigsten Teilbereiche des letztgenannten Kriteriums vorgestellt.

Eine weit verbreitete Ausdifferenzierung beruflicher Leistung ist die klassische von Borman und Motowidlo (1993) in *aufgabenbezogene* (task performance) und *umfeldbezogene Leistung* (contextual performance). Aufgabenbezogene Leistung umfasst die klar beschreibbare bzw. geforderte Leistung an einem Arbeitsplatz, die umfeldbezogene Leistung solche Beiträge für Kollegen, Teams oder die Organisation, die oft nicht formalisiert gefordert sind, also freiwillig erfolgen und nicht der eigentlichen Tätigkeitserfüllung dienen. Ein eng verwandtes bzw. sehr ähnliches und oft als Synonym herangezogenes Konzept stellt *Organizational Citizenship Behavior* dar (OCB; Smith, Organ & Near, 1983). Hier wurde schon früh unterschieden in Verhaltensweisen, die auf Individuen bezogen sind, wie einem Kollegen zu helfen, und organisationsbezogenen, etwa positiv über die Firma zu sprechen (Sackett, Berry, Wiemann & Laczo, 2006).

Aufgaben- und umfeldbezogene Leistung haben einen hohen, metaanalytisch generalisierbaren Zusammenhang und können, wie beschrieben, als Bestandteile des Konstrukts allgemeiner beruflicher Leistung verstanden werden. Allerdings müssen sie zumindest an den Randbereichen auch unabhängig betrachtet werden. So besteht ein kurvilinearer Effekt dergestalt, dass zu starkes Engagement für andere (ab etwa einer halben Standardabweichung über dem Durchschnitt) zu sinkender eigener aufgabenbezogener Leistung führt (Rubin, Dierdorff & Bachrach, 2013).

Kontraproduktives Verhalten am Arbeitsplatz

Ein Konzept, das nicht zu beruflicher Leistung im eigentlichen Sinn gezählt werden kann, sondern im Gegenteil Verhaltensweisen beschreibt, die den organisationalen Gesamtwertbeitrag einer Person entscheidend verringern oder gar ins Negative kehren, sind *kontraproduktive Verhaltensweisen am Arbeitsplatz* (Counterproductive Work Behavior; CWB). Dies sind alle absichtlichen Handlungen, die prinzipiell geeignet sind, einen Schaden für die Organisation oder eines ihrer Mitglieder zu verursachen (Marcus & Schuler, 2004; Nerdinger, 2008). Zwar spielen auch hier situationale Einflussfaktoren und Rahmenbedingungen eine Rolle, zentral für die Wahrscheinlichkeit, kontraproduktive Verhaltensweisen zu zeigen, ist jedoch die Persönlichkeit eines Mitarbeiters – theoretisch erklärbar mit spezifischen Big-Five-Profilen, geringer Integrität oder mangelnder *Selbstkontrolle* (Marcus, 2000).

Der letztgenannte Erklärungsansatz für kontraproduktives Verhalten stellt eine mögliche Verbindung zur Dunklen Triade dar, da auch sie mit mangelnder Selbstkontrolle bzw. *Impulsivität* verbunden wird (vgl. Abschnitt 3.2.5). Geringe Selbstkontrolle wurde von Gottfredson und Hirschi (1990) als Ursache für kriminelle Handlungen im Allgemeinen postuliert und gilt als ein Treiber für kontraproduktives Verhalten (Mussel, 2003). Ein Mangel an Selbstkontrolle wurde als erste explizit theoretische Erklärung für das Phänomen CWB vorgeschlagen, und es konnte empirisch bestätigt werden, dass der Einfluss dieser in der Person liegenden Variablen größer ist als der der situativen Rahmenbedingungen (Marcus & Schuler, 2004).

Bennett und Robinson (2000) belegen die große Relevanz von CWB für Unternehmen anhand einer Zusammenstellung von Studien, die hohe Zahlen von Mitarbeiterdiebstahl, Absentismus, Drogenmissbrauch und sexueller Belästigung am Arbeitsplatz zeigen. Abgesehen von den entstehenden individuellen Konsequenzen für die Opfer erleiden Unternehmen bzw. die Volkswirtschaft durch jeden einzelnen der genannten Bereiche kontraproduktiver Verhaltensweisen von Mitarbeitern jährlich Milliardenschäden in zweistelliger Höhe (Marcus, 2000).

Ähnlich wie bei beruflicher Leistung wird auch für CWB ein zugrundeliegender Faktor angenommen, der sich in verschiedene Ziele bzw. Opfer oder Arten von Vergehen aufteilen lässt (Marcus, Schuler, Quell & Hümpfner, 2002; Sackett, 2002). Bekannte Konzeptualisierungen sind die Teilung in *individuumsbezogene* und *organisationsbezogene kontraproduktive Verhaltensweisen* (Bennett & Robinson, 2000) und ein umfassendes Modell von Gruys und Sackett (2003), das 250 CWB-Items aus der Literatur zu 66 einzelnen Verhaltensweisen auf elf Facetten verdichtet.

Strukturell sehen manche Autoren mehr Evidenz für hierarchische Strukturen aus einem Generalfaktor mit zwei darunter liegenden Faktoren oder mehreren Facetten, andere sprechen sich für die Eindimensionalität des Merkmals aus – in jedem Fall aber belegen metaanalytische Befunde hohe Zusammenhänge bei gleichzeitiger Sinnhaftigkeit der separaten Betrachtung der Merkmale (Berry, Ones & Sackett, 2007; Dalal, 2005). Marcus, Taylor, Hastings, Sturm und Weigelt (2016) verglichen verschiedene Auffassungen. Die beste Passung lieferte ein bimodales Modell, in dem die CWBs simultan auf den elf inhaltlichen Skalen und einem der drei „Ziele" Organisation, andere Person oder eigene Person laden.

OCB und CWB sind negativ verbunden, beide aber eigenständige Konzepte und nicht Pole eines Kontinuums, was an strukturellen Analysen, bivariaten Zusammenhängen und Beziehungen zu Außenkriterien festgemacht werden kann (Sackett et al., 2006). Verschiedene Autoren haben daher vorgeschlagen, zumindest drei Bereiche beruflicher Leistung voneinander abzugrenzen – aufgabenbezogene Leistung, OCB und CWB (z. B. Dalal, 2005). Für diese Kriterien beruflicher Leistung und auch für beruflichen Erfolg bieten sich mehrere Messmethoden an, die jeweils spezifische Vorteile und Einschränkungen aufweisen und Lohaus und Schuler (2014) folgend im Kasten vorgestellt werden.

Ansätze zur Erfassung der Kriterien nach Lohaus und Schuler (2014)

- *Objektive Daten* haben den Vorteil der klaren Definition und Messbarkeit sowie geringer Verfälschbarkeit. Allerdings sind sie in den meisten Fällen stark defizient, da viel zu enge Ausschnitte einer Tätigkeit erfasst werden, oder kontaminiert, wenn sie zu breit operationalisiert sind und viele äußere Einflüsse das Leistungskriterium bedingen.
- Mit *subjektiven Leistungseinschätzungen* kann der Kriteriumsdefizienz durch parallele Berücksichtigung eines breiteren Spektrums an und der Integration von nicht objektiv beobachtbaren Aspekten begegnet werden. Sie unterliegen jedoch potenziell stärker Urteilsverzerrungen oder bewusstem Antwortverhalten.
- Trotzdem gelten *subjektive Einschätzungen durch die Vorgesetzten* – als klassische Form der Leistungsbeurteilung – als die Methode der Wahl in der Forschung zu beruflicher Leistung.
- Auch *Fremdeinschätzungen durch Kollegen oder geführte Mitarbeiter* bieten sich an, insbesondere wenn die Leistungskriterien – etwa „Führungsverhalten" – nur von diesen eingeschätzt werden können.
- Zudem sind *Selbsteinschätzungen* möglich, da die Beurteiler hier den umfassendsten und einen zeitlich überdauernden Zugang zum Kriterium besitzen. Je nach Zweck weisen sie jedoch von allen subjektiven Methoden die höchste Urteilsverzerrung auf. Trotzdem wird gerade kontraproduktives Verhalten fast immer durch Selbsteinschätzungen erfasst, da viele Vergehen erst gar nicht entdeckt werden bzw. niemandem anderen bekannt sind oder werden sollen (zum „Faking" von Selbsteinschätzungen vgl. auch Abschnitt 5.1.1).

Es sollten daher möglichst vielfältige Maße und Methoden verwendet werden, um sich den hypothetischen Konstrukten Leistung und Erfolg anzunähern (Lohaus & Schuler, 2014).

In Kapitel 4 werden Zusammenhänge der Dunklen Triade mit aufgaben- und umfeldbezogenen Kriterien beruflicher Leistung, OCB und CWB sowie verschiedenen Kriterien objektiven und subjektiven Erfolgs berichtet, die mit Selbst- und Fremdeinschätzungen sowie objektiven Maßen erfasst wurden. Auch das in Kapitel 6 vorgestellte berufsbezogene Verfahren für die Dunkle Triade wurde hinsichtlich aller genannten Kriterien und Messansätze validiert. Nachfolgend wird als Grundlage für diese Betrachtungen ein Überblick über Prognosemöglichkeiten beruflicher Leistung mit „hellen“ Persönlichkeitsmerkmalen gegeben.

2.2.2 Berufliche Eignungsdiagnostik mit Persönlichkeitsmerkmalen

Wie in Abschnitt 2.1 erwähnt, sind schon früh Versuche unternommen worden, Zusammenhänge von verschiedenen differenziellen Persönlichkeitsmerkmalen mit berufsbezogenen Verhaltensweisen oder Auswirkungen zu finden. So wurde beispielsweise eine der entscheidenden Untersuchungen, die zur Entwicklung der Big Five beigetragen hat, in den amerikanischen Streitkräften mit eignungsdiagnostischem Zweck durchgeführt (vgl. Tupes & Christal, 1958, 1961). Sackett, Lievens, Van Iddekinge und Kuncel (2017) beschreiben individuelle Unterschiede (und ihre berufsbezogene Anwendung, speziell zur Personalauswahl) als eines der zentralen und praktisch bedeutsamsten Themen der angewandten Psychologie der letzten 100 Jahre. Eines der Hauptfelder waren dabei individuelle Unterschiede in der Persönlichkeit – verstanden als stabile Merkmale, die Personen beispielsweise zur Arbeit „mitbringen“.

Die Bewertung der Anwendung von Persönlichkeit für berufsbezogene Fragestellungen gleicht laut Sackett et al. (2017) allerdings einer „Achterbahn“, die von vier Phasen gekennzeichnet ist: Nach der Entdeckung ihrer grundsätzlichen Nützlichkeit erfolgte von 1917 bis in die 1960er Jahre eine Phase zunehmender Nachweise berufsbezogener Korrelate der Persönlichkeit. Nachdem Guion und Gottier (1965) und Mischel (1968) den Nutzen von Persönlichkeitstests für eignungsdiagnostische Fragestellungen in Abrede stellten, kam es in der Folge zu einem Einbruch der diesbezüglichen Forschung. Erst ab 1991 fand eine Wiederbelebung durch konzeptionelle und methodische Entwicklungen statt, insbesondere die der Metaanalyse, durch die der Nutzen von Persönlichkeit für die Prognose beruflicher Kriterien belegt werden konnte. Die Gegenwart seit 2004 ist von einer kritischen Betrachtung und Verfeinerung des Kenntnisstands geprägt. Dies betrifft theoretisch-konzeptionelle Fragen, die Messmethodik, Urteilsquellen und prognostische Validität, zum Teil auch neue Faktoren, wie den „H-Faktor“ des HEXACO-Modells, aber auch die erste Hinwendung zu maladaptiven Aspekten wie der Dunklen Triade.

So vielfältig sie sind, haben fast alle bei Sackett et al. (2017) als gegenwärtig relevant eingestuften Themen eines gemein – sie beziehen sich auf das Referenzmodell FFM. Daher wird im Folgenden die Validität von Persönlichkeit für die Vorhersage beruflicher Leistung stellvertretend anhand des FFM vorgestellt, und dieses Modell wird auch im Kapitel zur Dunklen Triade als Bezugsrahmen verwendet (gemeinsam mit dem HEXACO-Modell).

Entsprechend der gezeigten Entwicklungslinie kann für die berufsbezogene Anwendung von Persönlichkeitsfaktoren nach „anfänglich regem Einsatz ... ab 1973 ein nachlassendes Interesse“ konstatiert werden (Schuler & Höft, 2006, S. 119). Die Metaanalyse von Barrick und Mount (1991) und auf diese folgend eine Metaanalyse zweiter Ordnung (Barrick, Mount & Judge, 2001) generalisierte die Validität des Faktors Gewissenhaftigkeit, der die höchste kriterienbezogene Validität über alle Kriterien und Berufsgruppen aufweist. Es wurden eine Reihe weiterer relevanter Zusammenhänge gefunden, beispielsweise für Neurotizismus, jedoch nicht für alle Faktoren generelle Validität über alle Kriterien und Berufsgruppen hinweg (Schuler & Höft, 2006). Mehrere aktuelle Metaanalysen kommen zu ähnlichen Ergebnissen, weshalb Pelt, van der Linden, Dunkel und Born (2017) die Zusammenstellung von Barrick et al. (2001) als weiterhin gültige und gute Einschätzung der prognostischen Validität von Persönlichkeitsfaktoren bezeichnen.

Daneben wurden Faktoren über den Big Five (etwa der Generalfaktor der Persönlichkeit) und deren darunterliegende Facettenebene untersucht, wobei der übergeordnete Generalfaktor und einzelne Facetten zum Teil höhere Zusammenhänge zu beruflicher Leistung aufweisen als einzelne Big-Five-Dimensionen. In einem Vergleich dreier hierarchischer Ebenen von Persönlichkeit – Facetten, Globalfaktoren und Generalfaktor – durch Sitser, van der Linden und Born (2013) wies der Generalfaktor die höchsten und konsistentesten Beziehungen zu Leistungskriterien auf, auch metaanalytisch konnte für diesen höhere Vorhersagekraft als für einen einzelnen Big-Five-Faktor nachgewiesen werden (Pelt et al., 2017). Neben allgemeiner beruflicher Leistung wurde den Big Five für weitere berufliche Leistungs- und Empfindenskriterien prognostische Validität bescheinigt, sie wurden allerdings auch als zu breit kritisiert, spezifisches berufliches Verhalten vorherzusagen – hierbei werden Fragestellungen wie Moderationseffekte, die Kriteriumsabhängigkeit oder die Vorteile spezifischer Persönlichkeitseigenschaften diskutiert (vgl. Schuler, Höft & Hell, 2014).

Zusammenfassend haben sich sowohl feine Abstufungen als auch breite Faktoren als nützliche Prädiktoren menschlicher Verhaltensweisen erwiesen. Welches Abstraktionsniveau nun für personalpsychologische Zwecke am geeignetsten erscheint, ist abhängig vom interessierenden Kriterium, was ganz allgemein unter dem Begriff *Bandwith-Fidelity-Dilemma* (Cronbach, 1990) diskutiert wird. Es beschreibt die Abwägung zwischen einer hohen Bandbreite für eine möglichst umfassende, breite Prognose beruflicher Leistung gegenüber einer sehr feinen, akkuraten Messung zur Vorhersage spezifischer Aspekte. Pelt et al. (2017) fassen die Befunde zu dieser Fragestellung zusammen. Demnach sind breite Konstrukte generell zu bevorzugen, besonders bei der Vorhersage breiter Ergebnisvariablen wie der beruflichen Leistung, lediglich sehr spezifische Aspekte können besser durch enge Facetten prognostiziert werden. Idealerweise sind Prädiktor und Kriterium aufeinander abgestimmt. Entsprechend der *Symmetriehypothese* (Cronbach & Gleser, 1965) wurde im Grundsatz schon von Paunonen (1998) für größtmögliche Vorhersagegüte eine Äquivalenz der Breite von Prädiktor und Kriterium vorgeschlagen – also grobe Faktoren für allgemeine, breite und feiner abgestufte Faktoren für spezifische, enge Kriterien.

Compound Traits

Einen von der Abstraktionsebene abweichenden Ansatz, der ebenfalls das Ziel hoher prognostischer Validität verfolgt, stellt die Kombination verschiedener inhaltlicher Bereiche dar, die bestmöglich an das Kriterium angepasst sind. Solche mit dem Ziel möglichst hoher Vorhersagegüte entwickelte Skalen sind *Criterion-Focused Occupational Personality Scales*, kurz COPS. Diese stellen Mischungen von verschiedenen abgrenzbaren Eigenschaften dar, sogenannte *Compound Traits*, die am Arbeitsplatz relevant sind, und sie wurden speziell für die Nutzung in diesem Kontext entwickelt (Ones & Viswesvaran, 2001). Im Anwendungsfall haben COPS überragende Eignung gegenüber klar abgrenzbaren Faktoren, wie etwa den Big Five, für die Prognose von beruflicher Leistung gezeigt (Ones & Viswesvaran, 2001).

Ein Paradebeispiel für COPS sind *Integritätstests*: meist Fragebogen, die in der Personalauswahl eingesetzt werden, um Personen zu identifizieren, die eine erhöhte Wahrscheinlichkeit aufweisen, kontraproduktive Verhaltensweisen wie Diebstahl oder Substanzkonsum am Arbeitsplatz zu begehen. Der Begriff *Integrität* wurde erst seit den 1980er Jahren für diese Klasse durchaus heterogener Instrumente geprägt, die seit den 1920er Jahren praktisch genutzt werden (Sackett & Wanek, 1996). Es handelt sich bei Integrität damit um kein abgrenzbares Persönlichkeitsmerkmal und den Tests liegt keine explizite Theorie zugrunde, erst in jüngerer Zeit kommt es zu intensiverer Beschäftigung in dieser Hinsicht (Berry, Sackett & Wiemann, 2007). Die Metaanalyse von Ones et al. (1993) weist Integritätstests generelle Validität bei der Prognose beruflicher Leistung über verschiedene Kriterien, Prädiktoren und Berufsgruppen hinweg und für die Vorhersage kontraproduktiver Verhaltensweisen zu. Schmidt und Hunter (1998) zeigen für Integritätstestergebnisse die höchste inkrementelle Validität zu Intelligenz bei der Prognose beruflichen Erfolgs, weil sie mit kognitiver Leistungsfähigkeit (im Vergleich etwa zu Arbeitsproben) nicht korreliert sind. Neuere Metaanalysen (z.B. Van Iddekinge, Roth, Raymark & Odle-Dusseau, 2012) bestätigen die grundsätzliche Validität, kommen aber zu deutlich geringeren Werten. Vor allem aufgrund des meist proprietären Datenmaterials der Analysen (Integritätstests werden fast ausschließlich kommerziell vertrieben) sind die Ergebnisse nicht zu vergleichen; die tatsächliche Höhe ist damit unklar, die grundsätzliche Validität von Integritätstests bleibt jedoch unbestritten (Sackett et al., 2017).

Compound Traits und speziell Integrität haben aufgrund ihrer Konzeption eine besondere Eignung für eignungsdiagnostische Anwendungszwecke unter Beweis gestellt. Integrität stellt inhaltlich zum Teil das genaue Gegenteil der Merkmalsgruppe *Dark Side Personality Traits* dar, welche wiederum konzeptionell zu den Compound Traits zu zählen sind (Dilchert, Ones & Krueger, 2014). In allgemeinen Persönlichkeitsmodellen sind „dunkle“ Inhalte zu schwach vertreten, was eine Erklärung dafür ist, dass ein wachsendes Interesse an der Erforschung der Auswirkungen „dunkler“ Merkmale im Berufsleben besteht, da sie möglicherweise sinnvolle Ergänzungen in der Forschung zu Persönlichkeit und beruflicher Leistung darstellen. Aus diesem Grund beschäftigt sich der Abschnitt 2.3 mit der Beschreibung der „dunklen Seite“ der Persönlichkeit und ihrer berufsbezogenen Anwendung.

2.3 Dark Side Personality Traits als neuer Ansatz in der Personalpsychologie

Guenole (2014) kritisiert, dass im Forschungsfeld „Persönlichkeit und Beruf“ keine signifikante Entwicklung seit der Etablierung der Big Five und der Methode der Metaanalyse in den 1990er Jahren bemerkbar ist. Nach Kaiser, LeBreton und Hogan (2015, S. 58) hat „über die letzten Dekaden die überwältigende Mehrheit angewandter Persönlichkeitsforschung auf dem FFM gefußt und sich daher [allein] mit der hellen Seite beschäftigt.“ Dies wird zunehmend als Limitation erkannt, was die verstärkte Hinwendung zu „dunklen“ Persönlichkeitsmerkmalen in jüngerer Zeit mit erklärt.

Im vorliegenden Abschnitt wird das Konzept der Dark Side Personality Traits, seine Begriffsgenese und das aktuelle Verständnis von dieser Merkmalsgruppe vorgestellt. Es wird geklärt, welche Merkmale darunter gefasst werden, wie sie voneinander, dem DSM-5-Modell und ganz allgemein klinischen Sichtweisen abgegrenzt werden können, warum sie verstärkt berufsbezogene Betrachtung erfahren und welche die zentralen Befunde für dieses Feld sind – also ob die Betrachtung der „dunklen Seite“ grundsätzlich ein nutzenbringender und damit guter Ansatz für die Personalpsychologie ist.

2.3.1 Eine allgemeine Taxonomie „dunkler“ Persönlichkeit im DSM-5?

Bis vor kurzem wurden „dunkle“ Eigenschaften in der Persönlichkeitsforschung wenig beachtet; laut Spain et al. (2014) findet sich trotz steigenden Interesses in keinem Standard-Lehrbuch ein eigener Abschnitt dazu. Dies hat sich mittlerweile geändert und es sind sowohl zur „dark side of personality“ (Spain, 2019; Zeigler-Hill & Marcus, 2016) als auch zur Dunklen Triade (Lyons, 2019) eigene Bücher erschienen. Trotzdem werden unter dem Begriff „dunkle“ Eigenschaften verschiedene Konzepte parallel diskutiert und es ist weiterhin das „Fehlen einer allgemein akzeptierten Taxonomie dunkler Persönlichkeitseigenschaften“ zu konstatieren (Spain et al., 2014, S. 49).

Dieser Umstand könnte sich in den kommenden Jahren durch die Einführung einer neuen Taxonomie maladaptiver Persönlichkeitseigenschaften ändern, die des neuen DSM-5. Neben dem Wegfall oder einer Umfirmierung alter und der Aufnahme vieler neuer Störungsbilder kam es in der für den Gegenstand des vorliegenden Buches relevanten Kategorie *Persönlichkeitsstörungen* auf den ersten Blick zu keiner Änderung im DSM-5. Alle Kriterien für die Störungsbilder auf Achse II des Vorgängersystems DSM-IV sind unverändert erhalten geblieben und werden in Teil II im Kapitel Persönlichkeitsstörungen geführt.

Konzeptionell bedeutsamer als die im DSM-5 vorgenommene Reorganisation (Persönlichkeitsstörungen werden im DSM-5 aufgrund der Abschaffung des sog. „multiaxialen Systems“ nicht mehr unter der Achse II geführt) ist die Entwicklung eines neuen Zugangs zur Diagnose von Persönlichkeitsstörungen für das DSM-5 – das *alternative DSM-5-Modell für Persönlichkeitsstörungen*. Vom Ersatz der ursprünglichen Typen wurde aufgrund der Komplexität der Umstellung in der psychiatrischen Praxis Abstand genommen, das Modell ist jedoch für die weitere Erforschung in Abschnitt III des DSM-5 inkludiert (vgl. APA/Falkai et al., 2018). Es handelt sich dabei um eine Mischung aus einem dimensionalen und einem kategorialen Modell, es wird daher auch als *hybrides Modell* bezeichnet (Zimmermann, Brakemeier & Benecke, 2015).

Damit wird der Entwicklungslinie der Klinischen Psychologie Rechnung getragen, die eine wachsende Anzahl an Befunden für die Vorteile einer dimensionalen Sicht verzeichnet (z. B. Eaton et al., 2011; Krueger & Eaton, 2010; vgl. auch Abschnitt 2.1.1). Mit einer dimensionalen Variable wird eine „eher quantitative als qualitative Unterscheidung zwischen ‚normaler‘ und ‚abnormaler‘ Persönlichkeit“ möglich (Wille et al., 2013, S. 174) – das Merkmal ist demnach bei jeder Person vorhanden, nur mehr oder weniger stark ausgeprägt. Dies ist eine wesentliche Voraussetzung nicht nur für die Messbarkeit, sondern vor allem für die operative Anwendbarkeit in der (berufstätigen) Allgemeinbevölkerung. Auf diese praktisch bedeutsame Fragestellung wird in Abschnitt 5.2.1 ausführlicher eingegangen.

Spain et al. (2014, S. 51) sehen „im Übergang vom DSM-IV zum DSM-5 einen potenziellen Durchbruch im Verständnis der Natur dunkler Persönlichkeit repräsentiert“. Guenole (2014, S. 86) wähnt „das Gebiet Persönlichkeit am Arbeitsplatz im Moment an einem Punkt, der an die 1990er Jahre erinnert, wo substanzielle Entwicklungen im Gebiet der Persönlichkeitsforschung bereit sind, verknüpft zu werden, um das Verständnis von Persönlichkeit bei der Arbeit voranzubringen“.

Hybrid-Charakter hat das Modell aufgrund seiner trait-basierten Basis (sogenanntes *Maladaptive Trait Model* bzw. im Deutschen *problematische Persönlichkeitsmerkmale*) und der

Möglichkeit, daraus auf sechs der bestehenden kategorialen Störungen zu schließen (Antisoziale, Vermeidend-Selbstunsichere, Borderline, Narzisstische, Zwanghafte und Schizotype Persönlichkeitsstörung). Der Kasten skizziert das diagnostische Vorgehen.

Das alternative DSM-5-Modell für Persönlichkeitsstörungen (nach APA/Falkai et al., 2018)

- Diagnostiziert werden ein mehr oder weniger eingeschränktes *Funktionsniveau* der Persönlichkeit (Kriterium A) und parallel als Kriterium B Werte auf den fünf „dunklen" Domänen höherer Ordnung *Antagonismus, Psychotizismus, Enthemmtheit, Negative Affektivität* und *Verschlossenheit* mit insgesamt 25 Merkmalsfacetten – also einem hierarchischen, dimensionalen Modell (Zimmermann et al., 2015). Diese „maladaptive traits" werden mit dem Verfahren *Persönlichkeitsinventar für DSM-5* erfasst (PID-5; Krueger, Derringer, Markon, Watson & Skodol, 2012; offizielle deutsche Übersetzung: Zimmermann et al., 2014).
- Die Beurteilung des Funktionsniveaus der Persönlichkeit wird bezüglich der Bereiche *Selbst* (*Identität* und *Selbststeuerung*) und *Interpersonelle Beziehungen (Empathie* und *Nähe*) auf einem Kontinuum (bzw. fünf Schweregraden von keiner oder geringfügiger Beeinträchtigung bis zu extremer Beeinträchtigung) vorgenommen. Es muss mindestens eine mittelgradige Beeinträchtigung vorliegen, um die Diagnose einer Persönlichkeitsstörung zu stellen (als weitere Diagnosemerkmale für eine Störung sind zusätzlich Rahmenparameter wie *Dauer*, *Erstauftreten*, *Konstanz* und *mögliche Alternativerklärungen* als Kriterien C bis G zu berücksichtigen).
- Zur Erstdiagnose kann aus der „Funktionalität" einer Person (Kriterium A) und jeweils spezifischen Kombinationen von Aspekten der fünf dimensional gemessenen Faktoren (Kriterium B) auf die *Borderline*, *Vermeidend-Selbstunsichere*, *Zwanghafte*, *Schizotype*, *Antisoziale* und *Narzisstische Persönlichkeitsstörung* geschlossen werden (vgl. APA/Falkai et al., 2018).

Das neue Modell stellt somit eine Verbindung zwischen „normalen", dimensionalen Persönlichkeitseigenschaften und kategorialen, offiziellen klinischen Störungen dar.

In seiner *Hybrid-Eigenschaft* besteht der konzeptionelle Hauptunterschied des alternativen DSM-5-Modells zur Dunklen Triade der Persönlichkeit und den anderen bisher unter dem Begriff „dunkle Seite" zusammengefassten Forschungsbemühungen zu Achse-II-Störungen – da diese alle rein *dimensional* konzipiert sind (Guenole, 2014). Der bedeutende Unterschied der „dunklen" Eigenschaften (wie Narzissmus, Machiavellismus und Psychopathie) zum Maladaptive-Trait-Modell besteht hingegen darin, dass sie spezifische Mischungen von verschiedenen, engen Facetten sind – und das ist wiederum gleichzeitig die Gemeinsamkeit „dunkler" Eigenschaften mit dem hybriden alternativen DSM-5-Modell für Persönlichkeitsstörungen. Das zugrundeliegende Maladaptive-Trait-Modell hat demgegenüber mit seinen fünf Faktoren und insgesamt 25 Subfacetten eine empirisch abgrenzbare, hierarchische Ordnung ähnlich der FFM-Systematik. Es wird teilweise als negative Entsprechung der Big Five bezeichnet (Marcus & Zeigler-Hill, 2015), und vier der fünf problematischen Persönlichkeitseigenschafts-Domänen werden im DSM sogar explizit Big-Five-Gegensätze zugeordnet: (1) Negative Affektivität vs. Emotionale Stabilität, (2) Verschlossenheit vs. Extraversion, (3) Antagonismus vs. Verträglichkeit, (4) Enthemmtheit vs. Gewissenhaftigkeit (vgl. APA/Falkai et al., 2018).

Diese Nutzung der Begrifflichkeiten ist allerdings problematisch, da einerseits bereits Big-Five-Gegenpole bestehen – für Emotionale Stabilität etwa Neurotizismus, dessen Beziehung und Stellung zur Negativen Affektivität damit unklar ist – und zweitens beispielsweise geringe Gewissenhaftigkeit nicht mit den Attributen des Gegenpols Enthemmtheit, wie *Impulsivität* oder *vollkommener Verantwortungslosigkeit*, gleichgesetzt werden kann. „Dunkle" Eigenschaften sind nicht lediglich extreme Versionen oder Randbereiche „normaler" Persönlichkeitseigenschaften, vielmehr erweitern sie den Fokus über die Enden des „normalen" Kontinuums hinaus (Benson & Campbell, 2007), und das nicht nur durch die bloße Höhe der Ausprägung, sondern durch ihren speziellen Inhalt. Beispielsweise thematisieren maladaptive Items des PID-5 für „Neurotizismus" *Selbstmord* und solche für „Offenheit" *Gedankenübertragung*.

Es wurde wiederholt festgestellt, dass vier Faktoren große Ähnlichkeit aufweisen (Offenheit und Psychotizismus jedoch nicht), es bei einer Gegenüberstellung auf Facettenebene aber sowohl zu Doppelzuordnungen kommt (Aspekte von Verschlossenheit zu Neurotizismus und Extraversion) als auch die Einzelbeziehungen der Facetten zu einem zugeordneten Faktor teilweise nur eingeschränkt vorhanden sind, z.B. besteht eine geringe Konvergenz der Antagonismus-Facetten *Neigung zur Manipulation*, *Unehrlichkeit* und *Grandiosität* mit geringer Verträglichkeit (Zimmermann et al., 2014). Die genannten Antagonismus-Facetten sind inhaltlich näher am „H-Faktor" des HEXACO-Modells, der keine Entsprechung in den Big Five hat (vgl. Abschnitt 2.1).

Das Maladaptive-Trait-Modell stellt damit keine „dunkle" Eins-zu-eins-Entsprechung der Big Five dar, ist aber dennoch als ein dimensional konzipiertes Modell klar abgrenzbarer Faktoren zu verstehen. Aus diesen dimensionalen Faktoren bzw. Werten werden nach der „Übersetzung" der Erstdiagnose (Vorhandensein spezifischer Einzelfacetten in Verbindung mit eingeschränktem Funktionsniveau) in die sechs pathologischen Eigenschaften klinische Kategorien. Die „dunklen" Eigenschaften sind eine Kombination aus beiden: dimensional gemessen, aber Mischformen, und damit sowohl die Skalen des Testverfahrens HDS (Hogan Development Survey; Hogan & Hogan, 2009) als auch die Dunkle Triade sogenannte Compound Traits (Dilchert et al., 2014; vgl. Abschnitt 2.2.2). Tabelle 1 stellt zum besseren Verständnis die hier aufgeführten Besonderheiten und Abgrenzungsmöglichkeiten der verschiedenen Modelle vor.

Tabelle 1: Abgrenzung der verschiedenen „dunklen" Modelle

<table>
<tr><th></th><th>Abgrenzbare Faktoren (Separate Traits)</th><th>Mischung von Eigenschaften (Compound Traits)</th></tr>
<tr><td>Dimensional</td><td>DSM-5 Maladaptive-Trait-Modell mit 5 Faktoren und 25 Subfacetten (Testverfahren: PID-5)</td><td>„Dunkle" Eigenschaften (z.B. Dunkle Triade oder Dark Side Traits des Testverfahrens HDS mit 11 Skalen)</td></tr>
<tr><td rowspan="2">Kategorial</td><td rowspan="2"></td><td>Alternatives DSM-5-Modell für Persönlichkeitsstörungen</td></tr>
<tr><td>DSM-5 Persönlichkeitsstörungen (DSM-IV Achse II; Testverfahren: SCID-5-PD)</td></tr>
</table>

2.3.2 Definition und Abgrenzung der „dunklen" Eigenschaften

Die ersten beiden definitorischen Merkmale von „dunklen" Persönlichkeitseigenschaften bestehen somit darin, dass sie Compound Traits und dimensional messbar sind. Synonym dazu verwendet wird der Begriff *subklinisch*, der wortgetreu nur bedeutet, dass es sich um eine abgemilderte Form einer klinischen Störung handelt. Eine solche Ausprägung ist nicht so problematisch, dass sie das tägliche Leben bzw. „Funktionieren" beeinträchtigt, was ein Aspekt klinischer Persönlichkeitsstörungsdiagnose wäre, sondern gehört zur „normalen" Persönlichkeit (Spain et al., 2014; Wu & LeBreton, 2011). Daher erscheint die Definition von Harms, Spain und Hannah (2011, S. 496) zutreffend:

Definition: Subklinische Eigenschaften

„Subklinische Eigenschaften stellen einen Mittelweg dar zwischen ‚normalen' Persönlichkeitseigenschaften, wie den Big Five, und ‚klinischen' Eigenschaften, die zur Diagnose psychischer Erkrankungen genutzt werden."

Während das alternative DSM-5-Modell für Persönlichkeitsstörungen (durch die Möglichkeit einer „Übersetzung") eine *prozessuale* Verbindung zwischen der dimensionalen und klinisch-kategorialen Sicht darstellt, sind „dunkle" Eigenschaften eine abgegrenzte *konzeptionelle* Gruppe zwischen normalem und klinischem Bereich – sie bedürfen der dimensionalen Messmethodik der einen Sphäre und stellen inhaltliche Kombinationen von Merkmalen der anderen dar.

In den speziellen Eigenschaften von Compound Traits könnte auch eine Erklärung für die Aufmerksamkeit liegen, die sie in den letzten Jahren erhalten haben – besteht möglicherweise eine besondere Eignung von „dunklen" Eigenschaften für eignungsdiagnostische Fragestellungen? Dafür sprechen praktische wie prädiktive Gründe: Wie weiter oben erwähnt, sind „dunkle" Eigenschaften in bestehenden Persönlichkeitsinventaren nicht integriert, es könnten somit zum einen ganz neue berufsrelevante Aspekte der Persönlichkeit erfasst werden, zum anderen haben Compound Traits den Vorteil, dass sie bereits spezifische Kombinationen gemeinsam wirksamer Eigenschaften abbilden (vgl. Abschnitt 2.2). Zu guter Letzt macht der Einsatz in der berufstätigen Normalbevölkerung eine dimensionale Messbarkeit und damit möglichst große Abgrenzung von der Diagnostik echter kategorialer Störungen notwendig, da letztere zur Personalauswahl rechtlich nicht statthaft ist (vgl. Wu & LeBreton, 2011 und Abschnitt 5.2); ein Dilemma, das für die „dunklen" Eigenschaften durch die „grand migration" (Furnham et al., 2013, S. 200) von der klinischen in die subklinische Sphäre gelöst wurde. Der Einsatz eines Messverfahrens, aus dem direkt auf Persönlichkeitsstörungen geschlossen werden kann, wie dem PID-5, stellt demgegenüber eine problematische Gratwanderung dar (vgl. Abschnitt 5.2).

Von der Arbeits- und Organisationspsychologie wurde das alternative DSM-5-Modell für Persönlichkeitsstörungen bis vor kurzem noch überhaupt nicht betrachtet (Guenole, 2015; Spain et al., 2014); die im neuen DSM-5 enthaltenen Faktoren und Messansätze dürften jedoch zukünftig an Aufmerksamkeit gewinnen.

Im Folgenden werden daher die unter dem Begriff „dunkle" Eigenschaften diskutierten Verbundmerkmale noch etwas näher betrachtet, die bislang der klare Fokus des Interesses sind und für die bereits vielfältige Befunde erbracht werden konnten – und nicht zuletzt auch, da ihnen die Dunkle Triade der Persönlichkeit zugerechnet wird.

In Studien zu „dunklen" Persönlichkeitseigenschaften wurden vor allem die Dunkle Triade (d.h. die Merkmale Narzissmus, Machiavellismus und Psychopathie) und verschiedene Konzeptionen auf Basis der DSM-IV Achse-II-Kategorien betrachtet (Spain et al., 2014). Die größte Verbreitung hat dabei das *Hogan Development Survey* (HDS; Hogan & Hogan, 2009) gefunden. Es misst dimensional elf der DSM-IV Achse-II-Persönlichkeitsstörungen auf elf Skalen, die euphemistische Beschreibungen ihrer Ursprünge darstellen (Spain et al., 2014). Einen ganz ähnlichen Ansatz hat Salgado verfolgt, der unter dem Begriff „dysfunctional" alle 14 Kategorien des DSM-IV mit dem *Cuestionario de Estilos de Personalidad* (CEP; Salgado, 2000) messbar macht. In Anlehnung an Moscoso und Salgado (2004) sowie Hogan und Hogan (2001) stellt Tabelle 2 die DSM-IV Achse-II-Störungen und ihre subklinischen Pendants vor. Zudem wird die Einordnung der Dunklen Triade entsprechend der von Spain et al. (2014) vorgenommenen Zuordnung in dieser Übersicht dargestellt.

Tabelle 2: DSM-IV Achse-II-Störungen, CEP-, HDS- und Dunkle-Triade-Skalen

DSM-IV (APA, 2000)	CEP (Salgado, 2000)	HDS (Hogan & Hogan, 2009)	Dark Triad (Spain et al., 2014)
Narzisstische PS	Egocentric	Bold	Narcissism
Paranoide PS	Suspicious	Skeptical	Machiavellianism?*
Vermeidend-selbstunsichere PS	Shy	Cautious	
Passiv-aggressive PS	Pessimistic	Leisurely	
Schizotypische PS	Eccentric	Imaginative	
Borderline PS	Ambivalent	Excitable	
Schizoide PS	Lone	Reserved	
Zwanghafte PS	Reliable	Diligent	
Histrionische PS	Cheerful	Colorful	
Antisoziale PS	Risky	Mischievous	Psychopathy
Dependente PS	Submitted	Dutiful	
Sadistische PS	Assertive		
Depressive PS	Sad		
Masochistische PS	Sufferer		

Anmerkungen: PS = Persönlichkeitsstörung; bei den kursiv gesetzten Begriffen handelt es sich um Forschungskriterien, die nicht zu den zehn offiziellen Diagnoseeinheiten des DSM-IV und DSM-5 zählen; * von den Autoren mit Fragezeichen versehen.

Als Oberbegriffe für den Typus von Persönlichkeitseigenschaften, der Gegenstand des vorliegenden Kapitels ist, werden neben Dark Side Traits verschiedene andere, wie *aberrant personality* (Gustafson & Ritzer, 1995), *dysfunctional personality* (Moscoso & Salgado, 2004), *maladaptive personality* (Wu & LeBreton, 2011) oder die bei Guenole (2014) genannten Bezeichnungen *pathological*, *abnormal* und *deviant* verwendet. In der Publikation von Zeigler-Hill und Marcus (2016), die sich namentlich mit der „dark side of personality" beschäftigt, wird der Begriff zudem auf zu hohe Ausprägungen positiver oder „heller" Eigenschaften wie *Perfektionismus* ausgedehnt.

Dieses Vorgehen folgt der Auffassung, eine Einordnung in die Kategorie „dunkle Eigenschaften" an den möglichen Konsequenzen vornehmen zu können, da es keine anderen formalen Kriterien für sie gebe (vgl. Marcus & Zeigler-Hill, 2015). Die Autoren führen dazu aus, dass je nach Kontext oder bei zu hoher Ausprägung selbst die „hellste" Eigenschaft negative Folgen haben kann (was zutrifft). Sie liefern damit gleichzeitig selbst die Begründung, warum eben dieses Ordnungskriterium kein sinnvolles ist. Da bekanntlich allein die Dosis das Gift macht (Paracelsus, 1538/1965), wäre, diese Logik beispielsweise auf Medikamente übertragen, jedes ein Gift – und im vorliegenden Fall jeder Persönlichkeitszug ein „dunkler". Die Höhe der Ausprägung bzw. nur mit hohen Ausprägungen verbundene negative Konsequenzen können damit kein definitorisches Merkmal von „dunklen" Persönlichkeitseigenschaften sein.

Die von Moscoso und Salgado gewählte Bezeichnung „dysfunctional" impliziert, ähnlich der Wu und LeBreton'schen „maladaptive", eine Bewertung der Eigenschaften und wurde daher kritisiert (Wille et al., 2013). „Pathological" und „abnormal" sind ebenfalls implizit mit einer Wertung verbunden, da sie starke Anklänge an krankhafte Störungen haben, mit letzterem wird zudem strenggenommen nur eine Abweichung von der Norm festgestellt. Auch die Bezeichnungen „aberrant" und „deviant" stellen bezüglich der Spezifität keinen Gewinn dar, da wortgetreu ebenfalls lediglich eine Abweichung von der Norm beschrieben wird. Unter diesen Begriffen wird jedoch die zu enge Sichtweise der Dysfunktionalität aufgehoben, da sie je nach Kriterium und Rahmenbedingungen zu positiven Konsequenzen für die betroffene Person führen können (Wille et al., 2013).

Mögliche positive Aspekte für den Träger wurden wiederholt für „dunkle" Eigenschaften angenommen und konnten für die Dunkle Triade und die HDS-Skalen empirisch vereinzelt nachgewiesen werden. Neben den naheliegenden negativen Konsequenzen gehören somit auch mögliche positive Effekte zum definitorischen Kern „dunkler" Persönlichkeitseigenschaften.

Die Sichtweise, „dunkle" generell als unerwünscht und „helle" als erwünscht anzusehen, gilt als überholt und als zu starke Vereinfachung – alle Merkmale haben ihre Sonnen- und ihre Schattenseiten (Smith, Hill, Wallace, Recendes & Judge, 2018). Für „helle" Merkmale werden diese Schattenseiten meist für zu hohe Ausprägungen diskutiert, oft unter dem Begriff *too-much-of-a-good-thing* (Pierce & Aguinis, 2013) – was sie potenziell problematisch, aber eben nicht zu einer „dunklen" Eigenschaft macht.

Es ist demnach weder eine automatisch negative Konsequenz noch sind es negative Effekte bei ausschließlich hohen Ausprägungen, die eine Eigenschaft als „dunkel" qualifizieren. Auch das Kennzeichen *Antagonismus*, als einer „Wendung gegen andere", das viele „dunkle" Eigenschaften aufweisen, teilen nicht alle diskutierten Kandidaten – gerade die Merkmale der DSM-Tradition beziehen sich im Gegenteil oft auf intraindividuelle Probleme, man denke etwa an Depressionen (siehe z. B. auch den Kasten „Diagnostische Kriterien der Narzisstischen Persönlichkeitsstörung" auf Seite 38). Marcus und Zeigler-Hill (2015) bieten weiter an, dass Merkmale, die selbst bei moderater Ausprägung mit negativen Konsequenzen verbunden sind, als „dunkel“ gelten können. Auch dieses Kriterium ist nicht zu einer klaren Abgrenzung geeignet. „Dunkle“ Eigenschaften sind per definitionem dimensional verteilt. Die Werte eines Großteils aller Personen liegen um den Mittelwert, moderate Abweichungen davon dürften in den meisten Fällen keine negativen Konsequenzen nach sich ziehen, gerade bei den auf Probleme mit der eigenen Person bezogenen DSM-basierten Eigenschaften vor allem nicht für Dritte – sie wären damit keine „dunkle“ Eigenschaft.

Das einzige weitere Merkmal, welches alle Eigenschaften teilen, die allgemein als „dunkel“ beschrieben werden, ist ihr spezifischer Inhalt. Ob dieser situationsabhängig adaptiv ist oder negative Konsequenzen hat, in welcher Höhe diese wie stark sind und ob sie sich auf die eigene Person oder Dritte beziehen, sind praktisch hoch bedeutsame Fragen – für die bloße Einordnung der Merkmale haben sie zunächst keine Bedeutung. Hierfür können allein Kriterien dienen, die alle Merkmale der Gruppe ungeachtet situationaler Rahmenbedingungen aufweisen. Die Dunkle Triade, die HDS-Skalen und weitere Kandidaten für die Gruppe, wie etwa *Sadismus* (Chabrol, van Leeuwen, Rodgers & Séjourné, 2009), eint, dass ihr Inhalt negativ konnotierte, meist verborgene, eben „dunkle“ Seiten der menschlichen Persönlichkeit beschreibt. Als Beispiel kann die weiter oben beschriebene Unterscheidung des „dunklen“ Zugs Negative Affektivität von Neurotizismus dienen. Während Neurotizismus Aspekte der „normalen“ Persönlichkeitsvariation beschreibt und Items entsprechender Verfahren alltägliche Inhalte thematisieren, beschäftigt sich Negative Affektivität beispielsweise mit Selbstmord.

Dieses Beispiel eignet sich für eine wichtige und erforderliche Anmerkung bezüglich der Betrachtung „dunkler“ Merkmale in der Personalarbeit: Antagonistisch gefärbte Dark Side Traits eines Mitarbeiters, wie Psychopathie, bedeuten potenzielle Schäden für andere und sollten im Sinne einer verantwortlichen Personalauswahl reduziert werden (etwa durch ein Erkennen und die Nicht-Einstellung solcher Bewerber). Dagegen benötigen Personen, die unter erhöhten Ausprägungen anderer „dunkler“ Persönlichkeitszüge leiden, wie etwa den auf der Vermeidend-Selbstunsicheren oder Dependenten Persönlichkeitsstörung basierenden, vielmehr unsere Unterstützung, und sind damit weniger ein Thema für die Personalauswahl als für das Coaching oder die betriebliche Gesundheitspsychologie, im Extremfall für eine Beratung zu und die Vermittlung von (externen) Hilfsangeboten.

Das letzte definitorische Merkmal ist somit der spezifische Inhalt, der die „dunklen Seiten der Persönlichkeit“ beschreibt. Als Fachbegriff durch zahlreiche Publikationen einschlägiger Autoren wie Paulhus, den Hogans und Salgado hat sich schließlich der Term *„dark side“* oder Dark Side Personality Traits eingebürgert – vermutlich nicht zuletzt deshalb, weil der spezielle Reiz, den die Thematik neuerdings auf die Forschung auszuüben scheint, sich quasi analog zur popkulturellen Definition der „dunklen Seite“ im Lucas'schen Star Wars Universum verhält: die verborgene, vordergründig negative Seite, die aber neue, ungeahnte (individuelle) Vorteile verspricht. Auch im vorliegenden Band wird für die genannten Eigenschaften und die Dunkle Triade der Oberbegriff Dark Side Traits verwendet. Der Fokus liegt dabei klar auf dem letzten Teil des Begriffs *Traits* – also konkreten Eigenschaften. Diese Eingrenzung ist wichtig, da unter „dark side“ allgemein noch eine ganze Reihe weiterer Fragestellungen diskutiert wird. (Der Begriff „dark triad“ wurde von Perri und Brody (2011) in einer fachfremden Publikation gar für die Allianz aus organisierter Kriminalität, Betrug und Terrorismus verwendet.)

Es liegt eine Vielzahl von Arbeiten vor, die sich allgemein mit der „dark side of management“ (Neider & Schriesheim, 2010) oder der „dark side of organizational behaviour“ (Griffin & O'Leary-Kelley, 2004) beschäftigen. Letztgenannter Sammelband vereint Themen (die zum Teil auch schlicht unter den Oberbegriff „kontraproduktive Verhaltensweisen" fallen) wie Aggression und Belästigung am Arbeitsplatz (z. B. Baron, 2004), aber eben auch davon abweichende, wie zerstörerische politische Verhaltensweisen (z. B. Hall, Hochwarter, Ferris & Bowen, 2004). Den dort versammelten Arbeiten gemein ist, dass sie sich auf spezifische Verhaltensweisen und ihre negativen Effekte auf Person und Organisation beziehen, während es in vorliegendem Band um Persönlichkeitsmerkmale gehen soll (die gleichwohl nachweislich einer Reihe der oben genannten „Output-Variablen" mit zugrunde liegen). Ein Unterschied liegt somit in der Festlegung der Funktionalität von „dark side behaviors", deren Kennzeichen negative Folgen sind (Griffin & O'Leary-Kelley, 2004), wohingegen für Dark Side Traits auch positive Effekte diskutiert werden, zumindest für ihren Träger. Als Definition von Dark Side Personality Traits wird daher folgende vorgeschlagen:

Definition: Dark Side Personality Traits

Dark Side Personality Traits sind dimensional gemessene und normalverteilte Verbundmerkmale, die negativ konnotierte Aspekte menschlichen Verhaltens oder Erlebens zum Inhalt haben, aber nicht notwendigerweise zu negativen Konsequenzen für die eigene Person oder Dritte führen müssen.

2.3.3 „Dunkle" Persönlichkeitseigenschaften am Arbeitsplatz

Das Interesse an den Auswirkungen „dunkler" Eigenschaften am Arbeitsplatz ist nicht neu. Schon zu Beginn der Beschäftigung mit Persönlichkeit in den 1920er und 1940er Jahren wurden Inventare zur Messung maladaptiver Züge oder zum Erkennen problematischer Mitarbeiter eingesetzt, in erster Linie zur Prognose von kontraproduktiven Verhaltensweisen, was zu der Forschungslinie geführt hat, die sich heute unter dem Begriff „Integrität" weiterentwickelt (Sackett et al., 2017). Auch explizit „dunkle" Merkmale wurden und werden für eignungsdiagnostische Zwecke genutzt, so beispielsweise durch das *Minnesota Multiphasic Personality Inventory* (MMPI; Hathaway & McKinley, 1943; deutsche Version: Engel, 2000) zur Auswahl von Polizisten in den USA (Guenole, Brown & Cooper, 2016) und in Österreich (Bundesgesetzblatt für die Republik Österreich – BGBl, II Nr. 400/2012; § 14 Absatz 2 Eignungsprüfungsverordnung).

Auch aufgrund rechtlicher Fragen, auf die in Abschnitt 5.2 näher eingegangen wird, kam es zu einem Rückgang dieses Forschungsfelds und erst seit den 2010er Jahren wieder zu verstärkter Beachtung, etwa durch das HDS, die Dunkle Triade und das neue DSM-5-Modell, die neue Bestätigung für die Relevanz von Dark Side Traits am Arbeitsplatz erbrachten und explizit für ihre Nutzung in der Personalauswahl sprechen (Guenole et al., 2016).

Abgesehen von in den letzten Jahren zunehmender berufsbezogener Betrachtung der Dunklen Triade, die in Kapitel 4 besprochen wird, basiert fast der gesamte Forschungsstand zu Dark Side Traits im Beruf auf den Arbeiten der Hogans und Kollegen und auf dem Verfahren HDS – ursprünglich entwickelt, um Inkompetenz von Managern vorherzusagen (Guenole, 2014). Die elf HDS-Skalen werden zum Teil in drei Dimensionen nach Horney (1950) eingeteilt – *moving toward people*, *moving away from people* und *moving against people*. Es wird angenommen, dass die negativen Auswirkungen der Persönlichkeitszüge besonders in stressbeladenen Situationen im Berufsleben zum Vorschein kommen, in denen kognitive Ressourcen so ausgelastet sind, dass Impulse und implizite Motive nicht mehr ausreichend kontrolliert werden können (Hogan & Hogan, 2001).

An dieser Stelle sollen in knapper Form einige der zentralen berufsbezogenen Erkenntnisse für die auf dem DSM basierenden Dark Side Traits referiert werden, in erster Linie gemessen mit dem HDS. Für HDS-Dimensionen konnte Validität bei der Vorhersage einer Reihe beruflich relevanter Fragestellungen gezeigt werden, dies teilweise auch über „helle" Modelle hinaus (Spain et al., 2014). Ein Hauptinteresse war dabei „Führung", entsprechend dem ursprünglichen praktischen Einsatzzweck, „Manager-Fehlverhalten" zu erklären. Es bestehen traditionell große Unterschiede zwischen den Skalen. So sind einige, wie *Diligent* („sorgfältig"), aber auch die mit Narzissmus assoziierte Skala *Bold* („kühn"), teilweise positiv mit beruflicher Leistung oder der Entwicklung zu bzw. von Führungskräften im Zeitverlauf verbunden, andere meist negativ, wie etwa *Skeptical* („skeptisch", die z. T. mit Machiavellismus gleichgesetzt wird, vgl. Tabelle 2 auf Seite 29). Bei Harms et al. (2011) gehen 11 bis 17 % der Varianz in der Entwicklung zur Führungskraft auf die „dunklen" Faktoren zurück. Kaiser et al. (2015) identifizierten für Führungskräfte verschiedene Verhaltensweisen, von denen ein zu wenig oder zu viel als problematisch eingeschätzt wurde, und setzten sie mit „dunklen" Eigenschaften in Verbindung – 16 von 22 postulierten Beziehungen standen in einem signifikanten Zusammenhang. Die damit verbundene Varianzaufklärung belegt eine praktische Relevanz von Dark Side Traits für Führungsverhalten. Ihrem Ergebnis nach sind moderate Ausprägungen um den Mittelwert mit optimalem Führungsverhalten verbunden. Benson und Campbell (2007) zeigten, dass zum Teil kurvilineare Beziehungen zu Führungsleistung in Assessoren-Beurteilungen und Vorgesetzteneinschätzungen bestehen. Schon ab dem Mittelwert kehrt sich die Beziehung ins Negative um, nicht erst – wie häufig für kurvilineare Zusammenhänge gefunden wurde – im obersten Quartil.

Gaddis und Foster (2015) finden in einer umfangreichen, weltweiten Metaanalyse unter Führungskräften eine Reihe von Dark Side Traits (meist negativ) mit einer Vielzahl von Leistungskriterien verbunden; für die Leistungsbeurteilung insgesamt hatte lediglich die Skala *Colorful* („farbenfroh" oder „schillernd") auch positive Effekte. Bei Furnham, Trickey und Hyde (2012) werden Beziehungen der HDS-Skalen mit Leistungsindikatoren berichtet, die subjektiv über das *Hogan Personality Inventory* (HPI; Hogan & Hogan, 2007) erhoben wurden. Darunter finden sich in erster Linie negative Beziehungen, vor allem der Skala *Skeptical*, aber auch positive, etwa der Skalen *Diligent*, *Colorful* und der als Narzissmus beschriebenen Skala *Bold*. So war diese beispielsweise positiv mit Verkaufserfolg verbunden. Sie schließen, dass die Skalen je nach Tätigkeit auch zuträglich sein können, beispielsweise hohe Ausprägungen auf der Skala *Diligent* (als Ausdruck einer leichten „Obsession") für Tätigkeiten in der Qualitätskontrolle. Furnham, Hyde und Trickey (2014) gehen auf Basis der *ASA-Theorie* von Schneider (1987) davon aus, dass die Ausprägungen bestimmter Typen von „dunklen" Eigenschaften bestimmen, von welchen Berufsfeldern Personen angezogen werden (Attraction), welche Organisationen sie auswählen (Selection) und in welchen sie schließlich als Mitarbeiter verbleiben (Attrition).

Tatsächlich waren bei der Untersuchung einer großen Zahl von Beschäftigten in Großbritannien Unterschiede zwischen privatem und öffentlichem Sektor feststellbar. In öffentlichen Organisationen sind Züge wie *Cautious* („vorsichtig"), *Reserved* („reserviert"), *Diligent* und *Dutiful* („pflichtbewusst") stärker ausgeprägt (die ihre Ursprünge in der vermeidend-selbstunsicheren, schizoiden, zwanghaften und dependenten Persönlichkeitsstörung haben, vgl. Tabelle 2 auf Seite 29). Im privaten Sektor stärker ausgeprägt sind die eher antagonistischen Eigenschaften wie *Bold*, *Skeptical* und *Mischievous* („boshaft"), welche die engsten

HDS-Entsprechungen von Narzissmus, Machiavellismus und Psychopathie darstellen. Die mit Narzissmus assoziierte Skala *Bold* und die mit Psychopathie assoziierte Skala *Mischievous* waren am besten geeignet, Angestellte nach öffentlichem oder privatem Sektor zu unterscheiden.

Moscoso und Salgado (2004) nutzten ebenfalls die DSM-IV Achse-II-Störungen für ihre Studie zu dysfunktionalen Persönlichkeitsstilen und beruflicher Leistung. 7 von 14 dysfunktionalen Stilen, die im Rahmen der Personalauswahl erhoben wurden, weisen in ihrer Studie eine Beziehung zu Leistungsindikatoren auf – dabei sowohl die mit Neurotizismus verbundenen *Shy*, *Sad* und *Pessimistic* („scheu“, „traurig“ und „pessimistisch“) als auch die antagonistischen, mit Machiavellismus und Psychopathie am engsten verwandten *Suspicious* und *Risky* („misstrauisch“ und „riskant“) einen negativen Zusammenhang mit aufgaben- und umfeldbezogener Leistung und Gesamtleistung.

Neben direkt auf den DSM-Kategorien basierenden Verfahren wurden für die berufsbezogene Diagnostik „dunkler“ Eigenschaften prototypische Muster oder Linearkombinationen von FFM-Facetten vorgeschlagen (der Ansatz wird in Abschnitt 5.2.1 näher besprochen). Wille et al. (2013) zeigten für den so bezeichneten „abberant trait-compound“ des Faktors Narzissmus, dass dieser mit dem Erreichen einer hierarchisch höheren Managementposition einhergeht. Abberant Traits konnten in ihrer Studie zudem inkrementelle Varianz zu „normalen“ FFM-Dimensionen bei der Vorhersage von verschiedenen Kriterien des beruflichen Erfolgs erklären, in erster Linie von subjektiven wie Stress oder Arbeitszufriedenheit. Bei De Fruyt et al. (2009) hängen verschiedene mit einer solchen Methodik erfasste „dunkle“ Züge mit der finalen Auswahlentscheidung, dem Ergebnis im Interview und weiteren Teilen des Auswahlprozesses zusammen – alle negativ bis auf *obsessive-compulsive* („zwanghaft“) und *histrionic* („histrionisch“). Auch Simonet et al. (2018) finden überwiegend negative Beziehungen von Dark Side Traits zum Erfolgskriterium Führungsleistung, sie zeigen allerdings, dass es insbesondere auch die Interaktion bzw. das gemeinsame Auftreten von „dunklen“ Zügen ist, die die konkreten Effekte bedingt. Beispielsweise führen hohe Werte auf *Bold* in Kombination mit hohen von *Mischievous* zu den schlechtesten Leistungen, bei geringen Werten von *Mischievous* ist hingegen keine negative Beziehung von *Bold* mit Führungsleistung zu verzeichnen.

Harms und Spain (2015) ziehen als Fazit, dass „dunkle“ Persönlichkeitseigenschaften einen Erklärungsbeitrag für berufsbezogene Fragestellungen liefern können. Vor allem extrem hohe oder niedrige Werte haben Auswirkungen auf Führungsverhalten oder Leistung; eine zentrale Rahmenbedingung scheint dabei die Autonomie der Tätigkeit, also der eigene Handlungsspielraum zu sein. Spezifische Ausprägungen können je nach Tätigkeit und Unternehmenskultur auch positive Aspekte haben oder zu bestimmten Branchen besser passen.

Dark Side Personality Traits an sich sind damit, wie die Ausführungen in vorliegendem Kapitel zeigen, grundsätzlich ein sinnvolles Forschungsfeld für die Personalpsychologie und gerade die praktische berufliche Eignungsdiagnostik. Sie stellen durch die Abbildung von bislang nicht in allgemeinen Persönlichkeitsmodellen integrierten Faktoren eine theoretisch fundierte Erweiterung des betrachteten Merkmalsbereichs dar, sie sind teilweise in der Lage, inkrementelle Varianz zu „hellen“ Persönlichkeitsmerkmalen aufzuklären und mit dem HDS haben sie den Weg über die Praxis in die wissenschaftliche Beschäftigung gefunden.

Weitere berufsbezogene Befunde für Dark Side Traits werden in Kapitel 4 vorgestellt; der Fokus liegt dort auf den Merkmalen, die in der Literatur besonders prominent vertreten sind – Narzissmus, Machiavellismus und subklinische Psychopathie (Paulhus & Williams, 2002), aber im beruflichen Kontext erst seit kürzerer Zeit als das HDS betrachtet werden. Zunächst werden jedoch in Kapitel 3 die historische Entwicklung und aktuelle Begriffsauffassung dieser Merkmale sowie ausgewählte nicht-berufsbezogene Befunde aus der gemeinsamen Beschäftigung mit ihnen unter dem Begriff Dunkle Triade vorgestellt und theoretisch wie praktisch bedeutsame Fragen zu ihrer Struktur und Messmethodik geklärt.

3 Die Dunkle Triade der Persönlichkeit

Paulhus und Williams (2002) prägten durch gemeinsame Studien der eng verwandten Merkmale Narzissmus, Machiavellismus und (subklinische) Psychopathie knapp nach der Jahrtausendwende den Oberbegriff „dark triad of personality". Diese Persönlichkeitseigenschaften werden getrennt voneinander, wie die Ausführungen im folgenden Abschnitt 3.1 zeigen, in ihrer heutigen Auffassung seit etwa 50 Jahren erforscht und weisen reiche (und z. T. deutlich längere) Forschungstraditionen in der Klinischen bzw. Sozialpsychologie auf. Derzeit werden sie in verschiedensten Bereichen der Psychologie und angrenzenden Gebieten verstärkt betrachtet und als Einheit erforscht; einen Überblick geben Furnham und Kollegen in ihrem Review von 2013.

Das große Interesse zeigt sich auch daran, dass zwei spezifische Sonderhefte von Fachzeitschriften zu „dunklen" Eigenschaften erschienen sind. Im *Journal of Abnormal Psychology* (2017, Volume 126, Ausgabe 7) werden in erster Linie zum Gegenstandsbereich passende Themen, wie die Entwicklung von „dunklen" Charakterzügen von der Kindheit an, Impulsivität und problematische Verhaltensweisen, Kriminalität, Selbstmord sowie die Rolle von Psychopathie in der Triade behandelt; interessanterweise aber auch die eignungsdiagnostisch relevante Frage nach dem Zusammenhang der Triade-Ausprägungen einer Führungskraft mit Depressionen von Geführten. In der Fachzeitschrift *Personality and Individual Differences* (2014, Volume 67) werden Beziehungen der Dunklen Triade zu Persönlichkeitsmodellen, Empathie, Gewalt, Wohlbefinden, Prosozialität und Moralvorstellungen sowie finanziellem Fehlverhalten untersucht, zudem die Zusammenhänge der Triade zu Fürsorge in der Eltern-Kind-Beziehung, Rivalität um Partner, sexuellen Fantasien, Schadenfreude, Religiosität, den „sieben Todsünden" oder dem Verhalten auf Facebook.

Wie der Überblick zeigt, ist der größte Teil der mittlerweile zahlreichen Erkenntnisse zur Dunklen Triade in unterschiedlichsten Lebensbereichen für die Klärung der Möglichkeiten beruflicher Eignungsdiagnostik mit Narzissmus, Machiavellismus und Psychopathie allerdings nur von begrenzter Relevanz. Als Hintergrund für ein Verständnis der Merkmale an sich sollen in Abschnitt 3.2 gleichwohl einige der zentralen Befunde zur Dunklen Triade bezüglich ihrer Beziehungen und Effekte in berufsfernen Lebensbereichen vorgestellt werden, mit dem Fokus auf Unterschieden und Gemeinsamkeiten zwischen den Eigenschaften. Die Zusammenhänge der Dunklen Triade mit eignungsdiagnostisch relevanten Variablen werden in Kapitel 4 berichtet.

Davor wird in Abschnitt 3.3 die für eine allgemeine Beurteilung der eignungsdiagnostischen Anwendungsmöglichkeiten der Dunklen Triade zentrale theoretische Frage geklärt, was derer Merkmale jeweiligen Bestandteile und Überschneidungen sind, also welche Struktur der Dunklen Triade zugrunde liegt, und wie diese Merkmale gemessen werden können.

3.1 Zur Geschichte von Narzissmus, Machiavellismus und Psychopathie

Die „dunkle" Persönlichkeitseigenschaft, welche im alltäglichen Leben der Menschen die größte Rolle spielt, ist vermutlich Narzissmus. So findet sich beispielsweise in einer großen Berliner Buchhandlung im (nichtwissenschaftlichen) Bereich der Abteilung

Psychologie neben Themen wie Beruf, Sucht und Partnerschaft auch ein gut gefüllter Regalboden zum Thema Narzissmus – während beispielsweise einer zu Psychopathie (noch) fehlt.

3.1.1 Narzissmus

Der Begriff Narzissmus wird im allgemeinen Sprachgebrauch und der Presse gerne, ja geradezu inflationär, verwendet. Er ist dort negativ konnotiert, wird vereinfacht als große Selbstverliebtheit und Überheblichkeit verstanden und hat damit eine Bedeutungswandlung erfahren (Hartmann, 2006). Der Term Narzissmus entstand 1898 ursprünglich für autoerotische Tendenzen, für die sich der britische Sexualwissenschaftler Havelock Ellis am Namen *Nárkissos* (lat. Narcissus) aus der griechischen Mythologie bediente. Als Begriff wird *Narcismus* 1899 von dem deutschen Psychiater Paul Näcke zur Beschreibung einer sexuellen Perversion benutzt (Raskin & Terry, 1988). Sigmund Freud verwendet *Narzißmus* erstmals 1910 (Akthar, 2006), später in verschiedenen Verwendungsformen von sexueller Entwicklungsstufe bis hin zur klinisch-diagnostischen Kategorie (Raskin & Terry, 1988). Freud (1931, S. 511) lieferte auch eine Definition, in der bereits die später zu einem zentralen Gegenstand der Narzissmus-Forschung avancierende Beziehung zu Führung (vgl. Abschnitt 4.3.1) und auch mögliche negative Effekte angesprochen werden:

> ... Menschen dieses Typus imponieren den anderen als „Persönlichkeiten", sind besonders geeignet anderen als Anhalt zu dienen, die Rolle von Führern zu übernehmen, der Kulturentwicklung neue Anregungen zu geben oder das Bestehende zu schädigen.

Auf die verschiedenen Entwicklungslinien und Standpunkte der langen und umfangreichen Forschungsgeschichte von Narzissmus im tiefenpsychologischen und klinisch-psychiatrischen Bereich kann an dieser Stelle nicht eingegangen werden. Für ein Verständnis der Auswirkungen von Narzissmus im Berufsleben, also innerhalb der „funktionalen" Allgemeinbevölkerung, ist es hingegen wichtig zu klären, worin die aktuelle Begriffsbedeutung der Eigenschaft liegt.

Twenge und Campbell (2009) beschreiben das Merkmal als auf dem Vormarsch befindlich, da es dem Zeitgeist entspricht, ja wir im Zeitalter der Anspruchshaltung leben und es eine regelrechte Narzissmus-Epidemie gibt. Nicht nur befördert die (US-amerikanische) Kultur den Wert der Selbstbewunderung geradezu, vor allem Kindern wird in der Erziehung eine viel positivere und unkritischere Haltung gegenüber sich selbst vermittelt und es besteht eine ganze Industrie um die Selbstliebe; nicht zuletzt glauben viele, dass Narzissmus in der heutigen Berufswelt wichtig ist. In erster Linie ist es zu einer „Verschiebung geteilter kultureller Werte hin zu mehr Narzissmus und Selbstbewunderung gekommen" (S. 23).

Ob die einzelne Person tatsächlich immer narzisstischer wird, ist dagegen unter Wissenschaftlern strittig. Eine Metaanalyse zeigt von Jahrzehnt zu Jahrzehnt gestiegene Narzissmus-Werte unter amerikanischen College-Studenten seit den 1970er Jahren, mit besonders drastischen Steigerungsraten zwischen 2000 und 2006 (Twenge, Konrath, Foster, Campbell & Bushmann, 2008). Andere Autoren widerlegen dies (Donnellan, Trzesniewski & Robins, 2009; Trzesniewski, Donnellan & Robins, 2008), woraufhin Twenge und Foster (2010) durch für Ethnie kontrollierte Analysen erneut einen deutlichen Anstieg zeigen. Deren Daten werden wiederum aufgrund fehlender Kontrolle für Geschlecht und Alter kritisiert

(Roberts, Edmonds & Grijalva, 2010). Eine aktuelle Studie von Wetzel et al. (2017) kommt zu dem Ergebnis, dass die Werte von 1990 bis 2010 sogar gesunken sind. Sie kontrollieren dabei für eine Reihe von Einflussfaktoren, betrachten allerdings nur Daten von drei Universitäten, wobei der erste Datensatz nicht von der gleichen Universität wie der der beiden anderen untersuchten Zeitpunkte stammt, was Twenge und Campbell (2009) schon früher kritisierten.

Wie die widersprüchlichen Ergebnisse zeigen, ist die augenscheinliche Wahrnehmung kollektiver Veränderung hin zu mehr Narzissmus auf Einzelpersonen-Ebene weit weniger klar belegt. Twenge und Campbell (2008) gehen ungeachtet dessen auf Basis ihrer Daten davon aus, dass auch Arbeitgeber sich darauf einzustellen haben, stetig steigenden Zahlen von Mitarbeitern mit narzisstischen Anspruchshaltungen zu begegnen.

Auch für den klinischen Bereich weist Diamond (2006) darauf hin, dass ansteigende Werte für entsprechende Stichproben nicht belegt sind und es trotzdem ein Allgemeinplatz ist, dass wir im Zeitalter des Narzissmus leben. Im DSM-5 (APA/Falkai et al., 2018) werden ebenfalls keine steigenden Prävalenzraten genannt, dort ist die Narzisstische Persönlichkeitsstörung in Teil II, Persönlichkeitsstörungen, Cluster B enthalten. Im Zuge der Zusammenstellung der neuesten Version DSM-5 gab es konzeptionelle Diskussionen über die grundsätzliche Art und Einteilung der Störungen. Die Narzisstische Persönlichkeitsstörung ist als Ergebnis sowohl als kategoriale Form als auch in Teil III enthalten, wo sie durch das alternative DSM-5-Modell für Persönlichkeitsstörungen beschrieben und diagnostiziert werden kann (siehe Abschnitt 2.1). Die Diagnose schließt eine allgemeine Beschreibung der Störung und das Vorhandensein von mindestens fünf der spezifischen Kriterien nach DSM ein, die im Kasten „Diagnostische Kriterien der Narzisstischen Persönlichkeitsstörung" aufgelistet sind.

Diagnostische Kriterien der Narzisstischen Persönlichkeitsstörung nach DSM-5

(aus APA/Falkai et al., 2018, S. 918. Abdruck erfolgt mit Genehmigung aus der deutschen Ausgabe des Diagnostic and Statistical Manual of Mental Disorders, Fifth Edition © 2013, Dt. Ausgabe: © 2018, American Psychiatric Association. Alle Rechte vorbehalten.)

Ein tiefgreifendes Muster von Großartigkeit (in Fantasie oder Verhalten), Bedürfnis nach Bewunderung und Mangel an Empathie. Der Beginn liegt im frühen Erwachsenenalter, und das Muster zeigt sich in verschiedenen Situationen. Mindestens fünf der folgenden Kriterien müssen erfüllt sein:

1. Hat ein grandioses Gefühl der eigenen Wichtigkeit (z. B. übertreibt die eigenen Leistungen und Talente; erwartet, ohne entsprechende Leistungen als überlegen anerkannt zu werden).
2. Ist stark eingenommen von Fantasien grenzenlosen Erfolgs, Macht, Glanz, Schönheit oder idealer Liebe.
3. Glaubt von sich, „besonders" und einzigartig zu sein und nur von anderen besonderen oder angesehenen Personen (oder Institutionen) verstanden zu werden oder nur mit diesen verkehren zu können.
4. Verlangt nach übermäßiger Bewunderung.
5. Legt ein Anspruchsdenken an den Tag (d.h. übertriebene Erwartungen an eine besonders bevorzugte Behandlung oder automatisches Eingehen auf die eigenen Erwartungen).

6. Ist in zwischenmenschlichen Beziehungen ausbeuterisch (d.h. zieht Nutzen aus anderen, um die eigenen Ziele zu erreichen).
7. Zeigt einen Mangel an Empathie: Ist nicht willens, die Gefühle und Bedürfnisse anderer zu erkennen oder sich mit ihnen zu identifizieren.
8. Ist häufig neidisch auf andere oder glaubt, andere seien neidisch auf ihn/sie.
9. Zeigt arrogante, überhebliche Verhaltensweisen oder Haltungen.

Mit dem alternativen DSM-5-Modell für Persönlichkeitsstörungen kann die Narzisstische Persönlichkeitsstörung bereits dann diagnostiziert werden, wenn neben spezifischen Einschränkungen auf den vier Funktionsniveaus (Kriterium A: Identität, Selbststeuerung, Empathie, Nähe) lediglich die beiden problematischen Persönlichkeitsmerkmale *Grandiosität* und *Suche nach Aufmerksamkeit* (beides Facetten von Antagonismus) vorliegen (Kriterium B). Schließlich ist die Narzisstische Persönlichkeitsstörung unter „Sonstige spezifische Persönlichkeitsstörungen“ (F 60.8) in der *Internationalen statistischen Klassifikation der Krankheiten und verwandter Gesundheitsprobleme* (ICD-10-GM; DIMDI, 2019) gelistet. Die Prävalenzrate liegt in Gemeindestudien zwischen 0 und 6,2%; 50 bis 75% der Diagnostizierten sind männlich (vgl. APA/Falkai et al., 2018).

Umgangssprachlich wird mit Narzissmus allerdings nicht die geistige Krankheit einer Person bezeichnet, sondern eine, wie weiter oben ausgeführt, stetig verteilte, subklinische Variante, die alle Personen auszeichnet – nur eben mehr oder weniger stark. Die landläufige Auffassung von Narzissmus beschreibt damit ein Phänomen, das ebenfalls unter dem Begriff Narzissmus auch in der Allgemeinbevölkerung seit Zusammenstellung des *Narcissistic Personality Inventory* (NPI; Raskin & Hall, 1979) erforscht wird.

Das NPI sollte nicht die Persönlichkeits*störung* im Sinne einer „Ja/Nein-Aussage“ diagnostizieren, sondern eine Messung der Persönlichkeits*eigenschaft* Narzissmus ermöglichen (Raskin & Hall, 1979) und damit Narzissmus auf einem Kontinuum ansiedeln (Samuel & Widiger, 2008b). Obwohl Kurzversionen und andere Maße vorgeschlagen wurden, ist das NPI bis heute der „Goldstandard“ der Narzissmus-Messung, mit dem die Mehrzahl an Befunden zu Narzissmus erbracht wurde (für eine Zusammenfassung der Gütekriterien des Verfahrens siehe Abschnitt 5.2.2). Daneben wird vor allem die Skala *Bold* des HDS (Hogan & Hogan, 2009) und eine „Narzissmus“-Skala des *California Psychological Inventory* (CPI; Gough & Bradley, 1992) als Narzissmus verstanden bzw. wird Narzissmus mit diesen erforscht – so werden beispielsweise Ergebnisse bezüglich dieser Skalen in Fachpublikationen inhaltlich als Narzissmus beschrieben oder gar in Metaanalysen miteinander verrechnet (vgl. Grijalva, Harms, Newman, Gaddis & Fraley, 2015). Frühe Untersuchungen der Faktorenstruktur des NPI von Emmons (1984) und Raskin und Terry (1988) kamen auf vier bis sieben Faktoren, andere Autoren schlagen nur zwei vor (vgl. Ackerman et al., 2011). Eine aufwendige Untersuchungsreihe von Ackerman et al. (2011) lieferte schließlich Bestätigung für eine robuste Drei-Faktor-Lösung aus *Führung/Autorität*, *Grandiosität* und *Ausbeutung/Anspruch*.

Unabhängig von der genauen Anzahl an Faktoren des NPI kann festgehalten werden, dass zentrale Aspekte von Narzissmus und Narzisstischer Persönlichkeitsstörung (in Charakter, nicht Schwere) übereinstimmen: Grandiosität, Überheblichkeit, Autorität, Anspruchshaltung und Ausbeutung sowie in allen Konzeptionen und Faktorenlösungen stets ein Faktor *Führung*. Mangelnde *Empathie* ist nicht im NPI-Itemmaterial enthalten, aber sowohl ein diagnostisches Kriterium der Störung als auch im alternativen DSM-5-Modell für Persönlichkeitsstörungen Teil der Funktionsdiagnose. Der tiefenpsychologisch stärker in den Vordergrund gerückte *vulnerable* oder *gekränkte Narzissmus* ist ebenfalls kaum im NPI vertreten und kein explizites Kriterium nach DSM (vgl. Kasten „Diagnostische Kriterien der Narzisstischen Persönlichkeitsstörung"), wird aber sowohl in der Definition der Narzisstischen Persönlichkeitsstörung in Cluster B („Verletzlichkeit des Selbstwertgefühls", „sensible Reaktion auf ‚Verletzungen' durch Kritik oder Niederlagen") als auch in der des alternativen DSM-5-Modells für Persönlichkeitsstörungen („schwankendes und verletzliches Selbstwertgefühl") genannt; ist aber auch dort kein Diagnosekriterium.

Wie dieser Überblick gezeigt hat, bestehen zu Narzissmus und der Narzisstischen Persönlichkeitsstörung lange Forschungstraditionen, für weiterführende Informationen hierzu kann daher auf die Handbücher von Bierhoff und Herner (2009) und Campbell und Miller (2011) verwiesen werden. Eine Auswahl der zahlreichen Befunde für das typische Verhalten und Erleben von Personen mit erhöhten Narzissmus-Werten, und vor allem damit verbundene berufsbezogene Effekte, werden gemeinsam mit den anderen Dunkle-Triade-Merkmalen in Kapitel 4 vorgestellt.

3.1.2 Machiavellismus

Machiavellismus ist der Teil der Dunklen Triade, der am kürzesten wissenschaftlich betrachtet und, entgegen seinen beiden Partnern, von Beginn an ausschließlich als dimensionale Persönlichkeitseigenschaft verstanden wird. Während Machiavellismus bis in die 1980er Jahre größere Aufmerksamkeit erfuhr (vgl. Fehr, Samsom & Paulhus, 1992), hat das Konstrukt insgesamt eine weniger breite und tiefe Beschäftigung erfahren als die anderen Bestandteile der Dunklen Triade, weshalb auch keine zu diesen vergleichbare Forschungsliteratur vorliegt. Eine Zusammenfassung bieten der Überblicksartikel von Fehr et al. (1992) und das Kapitel von Jones und Paulhus (2009), die daher zentrale Grundlage des vorliegenden Abschnitts darstellen.

Wie beim NPI für Narzissmus markieren auch für Machiavellismus ein Verfahren den Beginn und die mit diesem gewonnenen Befunde den Kern seiner wissenschaftlichen Betrachtung – die *Likert-type Mach scale (IV)*, besser bekannt als die *Mach IV* (Christie & Geis, 1970). Die Inhalte dieser 20 Items umfassenden Skala wurden in erster Linie aus den Schriften von Niccolò Machiavelli extrahiert, der in einem seiner Hauptwerke, „Il Principe" von 1513, eine Analyse erfolgreicher Herrscher und ihres machtpolitischen Herrschaftsstils vornimmt und daraus staatsphilosophische Ratschläge ableitet. Diese beinhalten neben Ansichten über die Natur des Menschen in erster Linie den seiner Meinung nach gebotenen Regierungsstil zum Erhalt der (Allein-)Herrschaft. Dem Menschen sei nicht zu trauen, da er undankbar und selbstsüchtig seine Ambitionen verfolgt (Schröder, 2004). Der Herrscher muss – will er seine Macht erhalten – bereit sein, jede erdenkliche Strategie einzusetzen, darunter auch Manipulation, Lügen und Schmeicheleien. Quintessenz seiner Ratschläge ist, „der Zweck heiligt die Mittel" (Jones & Paulhus, 2009, S. 93).

Die Mach IV wurde seit den Jahren 1954 und 1955 entwickelt, als sich eine Arbeitsgruppe um Christie und Geis in Stanford mit den Charaktereigenschaften von Menschen befasste, die Macht auf andere ausüben – also mit Führungspersonen (Christie, 1970a). Im Rahmen von Studien über manipulative Persönlichkeiten sollte geklärt werden, ob es ein mit deren Eigenschaften „korrespondierendes Persönlichkeitssyndrom" gibt (Jones & Paulhus, 2009, S. 93). In der Monografie *Studies in Machiavellianism* (Christie & Geis, 1970) berichten sie über Skalenentwicklung und Validierung; dort werden als theoretische Grundlagen ein relativer Mangel an Gefühlen in zwischenmenschlichen Beziehungen, eine geringe Beachtung gängiger Moralvorstellungen, ein Fehlen ausgeprägter psychopathologischer Züge und eine geringe ideologische Bindung beschrieben (Cloetta, 1972).

Für das Verfahren Mach IV wurden daraus drei Aspekte herangezogen: *Tactics, Views* und *Morality* (Christie, 1970b), in der Form, dass die Einstellung zu diesen Merkmalen bzw. zu ihrer Nützlichkeit abgefragt wird, nicht das tatsächliche eigene Verhalten (Jones & Paulhus, 2009). Tactics beschreibt Meinungen zu interpersonellen Verhaltensstrategien einer Person, Views (zynische) Ansichten über die Natur des Menschen und Morality fragt nach der Akzeptanz gängiger Moralvorstellungen (Fehr et al., 1992; für eine Zusammenfassung der Gütekriterien des Verfahrens siehe Abschnitt 5.2.2).

Machiavellisten haben zynische Ansichten über andere Personen und auch die eigenen soziopolitischen Möglichkeiten, was mit einer *externalen Kontrollüberzeugung* erklärt wurde (Jones & Paulhus, 2009). Besondere Fähigkeiten wurden weder bezüglich kognitiver Maße noch dem Erkennen von Emotionen gefunden, das Gesamtkonstrukt ist jedoch mit geringer Empathie verbunden (Jones & Paulhus, 2009). Trotzdem agieren Machiavellisten nicht offen aggressiv oder feindselig, sondern im Gegenteil mit emotionaler Abgeklärtheit; in Konfliktsituationen bleiben sie ruhig (Jones & Paulhus, 2009; vgl. auch Christie & Geis, 1970). Vor allem zu verschiedenen Formen von Manipulation, wie Überredung, Selbstoffenbarung, Anbiederung, bestimmten *Impression-Management*-Taktiken, Lügen und Betrug, scheinen Machiavellisten tatsächlich stärker zu neigen und besser darin zu sein; ein wichtiger Einflussfaktor dabei ist allerdings die Situation (Fehr et al., 1992; Jones & Paulhus, 2009).

Als Fazit von verschiedenen experimentellen Studien halten Geis und Christie (1970, S. 312) daher fest: „High Machs manipulate more, win more, are persuaded less, persuade others more and otherwise differ significantly from low Machs“ – dies insbesondere dann, wenn drei Faktoren zur Beeinflussung des Gegenübers gegeben sind: die Möglichkeit zur Improvisation, direkter Kontakt und affektive „Distraktoren“, die einen Einfluss auf die Leistung (des Gegners) hatten (Fehr et al., 1992). Geis und Christie (1970, S. 285) beschreiben diese emotionale Distanziertheit als das „cool syndrome“. Die Verhaltens- und Ergebnisunterschiede sind größtenteils mit der kühlen Distanziertheit der Machiavellisten zu erklären, da sie sich unbeeindruckt von äußeren Einflüssen auf die Situation und die beste Strategie zum Sieg konzentrieren können.

Kernmerkmale von Machiavellismus

Als Kernmerkmale des Konstrukts können eine zynische Sicht anderer Menschen, rücksichtslos-strategisches Verhalten sowie emotionale Distanziertheit und Abgeklärtheit festgehalten werden (vgl. Jones & Paulhus, 2009).

Aufgrund der Kritik an der psychometrischen Qualität der Mach IV (vgl. Jones & Paulhus, 2009) wurden verschiedene weitere Machiavellismus-Tests vorgeschlagen, darunter die *Machiavellian Personality Scale* (MPS; Dahling, Whitaker & Levy, 2009), der *Trimmed-MACH* (Rauthmann, 2013), die *Mach V* und *Mach VI* (Jones & Paulhus, 2009) und die berufsbezogene Machiavellismus-Skala *OMS* (Kessler et al., 2010). Diese Verfahren haben allerdings keine breite Aufmerksamkeit erfahren, auch in aktuellen Studien wird meist die Mach IV verwendet, in deutschsprachigen Studien oft die von Cloetta (1972) oder Henning und Six (1977) übersetzten und angepassten Versionen dieser Skala.

Die am weitesten verbreitete Sichtweise auf die Struktur der Mach IV ist die einer Zwei-Faktor-Lösung aus *Tactics* und *Views*, die faktorenanalytisch wiederholt gefunden wurde (vgl. Fehr et al., 1992; Jones & Paulhus, 2009). Trotzdem wird die Mach IV in Forschungsarbeiten quasi ausschließlich als unidimensionale Skala verwendet, also nur der Faktor Machiavellismus gemessen und berichtet. Theoretisch wurde beschrieben, dass beide Faktoren vorhanden sein müssen, um machiavellistisches Verhalten zu erklären – die zynische Sicht auf Dritte und der Glaube an die Wirksamkeit spezifischer Taktiken zur Durchsetzung von Zielen (vgl. Jones & Paulhus, 2009). Auf die Struktur beziehen sich auch neuere Arbeiten (z. B. Miller, Hyatt, Maples-Keller, Carter & Lynam, 2017), in denen die dauerhaft diskutierte mangelnde Abgrenzungsmöglichkeit von Machiavellismus zu Psychopathie erneut besprochen wird (vgl. McHoskey, Worzel & Szyarto, 1998).

Hierauf wird in Abschnitt 3.3 in Zusammenhang mit den Überlappungen der Triade-Merkmale näher eingegangen, weitere Befunde für Machiavellismus und besonders seine berufsbezogenen Auswirkungen werden in Kapitel 4 besprochen; davor soll der dritte und gefährlichste Teil der Dunklen Triade vorgestellt werden – Psychopathie.

3.1.3 Psychopathie

Ähnlich wie Narzissmus wird der Begriff Psychopathie in unterschiedlichen Bereichen und für verschiedene Bedeutungsinhalte benutzt; so werden Mörder, Trickbetrüger, Serienstraftäter, aber auch (harmlose) psychisch auffällige Menschen sowie neuerdings zunehmend Vorgesetzte und Unternehmenslenker als Psychopathen bezeichnet (vgl. Skeem et al., 2011).

Die landläufige Verwendung als Bezeichnung für verschiedenster Art „Wahnsinnige" entstammt der tatsächlichen Bedeutung des Wortes, das sich aus Psyche (griech.: Seele) und Pathos (griech.: Krankheit) zusammensetzt, also „Geisteskrankheit" meint (Hare, 2005, S. 19), weshalb unter dem Begriff Psychopathie lange alle Persönlichkeitsstörungen gefasst wurden (Fiedler, 2001). Die Vorläufer des in heutiger Zeit diskutierten Phänomens Psychopathie, als schwere antisoziale Störung mit häufig gewalttätigen Verhaltensweisen, werden in dem bereits 1812 von Rush als „moral alienation of mind" bezeichneten Phänomen aus Verwahrlosung, Aggressivität und mangelnder Rücksichtnahme gegenüber Mitmenschen gesehen; sowie in dem Konzept der „moral insanity" von Prichard aus dem Jahr 1835. Der Begriff „psychopathisch" wurde 1891 vom deutschen Psychiater Koch benutzt, allerdings im Gegensatz zur heutigen Verwendung unter anderem auch für Neurosen und geistige Einschränkungen (Skeem et al., 2011).

Die aktuelle wissenschaftliche Begriffsauffassung hebt zu diesen frühen Beschreibungen mindestens einen zentralen Unterschied hervor – den der (scheinbaren) geistigen Gesundheit des Psychopathen. Auch diese wurde allerdings bereits 1809 in der ersten Beschreibung des (heutigen) Psychopathie-Konstrukts als „manie sans délire" („Wahnsinn ohne Delirium") von dem französischen Psychiater Pinel betont: Psychopathen sind trotz affektiver Beeinträchtigung und impulsiver Reaktion bei vollem Verstand (Basler, 2007). Seit der ersten vollständigen Beschreibung von Psychopathie in *The mask of sanity* (Cleckley, 1941) wird daher als zentrales Merkmal diskutiert, dass Psychopathen sich durch eine Fassade der Normalität auszeichnen, die keinerlei Hinweis auf eine Störung gibt. Die Monografie von Cleckley gilt als Ausgangspunkt der modernen Psychopathie-Forschung (Patrick, 2006b) und lieferte die Basis für den heutigen „Goldstandard" der Messung, die *Psychopathy Checklist* (PCL; Hare, 1980, 2003). Der Fokus der PCL liegt dabei auf den (überwiegenden) antisozialen und emotional-interpersonalen Aspekten, die wenigen positiven Ausrichtungen des Psychopathen, die Cleckley beschreibt, wurden nicht integriert (Patrick, 2006b).

Dass sie nicht wirklich „gesund" bzw. „normal" sind, erklärt Patrick (2006b, S. 609) durch einen „fundamentalen [inneren] Defekt" des Psychopathen, den Cleckley in Analogie zur *semantischen Aphasie* (einer Störung des bedeutungsbezogenen Verständnisses von Sprache) in einem Defizit sieht, emotionale Erfahrungen zu machen: Psychopathen können „keinen Eindruck davon bekommen, was die wichtigsten Erfahrungen des Lebens anderen bedeuten" (Cleckley, 1976, S. 371) – eine Vermutung, die Jahrzehnte später mit bildgebenden Verfahren bestätigt werden konnte. Aufgrund dieser Einschränkung kann der Psychopath in der Sozialisation kein funktionierendes Gewissen herausbilden (Lykken, 2006) und ihm fehlen genau die Qualitäten, die es uns ermöglichen, in gesellschaftlicher Harmonie zu leben (Hare, 2005).

Skeem et al. (2011) nennen eine Kombination aus erblichen Grundlagen und psychobiologischen Effekten (beispielsweise ausbleibende soziale Lernerfolge durch fehlende Angst) als wahrscheinlichste Erklärungen für die Entwicklung von Psychopathie. Belege für tatsächliche Unterschiede von Psychopathen und „Nicht-Psychopathen" konnten über verschiedene neurowissenschaftliche und genetische Studien erbracht werden; vor allem die Weiterentwicklungen bei bildgebenden Verfahren in den letzten zehn Jahren haben hier enorme Fortschritte ermöglicht (Spezzaferri, Collins, Aguilar & Larsen, 2017).

Als ein hirnanatomisches Hauptmerkmal von Psychopathen werden eine geringere Größe der *Amygdala* im limbischen System bzw. deren Dysfunktion angenommen, namentlich reduzierte Aktivität bei der Verarbeitung emotionaler Stimuli (Spezzaferri et al., 2017), zudem sind Einschränkungen von Struktur und Funktionalität verschiedener Bereiche des *präfrontalen Kortex* metaanalytisch belegt (Yang & Raine, 2009). Hier wurden bei Psychopathen größere Volumina des medial orbitofrontalen und verringerte Aktivität des dorsolateralen präfrontalen Kortex gefunden (Korponay et al., 2017). Glenn, Raine, Yaralian und Yang (2010) untersuchten das Volumen des *Corpus Striatum*, einer subkortikalen Region, die eine basale Funktion bei motivationalen, emotionalen und kognitionalen Prozessen spielt und mit Belohnungssuche und Impulsivität verbunden wurde. Sie fanden strukturelle Unterschiede und höhere Volumina, die für typische Defizite von Psychopathen verantwortlich sein könnten.

Nicht Besonderheiten einzelner Areale, sondern die spezifische Verbindung verschiedener Bereiche des limbischen Systems und des präfrontalen Kortex sind es, die gemeinsam mit neurochemischen Aspekten zum spezifischen Erleben und Verhalten des Psychopathen führen (Spezzaferri et al., 2017). Diesbezüglich werden beispielsweise Abweichungen bei Neurotransmittern wie *GABA*, *Serotonin* und *Dopamin*, diese abbauenden *Monoaminooxidasen* (MAO) und Hormonen diskutiert (Spezzaferri et al., 2017; Yildirim & Derksen, 2013; Tikkanen et al., 2011).

Yang, Raine, Colletti, Toga und Narr (2010) verglichen eine „nicht psychopathische" Kontrollgruppe mit „erfolgreichen" Psychopathen (verstanden als solche, die bislang nicht kriminell auffällig geworden sind) und mit „nicht erfolgreichen" Psychopathen (solchen, die bereits Vorverurteilungen erhalten haben; im Selbstbericht gaben beide Psychopathie-Gruppen dieselbe Anzahl verübter Verbrechen an, allein die erfolgte Verurteilung ist daher das Misserfolgsmaß). Nur die „nicht erfolgreichen“ Psychopathen wiesen abweichende, überwiegend geringere Volumina verschiedener Regionen des präfrontalen Kortex auf; die „erfolgreichen“ unterschieden sich nicht von der Kontrollgruppe. Die *graue Masse* war ebenfalls nur bei den „nicht erfolgreichen“ weniger dicht und die Amygdala je nach Region um über 20 bis 26 % kleiner als in der Kontrollgruppe. Auch die Oberflächenstruktur der Amygdala wich bei den „nicht erfolgreichen“ ab und zeigte an verschiedenen Stellen deutliche Deformationen. Die gefundenen Veränderungen betreffen Teile des Hirns, die mit der Verarbeitung von Furcht und angst-konditioniertem Lernen verbunden werden. Eben diese könnten daher zu verstärktem Risikoverhalten und einer damit verbundenen höheren Wahrscheinlichkeit führen, erwischt und verurteilt zu werden. Ganz allgemein kann diese Einschränkung, durch ausbleibendes Lernen in der Sozialisation, auch zu geringerer „moralischer Entwicklung“ und Ausbildung von Psychopathie führen (Yang et al., 2010).

Psychopathie ist zu gewissen Teilen erblich: Schätzungen reichen von 30 bis 53 % (Bezdjian, Raine, Baker & Lynam, 2011), am stärksten gilt dies für den affektiven Faktor (Dhanani et al., 2017), aber auch Sozialisationsaspekte und das konkrete Zusammenwirken beider Bereiche spielen eine Rolle (Hicks et al., 2012). Männer weisen traditionell höhere Werte in Psychopathie als Frauen auf (vgl. Colins, Fanti, Salekin & Andershed, 2017). Babiak, Neumann und Hare (2010) gehen von 1 % Psychopathen in der Normalbevölkerung, aber 15 % unter inhaftierten Straftätern und 3 % unter Top-Managern aus. Dutton (2012) sieht CEOs als die Berufsgruppe mit dem höchsten Anteil an Psychopathen.

Trotz dessen, dass Psychopathie breit und mit hoch elaborierten Verfahren erforscht wird und als anerkanntes, klar definiertes Störungsbild gilt, ist sie nicht explizit in den offiziellen Diagnosesystemen enthalten, dort finden sich verwandte Störungsbilder unter dem Namen *Dissoziale Persönlichkeitsstörung* (im ICD-10) bzw. *Antisoziale Persönlichkeitsstörung* (APS; im DSM). Allerdings weichen diese von Psychopathie ab, da sie in erster Linie die (beobachtbaren) antisozialen Verhaltensweisen und kriminellen Auswirkungen einschließen, nicht aber alle spezifischen Persönlichkeitsmerkmale von Psychopathie, vor allem nicht die interpersonalen Aspekte. Hare sieht die APS daher als Minimaldiagnose an, die über 80 % aller inhaftierten Verbrecher aufweisen; wobei aber nur 15 % davon als Psychopathen zu klassifizieren sind und gerade „gesunde bzw. erfolgreiche“ Psychopathen nicht die Kriterien einer APS erfüllen (Hare, 2005). Entsprechend konnte zwar einem großen Teil (inhaftierter) Psychopathen die Diagnose APS gestellt, aber nur etwa 5 % der mit APS diagnostizierten Häftlinge als Psychopathen kategorisiert werden (Ogloff, Campbell & Shepherd, 2016). Das DSM sollte nach Einschätzung von Hare daher Psychopathie als eigenständige Diagnose aufnehmen, da sie konzeptionell verschieden von der APS ist (Hare, 1996).

Obwohl sich die aktuelle DSM-Arbeitsgruppe entschied, bei beobachtbaren Verhaltensweisen zu bleiben und im neuen DSM-5 Psychopathie nicht als eigenständige Störung aufzunehmen, wird sie im Rahmen der APS-Diagnose und auch in Teil III im Rahmen des alternativen DSM-5-Modells für Persönlichkeitsstörungen erwähnt, wo auch differenzialdiagnostische Aspekte zu ihr aufgeführt werden. In ihrer Definition heißt es, die APS wird auch als Psychopathie, Soziopathie oder Dissoziale Persönlichkeitsstörung bezeichnet (APA/Falkai et al., 2018), ihr Fokus liegt aber klar auf den tatsächlich sichtbaren Verhaltensweisen und sozialen Anpassungsstörungen. Es werden dort allerdings auch eine Reihe anderer Psychopathie-Merkmale wie übersteigerte Selbsteinschätzung, Empathielosigkeit oder oberflächlicher Charme aufgezählt und festgestellt, dass diese „üblicherweise durch traditionelle Konzepte der Psychopathie erfasst worden sind“ (S. 905). Im alternativen DSM-5-Modell für Persönlichkeitsstörungen kann als Zusatzcodierung der APS bestimmt werden, ob eine „besondere Variante vorliegt, die im Angloamerikanischen oft als *psychopathy* ... bezeichnet wird“ (S. 1050). Kennzeichen von Psychopathie sind auch ein geringes Ausmaß an Ängstlichkeit und sozialem Rückzug sowie die Suche nach Aufmerksamkeit; geringe Ängstlichkeit ist demgegenüber kein diagnostisches Kriterium der APS (vgl. APA/Falkai et al., 2018).

Die spätestens seit der Veröffentlichung der aktuellen Fassung der PCL (Hare, 2003) vorherrschende Sichtweise von Psychopathie ist die von einem übergeordneten Faktor Psychopathie und vier darunter liegenden Faktoren: ein betrügerischer interpersoneller Stil *(Interpersonal)*, affektive Defizite/emotionale Kälte *(Affective)*, ein impulsiver, verantwortungs- und zielloser Lebenswandel *(Lifestyle)* sowie eine kriminelle, antisoziale Vorgeschichte *(Antisocial)*. Das Modell ist in Tabelle 3 dargestellt.

Tabelle 3: Vier-Faktoren-Modell der Psychopathie nach Hare (2003), in der Übersetzung von Mokros, Hollerbach, Nitschke und Habermeyer (2017)

Gesamtwert Psychopathie			
Facette 1: Interpersonell	Facette 2: Affektiv	Facette 3: Lebenswandel	Facette 4: Antisozial
• Sprachliche Gewandtheit/ Oberflächlicher Charme • Übersteigertes Selbstwertgefühl • Pathologisches Lügen • Betrügerisch/ Manipulativ	• Mangel an Reue oder Schuldgefühl • Geringe Empfindungsfähigkeit • Herzlos/Mangel an Empathie • Fehlende Verantwortungsübernahme für eigenes Handeln	• Bedürfnis nach Stimulation/ Neigung zu Langeweile • Parasitärer Lebenswandel • Mangel an realistischen, langfristigen Zielen • Sprunghaftigkeit • Verantwortungslosigkeit	• Schwache Verhaltenskontrolle • Frühe Verhaltensauffälligkeiten • Jugenddelinquenz • Widerruf einer bedingten Entlassung • Kriminelle Vielseitigkeit

Auch für Selbstberichtsverfahren wurde eine faktorielle Struktur wie für die PCL als Fremdbeurteilungsverfahren nachgewiesen (Lilienfeld & Fowler, 2006). In erster Linie zu nennen ist dabei die *Self-Report Psychopathy Scale* (SRP; Hare, 1985), für welche die Faktorenstruktur auch in der Allgemeinbevölkerung bestätigt werden konnte (Williams, Paulhus & Hare, 2007). Das Verfahren ermöglicht eine subklinische Messung von Psychopathie, da Entwicklungs- und Zielstichprobe der Allgemeinbevölkerung entstammen und der Fragebogen ein stetig verteiltes, dimensionales Datenniveau erzeugt. Subklinische Psychopathie meint generell meist nur solche Werte, die über Selbstberichtsverfahren erfasst worden sind.

Die Selbstberichtsversion ist in ihrer aktuellen Fassung als *SRP 4* (Paulhus, Neumann & Hare, 2016) über den kanadischen Testanbieter Multi-Health Systems zu beziehen (eine deutsche Übersetzung ist noch nicht erhältlich). Zudem liegt eine berufsbezogene Psychopathie-Skala vor, die die vier Faktoren nach Hare abbildet – der *B-Scan* (Mathieu, Hare, Jones, Babiak & Neumann, 2013). Auf das Verfahren und seine Gütekriterien wird in Abschnitt 5.2.2 weiter eingegangen.

Das *Kieler Psychopathie-Inventar* (KPI) von Köhler, Müller und Huchzermeier (in Vorb.) stellt ebenfalls ein Selbstberichtsverfahren zur Abbildung der vollständigen Inhalte von Psychopathie nach dem Modell von Hare dar. Es konnte in Validierungsstudien seine Eignung für die Forschung in der Allgemeinbevölkerung belegen und mit ihm ist eine dimensionale Messung von Psychopathie möglich (Heinzen et al., 2014). Eine etwas andere Struktur weist das Verfahren *Psychopathic Personality Inventory* (PPI; Alpers & Eisenbarth, 2008) auf: Dort werden die Subskalen *Schuldexternalisierung*, *Rebellische Risikofreude*, *Stressimmunität*, *Sozialer Einfluss*, *Kaltherzigkeit*, *Machiavellistischer Egoismus*, *Sorglose Planlosigkeit* und *Furchtlosigkeit* zu zwei bzw. drei Faktoren verdichtet. Während insbesondere über die Zuordnung oder Separation von *Kaltherzigkeit* als eigenständiger Faktor diskutiert wird, stellen die beiden anderen klar abgrenzbare Faktoren und zentrale Merkmale von Psychopathie dar: *Furchtlose Dominanz* und *Selbstbezogene Impulsivität*. Dieser Aufbau entspricht der klassischen Unterteilung von Psychopathie.

Definition: Primary und Secondary Psychopathy

Die erste Version der PCL (Hare, 1980) besteht aus einem Hauptfaktor Psychopathie, später wurde eine zweifaktorielle Struktur angenommen – *Primary* und *Secondary Psychopathy*, die als „selbstsüchtiges, kaltherziges und rücksichtsloses Ausnutzen anderer" und „chronisch instabiler und antisozialer Lebensstil" umschrieben wurden (Harpur, Hakstian & Hare, 1988) und seit der revidierten Version der PCL von 1991 getrennt erfasst werden.

Andere Autoren präferieren einen hierarchischen Aufbau mit einem übergeordneten Psychopathie-Faktor, dem drei Faktoren zugrunde liegen: *arrogant and deceitful interpersonal style*, *deficient affective experience* und *impulsive and irresponsible behavioral style* (Cooke & Michie, 2001). Als theoretische Begründung führen sie an, dass antisoziales Verhalten eine Folge und nicht Bestandteil von Psychopathie ist und diese daher damit konfundiert ist. Sie schlagen vor, die „antisozialen" Items auszuschließen, und bringen empirische Unterstützung für ihre These, dass das Modell zur weiteren Erforschung von Psychopathie besser geeignet ist, da es „die Persönlichkeit zurück ins Herz dieser Persönlichkeitsstörung bringt" (Cooke et al., 2006, S. 99).

Hare (2003) schlägt das in Tabelle 3 vorgestellte, vierfaktorielle Modell vor, das in etwa der Cooke und Michie-Lösung zuzüglich des Faktors *Antisozial* entspricht. Der komplette Ausschluss dieses Aspekts und damit etwa eines Drittels der eigentlichen PCL-Items wurde theoretisch-inhaltlich kritisiert, da die Items der Facette „Antisozial" bedeutende Marker von psychopathischer Persönlichkeit und definitorische Teile von Psychopathie sind (Hare & Neumann, 2006; Williams et al., 2007).

Cooke, Michie und Skeem (2007) wiederum kritisieren dieses Vorgehen als Tautologie und bezeichnen es vor allem als konzeptionelle Diskussion, was zum Konstrukt zu zählen ist. Sie liefern durch umfassende theoretische Überlegungen und Vergleiche konfirmatorischer Lösungen für verschiedene Modelle Nachweise für die Vorteilhaftigkeit eines dreifaktoriellen Modells. Die aus der oft fälschlich vorgenommenen Gleichsetzung von Psychopathie mit der PCL gefolgerte Annahme, Kriminalität sei ein definitorischer Teil von Psychopathie, ist falsch; vielmehr ist sie als deren (häufiges) Korrelat zu verstehen (Skeem & Cooke, 2010).

Auch in der vorliegenden Beschäftigung mit Psychopathie für eignungsdiagnostische Zwecke wird die ausschließlich persönlichkeitsbasierte Auffassung bevorzugt – aus einem weiteren, rein praktischen Grund. Schwer kriminelle, antisoziale Verhaltensweisen haben in der berufstätigen Allgemeinbevölkerung wenig Prävalenz und im Berufsleben daher weniger Relevanz, während gleichzeitig die Abfrage und Erfassung strafrechtlich relevanter Informationen im Bewerbungskontext sehr engen Grenzen unterworfen ist (vgl. Püttner, 2014) – nicht zuletzt denen der Bewerberakzeptanz (vgl. Abschnitt 5.3).

Einen guten Überblick über Psychopathie geben die Arbeiten von Hare (z. B. Hare, 2005), tiefergehende Informationen Hervé und Yuille (2007) und vor allem das Handbuch zum Thema von Patrick (2006a, 2018a). Die zweite Auflage des *Handbook of Psychopathy* ergänzt (statt ersetzt) die erste durch neu gewonnene Erkenntnisse der letzten zehn Jahre, unter anderem werden dort auch die im vorliegenden Abschnitt angesprochenen Entwicklungen durch das DSM-5 und die dimensionale Sichtweise sowie die hier nur kurz angerissenen genetischen, neurochemischen und -anatomischen Grundlagen von Psychopathie ausführlich dargestellt (Patrick, 2018b, S. xi).

Nach dieser für Narzissmus, Machiavellismus und Psychopathie getrennten Vorstellung der historischen Entwicklung und aktuellen Begriffsauffassung werden ab dem folgenden Abschnitt Befunde vorgestellt, die im Zuge der gemeinsamen Beschäftigung mit diesen Merkmalen unter dem Oberbegriff „Dunkle Triade der Persönlichkeit“ gewonnen werden konnten.

3.2 Ausgewählte Befunde der gemeinsamen Betrachtung der Merkmale

In diesem Abschnitt werden nicht-berufsbezogene Befunde zu den Fragestellungen vorgestellt, die in der Forschungstradition zur Dunklen Triade die meiste Aufmerksamkeit erhalten haben und für ein Verständnis des typischen Erlebens und Verhaltens von Personen mit erhöhten Werten in Narzissmus, Machiavellismus und Psychopathie bedeutsam sind, vor allem auch für ihre Auswirkungen am Arbeitsplatz. Diese Fragestellungen umfassen ihre (evolutions-)biologische Entwicklung und diesbezügliche Unterschiede, mit der Triade verbundene emotionale Defizite und moralische Vorstellungen, ihre Verortung in allgemeinen Persönlichkeitsmodellen und ihre Beziehung zu kognitiven und verwandten Merkmalen sowie mit der Triade assoziierte interpersonelle Lebens- und Verhaltensstile, darunter in erster Linie antisoziale Verhaltensweisen.

Ein besonderes Augenmerk liegt dabei auf Unterschieden zwischen den Eigenschaften, denn neben einigen Gemeinsamkeiten der Dunklen Triade weisen alle drei spezifische Anteile auf, die differenzielle Beziehungen zu Außenkriterien verantworten, sie werden daher als „overlapping but distinct constructs“ (Paulhus & Williams, 2002, S. 556) bezeichnet.

Furnham, Richards, Rangel und Jones (2014, S. 119) sehen es aus diesem Grund als „theoretische Unmöglichkeit“ an, dass eine Person alle drei Merkmale in vollem Umfang bzw. in ähnlich hoher Ausprägung aufweist. Für diese Auffassung führen sie das Beispiel *Impuls-*

kontrolle an, die Machiavellisten (zu einem gewissen Ausmaß) besitzen, aber „echten" Psychopathen nahezu vollständig fehlt – eine solche basale Eigenschaft könne man nicht gleichzeitig aufweisen und nicht aufweisen.

3.2.1 (Evolutions-)biologische Aspekte

Für grundsätzliche Unterschiede zwischen den Triade-Eigenschaften sprechen Zwillingsstudien, in denen sowohl für Narzissmus als auch für Psychopathie mittlere bis starke *erbliche Anteile* nachgewiesen wurden, im Gegensatz zu deutlich weniger genetischen Einflüssen für Machiavellismus, für diesen allein spielen hingegen geteilte Umweltbedingungen eine Rolle (Vernon, Villani, Vickers & Harris, 2008) – also solche, die zu Ähnlichkeiten im Merkmal beitragen, etwa dieselbe Erziehung aufgrund des gleichen Elternhauses bei Geschwistern. Der erbliche Anteil der Dunklen Triade liegt damit im Bereich dessen von „normalen" Persönlichkeitsmerkmalen (Schuler, 2014a). Unterschiede zwischen Narzissmus und Psychopathie konnten in einer Studie vollständig auf genetische und nicht geteilte Umwelteinflüsse zurückgeführt werden (Veselka, Schermer & Vernon, 2011) – also solche, die zu Unterschieden im Merkmal beitragen, etwa unabhängig voneinander gemachte Lebenserfahrungen.

Jonason, Icho und Ireland (2016) untersuchten, was typische *Umweltbedingungen* sein können, die mit der Entwicklung der Dunklen Triade zusammenhängen bzw. dazu beitragen. Sie fanden, dass in erster Linie Unsicherheit bzw. Unwägbarkeiten in der Kindheit, aber auch eine raue oder stressbeladene Kindheit mit hohen Triade-Werten in Verbindung stehen. Zu den einzelnen Kriterien ergaben sich zum Teil Unterschiede zwischen den Merkmalen. Narzissmus hing mit einem besseren sozioökonomischen Status als Kind und einer als privilegiert eingeschätzten Kindheit zusammen, Psychopathie eher mit unsicheren, rauen Verhältnissen. Die Stärke der Ausprägung der Merkmale schwächt sich mit der Adoleszenz ab, was mit wachsender Impulskontrolle durch Entwicklung der Funktionalität des präfrontalen Kortex erklärt werden könnte (De Clerq et al., 2017).

Ein durchgängiger Befund ist die höhere Ausprägung der Dunklen Triade bei Männern (z. B. Chabrol et al., 2009; Jonason, Li & Buss, 2010; Jonason, Li, Webster & Schmitt, 2009; Paulhus & Williams, 2002). Muris et al. (2017) berechneten eine Metaanalyse zu *Geschlechterdifferenzen* und fanden, dass Männer generalisierbar höhere Werte aufweisen, vor allem in Psychopathie, für welche auch nach Kontrolle geteilter Varianz ein signifikanter Geschlechterunterschied bestand.

Triade-Merkmale von Personen können anhand des *Gesichtsausdrucks* erkannt werden; Probanden reagieren auf Gesichter von Personen mit hohen Werten in Psychopathie und Machiavellismus mit Gehirnaktivität, die geringeres Vertrauen signalisiert (Gordon & Platek, 2009). Holtzmann (2011) modellierte typische Triade-high-scorer-Gesichter hinsichtlich „cranio-fazialer Strukturen" anhand von 112 Datenpunkten im Gesicht. Besonders in weiblichen Gesichtern konnten von Fremdeinschätzern hohe und niedrige Ausprägungen für alle drei Merkmale korrekt den „Gesichterprototypen" zugeordnet werden. Es zeigten sich auch tendenziell Zusammenhänge der Gesichter mit den Persönlichkeitstestwerten, was laut Holtzmann auf eine physiologische Abbildung von Phänotypen der psychischen Triade-Merkmale hindeuten könnte (womit die Triade zu einem potenziellen Forschungsobjekt der „Schädeldeutung" avanciert, vgl. Abschnitt 2.1). Eine andere Studie konnte jedoch nur für Narzissmus eindeutige Belege für eine Sichtbarkeit der Eigenschaft in Gesichtern erbringen (Shiramizu, Kozma, DeBruine & Jones, 2019).

3.2.2 Emotionale Defizite und moralische Vorstellungen

Ein zentraler Aspekt, der fortwährend für die Dunkle Triade diskutiert wird, ist die emotionale Kälte oder fehlende *Empathie* von Trägern der Merkmale. So geht die Dunkle Triade mit verschiedenen Arten emotionaler Einschränkungen, wie geringerer allgemeiner Empathie, einher (z. B. Ali, Sousa Amorim & Chamorro-Premuzic, 2009; Jonason, Lyons, Bethell & Ross, 2013): dabei in erster Linie mit geringerer „affektiver" Empathie, während „kognitive" Empathie als die Fähigkeit, emotionale Zustände von anderen zu erkennen, grundsätzlich nicht eingeschränkt ist (Wai & Tiliopoulos, 2012). Allerdings weist diese Beziehung merkmalspezifische Unterschiede auf: Psychopathie hing in multiplen Regressionen negativ mit dem Maß „kognitiver" Empathie *Perspektivenübernahme* zusammen, genauso mit „empathischen Gedanken und Sorgen", Narzissmus positiv mit emotionalen Gedanken und „persönlichem Missempfinden" auf negative Gefühle von anderen hin (Jonason & Kroll, 2015).

Auch mit *Alexithymie* (Gefühlsblindheit) wurden wiederholt Zusammenhänge gefunden (z. B. Jonason & Krause, 2013); die Fähigkeit, Gefühle erkennen zu können, hing positiv mit Narzissmus und negativ mit Machiavellismus und Psychopathie zusammen und auch diese Beziehung konnte zu großen Teilen mit gemeinsamen genetischen und nicht geteilten Umweltbedingungen erklärt werden (Cairncross, Veselka, Schermer & Vernon, 2013).

Schließlich reagieren Personen mit erhöhten Machiavellismus- oder Psychopathie-Werten sogar mit positivem Affekt auf traurige Gesichter von anderen (Ali et al., 2009). Wai und Tiliopoulos (2012) bestätigten den positiven Affekt auf traurige Gesichter hin für Narzissmus, Machiavellismus und den Faktor *Primary Psychopathy*, sie fanden zudem einen negativen Affekt bei der Betrachtung glücklicher Gesichter. Personen mit erhöhten Werten auf zwei der drei Triade-Merkmale zeigen auch selbst einen geringeren emotionalen Ausdruck, für Narzissmus wurde hingegen eine positive Beziehung gefunden (Lyons & Brockmann, 2017). Ihre geringe Empathie resultiert in weniger Mitgefühl mit anderen, allerdings gilt dies nur für Psychopathie, Narzissmus hing mit höherem „Mitleiden mit anderen" zusammen – zumindest nach der Selbstbeschreibung (Lee & Gibbons, 2017).

In Zwillingsstudien zeigte sich eine geringere „moralische Entwicklung" dergestalt, dass positive Beziehungen von Machiavellismus und Psychopathie zur geringsten Stufe *moralischer Entwicklung* nach Kohlberg (1984) bestanden und sich negative Zusammenhänge von Psychopathie zur höchsten Stufe ergaben (Campbell et al., 2009). Die phänotypischen Korrelationen konnten hierbei nicht mit genetischen Grundlagen, sondern mit korrelierten Umweltbedingungen erklärt werden. Machiavellismus und Psychopathie sind verbunden mit geringer entwickelter Fähigkeit, moralische Urteile zu fällen; Narzissmus war damit nicht korreliert und die Beziehung von Psychopathie vollständig von der Fähigkeit zur Perspektivenübernahme moderiert (Williams, Orpen, Hutchinson, Walker & Zumbo, 2006). Vor allem Psychopathen neigen zu als unmoralisch bezeichneten *Hobbys* wie „Ballerspielen", Internetpornografie und Computer-Hacking; Machiavellismus wies gleiche, aber schwächere Zusammenhänge auf, Narzissmus war nur mit gewaltbetonten sportlichen Aktivitäten verbunden (Williams, McAndrew, Learn, Harms & Paulhus, 2001).

Die Triade-Merkmale sind mit sehr konservativen *Werten* bzw. Moralvorstellungen, beispielsweise zu illegaler Einwanderung, Folter, Umweltschutz und Homosexualität (Arvan, 2013), und mit Vorurteilen gegenüber Migranten verbunden (Hodson, Hogg & MacInnis, 2009). Die Dunkle-Triade-Merkmale gehen zudem mit höherer Bereitschaft einher, alle

„sieben Todsünden" zu begehen bzw. ihnen nachzugeben – Hochmut, Geiz, Lust, Jähzorn, Völlerei, Neid und Faulheit; lediglich letztere war nicht mit Narzissmus verbunden (Veselka, Giammarco & Vernon, 2014).

3.2.3 Allgemeine Persönlichkeitsmodelle

Bis auf einen geteilten Kern geringer Verträglichkeit und Ehrlichkeit-Bescheidenheit, auf den in Abschnitt 3.3 näher eingegangen wird, bestehen auch vor dem Hintergrund breiter Persönlichkeitsfaktoren erhebliche Unterschiede zwischen den Triade-Merkmalen. Paulhus (2001, S. 228) beschreibt Narzissten als „disagreeable extraverts" und es wurden schwach positive Beziehungen zu Offenheit festgestellt; letztere und Extraversion hängen nicht mit Machiavellismus und Psychopathie zusammen, beide dafür mit geringer ausgeprägter Gewissenhaftigkeit, was wiederum auf Narzissmus nicht zutrifft (Furnham et al., 2013; Lee & Ashton, 2005; Paulhus & Williams, 2002). Neurotizismus ist negativ mit grandiosem Narzissmus, aber positiv mit *Secondary Psychopathy* korreliert (Miller et al., 2010); die Neurotizismus-Facette *angry-hostility* positiv mit allen Triade-Bestandteilen (DeShong, Helle, Lengel, Meyer & Mullins-Sweatt, 2017).

O'Boyle, Forsyth, Banks, Story und White (2015) prüften die Zusammenhänge der Triade und des *Fünf-Faktoren-Modells* (FFM; siehe Abschnitt 2.1.2) metaanalytisch und fanden (neben dem Kern geringer Verträglichkeit) eine negative korrigierte Beziehung von Machiavellismus mit Gewissenhaftigkeit (r=–.21) und eine positive mit Neurotizismus (r=.09). Narzissmus war positiv mit Extraversion (r=.40), Offenheit (r=.20) und Gewissenhaftigkeit (r=.09), negativ mit Neurotizismus verbunden (r=–.16); Psychopathie negativ mit Gewissenhaftigkeit (r=–.31) und schwach positiv mit Neurotizismus (r=.05), Extraversion (r=.04) und Offenheit (r=.04). Vize, Lynam, Collison und Miller (2018) lieferten Belege für die positive Beziehung von Narzissmus mit Extraversion und Offenheit und die negative Beziehung von Machiavellismus und Psychopathie mit Gewissenhaftigkeit. Auch Muris et al. (2017) bestätigten eine metaanalytisch korrigierte positive Beziehung von Narzissmus mit Extraversion (r=.31) und Offenheit (r=.15) sowie die negative Beziehung von Gewissenhaftigkeit mit Psychopathie (r=–.27) und Machiavellismus (r=–.25). Sie kontrollierten zudem für geteilte Varianz der Merkmale, wonach alle Beziehungen stabil bestehen blieben, jedoch eine negative von Machiavellismus mit Extraversion (r=–.16) und eine positive von Narzissmus und Gewissenhaftigkeit (r=.16) resultierte. Bei Kowalski, Vernon und Schermer (2016) wird ein Generalfaktor der Persönlichkeit aus den Big Five berechnet, dieser kombinierte Wert aus hoher Extraversion, emotionaler Stabilität, Verträglichkeit, Offenheit und Gewissenhaftigkeit (vgl. Musek, 2007) war negativ mit Machiavellismus und Psychopathie, aber positiv mit Narzissmus verbunden. Douglas, Bore und Munro (2012) schließen aus Vergleichen der Triade, des HDS und der Big Five, dass mit dem Fünf-Faktoren-Modell nicht klar zwischen den „dunklen" Konstrukten unterschieden werden kann.

Bezüglich des *Interpersonalen Circumplex* (Kreismodell mit grundlegenden Dimensionen zwischenmenschlichen Verhaltens) wird die Triade meist in Quadrant II – hohe *agency* (Kontrolle, Dominanz, Durchsetzung), niedrige *communion* (Affiliation, Gemeinschaft, Fürsorge) – verortet (Furnham et al., 2013). Anhand mehrerer Verfahren, die sich den Aspekten „interpersonelle Probleme", „Empfindungen", „Werte" und „Wirksamkeiten" bezüglich der Achsen des Circumplex widmen, wurde belegt, dass deutliche Unterschiede zwischen Höhenlage und Richtung der Merkmale bestehen und zwischen Geschlechtern zwar Mittelwertunterschiede, aber keine strukturellen Differenzen vorliegen (Dowgwillo & Pincus, 2017).

In gemeinsamen Analysen der Triade-Merkmale mit dem *Supernumerary Personality Inventory* (SPI; Paunonen, 2002) wurden vor allem Zusammenhänge zu den Faktoren *Verführung*, *Manipulation*, *Risikoneigung* und geringe *Integrität* gefunden (Veselka, Schermer & Vernon, 2012). Die phänotypischen Korrelationen konnten weitestgehend mit korrelierten genetischen Grundlagen erklärt werden, auch in dieser Studie spielten allein bei Machiavellismus geteilte Umweltbedingungen eine Rolle.

Vor dem Hintergrund des alternativen DSM-5-Modells für Persönlichkeitsstörungen (vgl. Abschnitt 2.3.1) konnten positive Beziehungen aller Triade-Merkmale mit *Antagonismus* gefunden werden; von Machiavellismus zusätzlich mit Negativer Affektivität und Psychotizismus, für Psychopathie positive Beziehungen mit allen Domänen des Maladaptive-Trait-Modells (Grigoras & Wille, 2017). Auf Facettenebene war jedoch ausschließlich Grandiosität der einende Aspekt der Triade. Die „maladaptive traits" hatten einen größeren und inkrementellen Erklärungsbeitrag an den Triade-Merkmalen als die FFM-Faktoren, hauptsächliche Varianzquelle war dabei Antagonismus. Ausgerechnet für Psychopathie erklärte das FFM jedoch einen relativ größeren Teil der Varianz, hier vor allem durch den Faktor Verträglichkeit. In der Metaanalyse von O'Boyle et al. (2015) konnte auch erhebliche Varianz an den Triade-Merkmalen mit dem FFM erklärt werden, ebenfalls ausgerechnet für Psychopathie fast die gesamte.

3.2.4 Kognitive und verwandte Merkmale

Bezüglich kognitiver Merkmale lassen sich weniger Unterschiede zwischen den Triade-Eigenschaften als zwischen deren Messquellen und Konzeptionen finden. Die Triade-Merkmale an sich sind, metaanalytisch belegt, unabhängig von *Intelligenz* (O'Boyle, Forsyth, Banks & Story, 2013). Es wurde allerdings wiederholt angenommen, dass Intelligenz als moderierende Variable in der Beziehung von Triade-Faktoren und Ergebnisvariablen wirken könnte (vgl. Muris et al., 2017; O'Boyle et al., 2012).

Narzissmus ist mit hoch positiven Einschätzungen der eigenen Intelligenz (Gabriel, Critelli & Ee, 1994) und *Kreativität* verbunden, in reiner Selbsteinschätzung und gemessen mit einem biografischen Inventar zur Erfassung kreativen Verhaltens (Furnham, Hughes & Marshall, 2013). Psychopathie und vor allem Machiavellismus sind nicht mit einer Aufwertung der eigenen Kreativität oder Intelligenz verbunden, anders als Narzissmus: So erzielten Narzissten, entgegen entsprechenden Selbsteinschätzungen, keine besseren Leistungen in einem Intelligenztest (Paulhus, Williams & Harms, 2001) und in Kreativitätsaufgaben (Jonason, Abboud, Tomé, Dummett & Hazer, 2017). Bezüglich Kreativität schätzten Narzissten sich selbst positiv ein und wurden gleichzeitig als weniger kreativ fremdeingeschätzt (Jonason, Abboud et al., 2017). Bei Jonason, Richardson und Potter (2015) sind Narzissmus und Psychopathie mit generell positiven Selbsteinschätzungen von Kreativität verbunden.

Kapoor (2015) unterschied mittels *Impliziter Assoziations-Messung* (IAT) „positive Kreativität", die mit Narzissmus, von „negativer Kreativität", die mit Psychopathie verbunden war. In einer Aufgabe zur Kreativität waren Psychopathie und Machiavellismus mit potenziell schadhaften Verwendungsmöglichkeiten der kreativen Lösungen verbunden, keines der Triade-Merkmale jedoch mit einem Mehr an Lösungen, also der *Ideenflüssigkeit*. Entsprechend fanden sich zu tatsächlichen Maßen divergenten Denkens sogar leicht negative Beziehungen für Machiavellismus und Psychopathie (Dahmen-Wassenberg, Kämmerle, Unterrainer & Fink, 2016).

Trotz nur schwacher bivariater Zusammenhänge zu den drei Stufen des Kreativitätsprozesses *Ideenfindung*, *Ideenförderung* und *Ideenumsetzung* konnte regressionsanalytisch ein positiver Zusammenhang von Narzissmus zum fremdeingeschätzten Gesamtwert „Innovatives Angestelltenverhalten" gefunden werden (Wisse, Barelds & Rietzschel, 2015). Psychopathie hatte keinen Zusammenhang, Machiavellismus einen negativen. Besonders zu innovativen Verhaltensweisen, wie dem Vorantreiben kreativer Ideen, bestand der Zusammenhang für Narzissmus nur, wenn der Vorgesetzte selbst kein Narzisst war. Da das Kriterium „innovatives Verhalten des Mitarbeiters" von eben diesen Vorgesetzten eingeschätzt wurde, könnte es sein, dass die Mitarbeiter aus typisch narzisstischen Motiven, wie der Abwertung anderer im sozialen Vergleich, oder Gründen des Wettbewerbs um Aufmerksamkeit von anderen, als weniger kreativ eingeschätzt wurden (Wisse et al., 2015).

Zur sogenannten *Emotionalen Intelligenz* fanden Austin, Farrelly, Black und Moore (2007) für Machiavellismus negative Beziehungen mit der Selbsteinschätzung und dem Leistungsmaß *Mayer-Salovey-Caruso Emotional Intelligence Test* (MSCEIT; Mayer, Salovey & Caruso, 2002). Zum Trait Emotionale Intelligenz, gemessen mit dem *Trait Emotional Intelligence Questionnaire* (TEIQue; Petrides & Furnham, 2006), bestehen negative Beziehungen für Machiavellismus und Secondary Psychopathy (Ali et al., 2009). Dasselbe Muster (jedoch positive Zusammenhänge für Narzissmus) zeigte sich in einer weiteren Studie, die Beziehungen konnten dort auf gemeinsame genetische Einflüsse und auf korrelierte nicht geteilte Umweltbedingungen zurückgeführt werden (Petrides, Vernon, Schermer & Veselka, 2011). Vize, Lynam et al. (2018) zeigten metaanalytisch einen negativen Zusammenhang von Machiavellismus und Psychopathie mit emotionaler Intelligenz. In einer weiteren Metaanalyse konnten die negativen Beziehungen von Machiavellismus und Psychopathie – sowohl zur Eigenschaft als auch zum „Leistungsmaß" emotionale Intelligenz – bestätigt werden (Miao, Humphrey, Qian & Pollack, 2019). Narzissmus hingegen stand in beiden Studien in keinem Zusammenhang. Zur *sozio-emotionalen Intelligenz* – gemessen mit einem Persönlichkeitsfragebogen und damit einem Konzept, das, ähnlich dem der emotionalen Intelligenz, wenig mit Intelligenz als Maß kognitiver Leistungen gemein hat – fanden sich sogar positive Beziehungen für Narzissmus, negative für seine beiden Partner (Nagler, Reiter, Furtner & Rauthmann, 2014).

3.2.5 Interpersoneller Verhaltens- und Lebensstil

Alle Triade-Merkmale gehen (in unterschiedlicher Höhe) mit Werten wie „Stimulation", „Macht", „Hedonismus" und „Erfolg" einher, negativ mit Werten wie „Wohlwollen"; zusätzlich erklären sie inkrementelle Varianz an Wertetypen über die Big Five hinaus (Kajonius, Persson & Jonason, 2015). Sie zeigen Zusammenhänge zu Orientierungen und Streben nach Geld/Konsum, Sex und Macht und können auch hieran inkrementelle Varianz über die Big Five hinaus aufklären (Lee et al., 2013). Wenig verwunderlich hängen besonders Narzissmus und Psychopathie positiv mit dem Verlangen nach oder dem Interesse an Ruhm zusammen, Machiavellismus hingegen negativ (Southard & Zeigler-Hill, 2016).

Die Effekte der Triade als Ganze werden als sozial aversiver und besonders interpersonell problematischer Verhaltensstil (Lee & Ashton, 2005) oder auch als „short-term, agentic, exploitative social strategy“ (Jonason & Webster, 2010, S. 420) beschrieben. Alle Triade-Merkmale, vor allem Psychopathie, werden entsprechend mit einer *„fast life history strategy“* assoziiert, charakterisiert durch geringe Selbstkontrolle, kurze sexuelle Beziehungen, Egoismus und Fokus auf schnellen reproduktiven Erfolg statt langfristiger, stabiler Elternschaft – und das in mehreren verschiedenen Kulturen (Jonason et al., 2009; Jonason, Foster et al., 2017).

Hohe Werte auf den Triade-Merkmalen sind mit einer erhöhten Wahrscheinlichkeit verbunden, um Geld zu spielen (Jones, 2014); wenn dafür Bestrafung droht, war nur Psychopathie ein Prädiktor dafür, um das Geld von anderen zu spielen (und es potenziell zu verlieren). Für alle Triade-Bestandteile und einen zugrundeliegenden Faktor wurden Beziehungen zu *Sensation Seeking* und Impulsivität nachgewiesen. In Verhaltenssimulationen zeigten sich keine Zusammenhänge zu Risikoverhalten in einem (von den Studienautoren als ggf. zu uninteressant bezeichneten) „Ballon-Aufpumpexperiment“; ein zusammengefasster Wert für die drei Merkmale und nur Narzissmus auch isoliert waren jedoch mit höherem Risiko beim Glücksspiel und geringeren temporalen Aufschüben finanzieller Belohnung verbunden – entsprechend geprägte Teilnehmer präferierten die Option, weniger Geld sofort zu erhalten, gegenüber der Option, mehr in der Zukunft zu bekommen (Crysel, Crosier & Webster, 2013). Ähnliche Ergebnisse fanden Malesza und Ostaszewski (2016), wonach zwar Narzissmus und Psychopathie mit selbstberichteten Maßen für Impulsivität zusammenhängen, aber nicht Machiavellismus. In dieser Studie war Psychopathie mit stärkerer Präferenz für sofortige (aber kleinere) finanzielle Belohnungen verbunden. Sie schließen, dass Machiavellismus zwar nicht automatisch mit ausgeprägter Impulskontrolle einhergeht, aber zumindest mit höherer als Narzissmus und Psychopathie. Narzissmus ist mit einer funktionalen Form von Impulsivität verbunden, die von „Aktivität“ und „Risikolosigkeit“ gekennzeichnet ist, Psychopathie mit „dysfunktionaler“ Impulsivität, als der fehlenden Kontrolle, Impulse zu negativen Handlungen zu unterdrücken (Jones & Paulhus, 2011). Die moderat ausgeprägte Impulskontrolle von Machiavellisten führt dazu, dass in der Studie keine Beziehung zu den verschiedenen Formen von Impulsivität besteht. (Letztgenannter Befund wurde methodisch kritisiert und als Fehlinterpretation bezeichnet, vgl. dazu die Ausführungen zu „Auspartialisierung“ in Abschnitt 3.3.2.)

Vize, Lynam et al. (2018) prüften unter anderem die Beziehung der Triade zu Kriterien der breiten Kategorien Aggression, Impulsivität und Sensation Seeking/Risk Taking und fanden alle drei Merkmale mit allen Kategorien positiv verbunden, Narzissmus am stärksten mit Aggression. Jonason und Tost (2010) fanden Psychopathie als einzigen bedeutsamen Einflussfaktor für mangelnde Selbstkontrolle in gemeinsamen Regressionsanalysen der Merkmale, wenn die Standardverfahren zum Einsatz kamen, also die *Mach IV* als Maß für Machiavellismus. Die entsprechende Skala der *Dirty Dozen* (Jonason & Webster, 2010) war hingegen mit geringer Selbstkontrolle verbunden und einziger signifikanter Prädiktor im Modell. Je nach Verfahren ergeben sich damit abweichende Beziehungen zu Selbstkontrolle bzw. für das Verfahren Dirty Dozen nicht theoriekonforme für Machiavellismus (vgl. dazu die Kritik an den Dirty Dozen in Abschnitt 5.2.2).

Mating

In der höheren Ausprägung der Triade-Eigenschaften unter Männern wurde der Grund für die unter diesen im Vergleich zu Frauen häufiger vorzufindende Strategie „impulsiver Kurzzeit-Partnerwahl“ gesucht (Jonason et al., 2009), wobei diese nur für Psychopathie klar nachgewiesen werden konnte. High-Scorer aller Triade-Merkmale setzen generell geringere

Standards an ihre Partner (in langer wie kurzer Frist): Psychopathen legen beispielsweise keinen Wert auf Gütigkeit der Partner in einer langfristigen Beziehung, Narzissten schätzen hierbei physische Attraktivität und sozialen Status (Jonason, Valentine, Li & Harbeson, 2011). Entsprechend der Kurzfristigkeit der angestrebten Beziehungen sind alle an eher wenig „Commitment" zum Partner interessiert und nicht an romantischen Beziehungen; Narzissten streben am ehesten nach One-Night-Stands, Psychopathen nach reinen (aber dauerhaft verfügbaren) „Sexbeziehungen" (Jonason, Luevano & Adams, 2012).

Bezüglich ihrer sexuellen Fantasien unterscheiden sich die Dunkle-Triade-Merkmale. Was alle eint, ist das generell höhere sexuelle Verlangen, das für Machiavellismus im Vergleich nur schwach und für Psychopathie am stärksten ist (Baughman, Jonason, Veselka & Vernon, 2014). Einen interessanten kurvilinearen Zusammenhang der Triade und allgemeiner sexueller Offenheit *(Soziosexualität)* in Verbindung mit sexueller Orientierung von Frauen zeigen Semenyna, Belu, Vasey und Honey (2017). Rein hetero- bzw. homosexuelle Frauen (als Endpole des Kontinuums) weisen geringere Ausprägungen der Triade und eine geringere Neigung zu kurzfristiger, unverbindlicher sexueller Aktivität auf, bisexuelle Frauen (als Repräsentantinnen der Mitte des Kontinuums) allerdings höhere Werte auf der Triade und Soziosexualität.

Narzissmus wird als weniger „dunkel" als die beiden anderen wahrgenommen; wenngleich alle drei eher wenig positiv von Dritten eingeschätzt werden (Rauthmann & Kolar, 2012, 2013). Für Narzissten wurde hingegen gezeigt, dass sie beim Erstkontakt als beliebter eingeschätzt werden, und zwar gerade aufgrund der Facette, die im Zeitverlauf zu sinkender Beliebtheit führt – Ausbeutung/Anspruchshaltung (Back, Schmukle & Egloff, 2010). Der Grund dafür liegt darin, dass Narzissten besser auf solchen Hinweisreizen eingeschätzt wurden, die die beobachtenden Personen als positiv bewerten, wie beispielsweise einem adretten Erscheinungsbild, charmanten Gesichtsausdrücken oder selbstsicheren Bewegungen, und eben diese mit höheren Werten in Ausbeutung/Anspruchshaltung einhergehen.

Um potenzielle Partner zu „überzeugen", wenden Personen mit hohen Triade-Ausprägungen je nach Situation spezifische Taktiken an. Generell neigen sie alle dazu, Schmeicheleien zu benutzen, nur Psychopathie ist (in allen Situationen) mit der Ausübung von Druck oder Zwang verbunden, Machiavellismus hat keine eigenständige Beziehung zu einer aggressiven sexuellen Taktik (Jones & Olderbak, 2014). Narzissmus ist nur mit Zwang als Folge von Zurückweisung nach einer kostspieligen Verabredung verbunden, was in Linie mit den Ergebnissen von Bushman, Bonacci, van Dijk und Baumeister (2003) ist, die Narzissmus mit sexueller Aggression nach Zurückweisung in Verbindung bringen. Ganz allgemein reagieren Narzissten mit Aggression auf Zurückweisungen oder Angriffe auf ihr Ego, Psychopathen auf physische Angriffe (Jones & Paulhus, 2010).

Vor allem weibliche Narzissten weisen eine höhere generelle, aber auch explizit „sexuelle Wettbewerbshaltung" auf. Dieser Befund gilt zwar für die Triade allgemein, Narzissmus ist jedoch der zentrale Einflussfaktor (Carter, Montanaro, Linney & Campbell, 2015). Um gewonnene Partner fernzuhalten oder wieder loszuwerden – also keine langfristigen romantischen Beziehungen eingehen zu müssen und stattdessen weitere kurzfristige Bekanntschaften machen zu können – wenden in erster Linie Narzissten und Machiavellisten spezifische Strategien und konkrete Handlungen wie Vermeidung von Intimität oder sogar Gewalt gegen den Partner an. Hierzu besteht auch ein klarer Zusammenhang zu Psychopathie, zu den „milderen" Verhaltensweisen hingegen keiner (Jonason & Buss, 2012).

Gesundheitliche Aspekte

Narzissmus und Machiavellismus hängen überwiegend nicht mit selbsteingeschätzten physischen und psychischen *Gesundheitsproblemen* zusammen, Psychopathie hingegen schwach mit schlechteren physischen Gesundheits- sowie depressionsbezogenen Selbstbeurteilungen. Unter den objektiven Maßen einer Teilstichprobe zu gesundheitlichen Gefahren war Psychopathie mit allgemeiner Risikoneigung, intravenösem Drogengebrauch, ungeschütztem Sex und Fahren ohne Gurt verbunden; Psychopathen haben auch eine geringere Lebenserwartung (Jonason, Baughman, Carter & Parker, 2015).

Hudek-Knežević, Kardum und Mehić (2016) untersuchten die Beziehung zu einer Reihe von Krankheiten und Beschwerden unter Kontrolle von soziodemografischen Merkmalen und den Big Five und fanden, dass die Triade als Ganze einen (geringen) zusätzlichen Erklärungsbeitrag für eine Reihe von Gesundheitsindikatoren erbrachte. Psychopathie war negativ mit der „Stimmung", mit mehr Krankheiten und ungesunden Verhaltensweisen verbunden. Machiavellismus hing mit schlechterer „Stimmung", höherem Blutdruck und schwach mit weniger Krebsleiden zusammen, Narzissmus mit positiver Stimmung und eher gesunden Verhaltensweisen sowie mit weniger Hautkrankheiten. Es bestehen schwache Belege dafür, dass mit höheren Werten auf der Dunklen Triade kürzere Monatszyklen und negative gesundheitliche Folgen für Frauen einhergehen, darunter mehr sexuelle Krankheiten und Fehlgeburten (Jonason & Lavertu, 2017).

Inwieweit diese korrelativen Studien auf Basis von Selbsteinschätzungen einen Beitrag für das weitere Verständnis, gerade auch der schwereren unter den genannten Krankheiten darstellen, ist fraglich; sie deuten aber zumindest hinsichtlich des Risikoverhaltens auf merkmalsspezifische Unterschiede der Triade-Eigenschaften hin.

Differenzielle Effekte zeigen sich auch für verschiedene Maße der *Lebenszufriedenheit* und des allgemeinen Wohlbefindens. Narzissmus war positiv, Psychopathie negativ, Machiavellismus nicht mit diesen Variablen korreliert (Aghababei & Blachnio, 2015). Machiavellismus und Secondary Psychopathy sind auch in einer weiteren Studie negativ mit Lebenszufriedenheit verbunden, Primary und Secondary Psychopathy sowie Machiavellismus negativ mit Commitment (in Beziehungen), Machiavellismus negativ mit Intimität (Ali & Chamorro-Premuzic, 2010).

(Antisoziales) Verhalten

Eine Verhaltensweise, die ebenfalls mit gesundheitlichen Folgen für das Individuum, aber auch antisozialem Verhalten gegenüber Konkurrenten und letztlich sogar kriminellen Aspekten verbunden ist – und daher als Einstieg in den diesbezüglichen Abschnitt dienen soll – ist *Doping* im Sport. Hier fanden Nicholls, Madigan, Backhouse und Levy (2017), dass alle Triade-Merkmale mit einer positiveren Haltung zu Doping verbunden sind. Sie erklärten knapp 30 % an der Varianz in der Einstellung dazu.

Personen mit hohen Ausprägungen eines Triade-Bestandteils sind zudem allgemein überzeugt davon, gut betrügen zu können, am stärksten ist diese Beziehung für Machiavellismus (Giammarco, Atkinson, Baughmann, Veselka & Vernon, 2013). Alle Triade-Bestandteile stehen mit häufigeren *Lügen* in Verbindung, im akademischen wie im Beziehungsbereich; Machiavellismus war hier der einzige Prädiktor in gemeinsamen Analysen (Azizli et al., 2016). Narzissmus ist mit grundlosen Lügen und mit Lügen zum eigenen Vorteil verbunden, Machiavellismus zusätzlich dazu mit der Anzahl der Personen, die angelogen werden, und

„Notlügen“, Psychopathie am stärksten mit allen genannten Formen, aber nicht mit „Notlügen“. Psychopathen schätzen auch ihre Fähigkeiten zu lügen am höchsten ein, allerdings geben alle Personen mit hohen Ausprägungen eines der Triade-Bestandteile hier positive Werte an.

Machiavellisten lügen aus Intentionen wie Betrug, Narzissten beispielsweise für Ziele wie Steigerung ihrer Beliebtheit, Psychopathen quasi für alle Zwecke, vor allem solchen in Verbindung mit Promiskuität. Psychopathie moderiert den Unterschied zwischen den Geschlechtern in diesbezüglichen Lügen voll (Jonason, Lyons, Baughman & Vernon, 2014). Keines der Merkmale geht jedoch mit besseren Fähigkeiten einher, Lügen bei anderen zu erkennen (Wissing & Reinhard, 2017), und keiner der Triade-Bestandteile steht mit der Selbsteinschätzung in Zusammenhang, dass man ihnen ihre Lügen glaubt; dafür haben Psychopathen eher Spaß am Lügen (Baughman, Jonason, Lyons & Vernon, 2014). Sie betrügen auch wenn das Risiko besteht, erwischt zu werden bzw. Bestrafung droht, was auf ihre Angstfreiheit zurückzuführen ist (vgl. Abschnitt 3.1.3), nur bei geringem Risiko tendierten auch die anderen beiden Triade-Kollegen zu Betrug (Jones & Paulhus, 2017). Mit diesem Befund steht der für den Einsatz der Dunklen Triade in Form von Selbsteinschätzungen im Berufsbereich interessante Befund in Zusammenhang, wonach Machiavellismus und Psychopathie negativ mit (selbsteingeschätztem) *sozial erwünschten Antwortverhalten* in Verbindung stehen, mutmaßlich da Personen mit hohen Werten der Eigenschaften die Konsequenzen nicht fürchten (Kowalski, Rogoza, Vernon & Schermer, 2018).

Interpersonelle Manipulation wird als eines der Kernmerkmale der Dunklen Triade angenommen (vgl. Abschnitt 3.3) und dementsprechend in verschiedensten Erscheinungsformen untersucht. Zur emotionalen Manipulation anderer finden sich positive Beziehungen aller drei Merkmale (Nagler et al., 2014). Narzissmus und Psychopathie moderierten die Beziehung von emotionaler Kontrolle und emotionaler Manipulation, die bei hohen Werten auf der Triade enger war. Bei der Untersuchung der typischen Art sozialer Einflusstaktiken stellte sich heraus, dass Merkmale der Dunklen Triade mit nahezu allen gemessenen Einflusstaktiken positiv verbunden waren und das über verschiedene Zielobjekte, wie Familie, Fremde und Geschlechter hinweg (Jonason & Webster, 2012). Triade-Merkmalsträger variieren die gewählte Taktik hingegen je nach Ergebnisziel. Die Autoren schließen daraus, dass sie ein ganzes Repertoire an Taktiken besitzen, die sie je nach Situation einsetzen, was sie unberechenbar und daher erfolgreich macht. Machiavellisten neigen dabei eher zu komplexer, langfristiger Täuschung; Psychopathen zu impulsivem Betrug (Roeser et al., 2016).

Eine spezifische und im Berufsleben sehr relevante Situation der Einflussnahme auf den „Gegner“ stellen *Verhandlungen* dar. Vor allem Machiavellismus wurde diesbezüglich bereits in den ersten Studien von Christie und Geis (1970) erforscht und die mit ihm einhergehenden spezifischen Vorteile erkannt (vgl. Abschnitt 3.1.2). Gunnthorsdottir, McCabe und Smith (2002) zeigten, dass Personen mit geringen Machiavellismus-Werten vermehrt eine „reziproke“ Strategie wählen, also Gewinne eher teilen, während High-Scorer die „dominante“ Strategie wählen, Vertrauen missbrauchen und alle Gewinne für sich beanspruchen. Bei ten Brinke, Black, Porter und Carney (2015) haben Psychopathen Vorteile bei kompetitiven Verteilungsverhandlungen und Nachteile, wenn es darum geht, integrativ Gewinne zu erzielen.

Für die Triade als Ganze wurden die Ergebnisse in Verhandlungssituationen untersucht, die direkt (face-to-face) oder via Computer geführt wurden. Crossley, Woodworth, Black und Hare (2016) fanden für einen zusammengefassten Dunkle-Triade-Wert, dass höhere

Ausprägungen zu Erfolgen bei Face-to-Face-Verhandlungen beitragen, aber zu schlechteren Ergebnissen bei solchen, die via Computer geführt wurden. Personen, die hoch auf Psychopathie und Machiavellismus scoren, erzielten höhere Gewinne als „reine Psychopathen“ (solche, die parallel geringe Machiavellismus-Werte aufweisen). Machiavellisten erzielten in Face-to-Face-Situationen höhere Gewinne, in computermediierten tendenziell geringere.

Alle Triade-Merkmale hängen positiv mit außerberuflichem *Mobbing* (Bullying) zusammen und das bezüglich direkter wie indirekter, physischer wie psychischer Verhaltensweisen; Psychopathie jeweils am stärksten (Baughman, Dearing, Giammarco & Vernon, 2012), allerdings nur mit traditionellem, nicht onlinebasiertem Bullying (van Geel, Goemans, Toprak & Vedder, 2017). In einem Online-Experiment war Psychopathie bester Prädiktor für das „Trollen“ auf Facebook, und dies in stärkerem Ausmaß für das Profil eines beliebten als für das eines weniger beliebten Facebook-Mitglieds; Machiavellismus nur für das des unbeliebten (Lopes & Yu, 2017).

In Selbstauskünften sind alle Triade-Bestandteile mit verschiedensten Formen expliziten Fehlverhaltens verbunden, von anti-autoritären Verhaltensweisen über Bullying und Konsum leichter wie harter Drogen bis zu leichten wie schweren Formen strafrechtlich relevanter Kriminalität; deutlich am stärksten jeweils Psychopathie. Die Ausnahmen bilden fehlende Zusammenhänge von Machiavellismus und Narzissmus zum Konsum harter Drogen (Azizli et al., 2016). In multiplen Regressionen war entsprechend auch hier Psychopathie der einzige signifikante Prädiktor. Auch zu schwereren kriminellen Handlungen weisen die Triade-Merkmale Bezüge auf; kontrolliert für Substanzkonsum und Borderline-Störung lieferte nur Psychopathie einen eigenständigen Erklärungsbeitrag (Chabrol, Bouvet & Goutaudier, 2017).

Psychopathie ist damit verbunden, Tattoos oder Piercings sowie generell „kulturelle Devianz-Marker“, etwa im Bekleidungsstil, zu tragen; zudem mit verschiedenen Formen von kriminellem Fehlverhalten. Dabei wurde untersucht, ob diese „optischen“ und andere Rahmenbedingungen, wie die Zugehörigkeit zu einer bestimmten Peer Group (zusammen „das soziologische Modell“), oder die Persönlichkeit die kriminellen Handlungen erklären. Nach Einschluss von Psychopathie war diese der einzige signifikante Prädiktor, das galt auch für verschiedene Kategorien von Kriminalität, lediglich bei Drogenkonsum hatten die Rahmenbedingungen zusätzlichen Einfluss, Psychopathie aber weiterhin den stärksten (Nathanson, Paulhus & Williams, 2006).

Die Triade-Merkmale waren zudem in zwei Stichproben mit einer höheren Neigung zu sexueller Belästigung verbunden, auch in multiplen Regressionen hatten alle einen signifikanten Erklärungsbeitrag. Für Machiavellismus gab es in einer der beiden Studien zudem einen Interaktionseffekt mit dem Geschlecht, wonach die Neigung zu sexueller Belästigung am höchsten bei Männern mit hohen Machiavellismus-Werten ausgeprägt war (Zeigler-Hill, Besser, Morag & Campbell, 2016). Carton und Egan (2017) untersuchten Gewalt in Beziehungen und zeigten Psychopathie als einen starken Prädiktor für psychischen wie körperlichen oder sexuellen Missbrauch. Jedoch war vor allem geringe Verträglichkeit hier der stärkste Einflussfaktor und Psychopathie konnte keine inkrementelle Varianz dazu erklären. In einer anderen Studie hingegen waren Psychopathie und vulnerabler Narzissmus die einzigen positiven, *grandioser Narzissmus* der einzige negative Prädiktor für proaktive wie reaktive Gewalt in Partnerschaften, trotz Einschlusses des kompletten HEXACO-Modells – also unter Berücksichtigung eines „Verträglichkeitsfaktors“ (Knight, Dahlen, Bullock-Yowell & Madson, 2018).

Eine relativ neue, dafür aber nicht weniger illegale, ja zwischenmenschlich besonders verwerfliche Form der sexuellen Gewalt bzw. Kriminalität, stellt sogenannter *„revenge porn“* dar – das Teilen pornografischen Materials einer Person (häufig des Ex-Partners) mit einer breiten Öffentlichkeit ohne deren Wissen oder Zustimmung. Alle Triade-Merkmale waren mit höherer Wahrscheinlichkeit verbunden, „revenge porn“ zu teilen, Sadismus interessanterweise nicht (Pina, Holland & James, 2017). In Regressionsanalysen war wiederum Psychopathie der einzige Prädiktor für die Neigung, es tatsächlich zu tun, Machiavellismus mit der Akzeptanz solchen Verhaltens und Narzissmus für das Wohlgefallen daran.

Muris et al. (2017) fassen metaanalytisch verschiedene Bereiche von psychosozialen Konsequenzen der Triade zusammen: weiter oben besprochene, wie sozioemotionale Defizite, Moral oder auf das Sexualverhalten bezogene Aspekte, aber auch solche, die schwer antisoziale, echt kriminelle Verhaltensweisen umfassen. Sie zeigen, dass im Allgemeinen alle Triade-Merkmale mit negativen psychosozialen Konsequenzen verbunden sind. Psychopathie weist zumeist die deutlich stärksten Werte auf, etwa für aggressionsbezogene Delinquenz (r=.39) und Sexualverhalten-bezogene Aspekte (r=.32). Aus gemeinsamen Regressionsanalysen, die geteilte Varianz auspartialisieren (vgl. dazu Abschnitt 3.3.2), resultierte daher auch der Befund „psychopathy runs the show“ (Muris et al., 2017, S. 194). Sie ist für nahezu alle betrachteten Bereiche der einzige relevante Prädiktor, für Narzissmus verblieben nur zwischenmenschliche Probleme, für Machiavellismus diese und antisoziale Taktiken. Ihr Schluss ist, dass Psychopathie der Haupttreiber für „schadhafte“ Verhaltensweisen ist.

Vielleicht ist Psychopathie selbst aber noch eine Ebene zu hoch angesetzt auf der Suche nach einem Treiber für kontraproduktives Verhalten. Wie in Abschnitt 3.1.3 zu Psychopathie und in den obigen Ausführungen zum „Lebensstil“ angesprochen, ist diese mit hoher Impulsivität verbunden, was auch als ein Mangel an *Selbstkontrolle* aufgefasst werden kann. Geringe Selbstkontrolle wurde in der Kriminalitätstheorie von Gottfredson und Hirschi (1990) als Ursache devianten Verhaltens vorgeschlagen und auch als eine theoretische Grundlage im Hohenheimer Projekt zur Integritätsforschung zur Erklärung kontraproduktiver Verhaltensweisen am Arbeitsplatz verwendet (zu kontraproduktiven Verhaltensweisen vgl. Abschnitt 2.2.1 und 4.1). Wright et al. (2017) verknüpften beide Konzepte und fanden, dass die Dunkle Triade mit allgemein höherer Delinquenz verbunden ist, vor allem gewalttätiger, und zudem eine Interaktion mit Selbstkontrolle vorliegt – bei geringer Ausprägung dieser ist die Beziehung der Triade mit Delinquenz enger.

In den geschilderten und den zahlreichen weiteren in den letzten 17 Jahren erbrachten Befunden zu differenziellen Effekten von Narzissmus, Machiavellismus und Psychopathie, von denen in diesem Kapitel nur eine Auswahl berichtet werden konnte, lässt sich in jedem Fall Bestätigung für die Sichtweise finden, dass es lohnt, die Triade-Merkmale grundsätzlich (auch) getrennt voneinander zu betrachten, also für das Fazit, das Paulhus und Williams (2002, S. 562) nach ihren Studien zur möglichen Abgrenzbarkeit der Dunkle-Triade-Eigenschaften gezogen haben: „... distinctive enough to warrant separate measurement“.

Man sieht jedoch an dem im gesamten Abschnitt gezeigten, herausgehobenen Erklärungsbeitrag von Psychopathie in der Triade auch, dass diese (vor allem bezüglich antisozialer Verhaltensweisen) der zentrale Einflussfaktor ist. Es wurde daher oft gefragt, ob nicht Psychopathie die gesamten gefundenen Wirkbeziehungen der Dunklen Triade ursächlich erklären kann, weshalb auf diese Fragestellung im folgenden Abschnitt vertieft eingegangen wird.

3.3 Strukturelle und messmethodische Abgrenzung der Triade-Eigenschaften

Bereits vor der Begriffsschöpfung „Dunkle Triade“ wurde die Frage der Überlappungen der Einzelmerkmale diskutiert und festgestellt, dass große Ähnlichkeiten des Konstrukts Machiavellismus mit den problematischsten Bestandteilen von Narzissmus (McHoskey, 1995) sowie von Narzissmus mit dem interpersonalen Faktor von Psychopathie bestehen (Hart & Hare, 1998). Für Machiavellismus und Psychopathie wurde von McHoskey et al. (1998) sogar die These aufgestellt, sie seien dasselbe Persönlichkeitskonstrukt und die *Mach IV* (zur Messung von Machiavellismus; siehe Abschnitt 3.1.2) ein Maß von Psychopathie in nicht-klinischen Populationen. Auch mehrere aktuelle Arbeiten vertreten diese Sichtweise (z.B. Miller et al., 2017). Diese Diskussion hat ihre Grundlage in Studien, die die gängigen Maße für die Dunkle-Triade-Konstrukte in gemeinsamen Analysen auf denselben Faktoren verorteten oder ähnliche Beziehungen zu Außenkriterien zeigen konnten (Furnham et al., 2013). Dank dem enorm gestiegenen Interesse an und den vielen in jüngerer Zeit angefertigten Studien zur Dunklen Triade (als Einheit) liegt mittlerweile eine große Anzahl von Datensätzen vor, um diese Fragen auf breiter empirischer Basis zu klären, und methodisch hochwertige Arbeiten, die sich explizit mit der Dunklen Triade an sich auseinandersetzen.

Im vorliegenden Abschnitt soll ein Überblick über den Forschungsstand zur internen Struktur und den typischen Messansätzen der Dunklen Triade gegeben werden, da beide Bereiche nicht nur Gegenstand theoretischer Diskussion sind, sondern gerade für die praktische, berufsbezogene Nutzung relevant. Für eine Begründung eines Einsatzes in der organisationalen Personalarbeit sollte nicht nur belegt werden, dass es sich lohnt, die Dunkle Triade in diesem Zusammenhang zu betrachten (siehe dazu Kapitel 4), sondern vorab geklärt werden, welche Aspekte sich voneinander abgrenzen lassen und wie diese messbar sind – also welche Bestandteile der Triade überhaupt lohnend im Berufskontext erfasst werden können und sollten.

Dazu wird zunächst besprochen, wie hoch die Zusammenhänge zwischen den Merkmalen sind und welche spezifischen Aspekte der Dunklen Triade dafür als inhaltliche Erklärung infrage kommen. Dann werden verschiedene Sichtweisen zur faktoriellen Struktur der Dunklen Triade vorgestellt, und es wird geklärt, ob eher die Betrachtung eines Faktors, zweier Faktoren oder die separate Messung aller Triade-Merkmale (und welche ihrer Subfacetten) sinnvoll ist. Im Zusammenhang mit den unterschiedlichen Auffassungen zu den Binnenbeziehungen der Triade wird eine weitere viel diskutierte Frage besprochen – die der angezeigten statistischen Methodik bei der Untersuchung der Beziehungen der Triade-Eigenschaften zu externen Variablen. Hier werden bivariate, regressionsanalytische und strukturmodellierende Techniken und ihre jeweiligen Vor- und Nachteile diskutiert (Furnham et al., 2013; Watts, Waldman, Smith, Poore & Lilienfeld, 2017). Abschließend wird eine theoretische Erklärung vorgestellt, die zu den strittigen strukturbezogenen und analytischen Fragen beigetragen hat – der *Construct Creep* der Triade-Forschung (Furnham et al., 2013) – und aus der Kombination aller geschilderten Befunde die *multidimensionale* Auffassung der Dunkle-Triade-Merkmale als mögliche Herangehensweise an den Construct Creep vorgeschlagen.

Auf diese Weise wird hergeleitet, welche strukturelle Konzeption und analytische Methodik bei der Erfassung und Nutzung der Dunklen Triade nach derzeitigem Forschungsstand als die sinnvollste erscheint, wodurch empirisch gesicherte Empfehlungen für berufsbezogene Anwendungszwecke gegeben werden können.

3.3.1 Strukturelle Konzeption der Dunklen Triade

Geteilte Varianz und inhaltlicher Kern der Triade

Die *Binnenbeziehungen* der Dunklen Triade konnten durch verschiedene Metaanalysen und über verschiedene Maße hinweg relativ konstant bestimmt werden. Die erste diesbezügliche Metaanalyse von O'Boyle et al. (2012) kommt auf korrigierte Zusammenhänge von r=.30 für Narzissmus und Machiavellismus, r=.51 für Narzissmus und Psychopathie und r=.59 für Psychopathie und Machiavellismus. Vize, Lynam et al. (2018) zeigen Beziehungen von r=.35 für Narzissmus und Machiavellismus, r=.38 für Narzissmus und Psychopathie und r=.52 für Machiavellismus und Psychopathie. Die Metaanalyse von Muris et al. (2017), die nur kombinierte Studien aller Triade-Merkmale einschließt, kommt auf durchschnittliche Effektgrößen von r=.34 für Narzissmus und Machiavellismus, r=.38 für Narzissmus und Psychopathie und r=.58 für Psychopathie und Machiavellismus. Vernon et al. (2008) zeigten durch genetische Korrelationen von Psychopathie mit Narzissmus (r=.48) und Machiavellismus (r=.66), dass diese Zusammenhänge z.T. eine gemeinsame genetische Basis haben. An den Werten lässt sich ablesen, dass insbesondere zwischen Psychopathie und Machiavellismus starke bivariate Zusammenhänge bestehen sowie durchweg schwächere, aber mit Werten um r=.30 immer noch substanzielle, Beziehungen von Narzissmus und Machiavellismus.

Als möglicher gemeinsamer *inhaltlicher Kern*, der für die Überschneidungen verantwortlich ist, wurden geringe Verträglichkeit, Ehrlichkeit-Bescheidenheit und Empathie sowie ausgeprägter Antagonismus bzw. interpersonelle Manipulation/Ausbeutung vorgeschlagen (vgl. Furnham et al., 2013). Alle Triade-Merkmale teilen einen Kern geringer Verträglichkeit, Ehrlichkeit-Bescheidenheit und Integrität, was auch in einer deutschsprachigen Stichprobe nachgewiesen werden konnte (Schwarzinger, 2009), und liegen im selben Quadranten des Interpersonalen Circumplex (Furnham et al., 2013; vgl. Abschnitt 3.2.3). Muris et al. (2017) fanden metaanalytisch für alle drei Triade-Merkmale negative Zusammenhänge mit Verträglichkeit: r=–.21 mit Narzissmus, r=–.43 mit Machiavellismus und mit Psychopathie r=–.46. Zu Verträglichkeit wurden von Vernon et al. (2008) auch genetische Korrelationen von r=–.42 bis r=–.78 gezeigt, die für diesen Faktor als ein der Triade zugrundeliegendes Konstrukt sprechen (Miller et al., 2017). Jones und Figueredo (2013) wiesen anhand strukturmodellierender Methoden den ersten Psychopathie-Faktor „Interpersonal" nach Hare (2003; vgl. Abschnitt 3.1.3) als eine weitere inhaltliche Interpretation des Kerns der Triade nach.

Book, Visser und Volk (2015) prüften mehrere Modelle vergleichend, darunter eines, das die Big Five einschließt (es konnte 46 % Varianz an der Triade aufklären), geringe Empathie (37 % Varianzaufklärung), Primary Psychopathy, bestehend aus Manipulation und geringer Empathie (45 % Varianzaufklärung), das gesamte HEXACO-Modell (57 % Varianzaufklärung) sowie Ehrlichkeit-Bescheidenheit und geringe Empathie (63 % Varianzaufklärung). Damit kann ein substanzieller Teil, aber nicht die gesamte Varianz an der Dunklen Triade, mit entweder engen inhaltlichen Faktoren oder den breiten Persönlichkeitsmodellen erklärt werden. Kritisch am Titel der Publikation „... claiming the core of the dark triad" und entsprechender Begriffsverwendung im Text ist anzumerken, dass die statistisch erklärte Varianz durch ein (per definitionem vollständiges) Gesamtmodell der Persönlichkeit (Big Five bzw. HEXACO, vgl. Abschnitt 2.1.2) inhaltlich nicht als enger Kern eines anderen Konzepts (hier der Dunklen Triade) gelten kann, sondern im Gegenteil vielmehr als breites Erklärungsmodell all ihrer vielseitigen Facetten.

Hodson et al. (2018) verfolgen einen etwas anderen Ansatz und vergleichen den empirisch extrahierten „dunklen" Kern der Triade-Bestandteile („dunkler" g-Faktor; siehe unten) und den „H-Faktor" (Ehrlichkeit-Bescheidenheit; siehe Abschnitt 2.1.2) metaanalytisch. Sie finden einen fast perfekt negativen Zusammenhang, aus dem sie schließen, der Kern der Triade sei vollständig identisch mit geringer Ehrlichkeit-Bescheidenheit. Hodson et al. (2018) gehen auf Basis ihrer Befunde weiter davon aus, dass alle Varianz der Dunklen Triade vor dem Hintergrund basaler Dimensionen der „normalen Persönlichkeit" erklärt werden kann, und schließen sich damit kritischen Stimmen von Muris et al. (2017) an, wonach das Konzept der Dunklen Triade möglicherweise redundant ist, da es wenig mehr zu erklären vermag, als es mit traditionellen Persönlichkeitsmodellen möglich ist.

Diese Annahme hat, wie die referierten und weiter unten besprochene Daten zeigen, zutreffenden Gehalt, reicht aber in der Interpretation vermutlich zu weit, da einerseits bei Book et al. (2015) selbst mit vollständigen Persönlichkeitsmodellen nicht die gesamte Varianz an der Triade erklärt werden kann und auch bei Hodson et al. (2018) Ehrlichkeit-Bescheidenheit nur identisch mit dem empirischen Kern ist – nicht aber mit der Varianz der vollständigen Konstrukte. Gerade die Triade-Konstrukte als Ganze, als spezifische Konstellation (Compound Traits, vgl. dazu Abschnitt 2.2.2), und die Betrachtung all ihrer Facetten (vgl. dazu die Ausführungen zu Subfacetten der Dunklen Triade in Abschnitt 3.3.3) könnten jedoch potenzielle Ergänzungen in der personalpsychologischen Anwendung von Persönlichkeitsfaktoren darstellen.

Zusammenfassend zu den Überschneidungen von Narzissmus, Machiavellismus und Psychopathie und den dafür vorgeschlagenen inhaltlichen Beschreibungen lässt sich festhalten, dass es viel Varianz unter den Triade-Merkmalen zu erklären gibt und je nachdem welches Konzept man dazu verwendet, (einen Psychopathie-Faktor, einen Faktor eines Persönlichkeitsmodells oder gar ein solches in Gänze), sind erhebliche Anteile gemeinsamer Varianz von verschiedenen „Erklärungs-Modellen" und der Dunklen Triade nachzuweisen – mit keinem davon kann jedoch deren gesamte Varianz erklärt werden. Die in diesem Abschnitt vorgestellten Vorschläge sollten daher nur als abgrenzbare inhaltliche Kerne im engeren Sinn verstanden werden. Hierfür kommen Interpersonale Manipulation, emotionale Kälte, geringe Verträglichkeit und geringe Ausprägungen auf dem zentralen Faktor Ehrlichkeit-Bescheidenheit des HEXACO-Modells infrage.

Verschiedene Auffassungen, wie die empirische Struktur der Dunklen Triade in all ihren Aspekten und hinsichtlich der Zusammenhänge und Abgrenzbarkeit der Merkmale an sich zu interpretieren ist, werden im Folgenden vorgestellt.

Die Dunkle Triade, die Dark Dyad oder der „dunkle" g-Faktor?

Die großen gemeinsamen Varianzkomponenten der Triade-Merkmale haben dazu geführt, dass mehrfach ein einzelner Faktor rechnerisch extrahiert wurde (vgl. Furnham et al., 2013; Glenn & Sellbom, 2015). Schon früh wurde ein Faktor beschrieben, der 61 % Varianz aufklärt und auf dem die Verfahren *NPI* (vgl. Abschnitt 3.1.1), *Mach IV* (vgl. Abschnitt 3.1.2) und *Levenson Self-Report Psychopathy Scale* mit $r = .66$ oder höher laden (McHoskey et al., 1998). Der Artikel von McHoskey und Kollegen ist damit nach Kenntnis des Autors des vorliegenden Bandes die erste explizit gemeinsame Untersuchung aller drei Dunkle-Triade-Merkmale, wenige Jahre vor den Arbeiten von Paulhus und Kollegen. Auch für das Kurzverfahren *Dirty Dozen* (vgl. Abschnitt 5.2.2) wurde (explorativ) ein gemeinsamer zugrundeliegender Faktor gefunden (Jonason et al., 2009). Allerdings wiesen in einer weiteren, konfirmatorischen Studie das einfaktorielle Modell schlechte, hierarchische und dreifaktorielle Modelle deutlich bessere Modellpassungen auf (Jonason & Webster, 2010).

Bertl, Pietschnig, Tran, Stieger und Voracek (2017) kommen zu dem Schluss, dass die Annahme eines einzelnen übergeordneten Faktors zu besseren Modellpassungen führt, als die drei Triade-Merkmale getrennt zu betrachten. Allerdings wurde von ihnen ein Modell mit Einzelitems als Variablen und einer darüber liegenden dreifaktoriellen Struktur mit einem *Dark-Core-Modell* verglichen, in dem statt einzelner Items die Subskalen der Inventare als manifeste Variablen operationalisiert werden. Die Modelle sind daher, was ihren Aufbau und ihre Parameter angeht, zwar nicht direkt vergleichbar, weisen trotzdem deutlich auf die Existenz eines gemeinsamen „dunklen" Kerns hin. Bertl et al. (2017) zeigten weiterhin, dass in erster Linie die Psychopathie-Faktoren „Affektive Defizite/Emotionale Kälte" und „Interpersonelle Manipulation" den empirisch extrahierten Kern erklären, liefern also Bestätigung für die Sichtweise von Jones und Figueredo (2013), diese Aspekte seien passende inhaltliche Beschreibungen für ihn.

Gute Modellpassung erbrachte schließlich die parallele Betrachtung eines übergeordneten Faktors und der einzelnen Skalen der gängigen Kurzinventare. In einem Vergleich von insgesamt fünf Modellen konnten für ein solches *Bi-Faktor-Modell* die besten Passungsmaße gezeigt werden (McLarnon & Tarraf, 2017). Anzumerken ist, dass für alle dort untersuchten Modelle verschiedene Methoden der Strukturmodellierung bzw. Berechnung verwendet werden, von denen einige methodenimmanent dazu dienen sollen bzw. daraufhin optimiert sind, möglichst viel Varianz zu erklären. Während klassische, „normale" *konfirmatorische Faktorenanalysen* (CFA) für jedes Item ausschließlich eine Beziehung zu einem latenten Faktor modellieren (keine Querladungen, kein weiterer latenter „Bi-Faktor"), wird diese Restriktion in neueren strukturmodellierenden Methoden aufgeweicht. *Exploratorische Strukturgleichungsmodelle* (ESEM) erlauben Ladungen auf anderen Faktoren, die lediglich „gegen null" gehen sollen. Bi-Faktor-Modelle nehmen zusätzlich die Existenz eines globalen Faktors an, der die geteilte Varianz an allen Items erklärt, die spezifischen Faktoren lediglich die von diesem nicht abgedeckte Varianz. Ein *exploratorisches Bi-Faktor-Strukturgleichungsmodell* (B-ESEM) schließlich integriert beide Ansätze (McLarnon & Tarraf, 2017).

Gerade in der Persönlichkeitsforschung ist bekannt und für die als überlappend beschriebenen Triade-Merkmale naheliegend, dass einzelne Itemvarianz nicht nur mit dem latenten Zielkonstrukt, sondern auch mit den anderen Faktoren und gemeinsamen Varianzkomponenten erklärt werden kann. Es ist daher wenig verwunderlich, wenn klassische, eher restriktive ein- und dreifaktorielle CFA-Modelle den neuen Ansätzen „unterlegen" sind und das B-ESEM die besten Fit-Maße zeigt, wie bei McLarnon und Tarraf (2017). Die Autoren geben zudem an, dass von einer weiteren klassischen Vorgabe – der, das sparsamste Modell zu wählen – bewusst abgewichen wurde, mit dem Ziel, möglichst viel Varianz zu erklären. Dafür sind sie auf diese Weise in der Lage zu zeigen, dass es einen gemeinsamen Varianzanteil gibt, der unabhängig von bzw. parallel zu den drei Merkmalen besteht, und unterstützen damit „... both the unificationist and separatist perspectives on the underlying structure of the Dark Triad, which were previously proposed as contrasting paradigms" (McLarnon & Tarraf, 2017, S. 72).

Eine kritische Auseinandersetzung mit der Frage, was inhaltlich unter so modellierten Faktoren zu verstehen ist, erfolgt in Abschnitt 3.3.2. Davor soll ein Ansatz vorgestellt werden, die Triade-Struktur zu erklären, der anders als bei McLarnon und Tarraf (2017) die Standardverfahren und deren Subskalen in die Betrachtung einschließt – also mehr einzelne und spezifisch abgrenzbare Facetten.

Watts et al. (2017) fanden auf dieser Basis bessere Passung für ein dreifaktorielles Modell, welches einen zusätzlichen Faktor höherer Ordnung hat, als ohne die Annahme eines solchen; für beide Modelle allerdings keine idealen Fit-Maße. Sie stellten daraufhin eine Reihe mehrerer ESEM auf, bei denen sie jedes Konstrukt mit mehreren Inventaren und deren Subskalen erfassen (darunter auch etwa solche zu vulnerablem Narzissmus). Das Modell, in dem alle Skalen auf einem Faktor laden, erbrachte sehr gute Fit-Maße; daraufhin wurde modelliert, wie viele Faktoren „darunter passen" – also eine Faktorenzahl gesucht, die zwischen einem Faktor und der Anzahl der Subskalen der Inventare liegt. Am besten erwies sich dabei ein vierfaktorielles Modell (mit allerdings kaum besseren Indizes als das dreifaktorielle), das inhaltlich von der Dunklen Triade abweicht. Dessen Faktoren wurden mit „Emotionale Stabilität", „Grandiosität", „Instrumentalität" (Machiavellismus) und „Sensation Seeking" benannt. Ein Grund für das Erscheinen von „Emotionaler Stabilität" dürfte der Einschluss der vulnerablen Narzissmus-Skalen und der z. T. breiteren Konzeptionen der betrachteten Psychopathie-Skalen im Vergleich zu Standard- und Kurzverfahren sein. An dieser Studie zeigt sich, dass bei rein empirischem Vorgehen und auf Fit-Maße hin optimierten Vorschlägen zur Struktur die Ergebnisse stark davon abhängig sind, welche Merkmale wie breit und mit welchen Maßen erfasst werden.

Als Beleg dafür kann die Studie von Moshagen, Hilbig und Zettler (2018) dienen, die einen „dunklen" g-Faktor gesucht und gefunden haben – den *Dunklen Faktor der Persönlichkeit „D"*. Dafür wurden neben Dunkle-Triade-Kurzverfahren folgende Konstrukte eingeschlossen: Egoismus, moralische Ungebundenheit, Anspruchshaltung, Sadismus, Eigeninteresse und Schadenfreude. Damit sind solche Inhalte breit vertreten, die die Fokussierung des eigenen Vorteils ohne Rücksicht auf oder sogar mit Gefallen an Nachteilen für andere einschließen. Der gefundene D-Faktor konnte entsprechend inhaltlich als „... tendency to maximize one's individual utility – disregarding, accepting, or malevolently provoking disutility for others –, accompanied by beliefs that serve as justifications" beschrieben werden (Moshagen et al., 2018, S. 656). Die in die Analyse eingegangenen Skalen der Studie waren Ergebnis einer umfangreichen Literaturrecherche zu „dunklen" Eigenschaften in einschlägigen Fachzeitschriften bis zurück ins Jahr 1999. Da dabei neben weiteren, eher randständigen auch die wohl bekanntesten „dunklen" Faktoren, die des HDS (vgl. Tabelle 2 auf Seite 29), nicht in die Analyse eingeschlossen wurden, lässt sich nicht klären, ob sich mit ihnen (und idealerweise auch den Triade-Standardverfahren mit Subskalen) ein anderer D-Faktor gefunden hätte.

Einem für die Triade spezifischen und ausgewogenen Ansatz folgen die Arbeiten von Volmer, Koch und Wolff (2019) und Rogoza und Cieciuch (2018). Volmer et al. (2019) können zeigen, dass sich die Varianz unter den Standardverfahren SRP, NPI und Mach IV sowie dem SD 3 und den Dirty Dozen unter Hinzunahme eines Bi-Faktors „D" besser erklären lässt als mit einem dreifaktoriellen Modell (das für sich genommen jedoch auch gute Fit-Maße aufweist). Damit liefern sie eine Erweiterung der Arbeit von McLarnon und Tarraf (2017), die nur die Kurzverfahren ohne Subskalen untersucht haben, und Bestätigung der Ergebnisse.

Rogoza und Cieciuch (2018) schließen ein gemeinsames Kurzverfahren (*Short Dark Triad*; SD 3) und je eine Standardskala für die drei Konstrukte ein. Auf Skalenebene, auf der auch die meisten oben referierten Ansätze arbeiten, finden sie Belege für die Dark-Dyad-Lösung aus Narzissmus und Psychopathie/Machiavellismus. Zusätzlich werden (auf Itemebene) die eingehenden Einzelitems zunächst exploratorisch zu 12 abgrenzbaren Skalen verdichtet und auf dieser Basis insgesamt 13 Strukturgleichungsmodelle anhand ihrer Fit-Maße miteinander verglichen, die von einem Faktor (Dunkle Triade) ausgehend jeweils eine Facette mehr aufweisen (vgl. zum genauen, etwas komplexeren als hier dargestellten Vorgehen Rogoza und Cieciuch, 2018). Nach ihrem Ergebnis sind 12 Facetten die beste strukturelle Beschreibung der klassischen Dunkle-Triade-Items (in berufsbezogen formulierten Items fanden sich 11 Subskalen, vgl. Schwarzinger & Schuler, 2016 und Abschnitt 6.1.2). Abbildung 2 zeigt das Ergebnis.

Zur Faktorenanzahl unterhalb der Triade lässt sich damit festhalten, dass mit neuen strukturmodellierenden Techniken und je nachdem, welche Verfahren betrachtet und ob diese auf Item- oder Skalenebene untersucht werden, Nachweise für die Vorteilhaftigkeit von strukturellen Interpretationen erbracht werden, die von einer dreifaktoriellen Sicht abweichen. Allerdings mit den Einschränkungen, dass (1) methodisch entweder jegliche erdenkliche Varianz modelliert wird, (2) sich durch Hinzunahme randständiger inhaltlicher Aspekte (wie vulnerablem Narzissmus) auch ganz andere Konstrukt-Strukturen oder (3) durch verhältnismäßig zu großen Einfluss eines inhaltlichen Bereichs überhöhte Gewichte dessen in der Faktorenlösung ergeben. Wenn zu gleichen Anteilen und mit den Standardverfahren gearbeitet wird, findet sich einige Evidenz für die Abgrenzbarkeit von und sinnvolle Modellpassungen für drei Triade-Faktoren und es kann (parallel) ein „dunkler" Bi-Faktor modelliert werden, der zusätzliche Varianz erklärt. Dieser ist für das theoretische Verständnis der Natur „dunkler" Eigenschaften und auch hinsichtlich seiner Validität zur Vorhersage externer Korrelate (parallel zu und statt der Einzelmerkmale) lohnend weiter zu erforschen. Für praktische Anwendungszwecke scheint die klassische Dunkle Triade- oder die Dark-Dyad-Lösung, vor allem aber eine differenzierte Betrachtung vieler Einzelfacetten, sinnvoll zu sein. Auf diesen Befund wird daher zum Abschluss dieses Kapitels auch bezüglich seiner Implikationen für die berufsbezogene Anwendung noch einmal eingegangen (siehe Abschnitt 3.3.3).

Psychopathie oder Dunkle Triade?

Für den praktischen Einsatz relevant und für die weitere Forschung bedenkenswert, vertreten Glenn und Sellbom (2015) die These, dass insbesondere für die Prognose externer Variablen die Zusammenfassung von Maßen verwandter Konstrukte und Berechnung künstlicher Faktoren daraus theoretisch keinen Sinn ergebe bzw. dieser und die Vorteilhaftigkeit erst belegt werden müsse (man könne ansonsten ja auch noch beliebige weitere Konstrukte dazunehmen). Besser ist es ihrer Auffassung nach, den zentralen Faktor (Psychopathie) isoliert zu messen. Die vermutlich am häufigsten geäußerte Kritik am theoretischen Konzept der Dunklen Triade, dass Machiavellismus und Psychopathie nicht konzeptionell unterschieden werden können bzw. das Psychopathie-Konstrukt selbst so breit ist, dass es die beiden anderen beinhaltet, wird bei McHoskey et al. (1998) und aktuell beispielsweise durch Miller et al. (2017) und Glenn und Sellbom (2015) vertreten.

Miller et al. (2017) schließen aus nahezu identischen Modellpassungen für ein zweifaktorielles Modell (mit Machiavellismus und Psychopathie als einem Faktor) und ein Modell mit drei Faktoren, in Kombination mit quasi identischen Mustern der beiden Merkmale bezüglich externer Korrelate, dass es keinen Unterschied zwischen Machiavellismus und Psychopathie gibt. Glenn und Sellbom (2015) prüften die inkrementelle Validität der Dunkle-Triade-Merkmale über Psychopathie. Dabei finden sich zumeist nicht signifikante und nur schwache zu Psychopathie ergänzende Erklärungsbeiträge für externe Variablen sowie keine Interaktion des „Dunkle Triade-Residuums" (Triade ohne Psychopathie) mit Psychopathie, woraus die Autoren schließen, dass kein zusätzlicher Nutzen in der kombinierten Messung besteht. Sie stellen zudem ein konfirmatorisches Modell zur Erklärung der Triade durch Psychopathie auf. Dieses weist eine nicht positiv definite Matrix auf, was es nicht interpretierbar bzw. schätzbar macht, da Psychopathie „über 100 %" der Varianz erklärt. Daraus

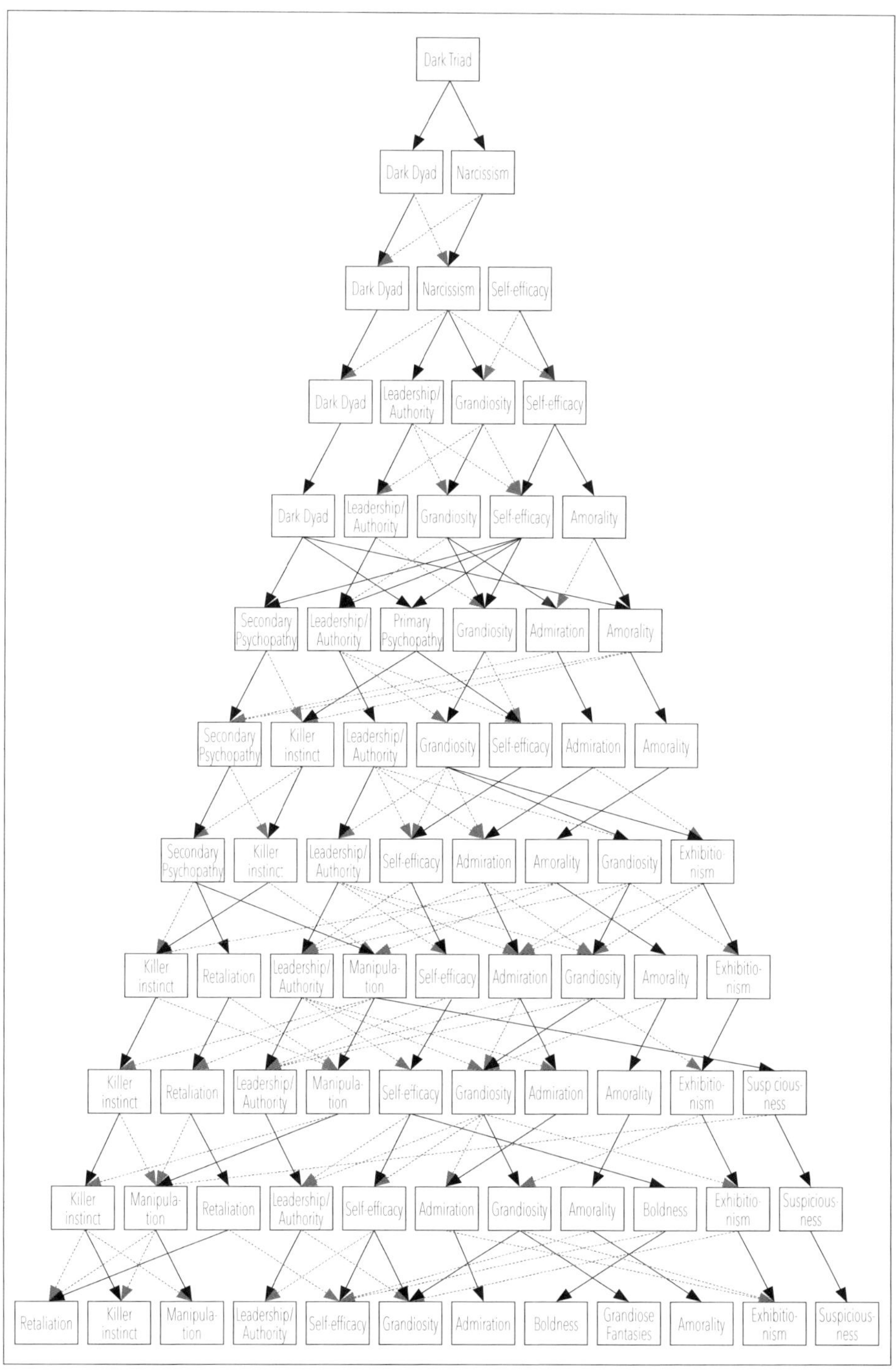

Abbildung 2: Hierarchische Struktur der Dunklen Triade (aus Rogoza & Cieciuch, 2018)

folgern sie, dass kein latentes Dunkle-Triade-Konstrukt interpretiert werden kann, da Psychopathie schon alles erklärt (Glenn & Sellbom, 2015). Anzumerken ist, dass eine Stichprobe Strafgefangener verwendet und die Studie mit dem PPI (vgl. Abschnitt 3.1.3) durchgeführt wurde, welches Psychopathie sehr breit erfasst (nach Furnham et al., 2013 deckt es inhaltliche Bereiche von Machiavellismus und Narzissmus mit ab). Hier findet sich ein weiterer Beleg dafür, dass die widersprüchlichen Ergebnisse zur Struktur der Triade stark davon bedingt sind, welche „Input-Variablen" betrachtet werden.

In diese Richtung weist auch eine weitere Erklärung zur mangelnden Abgrenzbarkeit der anderen Triade-Merkmale von Psychopathie, sie liegt in der Messmethodik bzw. der ihr vorgelagerten Stufen der theoretischen Konzeptdefinition und Skalenentwicklung und lautet, dass die meist eingesetzten Maße schlicht mit geteilten Aspekten konfundiert sind, beispielsweise Items zu „interpersoneller Manipulation" in NPI, Mach IV, PPI und SRP (Glenn & Sellbom, 2015; Muris et al., 2017). Eine andere Erklärung ist, dass keine Unterschiede gefunden werden können, da die Mach IV typische (von Psychopathie verschiedene) Merkmale des Machiavellisten nicht misst, also defizient ist. (Der Fragestellung der inhaltlichen Repräsentation der Konstruktmerkmale in den gängigen Skalen wird in Abschnitt 5.2.2 weiter nachgegangen).

Miller et al. (2017) führten Expertenbefragungen bezüglich typischer Triade-Profile auf den Subfacetten des FFM durch. Nicht nur wichen die Ergebnisse stark von den empirisch gefundenen typischen Machiavellismus-Werten im FFM ab, sie waren auch näher am „Psychopathie-Persönlichkeitsprofil". Psychopathie und „Machiavellismus-Expertenprofil" waren jedoch nur mittelhoch korreliert und es gab zu den Erwartungen Abweichungen bezüglich beispielsweise Impulsivität, Sensation Seeking oder Pflichtbewusstsein. Selbst unter Experten besteht damit eine gewisse Uneinigkeit darüber, welches die Alleinstellungsmerkmale der Dunkle-Triade-Eigenschaften sind.

An den widersprüchlichen Befunden der vorgestellten Studien zur faktoriellen Struktur der Dunklen Triade lässt sich feststellen, dass es nicht „die eine" richtige Lösung zu geben scheint. Im Gegenteil erlauben je nach überprüften Verfahren und Art der Modellierung zwischen ein und drei Faktoren eine gute Abbildung der Daten; in manchen Fällen sind zusätzliche Modellverbesserungen durch Hinzunahme eines vierten Faktors oder durch Modellierung eines Faktors höherer Ordnung möglich. Psychopathie und Machiavellismus scheinen tatsächlich sehr ähnlich zu sein, wofür im nachfolgenden Abschnitt weitere Belege erbracht werden – jedoch auch für die Sinnhaftigkeit ihrer getrennten Betrachtung. Psychopathie ist das inhaltlich facettenreichste Konstrukt der Triade und deckt viele Aspekte der beiden anderen Merkmale mit ab, diese scheinen aber auch exklusive Anteile zu haben, worauf deshalb zum Abschluss dieses Kapitels noch einmal genauer eingegangen wird. Zuvor sollen die am häufigsten gewählten messmethodischen Zugänge zur Dunklen Triade besprochen werden.

3.3.2 Messmethodische Zugänge bei der Erfassung der Dunklen Triade

Watts et al. (2017) sehen drei methodische Probleme der Triade-Forschung:

- Eines in der im vorigen Abschnitt besprochenen unkritischen Annahme bzw. der Unklarheit der Triade-Struktur, die erst in den letzten Jahren explizit und auf höherem methodischen Niveau untersucht wird.

- Der Hauptkritikpunkt ist die Annahme, die Triade-Merkmale seien abgrenzbare, unidimensionale Konstrukte (auf diese Sichtweise wird weiter unten detaillierter eingegangen).
- Des Weiteren werden die Konstrukte zu häufig mit den Verfahren gleichgesetzt. Bezüglich der Standardverfahren ist dabei das Problem, dass diese als „Goldstandard" aufgefasst werden, aber meist nicht das volle Konstrukt bzw. es lediglich in einer bestimmten Konzeptualisierung abdecken. Bei den *Dirty Dozen* erscheint noch weit schwerwiegender, dass die Ergebnisse eines oft kritisierten, inhaltlich verengten und nachweislich wenig konstruktvaliden Verfahrens (vgl. Abschnitt 5.2.2) für Aussagen über die vollständigen Konstrukte herangezogen werden.

Miller et al. (2017) sehen ein weiteres Problem darin, dass die Dunkle-Triade-Merkmale meist nicht parallel bzw. vergleichend betrachtet werden, sprich die abweichenden bivariaten Beziehungen zu Außenkriterien nicht auf statistisch bedeutsame Unterschiede geprüft werden (ja zum Teil nicht einmal Triade-Interkorrelationen berichtet werden, die dies im Nachhinein ermöglichen würden).

Auspartialisierung

Das genaue Gegenteil geschieht durch den (neben bivariaten Korrelationen) prominentesten analytischen Ansatz der Triade-Forschung, die *Auspartialisierung* geteilter Varianz über multiple Regressionen (Miller et al., 2017), d.h. der Zusammenhang zwischen zwei Variablen wird um den Einfluss von Drittvariablen bereinigt. Die Merkmale simultan zu erfassen und multiple Regressionen zu erklärender externer Variablen auf sie zu berechnen, wodurch sich eigenständige Erklärungsbeiträge zeigen, war von Paulhus und Williams (2002) vorgeschlagen worden, weshalb sich ein Großteil der Studien daran orientierte (Furnham et al., 2013). Die methodische Frage oder Kritik bezüglich dieses Ansatzes ist, was von einem Konstrukt bleibt, wenn erst ein beträchtlicher Varianzanteil entfernt ist – im Falle einer gemeinsamen Analyse mit Psychopathie beispielsweise 80 % der von Machiavellismus (Miller et al., 2017); nach Vize, Collison et al. (2018) jedenfalls nicht das ursprüngliche Konstrukt. Dies kann zu geringeren, höheren oder sogar gegenteiligen Beziehungen zu Außenkriterien durch eventuelle *Suppressionseffekte* führen, besonders bei hoch korrelierten und multidimensionalen Variablen wie der Dunklen Triade (Sleep, Lynam, Hyatt & Miller, 2017). Diese zunächst sehr theoretisch anmutende Frage ist praktisch von hoher Relevanz, wenn zu entscheiden ist, welchen Triade-Bestandteil man für welchen Einsatzzweck heranzieht. Dafür ist es maßgeblich, ob die Befunde für diesen Faktor oder eine bestimmte Skala tatsächlich diesem bzw. dieser oder eher den anderen Triade-Merkmalen zuzurechnen sind und ob nicht gegenseitige Einflüsse die Effekte mit erklären. Diese Fragen sind, wie die folgenden Abschnitte zeigen, leider nicht immer deutlich genug thematisiert worden, was auch zu Fehleinschätzungen der Wirkbeziehungen der Dunklen Triade geführt hat.

In erster Linie aufgrund der auf Basis dieses Vorgehens abgeleiteten Beziehungen zu Außenkriterien hat der Ansatz auch vielerlei Kritik hervorgerufen. Sleep et al. (2017) prüfen daher explizit, welche Effekte sich allgemein durch „Partialisierung" ergeben, indem sie für verschiedene Fragestellungen untersuchen, ob signifikante Unterschiede zwischen Roh- und Partialwert bestehen. Für Psychopathie ergaben sich dabei relativ stabil ähnliche Werte, etwa für die Beziehungen zu den Big Five. Nur 34 % der geprüften Beziehungen waren auf Facettenebene verschieden. Für Machiavellismus hingegen waren etwa die Hälfte aller Beziehungen signifikant verschieden, vor allem erschienen stärkere zu Neurotizismus und stärker negative zu Extraversion für die Partialkomponenten. Für Narzissmus unterschieden sich gar 83 % der Beziehungen zum Fünf-Faktoren-Modell zwischen Roh- und Partialwert. Zum Maladaptive-Trait-Modell blieben für Psychopathie 25 von 27 Beziehungen nach Auspartialisierung geteilter Varianz erhalten. Für Machiavellismus unterschieden sich allerdings 83 % und für Narzissmus volle 100 %. Auch zu externen Ergebnisvariablen war bei der Betrachtung von Psychopathie nur eine Beziehung verschieden, bei Narzissmus und Machiavellismus hingegen jede einzelne. Narzissmus war, entgegen dem Rohwert, nach Auspartialisierung beispielsweise zu keiner der Ergebnisvariablen korreliert. Über alle untersuchten Beziehungen hinweg ergaben sich für Machiavellismus 71 % Unterschiede, bei Narzissmus 92 %, darunter abgeschwächte oder sogar umgekehrte Zusammenhänge.

Gerade weil Narzissmus die größten Effekte durch Auspartialisierung der anderen betreffen, scheint er die größte Eigenständigkeit zu haben. An Psychopathie und Machiavellismus konnten über 60 % der Varianz durch die beiden anderen erklärt werden, nur 37 % an Narzissmus. Sleep et al. (2017) zeigen zudem, dass in den Residuen nur noch sehr wenig Varianz im Sinne des Fünf-Faktoren-Modells oder des maladaptiven Persönlichkeitsmodells steckt: im „Machiavellismus-Residuum“ nur 5 bis 6 %, etwa 12 % in dem von Psychopathie und 22 % in dem von Narzissmus. Hierin liegt auch eine Erklärung für die zum Teil beobachtbare Umkehr der Außenbeziehungen. Narzissmus hat den größten eigenständigen Anteil und dieser steht den mit dem geteilten Varianzanteil einhergehenden Effekten zum Teil entgegen. Das Profil des „Narzissmus-Residuums“ beispielsweise ist fast vollständig adaptiv und durch geringen Neurotizismus und hohe Extraversion gekennzeichnet; eine Beschreibung, die für den beruflichen Kontext zunächst nicht nachteilig klingt und in gemeinsamen Analysen aller drei Merkmale mit Erfolgskriterien unter Auspartialisierung der „bösen“ Brüder den Eindruck entstehen lassen könnte, Narzissmus sei beruflichen Variablen zuträglich – was isoliert und in seinen ganzen Facetten hingegen eher nicht zutrifft (vgl. Kapitel 4).

Das Fazit von Sleep et al. (2017) ist daher, dass (partialisierte) Machiavellismus- und Narzissmus-Werte in jedem Fall als solche ausgewiesen werden müssen, da Rohvariablen bzw. einfache Korrelationen davon erheblich abweichen. Es wird daher beispielsweise die Studie von Jones und Paulhus (2011) kritisiert, in der mit der Partialvariablen keine Beziehung von „Machiavellismus“ zu Impulsivität gefunden und entsprechend berichtet wurde, wohingegen die Rohvariable sehr wohl eine aufwies.

Strukturgleichungsmodelle

Ein weiterer methodischer Ansatz ist, die Beziehungen der Triade untereinander und zu Außenkriterien über *Strukturgleichungsmodelle* (SEM) zu modellieren, was es ebenfalls ermöglicht, geteilte Varianz zu betrachten. Dabei ist neben der diskutierten Problematik der Auspartialisierung zu beachten, dass die Methodik nach Furnham et al. (2014) gemeinsame Varianz (und ihre inhaltliche Bedeutung) oft überschätzt, in dem Sinne, dass bestehende schwache Beziehungen zwischen Aspekten eines Modells zur Annahme höherer Faktoren verleiten, die tatsächlich nicht bestehen.

Vize, Collison et al. (2018) gehen auf die Interpretation residualisierter Variablen ein. In SEM, die Beziehungen zu Außenkriterien modellieren, wird teilweise für Überlappung der Prädiktoren „korrigiert“. Beispielsweise wird in Bi-Faktor-Modellen die geteilte Varianz auf dem Bi-Faktor verortet, die Beziehungen der „eigentlichen Konstrukte“ zu externen Variablen werden damit auf Basis der auspartialisierten Faktoren untersucht. Hiermit besteht das oben beschriebene Problem in gleicher Form wie bei Regressionen – es ist unklar, wie die Beziehung des originalen Konstrukts zur abhängigen Variablen aussieht (Vize, Collison et al., 2018).

Mit *metaanalytischen SEM* (MASEM) untersuchen Vize und Kollegen Effekte vor und nach Auspartialisierung durch Profilvergleiche der rohen und residualisierten Faktoren. Nach Partialisierung ergaben sich Interpretationsprobleme über alle Maße der Dunklen Triade hinweg. So werden die maladaptiven Aspekte von Narzissmus auspartialisiert, der verbleibende Rest ist adaptiv und weist beispielsweise Beziehungen zu Altruismus auf, was klar entgegen der theoretischen Konzeption von Narzissmus steht. Bezüglich Machiavellismus wurden für manche theoretische Erwartungen bessere Belege mit partialisierten, für andere mit den Rohwerten gefunden. Für Psychopathie ergeben sich eher geringe Effekte, in jedem Fall aber substanzielle Änderungen der Merkmale durch Partialisierung (Vize, Collison et al., 2018). Ein weiteres Problem wird in Anknüpfung an die Frage, was die Residuen inhaltlich repräsentieren, darin gesehen, dass keine Garantie besteht, welchen Anteil gemeinsamer Varianz man auspartialisiert. Zu Antagonismus etwa, der als inhaltlicher Kern der Triade diskutiert wird, bestehen für die Residuen weiter beachtliche Zusammenhänge.

Ziel der ausführlichen Erläuterungen an dieser Stelle und von Vize, Collison et al. (2018) ist nicht, die vorgestellten Techniken zu „verteufeln", jedoch zu einer genaueren Prüfung ihres Zwecks und Belegen ihrer Nützlichkeit aufzurufen:

- Der *Rohwert* einer Variablen ist für viele Fragestellungen, wie der reinen Beziehung zu Außenkriterien bzw. Klärung des nomologischen Netzes eines gesamten Konstrukts besser geeignet;
- *Residuen* hingegen etwa für die Untersuchung der gemeinsamen Varianzaufklärung an Zielvariablen und den Beiträgen der jeweiligen Konstrukte.
- Für die Prüfung der externen *Korrelate* eines theoretischen Subaspekts sind Maße, die abgrenzbare Subskalen aufweisen, zweckmäßiger als Techniken der Partialisierung, da durch diese klarer untersucht werden kann, auf welche spezifischen inhaltlichen Aspekte eines Konstrukts die Beziehungen zu Außenkriterien zurückgehen (Vize, Collison et al., 2018).

Composite Scores

Das andere häufig verwendete analytische Vorgehen ist, einen sogenannten *Composite Score* zu berechnen – den nach z-Standardisierung kombinierten Gesamtwert der Merkmale, wie er beispielsweise von Jonason et al. (2009) vorgeschlagen wurde. Der Ansatz wurde ebenfalls von anderen Autoren übernommen, obwohl das Vorgehen methodisch kritisiert wurde, da der Triade-Composite weniger Varianz erklärt als die einzelnen Variablen und es inhaltlich nicht sinnvoll ist, Konstrukte, die aus z. T. entgegenstehenden Aspekten bestehen (z. B. Impulskontrolle), zusammen als einen Faktor/eine Variable aufzufassen (Furnham et al., 2014).

Watts et al. (2017) kritisieren daher neben der Behandlung der Triade als „monolithische Einheiten" in erster Linie die Praxis der Nutzung von Composite Scores. Dabei würden die Merkmale schon vorab als unidimensional angenommen (was auf sie nicht zutrifft) und durch die Zusammenfassung nachweislich bestehende Unterschiede nivelliert. Damit gehen große Anteile potenzieller Varianzaufklärung verloren. Hierzu wird die Metaanalyse von Mershon und Gorsuch (1988) zu allgemeinen Persönlichkeitsinventaren referiert, in der durch Maße auf Facettenebene fast doppelt so viel Varianz an externen Kriterien erklärt werden konnte wie auf Ebene globaler Faktoren. Watts et al. (2017) finden klare Bestätigung für die Vorteilhaftigkeit, die Merkmale nicht global, sondern auf Facettenebene zu betrachten (es ergibt sich danach ggf. sogar eine andere, besser abgrenzbare faktorielle Struktur der Triade).

Die vorgestellten analytischen Ansätze sind daher kritisch zu betrachten und ihre Vor- und Nachteile vor dem Hintergrund ihres Einsatzzwecks zu beurteilen. Die verschiedenen Methoden, Varianz auszupartialisieren, können einen klaren Blick auf die individuellen Beiträge eines Merkmals erlauben – es ist jedoch zu beachten, dass nicht klar ist, was genau man auspartialisiert hat. Insbesondere wenn es zur Umkehr von Beziehungen zu Außenkriterien kommt, muss hinterfragt werden, ob weiterhin das intendierte Konstrukt gemessen wird. Composite Scores sind mit noch größeren konzeptionellen und empirischen Einschränkungen verbunden, weshalb bis auf die Untersuchung sehr breiter Ergebnisvariablen von ihrer Nutzung abgesehen werden sollte. Vor allem aber sind alle Techniken und die Art der resultierenden Zielvariablen klar anzugeben und einfache, bivariate Korrelationen immer mit zu berichten.

Construct Creep

Die bei der Messung von Dunkle-Triade-Merkmalen resultierenden großen gemeinsamen Varianzanteile (und damit auch die daraus errechenbaren latenten Faktoren und manche Probleme mit kombinierten bzw. partialisierten Variablen) gehen nach Meinung einschlägiger Autoren auf eine Ursache zurück – den „*Construct Creep*" der Triade-Forschung (Paulhus, 2014; Furnham et al., 2013, S. 209), also wörtlich übersetzt einen „Konstruktineinanderfluss".

Die Forschung zu den einzelnen Merkmalen hat sich über die lange Zeit der Betrachtung enorm ausgedehnt und dabei mehr und mehr Anteile der gesamten „dunklen" Persönlichkeit eingenommen. Dabei wurden redundante und konfundierte Inhalte erzeugt und zu spät festgestellt, dass Phänomene des eigenen Forschungsbereichs eigentlich anderen Variablen (ursächlich und hauptsächlich) zuzuschreiben sind (Paulhus, 2014) – das auch, weil die Triade-Merkmale zu Beginn in verschiedenen Feldern untersucht wurden: Machiavellismus entstammt der sozialpsychologischen Forschungstradition, Narzissmus der tiefenpsychologisch-psychiatrischen, später klinischen, und Psychopathie vor allem dem forensischen klinischen Kontext (vgl. Abschnitt 3.1). Dadurch, dass in den isolierten Forschungsbereichen jeweils nicht nur verwandte, sondern auch klar zu anderen Merkmalen gehörende Aspekte eingeschlossen wurden, ist es zu einer inhaltlichen Vermengung gekommen. Die heute als Dunkle Triade diskutierten Konstrukte weisen im Ergebnis theoretische Überschneidungen auf und ihre gängigen Maße schließen Aspekte der jeweils anderen Eigenschaften mit ein. Einige der Studien bzw. der häufig eingesetzten quantitativen Methoden, die darauf beruhen, die z. T. erheblichen geteilten Anteile zu finden, haben weiter dazu geführt, dass angenommen wurde, die Dunkle-Triade-Merkmale seien *ein* Konzept oder empirisch in der Normalbevölkerung nicht unterscheidbar – und dieser Construct Creep geht leider unvermindert weiter (Furnham et al., 2013). Hodson et al. (2018) beschreiben die Dunkle Triade daher als ein „creepy" Konstrukt, welches die Probleme rund um die Frage nach einem Construct Creep sehr gut veranschaulicht.

Diese theoretischen Überlegungen können helfen zu erklären, warum es in den empirischen Studien zu den, derzeit in erster Linie über die Standard- und Kurzverfahren operationalisierten, Triade-Konstrukten häufig schwerfällt, die Merkmale und vor allem Machiavellismus und Psychopathie voneinander zu trennen:

- Auf globaler Ebene sind die Eigenschaften zum einen tatsächlich in vielen zentralen Bereichen identisch (inhaltliche Kerne der Triade).
- Die Merkmale haben auch teilweise ähnliche Muster in breiten Persönlichkeitsmodellen und sogar gemeinsame genetische Grundlagen.
- Zum anderen wurden in den Konstruktdefinitionen durch Ausdehnung an den Rändern verwandte, aber weniger zentrale Aspekte der Konstrukte eingeschlossen, was sich in Verfahren äußert, die größere inhaltliche Überlappungen haben.
- Wenn nun diese Verfahren auf globaler Faktorebene ausgewertet werden, was in nahezu allen Studien zur Dunklen Triade der Fall ist (O'Boyle et al., 2012), führt dies schließlich zu einer statistischen Datenbasis, die annehmen lässt, die Triade-Eigenschaften seien identisch oder zumindest sehr ähnlich.
- Die Zusammenfassung zu Composite Scores, die auf dieser Annahme basiert, führt zu einer weiteren Nivellierung von Unterschieden.
- Durch verschiedene Methoden der Auspartialisierung werden Residuen erzeugt, die wenig eigenständigen bzw. unklaren Erklärungsbeitrag haben.

Diese Ansätze dominieren die Triade-Forschung und lassen dabei außer Acht, dass die Triade-Merkmale jeweils aus mehreren Facetten bestehen (vgl. Abschnitt 3.3.3), weshalb es für eine klarere Sicht auf die tatsächlichen Erklärungsbeiträge der einzelnen Aspekte und zur Begegnung des Construct Creep wichtig ist, die Dunkle-Triade-Konstrukte in Subdimensionen aufzuspalten – sie also multidimensional zu erfassen.

Multidimensionalität

Dass die Dunkle-Triade-Merkmale alle multidimensional konzipiert sind, ist unbestritten (z.B. Muris et al., 2017; Watts et al., 2017); sie sind auf theoretischer Grundlage aus verschiedenen abgrenzbaren Einzelaspekten kombinierte Compound Traits und ihre Standardverfahren weisen spezifische Subskalen auf, die auch faktorenanalytisch bestätigt wurden (siehe Abschnitt 3.1). Die Merkmale auf Ebene ihrer Facetten zu betrachten, ist der Weg, die bestehenden Redundanzen der Konstrukte sichtbar zu machen und dem Construct Creep zu begegnen (Smith et al., 2018). Es ist somit zu klären, welche die Facetten sind und welche voneinander abgrenzbar sind, dann kann auch untersucht werden, welche wie bedeutsam sind – für die theoretische Klärung der Struktur, aber auch hinsichtlich ihrer Effekte auf externe Variablen.

Marcus, Preszler und Zeigler-Hill (2018) führten dazu eine spezifische grafische Analyse *(LASSO)* des Triade-Netzwerks auf Ebene der Subskalen der Verfahren NPI und SRP durch (leider nicht auch der Subfacetten der Mach IV, Machiavellismus wurde nur als Globalfaktor erfasst). Dabei werden alle Bestandteile des Modells als Knoten und ihre Verbindungen als Wege modelliert, die je nach Stärke unterschiedlich dick dargestellt sind, und zentrale Aspekte der untersuchten Merkmale grafisch in der Mitte angeordnet. Vor allem die Psychopathie-Faktoren Interpersonelle Manipulation und Affektive Defizite/Emotionale Kälte waren in verschiedenen Analysen jeweils am stärksten mit allen anderen verbunden und grafisch im Zentrum. Am schwächsten und dezentralsten waren Grandiosität und Anspruchshaltung aus dem Narzissmus-Konstrukt.

Auch nach den Ergebnissen von Watts et al. (2017) ist die gängige Betrachtung der Dunkle-Triade-Struktur auf Faktorenebene nicht sinnvoll, da die Subskalen oft stark abweichende, ja gegenteilige Ergebnisse erbringen und durch den gängigen Einsatz von Globalfaktoren diese Befunde nivelliert werden. Bestätigung für die Vorteilhaftigkeit der parallelen

Betrachtung mehrerer Messebenen lieferten Jonason, Kavanagh, Webster und Fitzgerald (2011), die zeigen, dass die besten Modellpassungen der Triade bei der Vorhersage externer Variablen erhalten werden, wenn Prädiktor und Kriterium auf derselben Ebene liegen (vgl. Abschnitt 2.2.2 zu „bandwith-fidelity"). Faktoren höherer Ordnung, wie Soziosexualität, würden tendenziell besser vorhergesagt durch einen zugrundeliegenden „dunklen" Faktor; während auf mittlerer Ebene angesiedelte Variablen, wie „Strategien einen Partner zu halten", besser durch Modelle erklärt werden, die drei Faktoren getrennt betrachten. Das bedeutet, es bedarf sowohl der Erfassung der Globalfaktoren als auch der spezifischen, engen Aspekte der Dunklen Triade – ihrer Subfacetten.

3.3.3 Die Subfacetten der Dunklen Triade

Psychopathie ist ein sehr breites Störungsbild, im Modell von Hare (2003) in vier Faktoren und 20 Subfacetten aufgegliedert (siehe Tabelle 3 auf Seite 45). Für eine Kategorisierung als klinisch auffällig muss ein Großteil dieser Aspekte in hoher Ausprägung vorliegen, inklusive tatsächlicher krimineller Auffälligkeiten, die auf dem vierten Faktor „Antisozial" verortet sind. Auch in subklinischen Formen und Verfahren werden dieser Faktor und dazugehörige Verhaltensweisen gemessen (vgl. Abschnitt 3.1.3). Kein anderes Triade-Merkmal weist dessen Inhalte in theoretischer Konzeption oder als Skalen/Items in den entsprechenden Messverfahren auf. Es bestehen durchweg deutlich schwächere, häufig keine Beziehungen von Narzissmus und Machiavellismus zu kriminellen Aktivitäten oder schwerem sozialen Fehlverhalten (gerade, wenn für Psychopathie kontrolliert wird, vgl. Abschnitt 3.2.5). Auch typische extreme Aspekte des mit (klinischer) Psychopathie einhergehenden Sexualverhaltens (z.B. Promiskuität, ausbeuterische eheähnliche Beziehungen, Ausübung von Druck oder Zwang) sind im Vergleich eher schwach mit den anderen Triade-Merkmalen verbunden. Die deutlichste Abgrenzung von Psychopathie zu den anderen Triade-Eigenschaften besteht somit in offen antisozialen bis hin zu schwer kriminellen Verhaltensweisen und dem spezifischen Sexualverhalten des Psychopathen.

Kernaspekte von *Narzissmus* sind Grandiosität, Überheblichkeit und das Ausnutzen von Dritten (vgl. Abschnitt 3.1.1). Solche Aspekte wurden häufig in Beschreibungen von Psychopathie genutzt, z.B. „pathological egocentricity" bei Cleckley oder „grandiose sense of self-worth" bei Hare (Glenn & Sellbom, 2015). Sie liegen inhaltlich den Subskalen *Sprachliche Gewandtheit/Oberflächlicher Charme*, *Übersteigertes Selbstwertgefühl* und *Betrügerisch/Manipulativ* zugrunde, die auf dem ersten Faktor nach Hare liegen. Auch in der SRP besteht dieser Faktor, mit der Skala wird somit auch ein überhöhter Selbstwert erfasst (Küfner, Dufner & Back, 2014). Es wurde daher festgestellt, dass Narzissmus, vor allem gemessen mit dem NPI (vgl. Lynam, 2011), eine hohe Übereinstimmung mit dem ersten Psychopathie-Faktor „Interpersonal" aufweist und dieser hauptsächlich für die Beziehung zwischen Narzissmus und Psychopathie verantwortlich zu machen ist. In der älteren, zweifaktoriellen Lösung nach Hare, in der der erste Faktor zusätzlich auch die affektiven Aspekte und das kaltherzige Ausnutzen anderer erfasst, wurden zu diesem höhere Zusammenhänge gefunden als zum chronisch instabilen und antisozialen Lebensstil des Psychopathen (Hart & Hare, 1998). Auch fanden McHoskey et al. (1998) nur eine Partialkorrelation von Narzissmus zum ersten, nicht aber zum zweiten Faktor. Glenn und Sellbom (2015) sehen das Konzept des grandiosen Narzissmus des NPI in Psychopathie-Modellen voll vertreten, geben aber zu bedenken, dass das NPI Narzissmus breiter misst. Zum Narzissmus-Konstrukt gehört auch eine erhöhte Anspruchshaltung sowie ein Faktor, der sich mit Führung und Autoritätsgefühlen befasst (vgl. Abschnitt 3.1.1). Aspekte der Führung sind nicht explizit in Psychopathie-Skalen enthalten.

Machiavellismus hat weder in theoretischen Konzeptionen (vgl. Christie, 1970a) noch empirisch Verbindungen zu typisch narzisstischen Aspekten: McHoskey (1995) fand (partiale) Nullkorrelationen zu Überlegenheit und Führung und negative zu Eitelkeit und Selbstgenügsamkeit, letzteres spiegelt die realistischere Sichtweise der eigenen Person des Machiavellisten gegenüber dem überzogenen Selbstwert des Narzissten wider, mit den maladaptiven Aspekten wie Ausbeutung bestehen hingegen deutliche Zusammenhänge. Diese können nicht nur als Hauptbeziehung von Narzissmus und Machiavellismus gelten, interpersonelle Manipulation und Ausbeutung wird auch als ein Kern der Triade als Ganzer angenommen (vgl. Abschnitt 3.3.1; Jones & Figueredo, 2013). Zum Psychopathie-Faktor, der diese erfasst, im älteren Hare-Modell „Primary Psychopathy“, bestehen daher auch engere Zusammenhänge als zu „Secondary Psychopathy“ (McHoskey et al., 1998), was auf die klassisch machiavellistischen Aspekte zurückzuführen ist, die in der Skala Betrügerisch/Manipulativ enthalten sind.

Eine weitere und vielleicht die engste Gemeinsamkeit mit Psychopathie stellt der zweite Faktor dar – „Affektiv“ nach dem aktuellen Hare-Modell – der für affektive Grundlagen wie Gefühlskälte, emotionale Härte und Rücksichts- oder Gewissenlosigkeit steht. Narzissmus ist im Vergleich mit Machiavellismus und Psychopathie nur schwach mit geringer Empathie verbunden (Jonason & Kroll, 2015) und es gibt keine diesbezügliche Skala im NPI, auch in Narzissmus-Faktorenlösungen erschien nie ein entsprechender Faktor (vgl. Abschnitt 3.1.1). Für Machiavellismus wurde theoretisch ein relativer Mangel an Gefühlen in zwischenmenschlichen Beziehungen angenommen (Cloetta, 1972) und es gibt eine Reihe von Belegen, die emotionale Kälte oder Gefühllosigkeit als Kernmerkmal von Machiavellismus sehen (vgl. Abschnitt 3.1.2 und 3.2.2).

Wie bereits angesprochen, sind Machiavellismus und Psychopathie in großen Teilen sehr ähnlich und schwer voneinander zu unterscheiden. Aus theoretischer Perspektive wurden hingegen einige Unterschiede betont. Einer, sogar als zentrales Element von Machiavellismus postulierter, ist die zynische Haltung gegenüber Dritten (Subskala *Views*, vgl. Abschnitt 3.1.2), die auch empirisch bestätigt werden konnte (Jones & Paulhus, 2009). Es bestehen hingegen keine expliziten Verweise darauf in der Literatur zu Psychopathie (Glenn & Sellbom, 2015). Auch in gängigen Psychopathie-Inventaren sind keine diesbezüglichen Skalen oder Items enthalten. Entsprechend konnte für das Residuum der Dunklen Triade (ohne Psychopathie) ein Zusammenhang zu Zynismus gezeigt werden, weshalb dieser Faktor als das zu Psychopathie differenzierende Merkmal von Machiavellismus gesehen werden kann (Glenn & Sellbom, 2015).

Weitere theoretische Annahmen weisen für Machiavellismus auf ein eher langfristig orientiertes, rational-strategisches Vorgehen bei der Zielerreichung hin, entgegen Psychopathie, einem Konstrukt für welches Impulsivität und geringe Verhaltenskontrolle definitorische und als Skalen abgebildete Aspekte sind, die auch vielfach empirisch belegt wurden (vgl. Abschnitt 3.1 und 3.2). Diese sind zentraler Bestandteil des dritten Psychopathie-Faktors nach Hare – „Lebenswandel“ – bzw. der hierfür früher verwendeten Bezeichnung „Secondary Psychopathy“. Anhand verschiedener Korrelate aus den typischen Lebens- und Verhaltensstilen der Triade-Mitglieder (vgl. Abschnitt 3.2.5) konnte diesbezüglich ein abweichendes Muster gezeigt werden; danach sind weder impulsive Verhaltensweisen noch fehlende Planung wirklich charakteristische Aspekte von Machiavellismus (oder Narzissmus).

Zusammengefasst sind die einenden Bestandteile von Narzissmus und Psychopathie Grandiosität und Überheblichkeit des ersten Faktors „Interpersonal“ nach Hare; der Aspekt dieses Faktors, den sich alle Triade-Merkmale teilen, ist „Manipulation“. Machiavellismus und Psychopathie eint empirisch der affektive Faktor 2 nach Hare. Differenzierendes Merkmal von Psychopathie zu den anderen beiden sind die Faktoren 3 und 4 des Psychopathie-Modells: der typische Lebenswandel, der durch Impulsivität, Verantwortungslosigkeit und das Fehlen realistischer Ziele gekennzeichnet ist, und tatsächlich kriminelle Verhaltensweisen. Diese Aspekte unterscheidet sie nicht nur von den anderen, sie machen Psychopathie zu dem destruktivsten Merkmal der „dunklen“ Persönlichkeiten (Mathieu & Babiak, 2016a). Machiavellismus ist als einziger nicht durch Selbstüberhöhung gekennzeichnet, sondern durch eine pragmatische, realistische Einstellung. Zudem ist Zynismus das für Machiavellismus differenzierende Alleinstellungsmerkmal. Typisch mit Narzissmus verbundene Aspekte wie Führung und überhöhte Anspruchshaltung sind keine Inhalte von Machiavellismus und nicht Teil des Psychopathie-Konstrukts oder entsprechender Skalen.

Es bestehen somit sowohl theoretisch fundierte als auch als Subskalen abgebildete Unteraspekte der Triade-Merkmale, die sich unterscheiden. Analysen der Triade-Merkmale auf Globalebene, häufig eingesetzte Kurzverfahren, die keine Ausweisung von Subskalen erlauben, und statistische Maße, die latente Faktoren oder Composite Scores modellieren, engen die Konstrukte so stark ein, dass potenzieller Erklärungsbeitrag verloren geht. Analytisch sollte zudem auf eine Passung der Messebene zu den erklärenden Variablen geachtet werden. Konstrukte höherer Ordnung können besser durch latente Faktoren erklärt, engere Aspekte genauer vorhergesagt bzw. ein Maximum an Varianzaufklärung erreicht werden durch eine fein aufgegliederte Messung auf Facettenebene. Aus diesem Grund und den vielfältigen gezeigten differenziellen Beziehungen zu Außenkriterien ist es nicht nur bedeutsam, die Triade-Merkmale getrennt (bzw. zusätzlich zu Composite Scores oder Regressionen auch isoliert), sondern die Einzelfacetten der multidimensionalen Triade-Konstrukte zu betrachten (Watts et al., 2017). Dies ist auch für angewandte personalpsychologische Fragestellungen bedeutsam, zeigen diese doch teilweise erhebliche Unterschiede in ihrem Erklärungsbeitrag, etwa Narzissmus-Facetten für kontraproduktive Verhaltensweisen oder Stress/Arbeitszufriedenheit (Schyns, 2015). Weitere Beziehungen der Merkmale zu eignungsdiagnostisch relevanten Variablen werden im folgenden Kapitel besprochen.

4 Eignungsdiagnostisch relevante Befunde zur Dunklen Triade

Die Auswirkungen der „dunklen Seite" der Persönlichkeit im Berufsleben werden von der Psychologie schon seit den 1920er Jahren betrachtet (vgl. Sackett et al., 2017 und Abschnitt 2.2). Etwa seit der letzten Jahrtausendwende genießt das Thema zu Recht eine neue und gesteigerte Aufmerksamkeit, wie die zahlreichen Befunde zu Dark Side Traits bezüglich berufsbezogener Fragestellungen belegen (vgl. Abschnitt 2.3). Operationalisiert wurde die „dunkle Seite" in der aktuellen Forschung meist über Merkmale, die auf den „offiziellen" DSM-Störungen basieren; in manchen Studien erfasst mit Linearkombinationen der Facetten des Fünf-Faktoren-Modells, meist aber mit dem *Hogan Development Survey* (HDS; vgl. Abschnitt 2.3.3). In der Praxis wird bislang fast ausschließlich dieses Verfahren eingesetzt. Manche damit gewonnenen Ergebnisse wurden gleichwohl unter den Namen der Dunkle-Triade-Merkmale veröffentlicht, beispielsweise die kurvilineare Beziehung von Narzissmus und Führungserfolg (vgl. Grijalva et al., 2015), die sich auf Daten der Skala *Bold* des HDS stützt.

Die Dunkle Triade selbst ist am Arbeitsplatz noch nicht ausreichend erforscht, trotz dessen, dass sie gemeinsam mit den anderen Dark Side Traits seit Kurzem im Mainstream der Organisationsforschung angekommen ist (Harms & Spain, 2015). Vor allem im Vergleich mit der vielfachen Diskussion in den Medien sind in den ersten zehn Jahren der Beschäftigung mit der Dunklen Triade wenige explizit berufsbezogene Forschungsartikel erschienen; es besteht damit eine hohe zahlenmäßige Divergenz zwischen wissenschaftlichen Arbeiten und Veröffentlichungen in allgemeinen Medien (Cohen, 2016). Smith und Lilienfeld (2013) stellen dies in ihrem Review zu Psychopathie am Arbeitsplatz heraus und illustrieren die Lücke anhand von Abbildung 3.

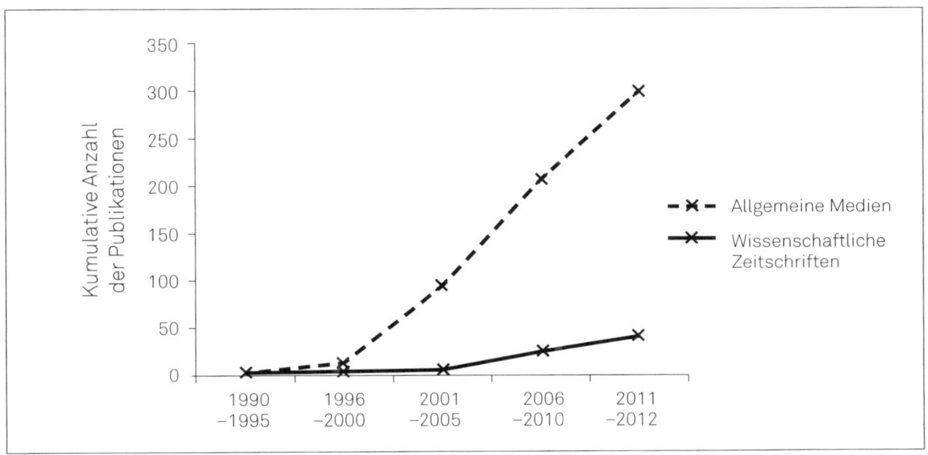

Abbildung 3: Artikel zu Psychopathie am Arbeitsplatz in allgemeinen Medien vs. wissenschaftlichen Zeitschriften (aus Smith & Lilienfeld, 2013, S. 204)

Der tatsächliche, belastbare Forschungsstand für die Dunkle Triade der Persönlichkeit am Arbeitsplatz ist deutlich geringer und weit weniger klar, als die populärwissenschaftliche und öffentliche Rezeption vermuten lässt. Um ihren eignungsdiagnostischen Einsatz zu rechtfertigen, müssen jedoch Kriterien beruflicher Leistung in repräsentativen Stichproben und Kontexten durch die Dunkle-Triade-Merkmale vorhergesagt werden können (vgl. Kapitel 5). In den folgenden Abschnitten werden Studienergebnisse vorgestellt, die eine solche Nützlichkeit belegen. Davor wird einschränkend auf die spezifische Eignung verschiedener Forschungsarbeiten für diesen Zweck eingegangen.

Einige der vorgelegten Arbeiten sind nicht geeignet, einen eignungsdiagnostischen Nutzen der Dunklen Triade klar zu belegen und somit ihre entsprechende Verwendung begründen zu können, da sie meist theoretisch-konzeptioneller Natur sind, wie Campbell, Hoffmann, Campbell und Marchisio (2011) in ihrem Review zu Narzissmus in Organisationen festhalten. Oft werden konkludent aus mehreren naheliegenden Beziehungen Rückschlüsse auf mutmaßliche Effekte der Dunklen Triade auf Arbeitsverhalten bzw. Leistung gezogen. Auch eine Reihe der empirischen Studien der Triade-Forschung sind aufgrund der verwendeten Stichproben bzw. des Kontexts, in dem sie durchgeführt wurden, nicht geeignet, eine Anwendung für operative eignungsdiagnostische Zwecke zu begründen. Als Indikator für die in der Triade-Forschung üblichen Probanden kann die Metaanalyse von Vize, Lynam et al. (2018) herangezogen werden. Die 159 untersuchten Datensätze entstammen zu 86 % Studien unter College-Studenten oder mit dem kommerziellen Dienst MTurk von Amazon, die übrigen aus den Bereichen Schule, Allgemeinbevölkerung und Wirtschaft; der Anteil von letztgenanntem Bereich dürfte bei deutlich unter 10 % liegen. Auch nicht alle Studien zur Triade und berufsbezogenen Fragestellungen wurden im repräsentativen Kontext und anhand von Stichproben durchgeführt, in denen ausreichend berufliche Erfahrung vorliegt. Die größte Einschränkung, die mit manchen der veröffentlichten Beziehungen der Dunklen Triade am Arbeitsplatz verbunden ist, ist jedoch in den teilweise eingesetzten Verfahren oder Messansätzen zu sehen. Manche davon erlauben bei genauer Betrachtung keine nachweislich valide Messung der Merkmale (auf diese Messansätze und andere Erfassungsmethoden für Dunkle-Triade-Merkmale wird in Abschnitt 5.1 detailliert eingegangen). Smith und Lilienfeld (2013) merken daher an, dass es voreilig und verfrüht ist, sich auf die oft in der Öffentlichkeit geteilten Anekdoten zu verlassen (und in der Praxis entsprechend zu handeln), bevor nicht belastbare Studien im Berufskontext mit validen Maßen vorliegen.

Mittlerweile ist ein spürbarer Anstieg an einschlägigen Publikationen zu verzeichnen. In Deutschland ist eine an Praktiker gerichtete Übersicht zu *Narzissmus, Machiavellismus und Psychopathie in Organisationen* erschienen (Externbrink & Keil, 2018). LeBreton, Shiverdecker und Grimaldi (2018) legen die erste umfangreichere, spezifische Übersichtsarbeit zur „Dunklen Triade und Verhalten am Arbeitsplatz“ vor. Sie sehen es nach dem rasanten Zuwachs an Befunden zur Triade an der Zeit innezuhalten, um zu klären, welche Befunde für den organisationalen Kontext tatsächlich relevant sind.

In den folgenden Abschnitten soll Ähnliches vorgenommen werden, mit dem Unterschied, dass der Fokus auf Arbeiten liegt, die die Beurteilung eines explizit eignungsdiagnostischen Einsatzes ermöglichen. Betrachtet werden daher in erster Linie solche, die untersuchen, ob die gängigen Kriterien beruflicher Leistung oder beruflichen Erfolgs bzw. Misserfolgs prognostiziert werden können, wie sie in Abschnitt 2.2 beschrieben werden. Die in den Folgeabschnitten berichteten Befunde gehen entsprechend diesem Ziel in der Tiefe der Betrachtung und quantitativ über LeBreton et al. (2018) hinaus. Aus Platz- und Relevanzgründen können trotzdem nicht alle Forschungsarbeiten gewürdigt werden, die zu Effekten der Dunklen Triade im Beruf oder auf berufliche Aspekte durchgeführt wurden, vor allem auch nicht die vielen konzeptionellen und älteren Arbeiten der langen Forschungstraditionen der Merkmale. Der Fokus soll vielmehr auf aktuellen, empirischen Arbeiten liegen, die idealerweise für die Triade-Merkmale kombiniert und in erwerbstätigen Populationen bzw. in Unternehmen angestellt wurden (was entsprechend der beschriebenen Stichprobendesigns der Triade-Forschung leider nicht immer eingehalten werden kann). Neben den im Allgemeinen herangezogenen Kriterien beruflicher Leistung werden Beziehungen der Dunklen Triade zu verschiedenen Konstrukten und Konzepten berichtet, die im Bereich der Personalauswahl und der beruflichen Beratung von Personen eignungsdiagnostische Anwendung finden. Zusätzlich werden weitere personalpsychologische Frage- und Aufgabenstellungen angesprochen, zu deren Lösung die Dunkle Triade einen Beitrag leisten könnte.

Damit soll eine Aussage darüber getroffen werden, ob die Dunkle Triade der Persönlichkeit ein Konzept ist, dessen Einsatz grundsätzlich sinnvolle Anwendungszwecke in der Eignungsdiagnostik aufweist und für diese einen Nutzen verspricht. Ob und wie ihr angewandter Einsatz möglich ist, wird in Kapitel 5 besprochen. In Kapitel 6 wird ein beispielhaftes Verfahren für diesen Zweck vorgestellt.

4.1 Prognose kontraproduktiver Verhaltensweisen am Arbeitsplatz

Die vermutlich meist untersuchte und am besten belegte berufsbezogene Beziehung der Dunklen Triade ist die zu kontraproduktivem Verhalten am Arbeitsplatz (Spain et al., 2014; siehe Abschnitt 2.2.1 zur Definition von Counterproductive Work Behavior – CWB). Metaanalytisch konnten O'Boyle et al. (2012) einen positiven Zusammenhang aller Triade-Merkmale damit zeigen, überraschenderweise war er für Psychopathie am schwächsten, für Narzissmus mit korrigierten $r = .43$ am stärksten. Grijalva und Newman (2015) fanden für diese Beziehung lediglich einen metaanalytisch korrigierten Zusammenhang von $r = .23$. Von zwei jeweils nur schwachen *Moderatoren* erwies sich für Narzissmus in der erstgenannten Metaanalyse *Kultur* (kollektivistisch vs. individualistisch) als der stärkere im Vergleich zum Ausmaß an *Autorität* der Mitarbeiterrolle. Grijalva und Newman (2015) bestätigten nur den Befund, wonach der Zusammenhang zwischen Narzissmus und CWB in kollektivistischen Kulturen schwächer ist. Machiavellismus wies eine robuste Beziehung zu CWB auf, auch unter Betrachtung von Moderatoren, wohingegen die Stärke der Narzissmus-CWB-Beziehung höchstwahrscheinlich auf *Moderationseffekte* zurückzuführen ist (O'Boyle et al., 2012). Psychopathie erklärte nur etwa 1% der Varianz in CWB und war unerwartet schwach, mit korrigierten $r = .07$, damit korreliert. Autorität moderierte den Zusammenhang in dem Sinne, dass die Beziehung von Psychopathie zu CWB in Autoritätsrollen etwas schwächer war. Die Triade als Ganze erklärte 28% der Varianz an CWB; alle drei Merkmale waren signifikante Prädiktoren in dem aufgestellten Regressionsmodell. Narzissmus dominierte dieses mit relativem Gewicht von 67%, Psychopathie wies eine inverse Beziehung zu der bivariat bestehenden auf – danach würde Psychopathie, unter Betrachtung der beiden anderen Triade-Merkmale, im Resultat mit geringeren CWB-Werten in Zusammenhang stehen.

Für diesen überraschenden Befund liefern O'Boyle et al. (2012) drei Begründungen: Statistisch könnte ein Suppressionseffekt wirken, entstehend durch die geringe Psychopathie-CWB-Beziehung bei gleichzeitig hoher Enge der Triade-Merkmale untereinander. Methodisch scheint es möglich, dass ein *Stichprobeneffekt* vorliegt, da sich die Psychopathie-Stichproben vor allem aus Personen in Autoritätsrollen (in erster Linie Polizisten) zusammensetzen, die ein Moderator der Beziehung von Psychopathie zu CWB sind. Theoretisch schließlich könnte der statistisch verbleibende „Rest" von Psychopathie zu weniger CWB führen, wenn die mit Narzissmus und Machiavellismus geteilten, negativen Aspekte von Psychopathie auspartialisiert sind (vgl. dazu Abschnitt 3.3.2).

Die letzte Erklärung wird von den Autoren der Studie selbst als wenig wahrscheinlich bezeichnet und auch entsprechend den Ausführungen in Abschnitt 3.2 scheint der „Rest" von Psychopathie kaum unproblematisch zu sein. Im Gegenteil steht gerade der vierte Faktor „Antisozial" (und auch der dritte Faktor „Lebenswandel") in enger Beziehung zu regelbrechenden, kriminellen Verhaltensweisen. Viel wahrscheinlicher ist daher ein Stichprobeneffekt, der auch den grundsätzlich sehr niedrigen bivariaten Zusammenhang und damit den Suppressionseffekt ermöglicht. O'Boyle et al. (2012) liefern selbst eine Erklärung: Polizisten würden schlicht nicht die typischen Verhaltensweisen zeigen, die mit den CWB-Skalen erfasst werden (z. B. Diebstahl begehen), gegebenenfalls aber andere, die wiederum nicht erfasst werden (z. B. Verdächtige provozieren, um sie hart behandeln zu können). Nach Einschätzung des Autors des vorliegenden Bandes stellt die gefundene CWB-Psychopathie-Beziehung der Metaanalyse eine Unterschätzung der tatsächlich bestehenden Höhe aufgrund der Stichprobenauswahl dar. Von den 146 Studien zu Leistung/CWB entstammen 60 der Polizei, 9 dem Militär, 17 sind aus dem Bildungsbereich (meist Lehrer), nur jeweils 11 wurden in den Bereichen „Sales/Marketing" und „Management" erhoben, der Rest in „gemischten" Populationen. Als Beleg für die mutmaßliche Unterschätzung kann angeführt werden, dass bei Scherer, Baysinger, Zolynsky und LeBreton (2013) subklinische Psychopathie erhebliche Varianz an CWB und sogar inkrementelle über das Fünf-Faktoren-Modell (FFM; siehe Abschnitt 2.1.2) erklären kann.

Als möglicher Grund für die zum Teil schwachen Beziehungen der Dunklen Triade zu CWB bei O'Boyle et al. (2012) wurde auch genannt, dass weitere *Mediatoren* und Moderatoren dieser Beziehung nicht beachtet wurden. Cohen (2016) schlägt daher ein konzeptionelles Modell vor, in dem der Zusammenhang von Dunkler Triade und CWB erklärt wird. Nach diesem Modell wirkt die Triade über die Mediatoren wahrgenommenes Ausmaß an *organisationaler Politik* und *notwendiger Rechtfertigung*. Der erste beschreibt Organisationen, in denen Spielraum für die den Eigeninteressen förderliche Einflussnahme besteht; der zweite die wahrgenommene Notwendigkeit, eigenes Verhalten (organisationsöffentlich) zu begründen. Ein höheres Ausmaß an organisationaler Politik und ein geringerer Rechtfertigungsdruck kommen Trägern von hohen Ausprägungen der Dunklen Triade zugute und erhöhen gleichzeitig das Ausmaß an CWB. Moderiert werden die Beziehungen im Modell von *politischen Fertigkeiten* der Person, dem Maß an Transparenz, das in der Organisation besteht, den bestehenden Regelungen gegen CWB sowie durch die Organisationskultur.

Verschiedene Teilbereiche des Modells wurden in der Folge überprüft, die Ergebnisse werden im Folgenden kurz vorgestellt. Baloch et al. (2017) fanden trotz Aufnahme des Mediators organisationale Politik weiterhin eine direkte Beziehung der Triade zu CWB. Allerdings wirkte organisationale Politik moderierend und die Triade stärker auf CWB in Organisationen mit mehr Spielraum für eigene Einflussnahme. Palmer, Komarraju, Carter und Karau (2017) untersuchten, ob die wahrgenommene *organisationale Unterstützung*, als Ausdruck dafür, wie stark die Organisation die Mitarbeiter wertschätzt und sich um ihr Wohlergehen sorgt, eine moderierende Wirkung auf die Beziehung der Dunklen Triade zu CWB hat. Geringere organisationale Unterstützung verstärkte die Beziehung von Narzissmus zu *produk-*

tionsbezogener Devianz (z. B. absichtlich langsames Arbeiten), auch unter Kontrolle der beiden anderen Triade-Bestandteile. Für Psychopathie bestand eine ähnliche Beziehung und zusätzlich dazu auch eine positive mit weiteren Subaspekten von CWB. Machiavellismus wies unter Kontrolle der anderen Merkmale eine negative Beziehung zu CWB auf, was die Autoren damit begründen, dass nur die geteilte Varianz der Triade-Merkmale zu CWB führt, nicht die Machiavellismus-spezifischen Anteile.

DeShong, Grant und Mullins-Sweatt (2015) zeigten mit Strukturmodellen und vergleichenden Pfadanalysen, dass die Big Five mehr Varianz an CWB erklären können als die Dunkle Triade. In einem reduzierten Modell waren Verträglichkeit und Gewissenhaftigkeit einzige notwendige Prädiktoren, um sowohl organisations- als auch individuumsbezogene kontraproduktive Verhaltensweisen zu erklären. Daraus wird geschlossen, dass der geteilte Kern *Unverträglichkeit* Grund für die positive Beziehung der Triade zu CWB sein könnte. Mit geringer Verträglichkeit gehen in erster Linie gegen Individuen gerichtete CWB einher (CWB-I) – solche, die die Organisation zum Ziel haben (CWB-O), eher mit geringer Gewissenhaftigkeit (Berry et al., 2007). Entsprechend wurde auch für die Triade ein engerer Zusammenhang mit CWB-I postuliert (Cohen, 2016). DeShong et al. (2015) fanden einen Zusammenhang mit beiden Formen von CWB, jeweils für Psychopathie den stärksten. Narzissmus war bivariat etwas stärker mit CWB-I verbunden, die beiden anderen Triade-Merkmale etwas stärker mit CWB-O, im Wesentlichen aber in ähnlichen Höhen.

Eine häufig untersuchte Form von CWB-I ist *Workplace Bullying*, also das Quälen, Schikanieren oder Mobben von (geführten) Mitarbeitern oder Kollegen. Boddy (2011) fand, dass bei Führung durch einen Psychopathen Mitarbeiter über mehr Schikane am Arbeitsplatz berichten und sich öfter unfair behandelt fühlen, sowie das „Interesse am Mitarbeiter" psychopathischer Führungskräfte als geringer bewertet wird. Tokarev, Philipps, Hughes und Irwing (2017) zeigten, dass die Beziehung von Narzissmus und Psychopathie der Führungskraft zu Depression bei deren Mitarbeitern vollständig über die Mediation von „Schikane am Arbeitsplatz" erklärt werden kann. Bei gemeinsamer Analyse verblieb nur Psychopathie als Einflussfaktor, woraus die Autoren folgern, dass vermutlich der geteilte „dunkle" Kern der Merkmale zu Schikane am Arbeitsplatz führt (und über diese zu Depression der Geführten).

Schütte et al. (2018) fanden für Psychopathie, gemessen mit dem Psychopathic Personality Inventory (PPI; vgl. Abschnitt 3.1.3), einen Zusammenhang des Faktors „Selbstbezogene Impulsivität" mit CWB-I, der Faktor „Furchtlose Dominanz" wies nur dann einen solchen auf, wenn die eigene Möglichkeit zu *interpersoneller Einflussnahme* (einem Aspekt von politischen Fertigkeiten) als gering ausgeprägt eingeschätzt wird. Auch mit CWB-O hing Selbstbezogene Impulsivität zusammen und Furchtlose Dominanz wiederum nur moderiert – bei geringem Bildungsniveau führen hohe Ausprägungen auf diesem Faktor in stärkerem Ausmaß zu CWB-O (Blickle & Schütte, 2017).

Castille, Kuyumcu und Bennett (2017) zeigten, dass bei einem Mangel an „organisationalen Ressourcen", also wenn eine kompetitive Situation um diese besteht, Machiavellisten ihre Kollegen „untergraben" oder schwächen. Bestehen keine Beschränkungen, unterlassen sie es. Dieselbe situationale Rahmenbedingung wirkt für den CWB-O-Aspekt produktionsbezogene Devianz.

Der Zusammenhang von Narzissmus und CWB ist bei Penney und Spector (2002) von Einschränkungen bei der Arbeit und Wut moderiert. Stärkere Einschränkungen der Arbeit, wie schlechte Arbeitsausstattung, und höhere Narzissmus-Werte führen zu verstärktem CWB. Wütendere narzisstische Personen verhalten sich stärker kontraproduktiv. In ähnlicher Form zeigten Michel und Bowling (2013) eine moderierende Wirkung von Aggression: Narzissmus führt stärker unter solchen Personen zu CWB, die gleichzeitig aggressiver sind.

Blickle, Schlegel, Fassbender und Klein (2006) fanden in einer Stichprobe inhaftierter Manager Narzissmus durchschnittlich stärker ausgeprägt als bei nicht-kriminellen Managern. In ähnlicher Form wurden von Ragatz, Fremouw und Baker (2012) *„white-collar crime"* und Psychopathie untersucht. Sie verglichen diese Art inhaftierter Krimineller mit solchen, die keine Wirtschaftsverbrechen begangen haben. Es fanden sich zwar tendenziell, aber keine signifikant höheren Werte auf den Faktoren der Psychopathie-Skala PPI, jedoch höhere auf der Subskala Soziale Potenz.

Unter Studenten untersuchte Ray (2007) die Haltung zu Wirtschaftsverbrechen. Der Gesamtwert und der erste Faktor von Psychopathie – nicht aber der zweite, der hier den impulsiven Lebenswandel erfasst – waren mit positiven Haltungen und Intentionen verbunden, solche Art von Straftaten zu begehen. Ray und Jones (2011) spezifizierten den Befund bezüglich der (hypothetischen) Straftat des illegalen „Giftmüll-Abladens". Wiederum war der Faktor „Furchtlose Dominanz" mit positiven Haltungen dazu, die Skalen „Machiavellistischer Egozentrismus" und „Sorgenfreie Ungeplantheit" sogar mit der Bereitschaft verbunden, dieses Vergehen auszuüben.

Weniger schlimm für die Umwelt, dafür mit erheblichen Schäden für Unternehmen verbunden, ist die unintegere Verhaltensweise „cutting corners at work", also absichtlich so wenig wie möglich bzw. mit so wenig Aufwand wie möglich zu arbeiten, um ein Ergebnis zu erzielen. Bei Jonason und O'Connor (2017) hängen alle Triade-Merkmale hiermit zusammen und liefern inkrementelle Validität zu den Big Five bei der Vorhersage dieses „Arbeitsstils". Eine Studie von Roczniewska und Bakker (2016) untersucht die Zusammenhänge der Triade-Merkmale zu einer ähnlichen Fertigkeit, dem „Job Crafting", verstanden als die Art und Weise, wie Personen ihre Arbeit für sich ausgestalten bzw. (in ihrem Sinne) verändern. Bivariat waren Narzissmus wie Machiavellismus mit der proaktiven „Reduktion von Arbeitsanforderungen" (Arbeit erleichternde Änderungen) verbunden, Machiavellismus und Psychopathie negativ mit dem „Aufbau struktureller Ressourcen" (z. B. dem Aneignen von weiteren Fertigkeiten) und Narzissmus positiv mit dem „Aufbau sozialer Ressourcen" (z. B. der Hilfe von Kollegen).

In Fallstudien charakterisierte Babiak (1995, 1996) das typische Profil eines „Unternehmenspsychopathen" durch hohe Werte auf dem ersten, interpersonell wirksamen Faktor, geringe auf dem zweiten Faktor, der den Lebenswandel erfasst (Babiak, 2007, S. 415). Von Vorgesetzten wurden die High-Scorer als charmant und effektiv und entsprechend als „High Potentials" beschrieben. Auf Kollegen wirkten sie negativ, durch Manipulation und Betrug oder Mobbing. Ihre Arbeit delegierten sie eher an Untergebene und sie hatten überdurchschnittliche Spesenrechnungen. Weitere Fallstudien liefern sehr ähnliche Beschreibungen, wonach Psychopathen in der Organisation von hierarchisch über ihnen stehenden Personen als „Stars" gesehen wurden, aber „nach unten" durch Schikane und Einschüchterung auffielen; hoch psychopathische Personen zeigten ineffektives Management, „charakterisiert durch schlechtes Personalmanagement, richtungslose Führung, Ressourcenverschwendung und Betrug" (Boddy, Miles, Sanyal & Hartog, 2015, S. 530).

Für die Unterlassung offenkundig negativer bis hin zu kriminellen Verhaltensweisen am Arbeitsplatz – und für den (erfolgreichen) Vollzug der eigentlichen Arbeitsaufgabe – spielt eine grundsätzliche Einstellung oder Verhaltensdisposition eine Rolle, die unter dem Begriff *Integrität* diskutiert wird (vgl. Abschnitt 2.2). Die Beziehungen der Dunklen Triade zu diesem für die operative Personalauswahl bedeutsamen und entsprechend in der Praxis häufiger angewendeten Merkmal werden im Kasten vorgestellt.

Zusammenhänge der Dunklen Triade mit Integrität

- Für Machiavellismus und Narzissmus fand Schlenker (2008) in zwei Studien substanzielle negative Zusammenhänge mit Integrität.
- Narzissmus ist mit *einstellungs-* wie auch *eigenschaftsorientierten* Integritätstests (Mumford, Connelly, Helton, Strange & Osburn, 2001) und Vorgesetzteneinschätzungen von Integrität (Blair, Hoffmann & Helland, 2008) negativ verbunden.
- Psychopathie hängt mit beiden Arten von Integritätstestergebnissen negativ zusammen, Skalen wie *Manipulation* oder *mangelnde Schuldgefühle* in starkem Ausmaß, die Psychopathie-Facette Affektive Defizite/Emotionale Kälte war hingegen unkorreliert (Connelly, Lilienfeld & Schmeelk, 2006).
- Eine negative Beziehung zu Integrität konnte für alle Triade-Merkmale in einer deutschsprachigen Stichprobe belegt werden (Schwarzinger, Schuler, Gelléri, Mussel & Winter, 2010).

Wie die Ausführungen gezeigt haben, stehen alle Triade-Merkmale in metaanalytisch generalisierbarer Beziehung zu kontraproduktiven Verhaltensweisen am Arbeitsplatz. Auch für negative und destruktive (missbräuchliche) Formen der Führung lassen sich erste Belege finden, weitere werden im folgenden Abschnitt vorgestellt. Der Zusammenhang mit individuumsbezogenen Akten scheint allgemein etwas höher zu sein als mit gegen die Organisation gerichteter Devianz. Eine Erklärung dafür wird in der geringen Verträglichkeit gesehen, die die Triade-Merkmale auszeichnet. Die genauen Wirkungsbeziehungen werden von einer Reihe von Moderatoren wie Autorität und wahrgenommenem Einfluss, Wut, Bildungsniveau, Organisationskultur oder Ressourcenmangel/Kompetitivität beeinflusst. Bezüglich gegenteiliger Dispositionen, sich also korrekt zu verhalten, finden sich naheliegenderweise deutliche Anzeichen für negative Beziehungen zur Dunklen Triade. Personen mit hohen Werten in Narzissmus, Machiavellismus oder Psychopathie sind nicht integer. Damit lässt sich vorläufig das klare Fazit ziehen, dass Personen mit erhöhten Triade-Werten der Organisation oder einem ihrer Mitglieder potenziell Schaden zufügen und sie als Mitarbeiter oder Führungskräfte ein entsprechend gesteigertes Risiko darstellen.

4.2 Prognose beruflicher Leistung und beruflichen Erfolgs

Das Verhalten und der Erfolg einer Person am Arbeitsplatz werden in Bezug zur Dunklen Triade häufig in ihrer Rolle als Führungskraft untersucht. Vor allem bezüglich Narzissmus ist „Führung" bzw. die Führungsperson ein zentrales Forschungsinteresse, ja „one of the longest running issues" in der einschlägigen Forschung (Campbell et al., 2011, S. 272) und kann in diesem Abschnitt aufgrund besserer Datenlage auch ausführlicher als für die anderen Triade-Merkmale besprochen werden.

4.2.1 Führungserfolg und destruktives, missbräuchliches Führungsverhalten

Judge, Piccolo und Kosalka (2009) stellen ein umfangreiches konzeptionelles Modell für die Erklärung von Führungserfolg auf, die *Leader-Trait-Emergence-Effectiveness*-Heuristik. Ausgehend von einer genetisch bedingten Entwicklung basaler Merkmale (darunter Narzissmus und Machiavellismus) kommt es in diesem Modell über Mediatoren zur Entwicklung einer Person zur Führungskraft und abhängig von Moderatoren stellt sich objektiver und subjektiver Führungserfolg ein. Anhand ausgewählter Teilbereiche dieses Modells werden zunächst Befunde zu Narzissmus vorgestellt, dann die Beziehungen der anderen beiden Triade-Bestandteile zu Führung.

Bezüglich der „Einnahme der Führungsrolle“ *(leader emergence)* zeigen Brunell et al. (2008), dass sich in Gruppendiskussionen narzisstische Personen eher als Gruppenführer herauskristallisieren – sowohl in der Selbst- als auch in der Fremdeinschätzung. Nach dem Absolvieren einer Teamarbeit (in der Narzissmus nicht mit der eigenen Leistung und auch nicht mit dem Gruppenerfolg verbunden war) trat der Effekt in Selbsteinschätzungen weiter auf, die Gruppe sah die narzisstische Person jedoch nicht mehr als Anführer. In einer Gruppendiskussion unter Managern kristallisierten sich narzisstische Personen ebenso als Anführer heraus, das Kriterium wurde hier von Experten fremdeingeschätzt. Einen ähnlichen Befund liefern Nevicka, De Hoogh, Van Vianen, Beersma und McIlwain (2011) für Teamsimulationen. Narzissten wurden eher zu Anführern und zwar unabhängig von ihrer tatsächlichen Leistung (Narzissmus war auch hier nicht mit Leistung verbunden). Teams narzisstischer Anführer kommunizierten weniger und die Mitglieder trafen weniger individuelle Entscheidungen. Narzissten zeigten hingegen bessere Leistung in der Situation „high rewards interdependence“, also je nachdem, ob Gewinne auf Teamebene (hohe Interdependenz) oder individuell erzielt werden konnten, also ob Zusammenarbeit oder Eigennutz belohnt wurde. Unter dieser Bedingung kommunizierten Teams von Narzissten mehr und gaben untereinander mehr Hilfe. Da diese Beziehungen nicht für Teams mit Anführern galten, die geringe Narzissmus-Werte aufwiesen, wird davon ausgegangen, dass es einen Kontext braucht, in dem der Narzisst „strahlen“ kann, um ihn zu besonderer Leistung zu motivieren. Dies bestätigt die Befunde von Wallace und Baumeister (2002), wonach Narzissten nur dann höhere Leistung zeigen, wenn sie dadurch Gelegenheit haben, sich positiv darzustellen.

De Hoogh, Den Hartog und Nevicka (2015) fanden, dass Narzissmus negativ mit wahrgenommener „Führungseffektivität“ *(leader effectiveness)* einhergeht. Dies wird allerdings vom Geschlecht moderiert, in einer Form, die wenig schmeichelhaft für Männer ist: Narzisstinnen wurden schlechter bewertet, für narzisstische Männer gab es keinen Effekt. Frauen wurden von männlichen Vorgesetzten generell schlechter bewertet, nicht jedoch von weiblichen Vorgesetzten. Von männlichen Untergebenen wurde Narzissmus bei der weiblichen Führungskraft, nicht aber der männlichen, negativ mit deren Effektivität verbunden. Unter Frauen bestand dieser Effekt nicht.

In der Metaanalyse von Grijalva et al. (2015) war Narzissmus zwar mit der Entwicklung zur, nicht aber mit der Leistung/Effektivität als Führungskraft verbunden. Diese Beziehung schwächte sich zudem bei längerer Bekanntschaft des zu Beurteilenden ab. Zudem war die Beziehung in der Analyse voll von Extraversion moderiert. Es besteht somit keine lineare Beziehung von Narzissmus zu Führungsleistung; es konnte hingegen in allen sechs untersuchten Stichproben eine umgekehrt U-förmige Beziehung gezeigt werden, allerdings nur in zwei der Stichproben eine signifikante. Die kurvilinearen Beziehungen wurden nicht von Extraversion erklärt, womit eine direkte kurvilineare Beziehung von Narzissmus zu Führungsleistung besteht. Dies bedeutet, dass geringe Narzissmus-Werte mit eher schwächeren Führungsleistungen verbunden sind, mittlere Ausprägungen des Merkmals mit den besten Einschätzungen der Führungseffektivität einhergehen und sich ab etwa einer Standardabweichung über dem Mittelwert von Narzissmus negative Einflüsse auf die Effektivität als Führungskraft ergeben (Grijalva et al., 2015).

Bei Judge, LePine und Rich (2006) ist Narzissmus in einer Teilstudie positiv mit selbst- und fremdeingeschätzter Führungsleistung verbunden (Peer-Beurteilungen), in einer weiteren negativ mit der Fremdeinschätzung der Führungsleistung (durch Vorgesetzte) und gleichzeitig positiv mit diesbezüglichen Selbsteinschätzungen. Zudem war Narzissmus negativ mit fremdeingeschätzter umfeldbezogener Leistung verbunden und in allen Teilstudien fielen die Selbsteinschätzungen jeweils deutlich positiver aus als die Fremdeinschätzungen. Narzissmus ist auch bei Blair et al. (2008) negativ mit interpersoneller Leistung von Führungskräften verbunden, namentlich „Partizipation", „Effektivität im Umgang mit Konfrontation", „Aufbau von Teams" und „Feinfühligkeit". Diese Beziehungen bestanden interessanterweise nur in der Einschätzung der Vorgesetzten, nicht aber in der der Geführten.

Owens, Wallace und Waldmann (2015) fanden im Faktor Ehrlichkeit-Bescheidenheit des HEXACO-Modells (vgl. Abschnitt 2.1.2) einen Moderator. Bei gleichzeitig hohen Werten auf diesem Faktor und Narzissmus ergeben sich positive Einschätzungen der Führungseffektivität sowie der Leistung der Geführten bezüglich subjektiver und objektiver Maße. Ong, Roberts, Arthur, Woodman und Akehurst (2016) zeigten, dass die wahrgenommene Führungsleistung im Zeitverlauf abnimmt. Unter Probanden, die sich vorher nicht kannten, wurden narzisstischen Personen zum ersten Untersuchungszeitpunkt Führungsqualitäten zugeschrieben, nicht mehr an den weiteren untersuchten Zeitpunkten. Unter Personen, die sich bereits kannten, wurden narzisstischen zum ersten Zeitpunkt keine gesteigerten, im weiteren Verlauf sogar verringerte Führungsqualitäten bescheinigt.

Ellen, Kiewitz, Garcia und Hochwarter (2017) gehen davon aus, dass narzisstische Führungskräfte bei Mitarbeitern Stress erzeugen und diese besser mit narzisstischer Führung umgehen können, wenn sie eigene Fähigkeiten besitzen, „Ressourcen zu managen". Unter Personen, die diese Fähigkeit nicht haben, führten narzisstische Führungskräfte zu stärkerer „emotionaler Erschöpfung", „gedrückter Stimmung", „Belastung durch die Arbeit", weniger Organizational Citizenship Behavior (OCB; vgl. Abschnitt 2.2.1) und schlechteren Selbstbeurteilungen beruflicher Leistung. Unter solchen, die höhere entsprechende Fähigkeiten aufweisen, hatte die Höhe der Ausprägung von Narzissmus der Führungskraft keine negativen Effekte.

Hurst, Simon, Jung und Pirouz (2017) fanden einen ähnlichen adaptiven Aspekt von Psychopathie bei Mitarbeitern, deren Führungskraft *„abusive supervision"*, d.h. destruktives bzw. missbräuchliches Führungsverhalten zeigt. Ein solcher „Führungsstil" beinhaltet neben strategisch-ausbeutenden auch direkt angreifende Verhaltensweisen, wie Mobbing, gegenüber der geführten Person. Mitarbeiter mit hohen Werten auf dem ersten Psychopathie-Faktor „Interpersonal" hatten hierbei Vorteile bzw. den geeigneten Schutzmechanismus, sie wiesen auch unter dem Einfluss missbräuchlicher Führung *positiven Affekt* und *Arbeitsengagement* auf. Der Moderationseffekt geht allerdings in erster Linie darauf zurück, dass die wenig psychopathischen Mitarbeiter unter missbräuchlichem Führungsverhalten sehr leiden, die psychopathischen in ihrem Befinden hingegen relativ unabhängig von der Art der Führung sind.

Führung durch einen Machiavellisten führt zu größerer „emotionaler Erschöpfung“ der Mitarbeiter (Gkorezis, Petridou & Krouklidou, 2015). Dieser Effekt besteht sowohl direkt als auch teilweise mediiert über „organisationalen Zynismus“ – operationalisiert über diesbezügliche Einschätzungen der Mitarbeiter. Höhere Machiavellismus-Werte der Führungskraft hängen mit einem von den Geführten als missbräuchliches Führungsverhalten eingeschätzten Stil zusammen, der voll mediiert wird vom autoritären Führungsstil des Machiavellisten (Kiazad, Restubog, Zagenczyk, Kiewitz & Tang, 2010).

Andrea und Conway (1982) zeigten hinsichtlich verschiedener Führungsleistungsaspekte, dass Machiavellismus generell eher mit Aufgaben- als Personenorientierung zusammenhängt. Für die je Kriterium schwachen Effekte wird die Kurvilinearität der Beziehung als Erklärung angeboten. Zu einer Reihe von Variablen ergaben sich die engsten Beziehungen um den Mittelwert für Machiavellismus herum, ab etwa einer Standardabweichung darüber abfallende Werte. Dieser Effekt bestand für solche Variablen wie „Sorge um Menschen“ und „Integration“. Für Kriterien wie „Produktivität“ und „Repräsentation der Geführteninteressen“ (gegenüber Dritten) stieg die Führungsleistung hingegen bei sehr hohen Machiavellismus-Werten wieder an.

Babiak, Neumann und Hare (2010, S. 174) nehmen Schwierigkeiten bei der Messung von Psychopathie am Arbeitsplatz als Grund dafür an, dass nur eine Handvoll „Studien, Anekdoten und Spekulationen“ zum Thema vorliegen. Sie stellen eine empirische Untersuchung von über 200 Managern dagegen, die mit der Psychopathy Checklist (PCL; siehe Abschnitt 3.1.3) beurteilt wurden. Diese erreichten auf der PCL prozentual häufiger den „Cut-off-Wert“ für Psychopathie als die Allgemeinbevölkerung (im Durchschnitt allerdings geringere Werte). Entsprechend war Psychopathie zwar nicht mit dem hierarchischen Status verbunden, aber ausgerechnet einige der sehr hohen Psychopathie-Ausprägungen („echte Psychopathen“) waren in gehobenen Managementpositionen zu finden. Erhöhte Psychopathie-Werte gingen einher mit schlechten Bewertungen als „Teamplayer“ und des Führungsstils sowie der Leistungsbeurteilung, positiv hingegen mit Bewertungen zu „Kommunikation“, „Strategie“ und „Innovation“.

Bei Sanecka (2013) sind höhere Psychopathie-Werte der Führungskraft mit geringerem organisationalen Commitment, weniger Arbeitszufriedenheit und schlechterer „Stimmung“ unter den Geführten verbunden. Die Mitarbeiter drücken eine sehr geringe Zufriedenheit mit der Führungskraft aus. Mathieu, Neumann, Hare und Babiak (2014) zeigten einen Zusammenhang von hohen Werten des Vorgesetzten in Psychopathie zu höherem Stress und geringerer Arbeitszufriedenheit der Mitarbeiter, auch in Strukturgleichungsmodellen waren höhere Psychopathie-Werte stärkster Prädiktor für geringere Arbeitszufriedenheit. Bei Mathieu und Babiak (2016b) hängen erhöhte Psychopathie-Werte der Führungskraft mit missbräuchlichem Führungsverhalten sowie geringerer Arbeitszufriedenheit und häufigeren Kündigungsabsichten der Mitarbeiter zusammen. Psychopathie wies in Strukturgleichungsmodellen hingegen nur eine indirekte Beziehung zu Kündigungsabsichten sowie (geringerer) Arbeitszufriedenheit auf; in einem geprüften Modell wirkte Psychopathie durch missbräuchliches Führungsverhalten auf die Arbeitszufriedenheit der Mitarbeiter.

Wisse und Sleebos (2016) untersuchten das Ausmaß an missbräuchlichem Führungsverhalten, das mit den Triade-Merkmalen verbunden ist. Erhöhte Werte in Machiavellismus und Psychopathie bei der Führungskraft waren in der Einschätzung der einzelnen Mitarbeiter mit einem solchen „Führungsstil“ verbunden. Auf Teamebene konnte kein Effekt für Narzissmus und Psychopathie gefunden werden, für Machiavellismus nur, wenn die Führungskraft eine hohe „Positionsmacht“ innehatte.

In gemeinsamen Studien aller Triade-Eigenschaften war der Narzissmus-Wert der Führungskraft in Regressionsanalysen positiver Prädiktor für höheres Gehalt und mehr Beförderungen der Geführten, der Machiavellismus-Wert ein negativer für deren Karrierezufriedenheit (Volmer, Koch & Göritz, 2016). Indikatoren des Befindens der Mitarbeiter, wie „emotionale Erschöpfung" und Arbeitszufriedenheit, wurden von Machiavellismus bzw. Psychopathie bei der Führungskraft negativ beeinflusst.

4.2.2 Individuelle Leistungskriterien

Mit globaler beruflicher Leistung wurde metaanalytisch für alle Triade-Bestandteile nur ein schwacher negativer Zusammenhang gefunden, der für Narzissmus mit r=–.03 (korrigiert) nicht signifikant ist. Machiavellismus hängt zu korrigiert r=–.07 mit beruflicher Leistung zusammen, was einen zwar signifikanten, aber schwachen Effekt darstellt, dessen Richtung nicht konsistent in allen Stichproben ist. Psychopathie ist am stärksten negativ mit korrigierten r=–.10 zu beruflicher Leistung korreliert (O'Boyle et al., 2012). In einem metaanalytischen Regressions-Modell erzielte die gesamte Triade einen praktisch kaum relevanten Effekt von 1 % Varianzaufklärung an beruflicher Leistung, bei dem nur Psychopathie signifikanter Prädiktor war. O'Boyle et al. (2012) halten fest, dass die Triade wenig bis keine Varianz in Leistung erklärt und im Vergleich mit elaborierten Verfahren wie Intelligenztests, die hohe prognostische Validität aufweisen, die Dunkle Triade nur begrenzten Wert in der Vorhersage von beruflicher Leistung hat.

Entsprechend der quasi nicht existenten direkten und linearen Beziehung der Triade und Leistungsbewertungen wurde die Betrachtung verschiedener spezifischer Kriterien, Moderatoren und kurvilinearer Beziehungen vorgeschlagen. Die meisten Autoren untersuchen situative Einflussfaktoren, auf die weiter unten näher eingegangen wird. Ein mutmaßlich vielversprechenderer Ansatz ist in der Betrachtung von Variablen zu sehen, die in der Person liegen. Als eine Erklärung für den Erfolg, der manchen Trägern von „dunklen" Eigenschaften teilweise zugeschrieben wird, bringt Templer (2018) die Variable politische Fertigkeiten als Moderator ins Spiel. „Dunkle" Personen mit gleichzeitig hohen Werten hierin erzielen bessere Vorgesetzteneinschätzungen ihrer aufgaben- und umfeldbezogenen Leistung. (Leider werden in der Studie „dunkle" Eigenschaften durch niedrige Werte auf dem „H-Faktor" des HEXACO-Modells operationalisiert, was nicht als Dark Side Trait im eigentlichen Sinne gelten kann).

Schuler (2014a) nimmt Integrität als eine mögliche Einflussgröße an, die mit Dunkle-Triade-Merkmalen am Arbeitsplatz interagiert; O'Boyle et al. (2012) und Muris et al. (2017) die Intelligenz einer Person. Beide Variablen sind als Moderatoren der Beziehung der Dunklen Triade zu beruflicher Leistung bislang noch nicht empirisch erforscht worden bzw. es sind keine Fachpublikationen dazu vorhanden. Im Rahmen der Entwicklung des berufsbezogenen Verfahrens TOP (Schwarzinger & Schuler, 2016) konnten Zusammenhänge dieser Variablen überprüft und dabei keine Bestätigung für die Annahme zur Wirkung von Intelligenz geliefert werden. Hingegen wurde gezeigt, dass Integrität die Beziehung von Machiavellismus zu beruflicher Leistung moderiert – bei gleichzeitig hoher Integrität erhalten machiavellistischere Personen bessere Leistungseinschätzungen, bei gering ausgeprägter Integrität jedoch schlechtere (eine detaillierte Darstellung der Untersuchung findet sich in Kapitel 6).

Zhang und Goffin (2018) fanden für die Interaktion der Dunklen Triade mit Intelligenz keine Validität bei der Vorhersage „kontraproduktiver Verhaltensweisen". Das Kriterium wurde allerdings lediglich operationalisiert über „smarte“ Lügen gegenüber Kollegen zum Zweck, eigene Vorteile zu erzielen, und gemessen mit einem *Situational Judgment Test* (SJT) unter Studenten, weshalb die Frage weiter erforscht werden muss.

Für Smith, Wallace und Jordan (2016) ist die gesamte Dunkle-Triade-Leistung-Beziehung noch zu unklar, insbesondere da es zu wenige Studien zu positiven Aspekten wie OCB gibt und das Kriterium Leistung zu selten in seine Bestandteile unterschieden wurde. So ist trotz der Metaanalyse von O'Boyle et al. (2012) die Beziehung zu beruflicher Leistung noch nicht vollständig geklärt, da hier keine Unterscheidung von aufgabenbezogener und umfeldbezogener Leistung (siehe Abschnitt 2.2.1) vorgenommen wurde. Die geringen bzw. nicht existenten Beziehungen der Triade mit dem Kriterium könnten beispielsweise auf die verwendeten Leistungsmaße zurückgehen (vgl. dazu die Anmerkungen zur Stichprobenauswahl der Studie in Abschnitt 4.1).

Bei O'Boyle et al. (2012) ist für Psychopathie und Machiavellismus die Beziehung zu Leistung weder von der Autorität der Rolle, die die Person innehat, noch dem Maß an Kollektivismus der Organisation moderiert. Für Narzissmus ist bei kollektivistischer Kultur und in Positionen mit hoher Autorität die Leistung schwächer. Als Moderator der Beziehung von Narzissmus und individuellem Erfolg fanden Wallace und Baumeister (2002) das wahrgenommene „Ausmaß an Selbstverstärkung“, welches die Leistungssituation bietet. Sie untersuchten (in einer Simulation unter Studenten) vier verschiedene Leistungskriterien und Möglichkeiten zur Selbstverstärkung. Narzissten lieferten bessere Leistungen, wenn die Situation anspruchsvoll war, sie unter Druck standen oder sie von anderen bewertet wurden. Auf Personen mit geringen Narzissmus-Ausprägungen hatten die situativen Rahmenbedingungen generell kaum einen Effekt. Wallace und Baumeister (2002, S. 831) fassen ihre Befunde anschaulich zusammen: „Narcissists performed relatively poorly when feedback would be known only to themselves, but they outperformed everyone else when the feedback was anticipated to be made public“. Es geht Narzissten also in erster Linie darum, sich selbst zu präsentieren, nicht um das Ergebnis an sich. Guedes (2017) zeigt an einer großen Stichprobe von Managern, dass Narzissmus mit höheren Bewertungen der eigenen Leistung und folglich mit deren Überschätzung verbunden ist, denn es bestand kein Zusammenhang zu objektiven Leistungskriterien.

Das Machiavellismus-Konstrukt wurde bezüglich seines Einflusses auf berufliche Leistung in den Jahren nach seiner Einführung vor allem im Verkaufs- und Werbebereich erforscht – entsprechend der mit ihm konnotierten Fähigkeit, andere zu überzeugen, da gerade das „Marketing“ in der Kritik steht, Menschen (gegen ihren Willen) zu unnötigem Konsum zu verleiten (vgl. Sparks, 1994). In diesen Studien wurden teilweise Zusammenhänge zu individuellen Erfolgsmaßen gefunden (Turner & Martinez, 1977), zum Teil aber auch keine (Hunt & Chonko, 1984), weshalb eine aus den theoretischen Überlegungen zum Machiavellismus-Konstrukt hergeleitete Erwartung wiederholt geprüft wurde – die moderierende Wirkung von „latitude for improvisation“, also den eigenen Möglichkeiten zur *Improvisation*.

Tatsächlich war unter Werbern die Leistung von Machiavellisten bei geringen Improvisationsmöglichkeiten niedriger, in Situationen mit hohen fand sich allerdings kein Unterschied zu Personen mit geringen Machiavellismus-Werten (Sparks, 1994). In einer breitangelegten Analyse des gesamten Verkaufspersonals einer Zeitarbeitsfirma von Crotts, Aziz und Upchurch (2005) konnte gezeigt werden, dass kein Zusammenhang zu besserer Verkaufsleistung besteht. Im Gegenteil war sie bei High-Scorern schlechter als in der Gruppe „low Machs“, als Erklärung wird die hohe „organisationale Strukturiertheit“ der Zeitarbeitsfirma angeboten.

Machiavellismus und die Strukturiertheit bzw. Reglementiertheit der Arbeitsumgebung interagieren bei Shultz (1993) in der Form, dass in gering strukturierten Situationen, also solchen, die mehr Entscheidungsmacht bereithalten und in denen weniger Regeln zu beachten sind, die Kriterien „Verkaufsleistung“ und „Kundenbindung“ positiv mit erhöhten Machiavellismus-Werten verbunden waren. In hochstrukturierten Organisationen erzielten Machiavellisten geringere Leistungen als Personen mit niedrigen Machiavellismus-Werten. Allerdings verglich Shultz zwei verschiedene Berufsfelder und nicht unterschiedliche „Improvisationsmöglichkeiten“ innerhalb eines Berufs (Sparks, 1994).

Bei geringer Identifikation mit dem Job *(Job Involvement)* besteht keine Beziehung von Machiavellismus zu Leistungskriterien, bei hoher hingegen eine substanziell positive; es war kein isolierter Zusammenhang von „Identifikation“ zu Machiavellismus oder Leistung vorhanden (Gable & Dangello, 1994). Machiavellisten waren im Vorteil, wenn der Vorgesetzte eher wenig Kontrolle ausübte, während unter hoher Kontrolle keine Unterschiede bestanden (Gable, Hollon & Dangello, 1992).

Neuere Arbeiten fanden, dass höhere Verkaufszahlen in Handel und Industrie mit erhöhten Machiavellismus-Werten in Verbindung stehen (Ricks & Sterrett, 2002); die betreffenden Personen geben sich aber interessanterweise schlechtere Selbsteinschätzungen und erhalten auch schlechtere Vorgesetzteneinschätzungen für berufliche Leistung. Dieser ungewöhnliche Befund wurde unter dem Titel *The paradox of Machiavellianism* von Ricks und Fraedrich (1999) beschrieben. Leistungsbewertungen der Personen, die mehr verkaufen (was vor allem auf Machiavellisten zutraf), waren sogar schlechter als die von Personen, die weniger verkaufen. Machiavellisten scheinen also Probleme damit zu haben, ihre besseren Verkaufsleistungen auch gut „zu verkaufen“. Dies könnte auf ihre Disposition, sich nicht in den Vordergrund zu drängen und „darzustellen“ oder aber ihre Beziehung zu Vorgesetzten zurückzuführen sein.

Smith und Webster (2017) untersuchten mögliche Einflussfaktoren auf die Zusammenhänge von Machiavellismus und Vorgesetzteneinschätzungen. Sie fanden lediglich in einem komplexen Wirkungsmodell einen indirekten Effekt der Interaktion aus Machiavellismus und „sozialem Untergraben“ auf höhere Leistungsbewertungen (via politische Fertigkeiten), ansonsten aber keine Beziehung von Machiavellismus zu Vorgesetzteneinschätzungen. Ebenfalls nur unter der Bedingung, dass sich Machiavellisten „untergraben“ fühlen, zeigen sie mehr „politische Taktiken“ und erzielen dadurch gute Leistungsbewertungen. Auch Kuyumcu und Dahling (2014) zeigten, dass Machiavellisten nur unter Bedingung des Wettbewerbs mit ihren Kollegen um Ressourcen bessere Vorgesetzteneinschätzungen erhalten – ihre „Karriereorientierung“ führt in der kompetitiven Situation geringer Ressourcen zu Leistungszuwächsen. Dahling, Whitaker und Levy (2009) fanden keinen direkten Effekt auf aufgabenbezogene Leistung, aber einen Interaktionseffekt von Machiavellismus und „Betriebszugehörigkeit“ – moderiert durch längere Zugehörigkeit bestand eine positive Beziehung zu Leistung.

Titze, Blickle und Wihler (2017) untersuchten den Einfluss von Psychopathie auf Verkaufsleistung. Sie fanden eine kurvilineare Beziehung, in der die besten Verkaufsleistungen mit Werten einhergehen, die etwa ein Drittel einer Standardabweichung unter dem Mittelwert auf dem PPI-Faktor „Furchtlose Dominanz“ liegen, höhere Werte gingen hingegen mit geringeren Verkaufsleistungen einher. Als moderierender Effekt wurde von Blickle und Schütte (2017) gezeigt, dass sich bei Personen mit hohem Bildungsniveau eine positive Beziehung dieses Faktors zu aufgabenbezogener Arbeitsleistung zeigt, bei geringem Bildungsniveau eine negative.

Ten Brinke, Kish und Keltner (2018) codierten typische nonverbale Verhaltensweisen und auch optische Merkmale für Triade-Eigenschaften in halbstrukturierten Interviews von Hedgefonds-Managern und fanden, dass psychopathische Personen geringere finanzielle Gewinne erzielten; narzisstische höhere Risiken eingingen (im Resultat jedoch ausgeglichene Gewinne und Verluste erzielten). Machiavellismus ist ihren Ergebnissen nach mit keinem finanziellen Leistungsindikator verbunden.

Smith et al. (2016) unterscheiden Vorgesetzteneinschätzungen der aufgabenbezogenen und umfeldbezogenen Leistung und setzen beide Kriterien mit der Dunklen Triade und dem Moderator „Beförderungsorientierung" in Beziehung. Für Machiavellismus ergab sich keine, für Narzissmus eine negative Beziehung zu aufgabenbezogener Leistung, für Psychopathie eine negative zu umfeldbezogener. Bei höherer „Beförderungsorientierung" erhielten sowohl narzisstischere als auch psychopathischere Mitarbeiter schlechtere Bewertungen hinsichtlich beider Kriterien. Als eine wahrscheinliche Erklärung für negative Leistungsbewertungen wird angeführt, dass die negativen Züge der Merkmale besonders dann sichtbar (und negativ auffällig) werden, wenn High-Scorer hinsichtlich einer Zielerreichung motiviert sind und daher ihr wahres Gesicht (offener) zeigen.

Bei DeShong et al. (2017) weist OCB zu keinem der Triade-Konstrukte eine Beziehung auf. Detaillierte Betrachtungen ergeben dazu abweichende Befunde. So ist Narzissmus mit selbsteingeschätztem OCB positiv verbunden, nicht aber mit fremdeingeschätztem (Judge et al., 2006); Psychopathie negativ mit „unterstützendem Verhalten", einer OCB-ähnlichen Variablen (Smith et al., 2016). Machiavellismus ist mit individuums- wie organisationsbezogenem OCB negativ korreliert, durch das Merkmal konnte signifikant mehr Varianz an OCB-O erklärt werden (Becker & O'Hair, 2007). Auch bei Zettler und Solga (2013) finden sich negative Zusammenhänge zu mehreren abgrenzbaren OCB-Aspekten. Dort werden auch kurvilineare Beziehungen für Machiavellismus und OCB gezeigt. Zu beruflicher Leistung besteht in dieser Studie ebenfalls ein invers U-förmiger Zusammenhang, der jedoch nicht ausreichend gegen den Zufall abgesichert werden konnte.

4.2.3 Beruflicher Erfolg

Spurk, Keller und Hirschi (2016) untersuchten den Zusammenhang der Dunklen Triade zu den objektiven Erfolgsmaßen Gehalt, hierarchische Position und Führungsverantwortung bei Berufstätigen in der laut den Autoren kritischen Stufe des Karriereprozesses von 25 bis 34 Jahren (kritisch, da sich hier Probleme bzgl. organisationaler oder beruflicher Sozialisation zeigen würden). Sie kontrollierten in der Analyse für eine ganze Reihe von Variablen wie Geschlecht, Alter, Firmengröße, Berufsjahre, Organisationsgröße, Art des Arbeitsverhältnisses und der Ausbildung (akademisch ja/nein). Sie fanden eine positive Beziehung von Narzissmus zu Gehalt, Psychopathie war negativ mit Karrierezufriedenheit sowie Gehalt und Führungsverantwortung verbunden (letztere nur bei Einschluss der Kontrollvariablen). Machiavellismus war positiv mit dem Innehaben einer Führungsposition und nach Kontrollen zusätzlich positiv mit Karrierezufriedenheit verbunden. Ähnlich der metaanalytisch gezeigten Beziehungen zu Leistung von O'Boyle et al. (2012) waren die Effekte der Triade auch bezüglich des Erfolgs nur schwach und sie erklärte insgesamt nur 1,5 bis 2% an Varianz über Kontrollvariablen hinaus. Zudem ergaben sich in gemeinsamen Analysen zum Teil umgekehrte Beziehungen oder solche, die erst nach Einschluss der Kontrollen oder der anderen Triade-Merkmale signifikant wurden. Ähnlich wie für berufliche Leistung an sich scheinen die Triade-Merkmale damit auch für beruflichen Erfolg keine besonders starken und guten Prädiktoren zu sein – ganz im Gegensatz zu den oft in der Presse und öffentlichen Diskussion vertretenen Auffassungen.

Bei Jonason et al. (2016) ist Narzissmus mit höherem selbst angegebenem Gehalt und besserem sozioökonomischen Status verbunden. Für das Gehalt und das Erreichen einer Führungsposition konnten sogar geringe positive inkrementelle Erklärungsbeiträge von Narzissmus zu den Big Five gezeigt werden – negative von Psychopathie für das Gehalt (Paleczek, Bergner & Rybnicek, 2018). Jonason, Koehn, Okan und O'Connor (2018) untersuchten Einflussfaktoren auf das Einkommen, dabei waren alle Triade-Merkmale mit höheren Gehältern verbunden. Männer geben höhere Einkommen als Frauen an, Narzissmus und Neurotizismus mediierten den Geschlechtereffekt. Frauen geben, der Interpretation der Autoren nach, möglicherweise geringere Gehälter an, da sie im Durchschnitt neurotischer sind, Männer höhere, da sie narzisstischer sind.

Hirschi und Jaensch (2015) konnten nur eine schwache Beziehung von Narzissmus zu Gehalt finden, in gemeinsamen Analysen mit *Selbstwirksamkeit* lieferte Narzissmus keinen eigenen Erklärungsbeitrag, entsprechend mediierte Selbstwirksamkeit die Beziehung dergestalt, dass es nur einen indirekten Effekt von Narzissmus zu höherem Gehalt über größere wahrgenommene organisationale Selbstwirksamkeit gab. Auch Karrierezufriedenheit war nur schwach verbunden, durch Einbeziehen der Variablen Selbstwirksamkeit und Karriereengagement verschwand der direkte Effekt.

In frühen Arbeiten zu Machiavellismus finden sich Beziehungen zu Erfolgsmaßen wie akademischem Erfolg unter „maskulinen" Frauen (Ames & Kidd, 1979) und höherer „sozialer Mobilität" (Touhey, 1973), hinsichtlich des letzteren Kriteriums waren hochintelligente, hochmachiavellistische Männer anderen Gruppen überlegen. Turner und Martinez (1977) zeigten einen moderierenden Einfluss von Bildung auf beruflichen Erfolg: Unter Hochgebildeten war Machiavellismus mit „Jobprestige" und Einkommen positiv verbunden, unter schlecht Gebildeten negativ mit Einkommen.

Ullrich, Farrington und Coid (2008) wiesen nach, dass Psychopathie nicht mit „Lebenserfolg" verbunden ist. Der Faktor „Interpersonal" war nicht mit erreichtem „Status" und dem finanziellen Vermögen verbunden, die Faktoren „Lebenswandel", „Affektiv" und „Antisozial" hingegen negativ mit Kriterien des Lebenserfolgs. Howe, Falkenbach und Massey (2014) untersuchten Mitarbeiter der New Yorker Finanzbranche (in erster Linie sogenannte „Heuschrecken"). Diese wiesen höhere Werte auf dem Faktor „Interpersonal" auf als die allgemeine Bevölkerung. Werte auf diesem Faktor gingen mit höheren Jahresgehältern und höheren hierarchischen Positionen einher (jedoch nicht linear, sondern nur in Gruppenvergleichen). Es gab keinen Zusammenhang des Gesamtwerts oder der beiden anderen Faktoren zu den entsprechenden Kriterien.

Eisenbarth, Hart und Sedikides (2018) betonen die Notwendigkeit, sowohl Psychopathie multidimensional zu betrachten als auch berufliche Erfolgsmaße nach objektiven, materiellen Kriterien und subjektiver Zufriedenheit zu unterscheiden. Der Gesamtwert des PPI war in ihrer Studie mit keinem Erfolgsmaß verbunden, Furchtlose Dominanz positiv mit materiellen und subjektiven Maßen, Selbstbezogene Impulsivität negativ mit Zufriedenheit und Emotionale Kälte mit allen Teilbereichen unkorreliert. Bei Kontrolle für die Big Five, Berufserfahrung und Geschlecht war Furchtlose Dominanz nicht signifikant mit materiellem Erfolg verbunden, Selbstbezogene Impulsivität hingegen mit Karrierezufriedenheit.

Muris et al. (2017) kommen zu dem Schluss, dass es wenig Anzeichen für positive Auswirkungen auf Kriterien der Leistung und des Erfolgs durch erhöhte Dunkle-Triade-Werte gibt.

Außer den objektiven Erfolgsmaßen bei Spurk et al. (2016) fänden sich keine arbeitsbezogenen, zumindest aber würden diese klar in den Schatten gestellt von den insgesamt negativen Effekten von Narzissmus, Machiavellismus und Psychopathie. Damit hat sich in den vergangenen sieben Jahren nichts entscheidend an den Beschreibungen von O'Boyle et al. (2012, S. 557 und 570) geändert: „Overall, the link between the DT [Dark Triad] and work behavior is tentative, with a substantial number of positive, negative, and null findings" und „... the DT as currently operationalized is better apt to explain dark behavior, rather than positive behaviors such as task performance and citizenship behavior."

Einige neue und das Bild von der Dunklen Triade am Arbeitsplatz verfeinernde Erkenntnisse konnten seit dieser Metaanalyse gleichwohl gewonnen und ausgewählte hier dargestellt werden.

Fazit: Beziehungen der Dunklen Triade zu beruflicher Leistung und beruflichem Erfolg

Als Fazit zu den geschilderten Beziehungen der Dunklen Triade zu beruflicher Leistung und beruflichem Erfolg lässt sich festhalten, dass zwar Anzeichen für positive Effekte auf einzelne, spezifische Kriterien bestehen, jedoch allgemein negative Auswirkungen auf die eigene Leistung und eigenen Erfolg zu erwarten sind.

Es bestehen keine bzw. schwach negative Beziehungen zu aufgaben- wie umfeldbezogenen Leistungsmaßen, die Beziehungen sind zum Teil von Moderatoren wie der eigenen Unabhängigkeit oder der Möglichkeit zur Selbstdarstellung abhängig oder unterscheiden sich je nach Teilaspekt eines Merkmals. Dasselbe gilt für die Zusammenhänge mit beruflichen Erfolgsmaßen.

Die Triade-Eigenschaften sind hingegen mit negativer Führungsleistung bzw. -verhalten und entsprechenden Auswirkungen auf das Befinden und die Leistung von Mitarbeitern verbunden. Erhöhte Ausprägungen der Dunklen Triade führen am Arbeitsplatz zudem durch die damit verbundene erhöhte Wahrscheinlichkeit für kontraproduktive Verhaltensweisen zu potenziell großen individuellen und finanziellen Schäden.

Für die Nützlichkeit eines eignungsdiagnostischen Einsatzes der Dunklen Triade konnten, wie die bisherigen Ausführungen gezeigt haben, eine Reihe von Belegen erbracht werden. Sie stellen in der Zusammenschau die Grundlage für die Beurteilung der Auswirkungen erhöhter Ausprägungen von Narzissmus, Machiavellismus und Psychopathie auf eine Organisation und ihre Mitglieder dar. Mit den vorgestellten Effekten kann damit die Nutzung von Triade-Merkmalen in der Praxis begründet werden, etwa zur Auswahl von Mitarbeitern. Welche weiteren im beruflichen Kontext relevanten Beziehungen häufig für die Dunkle Triade erforscht wurden und mögliche Einsatzgebiete für sie darstellen könnten, wird im nächsten Abschnitt besprochen.

4.3 Weitere personalpsychologische Anwendungsfelder

Die Personalpsychologie befasst sich mit allen Aspekten des Verhaltens und Erlebens von Menschen am Arbeitsplatz, oft auch dezidiert aus der Perspektive der Organisation (Schuler, 2014b). Neben der Personalauswahl bestehen zahlreiche angewandte Felder der Personalpsychologie, wie etwa Leistungsbeurteilung, Personalentwicklung oder Teamarbeit. Über die Auswirkungen bzw. den Einsatz der Dunklen Triade in diesen von Intervention und Interaktion gekennzeichneten Bereichen, die sich mit angestellten Mitarbeitern beschäftigen, ist bislang kaum etwas bekannt (Smith et al., 2018). Der vorliegende Band ist im Teilbereich der Berufseignungsdiagnostik angesiedelt und fokussiert auf die Messung der Merkmale an sich zu Zwecken der Personalauswahl. Er kann aus Platzgründen und wegen dem weniger umfangreichen Forschungsstand nicht in ähnlicher Tiefe auf davon abweichende personalpsychologische Anwendungsmöglichkeiten der Dunklen Triade eingehen – die gleichwohl alle vorab eine valide Erfassung der Merkmale notwendig machen.

In diesem Abschnitt werden entsprechend Befunde für solche Anwendungsfelder berichtet, die basierend auf einer Individualmessung Beiträge zur persönlichen Beratung der Person bei der Wahl eines Arbeitsplatzes oder Karriereweges liefern können – wie etwa zu typischen beruflichen Interessen oder dem Feld Unternehmensgründungen. Zusätzlich werden die Beziehungen der Dunklen Triade zu Konstrukten dargestellt, die mit ihr in Verbindung beruflich wirken, wie berufliche Motivation oder politische Fertigkeiten, und zu subjektiven Kriterien des beruflichen Erfolgs, wie etwa Befinden und Arbeitszufriedenheit, die in der operativen Personalarbeit von Interesse sein können. Zunächst wird ein Überblick zur Forschung über die Auswirkungen der Dunklen Triade an der Spitze von Organisationen gegeben – in Persona von Gründern, CEOs und Regierungschefs.

4.3.1 CEO- und Präsidentenpersönlichkeit sowie Entrepreneurship

In der Forschungsgeschichte der Dunklen Triade wurde in erster Linie Narzissmus häufig in Hinblick auf die Persönlichkeit von US-Präsidenten und CEOs untersucht. Zur Merkmalserfassung dienten meist keine von diesen Personen ausgefüllten Persönlichkeitstests, sondern verschiedene Formen der Fremdeinschätzung oder inhaltsanalytische Verfahren (auf die Qualität einiger dieser Ansätze wird in Abschnitt 5.1 eingegangen).

In einer oft in einschlägigen Publikationen zu Triade und beruflicher Leistung zitierten Studie (die, was Prädiktoren- wie Kriterienmessung betrifft, allerdings kaum geeignet ist, diese Beziehung aufzuklären), untersuchte Deluga (1997) den Narzissmus-Wert von US-Präsidenten (retrospektiv fremdeingeschätzt) in Zusammenhang mit verschiedenen „präsidialen" Leistungs- und Erfolgsmaßen. Dabei hing insbesondere narzisstische Anspruchshaltung mit positiv konnotierten Leistungen wie „guten Entscheidungen" oder „Großartigkeit" zusammen. Auch Machiavellismus ist unter US-Präsidenten mit besseren Leistungsbewertungen bezüglich wahrgenommener „Großartigkeit" verbunden (Deluga, 2001). Watts et al. (2013) ließen US-Präsidenten von Experten anhand des FFM-Prototyps für die Narzisstische Persönlichkeitsstörung (NPS; vgl. Abschnitt 5.2.1 zu den sog. „FFM PD Counts") einschätzen, zudem hinsichtlich grandiosem und vulnerablem Narzissmus, und verknüpften die Werte mit diversen Leistungs- und Erfolgswerten, die von Historikern subjektiv eingeschätzt wurden, und objektiven Daten wie der Dauer der Präsidentschaft oder der Anzahl von „Skandalen". Die Facette grandioser Narzissmus (nicht jedoch vulnerabler oder die NPS) hing positiv mit den Befragungswerten zu „öffentlicher Überzeugungskraft", „Agenda setting", „Krisenmanagement" oder „Sieg in Publikumswahlen" zusammen, aber auch zu den negativen Kriterien „Amtsenthebungsverfahren", „politischen Erfolg über Effektivität stellen" und „unethisches Verhalten". Mit solchen negativen, nicht aber den positiven

Erfolgskriterien, waren auch die Einschätzungen zu NPS und vulnerablem Narzissmus verbunden. Watts et al. (2013) schließen, dass nur die grandiosen Aspekte von Narzissmus zu (einem gewissen) Erfolg führen, mit tatsächlichen Leistungswerten, vor allem ethischen Aspekten, aber meist negative Beziehungen bestehen.

Resick, Whitman, Weingarden und Hiller (2009) untersuchten CEOs von US-Profi-Baseballclubs mit der Technik des *Bibliographic Account*. In die Analyse der Persönlichkeit aus Büchern oder in diesem Fall vor allem (Sport-)Zeitschriften, die eine zu einem „biographical scetch" zusammengefasste Aussage- und Beschreibungssammlung hinsichtlich verschiedener Konstrukte bewertet, gingen auch direkte Zitate der CEOs ein. Die Ergebnisse wurden in ein Modell mit verschiedenen Führungsstilen und Erfolgsmaßen aufgenommen. Narzissmus hatte eine negative Beziehung zu Contingent Reward Leadership (einem Aspekt der *transaktionalen Führung*), keine Beziehung zu *transformationaler Führung*, obwohl der Zusammenhang dazu bivariat signifikant war. Gerade dieser Führungsstil war in ihrem Strukturmodell und der Analyse jedoch für die Beziehung zu harten, monetären und sportlichen Erfolgsvariablen verantwortlich – Narzissmus entsprechend nicht.

Eine, in diesem Kontext seltene, Selbsteinschätzung von Narzissmus durch CEOs erhielten Peterson, Galvin und Lange (2012). Narzissmus war negativ mit „dienender Führung", also sich in den Dienst der Organisation zu stellen, und dem Firmenerfolg verbunden und ging mit geringerem organisationalen Commitment einher.

O'Reilly, Doerr, Caldwell und Chatman (2014) untersuchten die Gehälter bzw. Strukturen der „Gehaltspakete" von CEOs, deren Narzissmus-Wert von Mitarbeitern eingeschätzt wurde. Narzisstische CEOs erhielten mehr Gehalt, vor allem solche, die bereits längere Zeit im Unternehmen sind. Allerdings fanden O'Reilly, Doerr und Chatman (2018) auch, dass von narzisstischen CEOs geleitete Firmen mehr und längere Gerichtsverfahren zu führen haben (unabhängig von Rahmenbedingungen wie Branche, Größe oder Alter der Organisation). In Simulationen nahmen Narzissten in geringerem Ausmaß Rat und Informationen über mögliche Risiken an und entschieden sich in Risikosituationen eher für potenziell mit rechtlichen Folgen behaftete Entscheidungen; mutmaßlich weil sie die Kompetenz der Ratgeber (im Vergleich zu ihrer eigenen) anzweifeln.

Ein Beispiel für eine riskante Entscheidungssituation ist der Übernahmeprozess eines anderen Unternehmens. Aktas, de Bodt, Bollaert und Roll (2016) schätzten den Narzissmus-Wert von CEOs durch eine Analyse derer Reden hinsichtlich des Verhältnisses von Personalpronomen in der ersten Person Singular zu Plural ein. Ankaufende Unternehmen haben höhere CEO-Narzissmus-Werte. Tendenziell spielte auch die Diskrepanz zwischen dem eigenen Wert und dem des „gegnerischen" CEOs eine Rolle. Wenn Unternehmen mit höheren Narzissmus-Werten ihrer CEOs Ziel des Kaufs waren, konnten sie höhere Gewinne in der Verhandlung erzielen, im Ankaufsfall war diese Beziehung nur sehr schwach vorhanden. Die Zeitdauer des Ankaufprozesses war unter narzisstischen CEOs deutlich kürzer.

Die geschilderte Messtechnik entwickelten Chatterjee und Hambrick (2007) in ihrer oft zitierten Studie zu CEO-Narzissmus und Leistung der Firma; zumindest das Teilmaß „Erste-Person-Singular" erwies sich jedoch mittlerweile als nicht valide (vgl. Abschnitt 5.1.2 zur Problematik sog. „Proxies"). Das „Narzissmus-Inventar" wurde konstruiert aus verschiedenen objektiven Daten, neben dem genannten Indikator weitere, wie die Prominenz des CEO-Fotos in Unternehmenspublikationen und die Gehaltsdifferenz zu den anderen Mitgliedern des Vorstands. Sie fanden mit dem Gesamtmaß unter anderem, dass narzisstische CEOs mehr und größere Firmen ankaufen und deren Firmen extremere Jahresergebnisse erzielen (sehr gute oder schlechte).

Braun (2017) stellt in ihrem Übersichtsartikel weitere Befunde zu narzisstischen CEOs und Erfolgs- bzw. Entwicklungsdaten der von diesen geführten Unternehmen zusammen, die an dieser Stelle für einen weiteren Eindruck überblicksartig geschildert werden. CEO-Narzissmus führte zu steigender Internationalisierung des Unternehmens, nicht aber zu einem Anstieg riskanter Geschäfte im Ausland. Narzisstische CEOs trafen eher aggressive Investitionsentscheidungen in neue Technologien, vor allem in solche, die in der Aufmerksamkeit der Öffentlichkeit stehen. Maßnahmen der *Corporate Social Responsibility* (CSR) stießen narzisstische CEOs rein aus Außen- bzw. Selbstdarstellungsgründen an. Auch öffentlich sichtbare Finanzkennzahlen, wie Dividenden, hingen positiv mit CEO-Narzissmus zusammen. Die Steigerungen waren allerdings auf kurzfristige Effekte wie Rabatte zurückzuführen, nicht auf eine nachhaltige Unternehmenswertsteigerung. Bezüglich Steuervermeidung wurden positive Beziehungen von CEO-Narzissmus und „ungewissen Steuervorteilen" und negative zu finanziell wirksamen, besseren Steuersätzen festgestellt. Ein objektives CEO-Narzissmus-Maß hing mit Betrugsvorwürfen zusammen.

Einen direkten eignungsdiagnostischen Bezug stellen schließlich Zhu und Cheng (2015) her: Narzisstische CEOs neigen dazu, Geschäftsführer mit ähnlich hohen Narzissmus-Werten einzustellen.

Eine spezielle Art beruflicher Betätigung, die mutmaßlich eine ideale Passung zu den Vorstellungen von Trägern hoher Ausprägungen der Dunklen Triade hat, sind *Unternehmensgründungen*; weshalb die Triade-Merkmale in diesem Zusammenhang häufiger betrachtet wurden. Die allgemeine Intention, unternehmerisch aktiv zu werden, und die „wahrgenommene Erwünschtheit" dies zu tun (nicht aber die „wahrgenommene Machbarkeit"), waren mit Narzissmus und Psychopathie positiv und in erster Linie deren Narzissmus-nahem Faktor verbunden, Narzissmus zudem mit der ausgedrückten Neigung und bereits erfolgten Schritten zur Gründung. Machiavellismus wies zu keiner der Variablen eine Beziehung auf (Kramer, Cesinger, Schwarzinger & Gelléri, 2011). Akhtar, Ahmetoglu und Chamorro-Premuzic (2013) fanden zwar bivariate Zusammenhänge zwischen Psychopathie und verschiedenen Maßen zur Erfassung der Tendenz zu gründen und zu Gründungs-Ergebnissen, nicht aber nach Einschluss von Kontrollvariablen. Nur Primary Psychopathy blieb negativ mit *Social Entrepreneurship* verbunden.

Hmieleski und Lerner (2016) bestätigten den genannten Befund zu höherer unternehmerischer Intention für Narzissmus, regressionsanalytisch war er der einzige Prädiktor. Dabei konnte gezeigt werden, dass nur Narzissmus (und nur in einer von zwei Stichproben) mit *produktiven* (allgemeinen Nutzen generierenden) Motiven zur Gründung assoziiert ist. Psychopathie war in beiden Stichproben negativ mit produktiven Motiven und alle Triade-Merkmale zudem mit *unproduktiven* (einen individuellen Nutzen daraus erwartenden) Motiven verbunden. Es werden daher insbesondere Business Schools, Geldgeber und staatliche Fördereinrichtungen in der Pflicht gesehen, Gründer zu erkennen, die aus den falschen Motiven handeln oder mit einer riskanten Persönlichkeit ausgestattet sind. Smith et al. (2018) vermuten großen praktischen Nutzen darin, angehenden Entrepreneuren in ihrer Ausbildung die Möglichkeit zu „Selbst-Assessments" und der Auseinandersetzung mit möglichen Auswirkungen „dunkler" und „heller" Persönlichkeitseigenschaften zu geben.

4.3.2 Interessen und Berufsorientierung bzw. -wahl

Jonason, Wee et al. (2014) untersuchten den Zusammenhang der Dunklen Triade zu *beruflichen Orientierungen* oder Interessen nach dem *RIASEC-Modell* von Holland (1997). Psychopathie war dabei als einziger Bestandteil ein positiver Prädiktor für Interesse an *realistischen* Tätigkeiten. Narzissmus war ein positiver für Interesse an *künstlerischen*, Machiavellismus ging mit geringerem Interesse an solchen Tätigkeiten einher; dasselbe gilt für *soziale* Interessen. Für *unternehmerische* Interessen bestand eine positive Beziehung mit Psychopathie und Narzissmus, eine negative zu Machiavellismus. In Regressionsanalysen war Narzissmus der einzige eigenständige und positive Prädiktor für diesen Bereich. Die in den Analysen gefundenen Beziehungen waren zum Teil von Geschlechtereffekten moderiert. In einer zweiten Studie war Machiavellismus negativ mit *sorgenden/betreuenden*, also sozialen Tätigkeiten, Psychopathie positiv mit *praktischen* Tätigkeiten verbunden. Für *kulturelle* Berufe war Psychopathie in einer Regressionsanalyse negativer, Narzissmus positiver Prädiktor.

Bezüglich einer erweiterten beruflichen Interessenkonstellation fanden Schneider, McLarnon und Carswell (2017), dass die Triade-Merkmale bezüglich fünf von neun Interessendimensionen inkrementelle Validität zu den Big Five aufweisen. Die Big Five erklären im Gegenzug deutlich geringere zusätzliche Varianz über die Triade hinaus, womit letztere hier einen potenziellen diagnostischen Mehrwert leisten kann. In *Relative-Weights-Analysen* zeigten die Triade-Merkmale meist die stärksten eigenständigen Anteile an der Varianzaufklärung: Narzissmus 54 % an *Assertive* (Kontrolle über andere ausübend), 48 % an *Enterprising*, 42 % für *Conventional*; Psychopathie an letztgenannten Tätigkeiten 28 % und 38 % für *Socialized*.

Mit demselben Modell, aber mit den Standardverfahren und unter abweichender Benennung der Faktoren, zeigten auch Kowalski, Vernon und Schermer (2017) fast durchweg bestehende Beziehungen für Narzissmus und allen seiner Subskalen zu dem Faktor *Künstlerisch*; Psychopathie und Machiavellismus waren in allen Einzelfacetten dagegen negativ mit *sozialen* Interessen verbunden. Mit dem *Business*-Faktor stand Machiavellismus in keinem Zusammenhang, Narzissmus und Psychopathie hingegen in einem positiven.

Diese Interessenkonstellation äußert sich auch in der Studienwahl. Wirtschaftsstudenten haben die höchsten Machiavellismus-Werte im Vergleich zu solchen der Psychologie, Rechts- oder Politikwissenschaften; und auch fast durchweg höhere in Narzissmus (Vedel & Thomsen, 2017). Jurastudenten schnitten in „dunklen" Eigenschaften höher als Psychologie-Studenten ab, aber nicht höher als Politikwissenschaftler. Die stärksten Effektgrößen und damit deutlichsten Unterschiede ergaben sich für Machiavellismus und die Fächer Wirtschaft und Psychologie. Die Beziehungen bestanden auch für Geschlechter getrennt betrachtet (ein Unterschied zwischen den Fächern hätte entsprechend dem bekannten Geschlechtereffekt für Triade-Merkmale und den hohen Anteilen an Frauen bzw. Männern in Psychologie bzw. Wirtschaft eine Erklärung sein können. Frauen, die Wirtschaft studieren, erzielten jedoch sogar höhere Werte in Machiavellismus als männliche Psychologie-Studenten). Es gab keinen bedeutsamen Effekt von Psychopathie zwischen den Studienfächern, dessen ungeachtet wiesen Wirtschaftsstudenten die höchsten, die der Psychologie die niedrigsten Psychopathie-Werte auf. Bezüglich eignungsdiagnostischer Anwendbarkeit sprechen Vedel und Thomsen (2017) davon, dass es zu einer Selbstselektion aufgrund eigener „dunkler" Eigenschaften bei der Studienwahl kommt. Die Berufswahl in den Bereichen Rechts- und Wirtschaftswissenschaften durch Machiavellisten stellt einen klassischen Befund dar (Jones & Paulhus, 2009; Fehr et al., 1992).

4.3.3 Berufsbezogene Motivation, politische Fertigkeiten und Befinden am Arbeitsplatz

In Abschnitt 3.2 werden Befunde zu den typischen Motiven und Zielen von Personen mit hohen Werten auf der Dunklen Triade berichtet. Sie sind an Macht, Erfolg und Geld interessiert. Ob im Wettbewerb mit anderen, in Beziehungen oder durch kriminelle Verhaltensweisen, sie versuchen, ihre eigenen Ziele zu erreichen und ihre Bedürfnisse zu befriedigen – dies auf Kosten anderer und teilweise ohne Rücksicht auf die eigene Gesundheit. Viele Verhaltensmuster, die abseits des Berufslebens mit Dunkle-Triade-Merkmalen verbunden sind, dürften auch in diesem Lebensbereich zutage treten; die folgenschwersten werden im Abschnitt 4.1 zu kontraproduktiven Verhaltensweisen besprochen. Im Folgenden sollen weitere Auswirkungen vorgestellt werden, die für Dunkle-Triade-Merkmale am Arbeitsplatz erforscht wurden oder die als Kriterien subjektiven beruflichen Erfolgs herangezogen werden können – wie etwa Arbeitszufriedenheit.

Berufliche Leistungsmotivation bzw. allgemeines Leistungsstreben wird zu Narzissmus meist als positiv korreliert angenommen (z. B. DuBrin, 2012; Gerstenberg, Imhoff, Banse & Schmitt, 2014). Soyer, Rovenpor und Kopelmann (1999) konnten hingegen zeigen, dass Narzissmus weder generell mit Leistungsstreben noch mit „Verkaufsleistungsindikatoren" korreliert ist (jedoch mit einer positiven Einstellung zu ethisch fragwürdigen Verkaufstaktiken). Für eine positive Beziehung von Leistungsmotivation mit Machiavellismus wurden, entgegen den Erwartungen in der Konzeptdefinition und Forschungsliteratur, nur schwache Belege gefunden (Fehr et al., 1992). Die Form der Beziehung von Psychopathie zu Leistungsmotivation unterscheidet sich zwischen ihren zwei zentralen Faktoren und der Art der Leistungsziele: Secondary Psychopathy steht negativ mit Engagement für das Erreichen von Zielen und mit Kooperation in Verbindung, Primary Psychopathy positiv mit „Hypercompetition", einer hoch wettbewerbsorientierten Form der Motivation (Ross & Rausch, 2001).

Die Art, wie Personen mit hohen Werten auf Dunkle-Triade-Merkmalen daran arbeiten, beruflich voranzukommen, untersuchten Jonason, Slomski und Partyka (2012) bezüglich zahlreicher Taktiken, die entweder als weich oder hart kategorisiert wurden. Machiavellismus und Psychopathie hingen mit harten Taktiken wie Bedrohung zusammen, weiche wie Schmeicheln mit Machiavellismus und Narzissmus; Machiavellismus war mit der Nutzung der meisten verschiedenen Taktiken verbunden.

Eine spezielle Form der Durchsetzung eigener Interessen stellen politische Fertigkeiten dar, das Vermögen sowohl andere bei der Arbeit so zu beeinflussen als auch entsprechendes eigenes Verhalten zu zeigen, dass es zur Erreichung eigener oder organisationaler Ziele beiträgt (Ferris et al., 2005). Diese als so bezeichnetes Konstrukt aufgefasste Art von Einflussnahme wurde in der Triade-Forschung mehrfach als Moderatorvariable betrachtet (vgl. Abschnitt 4.1 und 4.2). Bei Kessler et al. (2010) sind politische Fertigkeiten mit Machiavellismus negativ verbunden, was auf die Subskala *Power* zurückzuführen ist (die beiden anderen Subskalen des eingesetzten Machiavellismus-Inventars waren dazu unkorreliert). In einem Modell von Smith und Webster (2017) interagiert Machiavellismus mit „sozialer Unterminierung" in der Form, dass Machiavellisten, die das Gefühl hatten, „untergraben" worden zu sein, höhere politische Fertigkeiten bzw. Verhaltensweisen als Reaktion zeigten, es bestand hingegen keine bivariate Korrelation zwischen den beiden Variablen. Schütte et al. (2018) wiesen, wie bereits weiter oben angemerkt, einen Aspekt von politischen Fertigkeiten als Moderator zur Erklärung der Beziehung von Psychopathie und CWB nach – bei geringer eingeschätzter persönlicher Einflussnahmemöglichkeit tritt verstärkt

CWB auf. Templer (2018) sieht politische Fertigkeiten als Moderator für die Beziehung von „dunklen" Eigenschaften und beruflicher Leistung – untersucht diese aber, wie in Abschnitt 4.2.2 beschrieben, nicht mit „echten" Dark Side Traits, sondern mit dem „H-Faktor" des allgemeinen Persönlichkeitsmodells HEXACO.

Narzissmus ist mit höherem Spaß an der Arbeit und Arbeitsengagement verbunden (Andreassen, Ursin, Eriksen & Pallesen, 2012) – Manager wiesen in der Studie höhere Werte in Narzissmus als geführte Mitarbeiter auf. Mathieu (2013) referiert einzelne Arbeiten, die eine negative Beziehung von Narzissmus zu Arbeitszufriedenheit herstellen, aber alle nicht aus dem Organisationskontext stammen: zu eher klinischen Maßen fanden sich negative Beziehungen, nicht aber mit dem NPI (vgl. Abschnitt 3.1.1). Mathieu zeigt in einer eigenen Untersuchung eine negative Beziehung von Narzissmus mit Arbeitszufriedenheit über die Varianzaufklärung der Big Five hinaus, die damit erklärt wird, dass narzisstische Mitarbeiter meinen, einen besseren Job verdient zu haben.

Weitere typisch narzisstische Muster können das eigene Erleben von Narzissten bei der Arbeit beschreiben: Maynard, Brondolo, Connelly und Sauer (2015) zeigten, dass sich Narzissten überqualifiziert fühlen, unabhängig von tatsächlicher (Über-)Qualifikation. Narzissten reagieren auf negatives Feedback zu ihren Leistungen eher mit Wut (auf andere) als Personen mit geringen Narzissmus-Werten. Im Erfolgsfall bzw. bei hoher Leistung neigen Narzissten zu *personaler Attribution* (und zwar fast ausschließlich auf ihre eigenen „überragenden" Fähigkeiten). Bei Misserfolg attribuieren sie auf die Situation, etwa die Aufgabenschwierigkeit (Stucke, 2003).

Narzissmus wird teilweise mit höherer Arbeitszufriedenheit und mehr Commitment verbunden (Michel & Bowling, 2013). Zettler, Friedrich und Hilbig (2011) zeigten anhand der affektiven Commitment-Skala des Fragebogens von Felfe, Six, Schmook und Knorz (2010; vgl. auch Felfe & Franke, 2012), dass höhere Werte in Machiavellismus mit geringem Commitment gegenüber anderen einhergehen, jedoch eine positive Beziehung zu „selbstbezogenem Commitment" besteht, also gegenüber der eigenen Karriere.

Machiavellismus wird zu Variablen, die das eigene Befinden thematisieren und speziell zu Arbeitszufriedenheit meist in einer negativen Beziehung gesehen (vgl. Abschnitt 4.2.1 und Jones & Paulhus, 2009). Machiavellisten geben an, sich wenig wertgeschätzt zu fühlen, und dass ihre Karriere stagniert (Corzine, Buntzmann & Busch, 1999). Metaanalytisch konnte eine schwach negative Beziehung von Arbeitszufriedenheit zu Narzissmus gefunden werden, eine substanziell negative für Machiavellismus (Bruk-Lee, Khoury, Nixon, Goh & Spector, 2009).

Bei Jonason, Wee und Li (2015) sind höhere Werte aller Triade-Merkmale mit geringerer Zufriedenheit verbunden; die entsprechenden Mitarbeiter denken auch öfter über Kündigung nach. In Moderationsanalysen fanden sich einige typische Umstände für Zufriedenheit, hinsichtlich derer sich die Dunkle-Triade-Merkmale unterscheiden: Es besteht eine Interaktion von Machiavellismus mit der wahrgenommenen „Kompetitivität" am Arbeitsplatz dergestalt, dass bei hohen Einschätzungen dieser eine negative Vorhersage der Zufriedenheit und eine positive Vorhersage der Gedanken an Kündigung möglich war. Bezüglich der „Autonomie" des Arbeitsplatzes war es umgekehrt, hier ging eine höhere Ausprägung mit höherer Zufriedenheit und weniger Kündigungsgedanken einher. Bei Narzissmus war es das wahrgenommene „Prestige" des Arbeitsplatzes, das zu denselben Effekten führte. Es besteht also nur über die Interaktion mit Variablen des Arbeitsplatzes eine Beziehung der Dunklen Triade zu Arbeitszufriedenheit (Jonason, Wee et al., 2015).

Neben den schädlichen Auswirkungen auf Dritte und die Organisation, die durch die Negativ-Auswahl von Trägern hoher Ausprägungen der Dunkle-Triade-Merkmale verringert werden können, lassen sich somit weitere Fragestellungen und Anwendungsfälle finden, in denen ein eignungsdiagnostischer Einsatz der Dunklen Triade für personalpsychologische Zwecke gewinnbringend erscheint (siehe Kasten).

Weitere Anwendungsfelder der Dunklen Triade neben klassischen personalpsychologischen Interventionen

Neben dem in diesem Band vordergründig erörterten Einsatz der Dunklen Triade zur Personalauswahl und weiteren gängigen operativen Einsatzzwecken, wie etwa Personalentwicklung oder Coaching, bestehen u. a. folgende sinnvolle Anwendungsfälle:

- *Interessen:* Interessenkonstellationen werden nur selten zu Selektions-, sondern eher zu Beratungszwecken genutzt (Schuler, 2014a). Die Selbstselektion unterstützend, könnte ein diagnostischer Einsatz der Dunklen Triade im Rahmen von Studienberatungs- oder Interessentests erfolgen – etwa, wenn die tatsächlichen Inhalte eines angestrebten Berufs kein Befriedigungspotenzial für die mit einer „dunklen" Persönlichkeitsstruktur einhergehenden Motive aufweisen.
- *Entrepreneurship:* Auch wenn Gründer meist keine klassische Eignungsdiagnostik im Sinne einer Auswahl- oder Platzierungsentscheidung erfahren, ist der Einsatz der Dunklen Triade in der gründungsbezogenen Orientierung und Beratung denkbar, etwa im Rahmen von „Gründerseminaren"; als diagnostisches Instrument zudem im Rahmen der Auswahl für finanzielle Förderprogramme oder Kredite.
- *Wahl von Spitzenpersonal:* Die beiden betrachteten Gruppen CEOs und Regierungschefs bzw. allgemein Politiker werden (leider) fast nie explizit bezüglich ihrer Eignung diagnostiziert, aber gleichwohl von kleineren (Aufsichtsräten) oder größeren Personengruppen (Wähler) ausgewählt. Die geschilderten Befunde geben einen Eindruck von den Auswirkungen der Merkmale, deren Beachtung bei derartigen (Aus-)Wahlentscheidungen einen potenziellen Nutzen für Organisationen oder Regierte bietet.
- *Motivationsstruktur:* Personen mit erhöhten Werten auf den Bestandteilen der Dunklen Triade haben spezifische Motive und Wahrnehmungen bei der Arbeit. Die Triade-Merkmale gehen nicht notwendigerweise mit tatsächlicher, aufgabenbezogener Motivation einher. Das Interesse dieser Personen bezieht sich stärker auf die Befriedigung eigener Bedürfnisse. Sie verfügen ebenso nicht generell über bessere politische Fertigkeiten als vielmehr einer adaptiven Form der Durchsetzung eigener Ziele. Diese und andere Einflussfaktoren und Rahmenbedingungen scheinen aber Moderatoren dafür zu sein, ob und welche Aspekte der Triade-Eigenschaften zu positiven oder negativen Effekten am Arbeitsplatz führen.
- *Befinden am Arbeitsplatz:* Die Arbeitszufriedenheit und das Commitment von Personen mit hohen Werten in Narzissmus, Machiavellismus und Psychopathie sind eher gering. Einige der typischen Aspekte der Merkmale Narzissmus und Machiavellismus, wie gefühlte Überqualifikation oder zynische Weltsicht, können als Gründe für solches Erleben angeführt werden.

Kenntnisse über die Wirkmechanismen der Dunklen Triade sind damit über die Personalauswahl hinaus für viele weitere personalpsychologische Anwendungsfelder relevant. Die Merkmale müssen daher in Zukunft im Zusammenhang mit Maßnahmen operativer

Personalarbeit bei bestehenden Mitarbeitern, wie etwa der Personalentwicklung, weiter erforscht werden. Der klarste eignungsdiagnostische Nutzen der Dunklen Triade der Persönlichkeit scheint jedoch in der weiteren Erforschung und Prognose *kontraproduktiven Verhaltens* am Arbeitsplatz, speziell destruktiver Führung, zu liegen. Beides sollte idealerweise gemeinsam mit und in Abgrenzung zu *Integrität* geschehen, dem Merkmal, das sich aus Bestrebungen der Praxis, kontraproduktive Verhaltensweisen zu prognostizieren, zum heutigen wissenschaftlichen Begriff entwickelt hat. Soll die Dunkle Triade für die in diesem Kapitel beschriebenen Zwecke genutzt werden, muss sie den von Integrität beschriebenen Weg umgekehrt gehen – von der Theorie in die Praxis und damit in ein Zielfeld, das verschiedene spezielle Anforderungen stellt. Diese sollen im folgenden Kapitel besprochen und auf dieser Basis geprüft werden, ob und wie die Dunkle Triade der Persönlichkeit für operative Berufseignungsdiagnostik eingesetzt werden kann.

5 Anforderungen an ein in der Praxis einsetzbares eignungsdiagnostisches Verfahren zur Messung der Dunklen Triade

In der Forschung zur Dunklen Triade am Arbeitsplatz werden nicht mehr nur allgemeine berufsbezogene Fragestellungen geklärt – etwa ob sich ein Narzisst eher als Anführer eines Teams herauskristallisiert –, sondern es wird explizit die Personalauswahl auf Basis „dunkler" Eigenschaften angesprochen (z. B. Jonason, Wee et al., 2014; Reichin, Grimaldi & LeBreton, 2019; Schyns, 2015). Die zunehmende diesbezügliche wissenschaftliche Betrachtung der Dunklen Triade markiert den Beginn ihrer Nutzung für eignungsdiagnostische Zwecke in der Praxis, das vorliegende Kapitel soll über Möglichkeiten und Grenzen eines solchen Einsatzes informieren.

Nach O'Boyle et al. (2012) wurden bislang nur in wenigen Studien Dunkle-Triade-Merkmale als Grundlage für Personalauswahlentscheidungen herangezogen und diese haben sich auf klinische Psychopathie-Skalen wie die des *Minnesota Multiphasic Personality Inventory* (MMPI; vgl. Abschnitt 2.3.3) beschränkt. Nach Kenntnis des Autors des vorliegenden Bandes liegt keine veröffentlichte Studie vor, in der die Dunkle Triade als Ganze und in ihrer gängigen Form zur tatsächlichen Personalauswahl eingesetzt wurde. Demgegenüber besteht ein breiter diesbezüglicher Einsatz des bislang einzigen Verfahrens für Dark Side Traits im beruflichen Kontext, des *Hogan Development Survey* (HDS; vgl. Abschnitt 2.3.3). Entsprechend dem geringeren berufsbezogenen Forschungsstand (im Feld) im Vergleich zu anderen Dark Side Traits (z. B. den elf Skalen des HDS) ist auch das Wissen über den Einsatz der etablierten Verfahren für die Dunkle Triade in der organisationalen Praxis noch spärlich ausgeprägt.

Für die Beurteilung der Nutzungsmöglichkeiten von Narzissmus, Machiavellismus und subklinischer Psychopathie in der Berufseignungsdiagnostik muss, neben dem Nachweis der Validität der Konstrukte an sich (vgl. dazu Kapitel 4), geklärt werden, inwieweit die bestehenden Messansätze für den Einsatz in der Praxis geeignet sind. Daher werden in diesem Kapitel die in der Triade-Forschung vorgeschlagenen Erhebungsmethoden vorgestellt und anhand von einschlägigen Vorgaben für die Personalauswahl bezüglich ihrer praktischen Anwendbarkeit bewertet. Entlang dieser Zusammenstellung werden konkrete Anforderungen für die angewandte organisationale, speziell eignungsdiagnostische Messung der Dunklen Triade abgeleitet.

5.1 Überblick der verschiedenen Messansätze und ihrer Besonderheiten

Die am meisten verbreitete Form der Messung von Persönlichkeit (am Arbeitsplatz) und speziell zu Auswahlzwecken stellen *Selbsteinschätzungsverfahren* dar (Smith et al., 2018). Sie haben für diesen Zweck, ungeachtet aller ihnen innewohnenden Defizite und an ihnen geäußerten Kritik, konkurrenzlos ökonomische Anwendbarkeit bei gleichzeitig bestehender prognostischer Validität unter Beweis gestellt (vgl. Abschnitt 2.2). Der Verfahrenstypus steht daher im Mittelpunkt der Betrachtungen dieses Kapitels.

Der häufigste Kritikpunkt an ihm – die Möglichkeit zur Manipulation *(Faking)* von Selbsteinschätzungen – wird entsprechend seiner Bedeutung zunächst etwas ausführlicher besprochen. Darauffolgend werden potenzielle alternative Messansätze anhand der Übersichten bei Smith et al. (2018) und Spain et al. (2014) kurz vorgestellt und abgeleitet, welche Verfahrenstypen derzeit für die berufsbezogene Diagnostik der Dunklen Triade der Persönlichkeit grundsätzlich geeignet erscheinen. So sollen gleichzeitig allgemeine Handlungs- und Anwendungsempfehlungen gegeben werden, die auch für weitere, hier nicht vorgestellte oder zukünftig entwickelte Messansätze Gültigkeit haben.

5.1.1 Faking von Testergebnissen

Ein vermeintlich schwerwiegendes Problem für die sinnvolle Anwendbarkeit eines Tests ist das des *Faking*, also der bewussten Manipulation von Testergebnissen. Obwohl Probanden durchaus dazu in der Lage und manche Bewerber auch entsprechenden Willens sind, sind die Auswirkungen auf die Validität von Testergebnissen zur Personalauswahl wohl geringer als angenommen (vgl. Sackett, 2011; Sackett et al., 2017). Trotz einzelner gegenteilig argumentierender Arbeiten (z. B. Hogan, Barrett & Hogan, 2007), ist es unstrittig, dass es „Faker“ gibt – Griffith, Chmielowski und Yoshita (2007) schätzen ihre Zahl auf 22 % bis 49 % der Bewerber. Entgegen diesem alarmierenden Prozentsatz sind die Auswirkungen aber dennoch als eher gering zu beurteilen. So konnten Smith und Ellingson (2002) keinen Einfluss auf die Konstruktvalidität und Ones und Viswesvaran (1998) weder eine gesteigerte noch verminderte kriterienbezogene Validität feststellen. Ziegler und Bühner (2009) kommen hingegen zu dem Fazit, dass es durchaus Effekte auf beide Validitätsindikatoren gibt, insbesondere auf Facettenebene. Der Grund für eher geringe Effekte in Auswahlsituationen dürfte sein, dass tendenziell alle Personen versuchen, „bessere“ Eigenschaften zu simulieren, was auch metaanalytisch bestätigt werden konnte (Birkeland, Manson, Kisamore, Brannick & Smith, 2006; Viswesvaran & Ones, 1999). Ein echtes Problem entsteht dann, wenn nicht alle bzw. nicht alle in gleichem Maße simulieren. In einem solchen Fall kommt es zu einer Verschiebung der Rangreihe der Bewerber, was bei „Top-Down-Selektion“ größere Probleme verursacht (Ziegler, Danay, Heene & Bühner, 2011). Für Integritätstests beispielsweise wird das Ausmaß an Verfälschung in verschiedenen Faking-Studien zwischen einer halben und einer Standardabweichung angegeben (Sackett, 2011). Marcus (2000) nimmt an, dass der Verfahrenstyp nicht mehr oder weniger gefaked wird als andere Persönlichkeitstests und die Effekte in Faking-Studien stärker auftreten als in realen Auswahlsituationen. Entsprechend wurden z. T. nur geringe Abweichungen von Praxis- und Forschungssituation gefunden (Sackett, 2011).

Faking ist ein komplexes Phänomen, was es notwendig macht, es zu operationalisieren und weiter zu erforschen (z. B. Bühner, 2011). Eine Übersicht über die vielfältigen Fragestellungen, die hierbei diskutiert werden, belastbare Befunde zu und Maßnahmen gegen Faking finden sich beispielsweise bei Schuler (2014a), theoretische Erklärungsansätze in einem „Special Issue“ der Zeitschrift *Human Performance* aus dem Jahr 2011 (Volume 24, Issue 4).

Für die Dunkle Triade werden in zahlreichen Arbeiten mögliche Probleme durch Faking angesprochen, da Betrug dem Wesen der Merkmale entspricht, was ihren Inhalt, typische Verhaltensweisen und Motivationsstruktur betrifft (z.B. Spain et al., 2014). Dabei wird oft angenommen, dass etwa Personen mit hohen Psychopathie-Werten Verfahren zur Erfassung der Dunklen Triade verfälschen würden, und damit deren grundsätzliche Wirksamkeit und Anwendbarkeit bezweifelt. Betrachtet man die Erkenntnisse zum Psychopathie-Konstrukt, ist es wahrscheinlicher, dass Psychopathen grundsätzlich betrügen können und nicht nur Triade-Verfahren faken. Zudem ist die Frage nicht, ob ihnen Faking leichter möglich ist, sondern ob es tatsächlich praktiziert wird. Zu dieser hoch relevanten Fragestellung liegen, wie für einige Teile der Triade-Forschung typisch, viele Anekdoten und Vermutungen vor, jedoch kaum belastbare Befunde, und die im Folgenden geschilderten, unter Laborbedingungen erhaltenen Ergebnisse sind zudem inkonsistent zwischen den Merkmalen und über die eingesetzten Methoden hinweg.

Dass etwa Psychopathen Persönlichkeitstests (hier zur Erfassung der Big Five) grundsätzlich faken können, wenn sie entsprechend instruiert werden, konnte von Fisher, Robie, Christiansen und Komar (2018) gezeigt werden. Die gewählte Skalenart stellt leider keine Lösungsmöglichkeit für das (vermeintliche) Problem dar: Psychopathen praktizieren Faking von Inventaren zur Erfassung der Big Five in Likert-skalierten, aber auch in Forced-Choice-Verfahren (siehe dazu Abschnitt 5.1.3), und selbst dann, wenn Warnhinweise gegeben werden. Diese beiden Ansätze schwächten das Ausmaß an Faking ab, konnten das Problem aber nicht vollständig lösen.

Bezüglich der Frage, ob sie auch besser bzw. erfolgreicher faken als andere, lieferte MacNeil (2008) nur schwache Bestätigung dafür, dass Psychopathie und Machiavellismus mit höherem Erfolg in *Faking-good* in Verbindung stehen (also besser als andere in der Lage zu sein, sich positiv darzustellen, ohne dabei in einem entsprechenden Verfahren als „Faker" erkannt zu werden). Dafür werden im Forschungssetting mehrere Teilstudien angestellt und diverse Verfahren bzw. Methoden verglichen, die „erfolgreiches Faking" operationalisieren. Hinsichtlich Psychopathie waren in einer Teilstudie unter Inhaftierten nicht der Gesamtwert, sondern nur einzelne Faktoren mit Erfolg in Faking-good von Persönlichkeitsinventaren verbunden, zu *Faking-bad* (also erfolgreich schlechtere Werte zu simulieren) bestanden keine Zusammenhänge. In einer weiteren Teilstudie unter Studenten war Psychopathie nur hinsichtlich einer von drei Methoden der Erfassung in der Lage, Erfolg in Faking-good vorherzusagen; Machiavellismus in zwei, Narzissmus in keiner. Auch in dieser Stichprobe stand keines der Merkmale mit höherem Erfolg in Faking-bad in Verbindung. In einer dritten Teilstudie, in der (auf Basis von Videos mit Selbstvorstellungen) als Maß für erfolgreiches Faking die Glaubwürdigkeit der Person auf einer Skala bewertet und dichotom die Korrektheit/Ehrlichkeit der Aussagen (Faking-good ja/nein) eingeschätzt werden sollte, waren Psychopathie und Narzissmus positiv mit Glaubwürdigkeit, nicht aber mit der Korrektheit verbunden. Machiavellismus stand sogar mit weniger Erfolg in Faking-good in Zusammenhang, operationalisiert durch weniger wahrgenommene Glaubwürdigkeit und geringer eingeschätzte Korrektheit der Angaben.

In einer umfassenderen Studie zur Natur von Faking wurden unter anderem die Triade-Merkmale als mögliche Einflussfaktoren in Regressionsanalysen untersucht. Dabei leistete ebenfalls keines der Triade-Merkmale einen signifikanten Beitrag zur Erklärung von Faking-bad (hingegen das Geschlecht und ein Aspekt von sozialer Erwünschtheit). Für Faking-good bestanden (neben sozialer Erwünschtheit) lediglich positive Erklärungsbeiträge von Machiavellismus, sogar negative von Narzissmus. Psychopathie hatte in keiner der beiden Untersuchungen einen Einfluss (Bensch, Maaß, Greiff, Horstmann & Ziegler, 2019). Den geschilderten Ergebnissen nach scheint Narzissmus quasi nicht mit Faking in Verbindung zu stehen und Psychopathie nur in einzelnen Studien und in Form einzelner Subfacetten, lediglich für Machiavellismus ergibt sich über mehrere Studien und auf Basis theoretischer Erwartungen ein Beleg für erfolgreicheres Faking-good.

Ein zu bedenkender Befund in der Diskussion, welche Effekte in der Personalauswahlpraxis zu erwarten sind, ist, dass Machiavellismus und Psychopathie sogar negativ mit (selbsteingeschätztem) sozial erwünschten Antwortverhalten in Verbindung stehen – aus geringer Furcht vor Konsequenzen (Kowalski et al., 2018). Ob Personen mit hohen Triade-Werten in einer tatsächlichen Auswahlsituation mehr und erfolgreicher faken als andere, wurde bislang nicht untersucht.

Zusammenfassend betrachtet, besteht das Problem des Fakings von Tests und ist nicht vollständig lösbar, aber vermutlich kleiner als landläufig angenommen und praktisch weniger bedeutsam. Gleichwohl muss das Phänomen besser und weiter erforscht werden, explizit auch für Triade-Merkmale, und zwar in realen Personalauswahlkontexten. Laboruntersuchungen mit entsprechend instruierten Probanden haben nur geringen Erklärungsbeitrag für die Praxis, da instruiertes Faking sich von tatsächlichem in Ausmaß und Qualität unterscheidet (Sackett, 2011). Für zur Personalauswahl eingesetzte Verfahren, wie etwa Integritätstests, wurden Abweichungen zwischen Forschungs- und Auswahlsituation gefunden, weshalb kontextspezifische Normen für einen Test bereitgestellt werden sollten, die den allgemeinen Effekt sozial erwünschten Antwortverhaltens abbilden und so operativ zu einem großen Ausmaß kontrollierbar machen. Skalen zur Erfassung sozialer Erwünschtheit haben sich hingegen für den Praxiseinsatz als wenig brauchbar erwiesen, weil sie selbst Faking-anfällig sind (Sackett, 2011). Zudem geben diese nur Hinweise auf eine mögliche Verzerrung, eine genaue Berechnung des Ausmaßes oder gar Korrektur von Faking ist nicht möglich. Es wird empfohlen, Tests nur zur Vorauswahl und mit geringem „Cut-off-Wert" einzusetzen, damit keine Verdrängung eigentlich geeigneter (bzw. im Falle von „dunklen" Eigenschaften unproblematischer) Bewerber erfolgt und eine Kontrolle in späteren Auswahlstufen stattfinden kann, etwa in Interviews (Bühner, 2011; Sackett, 2011) – das gilt auch für die Dunkle Triade.

Faking ist zudem hinsichtlich des gesamten Auswahlprozesses zu betrachten. Schuler (2014a) merkt dazu an, dass Kritik an Testverfahren häufig von solchen Personalern geübt wird, die anderen diagnostischen Zugängen gutgläubiger gegenüberstehen, etwa in Interviews unkritisch solchen Antworten Glauben schenken, die dem Unternehmen schmeicheln. Paulhus, Westlake, Calvez und Harms (2013) simulierten *Einstellungsinterviews*. Narzisstischere Studenten wurden eher als potenziell einzustellende Mitarbeiter bewertet und als intelligenter eingeschätzt (unabhängig vom kulturellen Hintergrund des „Bewerbers" oder der Bewertenden). Ein Grund für diese Einschätzung waren vor allem deren allgemein höhere Wortvolumina, diese äußerten sich in explizitem Selbstlob in Form von positiven Aussagen über sich, weniger in überhöhter Darstellung eigener Fähigkeiten. Das Ausmaß an Selbstdarstellung von Narzissten war dabei höher, wenn das Gegenüber als Experte wahrgenommen wurde, operationalisiert indem der Interviewer ihnen zuvor als fachkundig oder als Laie beschrieben wurde. Alle Triade-Merkmale stehen zudem mit der Nutzung betrügerischer Impression-Management-Taktiken in Interviews in Verbindung (Roulin & Bourdage, 2017). Personen mit hohen Werten wenden dabei situationsabhängig verschiedene Taktiken an, die zur einstellenden Organisation passen.

Fazit

Faking ist ein komplexes und weiter zu erforschendes Phänomen, das nicht ohne Weiteres zu verhindern ist, dessen Auswirkungen auf praktische Auswahlentscheidungen jedoch geringer sind, als häufig angenommen wird. Faking kann Triade-Verfahren, andere Testverfahren in Likert- und Forced-Choice-Format sowie andere Modi, wie etwa Interviews, betreffen. Entgegen der landläufigen Auffassung führen höhere Dunkle-Triade-Werte nicht automatisch zu mehr und erfolgreicherem Faking. Die Befunde hierzu sind unklar und für die Merkmale uneinheitlich, die Effekte vom jeweiligen Ziel und der Situation abhängig. Derzeit sprechen keine Studien gegen die Möglichkeit, Triade-Verfahren einzusetzen und damit relativ unverfälschte Werte zu erhalten. Auf grundsätzlich valide Tests wegen möglichen Fakings zu verzichten, nur um sich dann im Interview blenden zu lassen, erscheint ohnehin keine sinnvolle Option der Personalauswahl zu sein.

5.1.2 Fremdeinschätzungen und informationstechnologisch gestützte Messungen

In der Triade-Forschung wurden verschiedentlich *Fremdbeurteilungen* vorgeschlagen. Diese sind bei externer Personalauswahl schwer (unverfälscht) zu erhalten und könnten, gerade bei Triade-High-Scorern, mit möglicher Angst vor Konsequenzen verbunden sein (Schyns, 2015). Zudem haben Dritte keinen Einblick in relevante innere Vorgänge, was gerade bei der „dunklen Seite“ eine genaue Messung erschwert, denn der nach außen sichtbare Ausdruck könnte wiederum gerade bei diesen Merkmalen von Darstellungstendenzen geprägt sein. Welche „dunklen“ Eigenschaften sich wie gut zur Fremdeinschätzung eignen, galt bis vor Kurzem als noch nicht geklärt (Spain et al., 2014). Malesza und Kaczmarek (2018) konnten hier mit ihrer Studie zur Übereinstimmung von Peer-Beurteilungen und Dunkle-Triade-Testwerten wertvolle Erkenntnisse liefern. Die Zusammenhänge liegen für Fremdbeurteilungen von Narzissmus, Machiavellismus und Psychopathie durch enge Bekannte und die Standardverfahren NPI, Mach IV und SRP (vgl. Abschnitt 3.1) zwischen $r=.33$ und $r=.49$. Die Autorinnen schließen daraus, dass eine konvergent valide Erfassung der Dunklen Triade mit Fremdbeurteilungen möglich ist. Die gezeigten konvergent-konstruktbezogenen Validitätswerte reichen jedoch für operative berufsbezogene Einsatzzwecke nicht aus, prognostische Validitätsstudien für den Ansatz stehen noch aus und in der Praxis dürfte es schwierig für Arbeitgeber sein, unverfälschte Beurteilungen über die Triade-Werte einer potenziell einzustellenden Person von deren engen Bekannten zu erhalten.

Wiederholt wurden daher, meist für Narzissmus, verschiedene Verfahren der Fremdeinschätzung anhand frei verfügbarer biografischer Daten oder Indikatoren vorgeschlagen. Solche *Proxies* können z. B. anhand von Geschäftsberichten oder Reden von CEOs (Chatterjee & Hambrick, 2007; vgl. Abschnitt 4.3.1), der Biografie von US-Präsidenten (Deluga, 1997, 2001) oder der Twitter-Kommunikation von Profi-Teams der amerikanischen Basketball-Liga NBA (Grijalva, Maynes, Badura & Whiting, 2019) codiert und berechnet werden. Diese als „unobtrusive“, also unauffällig bzw. unaufdringlich, bezeichneten Ansätze erscheinen als geeignete Verfahren für Forschungszwecke, speziell für schwer zugängliche Personengruppen wie NBA-Stars, CEOs und (verstorbene) US-Präsidenten. Eine operative Nutzung zur Personalauswahl ist dagegen mit Problemen behaftet. Proxies stellen zum einen definitionsgemäß nur Hilfsvariablen dar, die nicht in der Lage sind, das gesamte, eigentliche Konstrukt zu messen. So hängt z. B. der Twitter-Proxy für Narzissmus von Grijalva et al. (2019) nur zu $r=.31$ mit dem NPI zusammen, die Variable wird jedoch als „Narzissmus" verwendet. Bei Hilfskonstrukten, unabhängig von zu geringer konstruktbezogener Validität, sollte vor einem Einsatz zur Personalauswahl vermutlich besser die prognostische Validität dieses Proxies bestimmt werden und kein unzulässiger, weil indirekter und nicht belegter Umweg über die vorliegenden Befunde für das Merkmal Narzissmus als Rechtfertigung gegangen werden. Das für die vorgestellten Ansätze üblicherweise benötigte Datenmaterial (Geschäftsberichte, Reden etc.) ist des Weiteren für Bewerber nicht vorhanden (könnte aber gleichwohl in der Bewerbungssituation erzeugt werden, etwa über freiwillig und eigens dafür erstellte Texte, z. B. Motivationsschreiben). Auf die Nutzung solcher Art von Daten ohne Einwilligung, etwa der von öffentlichen Twitter-Accounts, und die Frage, ob die Verfahren in diesem Fall wirklich als „unaufdringlich" gelten können, wird weiter unten eingegangen.

In erster Linie sind die vorgestellten Ansätze damit bislang nicht in einer Weise erforscht, die ihren Einsatz zu operativen personaldiagnostischen Zwecken rechtfertigen können. Sie müssen den gleichen Kriterien standhalten wie gängige Messansätze bzw. müssen für sie zunächst die üblichen Nachweise ihrer psychometrischen Qualität und Validität für die interessierenden Kriterien erbracht werden. Carey et al. (2015) weisen beispielsweise nach, dass die oft verwendete (und als valider Proxy für Narzissmus eingeschätzte) erhöhte Nutzung von Personalpronomen in der ersten Person Singular nicht konstruktvalide zur Erfassung von Narzissmus ist. Über mehrere Forschergruppen, Maße, Erhebungskontexte und Sprachen hinweg steht Narzissmus mit diesem Maß in einem Zusammenhang, der gegen null geht. Proxies und auch Fremdbeurteilungen können daher, was ihre bisherige Verwendung und nachgewiesene Validität angeht, für die Personalauswahl in der Praxis nach derzeitigem Stand nicht empfohlen werden.

In der Psychologie besser erprobte implizite Verfahrenstypen, die ihre Validität und geringere Verfälschbarkeit (unabhängig von der Dunklen Triade) bewiesen haben, sind *Conditional Reasoning Tests* (CRT) und *Implizite Assoziationstests* (IAT). Über verschiedene Zielgruppen und Instruktionen hinweg (etwa die, sich wie ein Bewerber zu verhalten) erbringen diese Ansätze stabile Ergebnisse und weniger Faking – dieser Effekt scheint aber nur dann voll zu wirken, wenn die Messabsicht verschleiert wird (LeBreton, Barksdale, Robin & James, 2007; Smith et al., 2018). Die Verfahrenstypen an sich wurden im Selektionskontext ebenfalls noch nicht in einer Weise erprobt, die sichere Befunde zu ihrer prognostischen Validität und Wirksamkeit gegen Faking ableiten lassen (Schuler, 2014a). Viele Autoren sehen sie als ein wertvolles Maß für „dunkle" Eigenschaften an, obwohl für Dark Side Traits noch keine publizierten IATs oder CRTs vorliegen. Die Validierungsbefunde für einen IAT zur *Dunklen Tetrade* (Narzissmus, Machiavellismus, Psychopathie plus Sadismus) fielen so schlecht aus, dass die Testautorin selbst von der Verwendung abrät (Mörzinger, 2012). Ein implizites Maß für Psychopathie am Arbeitsplatz, die *Logical Inference Exercise*, misst in Form eines CRT „abberant self-promotion" und damit Kernmerkmale von subklinischer Psychopathie (Gustafson, 2000). Für dieses Maß liegen keine veröffentlichten Befunde vor, was seinen Einsatz für operative Zwecke zu früh erscheinen lässt (Smith & Lilienfeld, 2013) – bis zum gegenwärtigen Zeitpunkt hat sich daran nichts geändert.

Benz (2018) hat in einer bemerkenswerten Arbeit einen *Conditional Reasoning Test zur Erfassung der Dunklen Triade im beruflichen Kontext* (CRT-DT) in Form eines Screeningverfahrens für den „dunklen" Kern entwickelt. Das Verfahren wurde, entsprechend der Intention der Testentwicklung, nicht hinsichtlich einer Messung der drei Triade-Eigenschaften, sondern nur einer Erfassung des zugrundeliegenden Kerns konstruiert und validiert (operationalisiert über Skalen der SRP und des „H-Faktors"). Zudem weist es, entsprechend der hohen Komplexität, die damit verbunden ist, aus logischen Schlussfolgerungen auf („dunkle") Persönlichkeit zu schließen, einzelne (psychometrische) Einschränkungen auf – seine weitere Entwicklung und Validierung für berufsbezogene Kriterien ist jedoch potenziell vielversprechend und der Verfahrenstyp ein sehr interessanter Ansatz.

Dies gilt auch für den Vorschlag einer „digitalen Arbeitssimulation" für Machiavellismus und regelkonformes Verhalten. Das Verfahren stellt mit umfangreicher „Coverstory" und fünf Aufgaben mit je fünf Antwortalternativen eine zwar wenig ökonomische, dafür aber nachweislich valide Option dar. Es war nicht nur weniger Faking-anfällig als Selbsteinschätzungen, sondern in der Lage, CWB inkrementell zu der MPS (einer Machiavellismus-Selbsteinschätzungsskala; Dahling et al., 2009) zu prognostizieren (Dubbelt, Oostrom, Hiemstra & Modderman, 2015). Ein solcher digital gestützter *Situational Judgment Test* (SJT), bzw. dieser Verfahrenstypus generell, erscheint daher ebenfalls als ein möglicher Ansatz. Eine kleine Einschränkung ergibt sich jedoch auch hierfür, und zwar weniger bezüglich der prognostischen Validität, die für das erfasste Zielkriterium gegeben ist, als für die konstruktbezogene. Die Ergebnisse des Verfahrens hängen in der Studie nur zu $r = .22$ bis .31 mit der eingesetzten Machiavellismus-Skala zusammen. Vielleicht sollte man in dem Fall also eher von einer digitalen Arbeitssimulation sprechen, die kontraproduktives Verhalten prognostiziert (und gleichzeitig mit Machiavellismus korreliert), als von einer „Arbeitssimulation zur Erfassung von Machiavellismus".

Zu beachten ist generell, dass mit den letzten drei vorgestellten Verfahrenstypen meist kein Persönlichkeitsmerkmal im engeren Sinne gemessen wird. SJTs oder Arbeitssimulationen sind den simulationsorientierten Verfahren im *trimodalen Ansatz der Berufseignungsdiagnostik* (Schuler et al., 2014) zuzurechnen. Sie erfassen (je nach Instruktion) typisches bzw. maximales Verhalten in einer geschilderten berufserfolgskritischen Situation und sollen so berufliche Leistung prognostizieren. Bei geeigneter Konstruktion ist mit SJTs allerdings auch eine valide Erfassung enger Persönlichkeitsmerkmale möglich (Mussel, Gatzka & Hewig, 2018).

Nach Smith et al. (2018) haben technologische Fortschritte und Kostensenkungen auch den Einsatz von elaborierten (neuro-)biologischen Verfahren erheblich vereinfacht, die gerade für Psychopathie eine reiche Forschungstradition aufweisen. Im Vergleich zu anderen Methoden sind sie weiterhin wenig ökonomisch, Validierungsstudien für die Zielkriterien liegen ebenfalls noch nicht vor, der Weg zum Einsatz von funktioneller Magnetresonanztomographie *(fMRT)* in der Personalauswahl dürfte daher glücklicherweise noch lang sein.

Informationstechnologische Methoden, um aus Kommunikationsverhalten in den sozialen Medien des Internets auf Triade-Merkmale zu schließen, wurden ebenfalls erprobt. Über Analysen von Facebook-Profilen konnten Narzissmus-Werte relativ genau, Machiavellismus und Psychopathie hingegen überhaupt nicht vorhergesagt werden (Vander Molen, Kaplan, Choi & Montoya, 2018). Sumner et al. (2012) verglichen Ansätze, mit Verfahren des maschinellen Lernens (eine Form *künstlicher Intelligenz*) die Dunkle Triade durch das Kommunikationsverhalten auf Twitter zu erfassen. Für Psychopathie konnten mit dem besten Verfahren 2 von 125 Personen des obersten Perzentils der Verteilung korrekt zugeordnet werden (ohne Falsch-Positive), eine modellierte Erhöhung der Rate richtiger Zuordnungen führte zu starken Erhöhungen der Falsch-positiv-Rate. Der Ansatz eignet sich damit allein aufgrund seiner mangelnden Genauigkeit nicht für Personalauswahlzwecke. Darüber hinaus muss die Nutzung solcher Technologien rechtlich geregelt werden, um festzulegen, unter welchen Umständen eine Persönlichkeitsprognose anhand der Nutzerprofile sozialer Medien überhaupt ethisch akzeptabel ist (Sumner et al., 2012). Viele Personen schätzen solche Plattformen fälschlicherweise als privat ein und geben viel mehr Informationen über sich preis, als sie möchten. Die Nutzung dieser Daten ohne Zustimmung bzw. Regelungen zum Schutz vor Missbrauch ist daher kritisch zu sehen. Datenschutz und die ethische Vertretbarkeit von Persönlichkeitsdiagnostik auf Basis von im Internet geteilten Informationen sind Fragen grundsätzlicher Natur. Sie gelten nicht spezifisch für Dunkle-Triade-Merkmale. Auf sie wird dessen ungeachtet weiter unten im Zuge der Besprechung der übrigen mit der Messung verbundenen ethischen und rechtlichen Fragen eingegangen (vgl. Abschnitt 5.2).

Fazit

Wie die Ausführungen gezeigt haben, werden eine Reihe interessanter und weiter zu erforschender Messansätze für die Dunkle Triade diskutiert. Keiner davon ist zum gegenwärtigen Zeitpunkt in einer Form dokumentiert und validiert, die eine Nutzung für eignungsdiagnostische Zwecke in der Praxis angezeigt erscheinen lässt. Für Fremdbeurteilungen, Proxies und ähnliche Ansätze zur Messung „dunkler" Eigenschaften wurde festgehalten, sie seien „in their infancy and only time will tell whether or not they will prove effective for research and practice" (Harms & Spain, 2015, S. 18).

5.1.3 Selbsteinschätzungsverfahren mit Forced-Choice- vs. Likert-Skalierung

Der einzige Verfahrenstypus in der Forschung zur Dunklen Triade, der den in der beruflichen Eignungsdiagnostik angelegten Kriterien grundsätzlich entspricht bzw. der auf Basis der Datenlage dahingehend evaluiert werden kann, sind zum gegenwärtigen Zeitpunkt Selbsteinschätzungsverfahren. Die Antworten werden üblicherweise auf *Likert-Skalen* erfasst, die eine freie Selbsteinschätzung bezüglich eines Items (auf einen Stimulus hin) verlangen; daneben werden Verfahren mit mehreren Antwortalternativen bzw. Stimuli *(Forced-Choice)* entwickelt und beide Varianten schon seit geraumer Zeit miteinander verglichen (z. B. Bartlett, Quay & Wrightsman, 1960). Forced-Choice-Items sollen vor allem dem häufig diskutierten Faking Abhilfe schaffen, was sie auch zu einem gewissen Ausmaß vermögen; allerdings erzeugt das Antwortformat häufig psychometrische Probleme, etwa eingeschränkte Reliabilität, Validität oder eine unklare faktorielle Struktur (Brown & Maydeu-Olivares, 2013).

Christiansen, Quirk, Robie und Oswald (2014) sehen die weitere Erforschung dieses Antwortformats als mögliche Lösung der Faking-Probleme an. Für Personen mit hohen Psychopathie-Werten war es in einer Studie zwar weniger Faking-anfällig als ein Likert-skaliertes, jedoch wurden auch die Forced-Choice-Items sozial erwünscht beantwortet (Fisher et al., 2018) – einen vollständigen Schutz bieten also auch sie nicht.

Paulhus und Jones (2015) stellen alle bis dato bekannten, ihnen in englischer Sprache zugänglichen, Selbstbeurteilungsmaße für Dunkle-Triade-Eigenschaften vor, insgesamt 18, einige davon als Kurzversionen der Standardverfahren. Darunter sind die von überragender Bedeutung und fast ausschließlich eingesetzten drei Standardskalen *NPI*, *Mach IV* und *SRP* (vgl. Abschnitt 3.1) und die in jüngerer Zeit stark an Bedeutung gewinnenden Kurzmaße *Dirty Dozen* (DD) und *Short Dark Triad* (SD 3; Jones & Paulhus, 2014), jedoch kein Forced-Choice-Verfahren. Weitere Triade-Inventare, die wie die Kurzverfahren eine kombinierte Messung der Eigenschaften erlauben, sind die *Mini-Markers of Evil* (Harms, Roberts & Kuncel, 2004) und das *Dark Triad Screening Measure* (MacNeil, Whaley & Holden, 2007). Auf beide wird aus Gründen der geringen Relevanz für den Forschungsstand nicht eingegangen, sie wurden außerhalb der Entwicklungsstudien noch nicht eingesetzt bzw. außer den diesbezüglichen Konferenzbeiträgen keine Publikationen vorgelegt. Damit sind, wie schon bei Furnham et al. (2013) sowie Paulhus und Jones (2015) besprochen, weiterhin nicht genügend Informationen verfügbar, die eine sinnvolle Betrachtung ermöglichen würden. Eine Darstellung der Gütekriterien der oben genannten Standard- und Kurzverfahren erfolgt in Abschnitt 5.2.2.

Bis auf die Ausnahme einer berufsbezogenen Machiavellismus-Skala (*OMS*; Kessler et al., 2010) wird bei Paulhus und Jones (2015) kein Verfahren für den organisationalen Kontext genannt (und auch die OMS enthält nur in einem Drittel der Items explizit berufsbezogene Formulierungen). Es liegen hingegen zwei berufsbezogene Maße für Psychopathie vor. Der *B-Scan* (Mathieu & Babiak, 2016a) bildet die vier Faktoren nach Hare mit berufsbezogen formulierten Items ab. Er weist gute psychometrische Qualität und konstruktbezogene Validität auf und befindet sich momentan in weiterer Validierung. Vor einem Einsatz für operative Personalentscheidungen sind zusätzliche kriterienbezogene Studien notwendig, er erscheint aber schon jetzt als ein vielversprechendes Maß für Psychopathie am Arbeitsplatz (Mathieu & Babiak, 2016a).

Ein weniger gut gelungenes Verfahren scheint die *Psychopathy Measure – Management Research Version* (PM-MRV) zu sein. Jones und Hare (2016) kritisieren die von Boddy entwickelte und eingesetzte Skala scharf. Sie misst nur den ersten Faktor von Psychopathie, der, wie die bisherigen Ausführungen gezeigt haben, die „positivsten" Seiten des Konstrukts abbildet, ihre Ergebnisse werden jedoch unter Psychopathie „verkauft", obwohl die Beziehungen dazu allenfalls tendenziell sind. Die Skalenentwicklung entspricht nicht psychologischen Standards, die Items sind zudem einem „Online-Quiz" entnommen und stellen proprietäre Inhalte der PCL dar. Jones und Hare betonen, dass es sich bei ihrer Kritik um keine akademische Diskussion handelt, im Gegenteil. Wenn Merkmale für tatsächliche Personalentscheidungen genutzt werden, müssen theoretisch sauber fundierte und entwickelte Maße zur Anwendung kommen, die rigorose Standards einzuhalten haben und ökologisch valide für den Kontext sind. Eine valide Messung trägt dazu bei, nicht weiter Missverständnisse um die Merkmale zu erzeugen, vor allem aber unberechenbare Konsequenzen für Person und Organisation abzuwenden. Denn es besteht die große Gefahr der Nutzung ungeeigneter Maße durch Führungskräfte oder HR-Mitarbeiter (Jones & Hare, 2016).

Aus diesem Grund sollen im Folgenden Vorgaben und Anforderungen für einen eignungsdiagnostischen Einsatz „dunkler" Eigenschaften besprochen werden. Sie beziehen sich auf rechtliche, fachlich-formale und aus den theoretischen Vorüberlegungen zur Dimensionalität hergeleitete Aspekte sowie auf die Sicht der diagnostizierten Person und zudem auf eine Anforderung, die Relevanz für alle genannten Bereiche hat – den Berufsbezug des Verfahrens. Diesen Vorgaben entsprechend werden, stellvertretend für die vorgeschlagenen Selbsteinschätzungsverfahren zur Dunklen Triade, die gängigen Standard- und Kurzverfahren vorgestellt und ihre Eignung für den Einsatz zu angewandten personalpsychologischen Zwecken diskutiert. Auf dieser Basis werden allgemeine Erwartungen an ein organisational einsetzbares Verfahren für die Dunkle Triade der Persönlichkeit abgeleitet.

5.2 Rechtliche und fachliche Vorgaben für den operativen Praxiseinsatz

In Deutschland besteht keine eigenständige gesetzliche Regelung zu psychodiagnostischen Testverfahren und deren eignungsdiagnostischem Einsatz (Püttner, 2014); teilweise dienen fachliche Richtlinien an deren Stelle als Basis für Rechtsprechungen (Schuler, 2014a). Die notwendige rechtliche Bedingung für jede Art von psychologischer Diagnostik ist die Legalität und Vertretbarkeit ihres Einsatzes. Sie ergibt sich konkludent aus verschiedenen einzelnen Gesetzen (Püttner, 2014). In erster Linie relevant ist der aus Artikel 1 und 2 des Grundgesetzes abgeleitete Schutz des allgemeinen Persönlichkeitsrechts, nach dem es zu keinem unangemessenen Eindringen in die Privatsphäre einer Person kommen darf. Hierin unterscheiden sich „dunkle" Persönlichkeitsverfahren nicht grundsätzlich von anderen Formen berufsbezogener psychologischer Diagnostik, weshalb die hierbei relevanten Aspekte weiter unten zusammen mit den übrigen fachlichen Standards zur Beurteilung von eignungsdiagnostischen Verfahren besprochen werden.

5.2.1 Legale, subklinische Messung „dunkler" Persönlichkeitseigenschaften

Ein Spezialfall bezüglich rechtlicher Statthaftigkeit stellt hingegen dar, dass viele der „dunklen" Persönlichkeits*eigenschaften*, im Falle der Triade Narzissmus und Psychopathie, einen klinischen Entwicklungshintergrund haben und die entsprechenden Persönlichkeits*störungen* in diesem Feld betrachtet werden (vgl. Kapitel 3). Medizinische „Gesundheitsdiagnosen", auch solche der Psyche, sind nach herrschender Meinung in der Personalauswahl nicht erlaubt (wenn sie ohne Ankündigung und Einwilligung erfolgen, im Rahmen einer arbeitsmedizinischen Untersuchung hingegen schon); selbst wenn auch diesbezüglich in Deutschland kein Gesetz besteht (vgl. Püttner, 2014). In den USA beispielsweise sind sie hingegen nach dem *Americans with Disabilities Act* (ADA) und in Großbritannien nach dem *Disability Discrimination Act* (DDA) verboten (vgl. z. B. Guenole, 2014; Wu & LeBreton, 2011), wenn sie zur Vorauswahl von Bewerbern eingesetzt werden. Der Grund ist, dass eine Einschränkung im Auswahlverfahren einen potenziellen Nachteil bedeuten könnte, die aber später im Beruf keine Probleme bereitet (Christiansen et al., 2014). Nach einem verbindlichen Jobangebot sind medizinische Gesundheitsdiagnosen hingegen erlaubt, grundsätzlich aber nur, wenn das Vorliegen der erfassten Merkmale „essenzielle Funktionen" einschränkt, die zentraler Bestandteil des Arbeitsplatzes sind und eine (erfolgreiche) Ausübung der Arbeit verhindern würden; eine reine Messung von Persönlichkeitsstörungen zum Selbstzweck hingegen in keinem Fall (Guenole, 2014).

So wurde beispielsweise in den USA anhand mehrerer arbeitsgerichtlicher Urteile geklärt, dass das *MMPI* (Minnesota Multiphasic Personality Inventory; vgl. Abschnitt 2.3.3) nicht zur Personalauswahl eingesetzt werden darf, bevor die unternehmerische Notwendigkeit oder sein *Berufsbezug* nachgewiesen wurde (Guenole, 2014). Beruflicher oder *Anforderungsbezug* ist grundsätzlich nur für „dunkle" Eigenschaften gegeben, die in erfolgskritischer Beziehung zu gängigen Kriterien beruflicher Leistung oder Erfolg stehen, jedoch nicht für solche Verhaltensweisen, die nicht notwendigerweise grundlegende Aufgaben und Pflichten des Arbeitsplatzes tangieren, wie etwa selbstverletzendes Verhalten oder zwanghaftes Händewaschen (Dilchert et al., 2014).

Voraussetzung für einen erlaubten Einsatz „dunkler“ Persönlichkeitsmerkmale ist daher (neben dem Verzicht auf Einzelfragen/Konstruktinhalte, die potenziell problematisch sind und weiter unten im Rahmen der Akzeptanz und des Berufsbezugs besprochen werden), nur solche Eigenschaften zu verwenden, die in Beziehung zu grundlegenden Anforderungen des Arbeitsplatzes stehen. Des Weiteren muss eine subklinische Messung mit Ergebniseinordnung auf stetig verteilten, dimensionalen Skalen garantiert werden und es darf keine Einordnung von Personen in Kategorien vorgenommen werden – also keine klinische Messung vorliegen (vgl. Abschnitt 2.3.1).

Durch die belegbaren Beziehungen der Dunklen Triade zu beruflichen Leistungskriterien (vgl. Kapitel 4) und bei quantitativer statt qualitativer Unterscheidung zwischen Personen ist der Einsatz der Dunkle-Triade-Merkmale zur Personalauswahl formal „legal“ (vgl. Wille et al., 2013). Alle vorliegenden Standard- und Kurzverfahren basieren auf Selbsteinschätzungen auf dimensionalen Skalen und liefern stetig streuende Daten, sie entstammen zudem nicht der Klinischen Psychologie, sondern der Beschäftigung mit den Merkmalen in der Allgemeinbevölkerung bzw. sind hierfür erprobt (vgl. Abschnitt 3.1). Das Grundproblem wurde somit durch die Einführung subklinischer Verfahren gelöst und eine legale Messung der Dunklen Triade ist mit allen gängigen Verfahren möglich. Guenole (2014, S. 86) fasst das Prinzip dieses Ansatzes folgendermaßen zusammen: „Our rationale is that we are not screening for disorder, we are measuring maladaptive personality traits with implications for job performance.“

Berechnung „dunkler“ Eigenschaften auf Basis allgemeiner Persönlichkeitsfaktoren

Dass der von Guenole formulierte, begrüßenswerte Impetus selbst mit klar dimensionalen und nicht einmal „dunklen“ Persönlichkeitsmerkmalen auch zwingend eingehalten werden muss bzw. über diese sogar eine engere Annäherung an echte Persönlichkeitsstörungen möglich ist, zeigen Studien zur Diagnostizierbarkeit klinischer Kategorien mit dem Fünf-Faktoren-Modell (FFM; vgl. Abschnitt 2.1.2). Mit diesem, namentlich mit Linearkombinationen seiner engen Facetten, können prototypische *Persönlichkeitsstörungstypen* oder sogenannte *FFM PD Counts* berechnet werden (z.B. Miller, Bagby, Pilkonis, Reynolds & Lynam, 2005; Wille et al., 2013).

Ahmetoglu et al. (2016) nutzten solche „FFM-Persönlichkeitsstörungswerte“ erfolgreich für die Prognose von berufsrelevanten Kriterien im organisationalen Kontext. Bei De Fruyt et al. (2009) werden der Einsatz der „Count-Technik“ zur Personalauswahl thematisiert und Daten im Auswahlkontext erhoben. FFM PD Counts sind in dieser Untersuchung mit verschiedenen Kriterien des Auswahlprozesses und der finalen Einstellungsentscheidung verbunden. Wille et al. (2013, S. 214) zeigten inkrementelle Validität zu herkömmlichen Big Five in der Vorhersage von Karriereerfolg mit FFM-Persönlichkeitsstörungsprototypen „derived from clinical personality disorder constructs“. Auf den rechtlichen Aspekt wird dort explizit eingegangen und betont, „... assessment of the FFM aberrant tendencies does not break legal regulations“ (S. 212), da subklinische und an „gesunden“ Populationen entwickelte Verfahren eingesetzt werden, die eine normale Werteverteilung aufweisen.

Diese Argumentation übersieht, dass die rechtliche Statthaftigkeit des Einsatzes sich weniger am Instrument oder den darauf erzielten Rohwerten als der Verrechnung und Interpretation seiner Ergebnisse festmacht. Das aus dem allgemeinen Persönlichkeitsrecht abgeleitete Verbot „unangemessener charakterlicher Ausforschung“ kann sich nicht nur auf die Art des Verfahrens, sondern auch auf die Schlüsse aus der gewonnenen diagnostischen Information beziehen (Schuler, 2014a).

Es ist möglich, bezüglich bestimmter FFM-Linearkombinationen Werte ab einem definierten „Cut-off" als Kategorie zu definieren, z. B. wurde ein T-Wert von 65 als Warnsignal für eine DSM-Störung vorgeschlagen (De Fruyt et al., 2009). Damit können selbst normale Persönlichkeitsinventare im Personalauswahlkontext potenziell unrechtmäßig verwendet werden, nahegelegt mit dem Ansatz, wonach „individuals scoring beyond a certain cut-off above the mean are ‚flagged' as being at risk for this particular aberrant personality tendency" (Wille et al., 2013, S. 213). Das Screening nach „dunklen" Eigenschaften wird von den Autoren als möglicherweise geboten angesehen, da der *Employers' Liability (Compulsory Insurance) Act 1969* Arbeitgeber dazu verpflichtet, die Gesundheit und Sicherheit seiner Angestellten zu schützen, wofür die Negativ-Auswahl von High-Scorern ein probates Mittel ist. Auch das mag stimmen, entbindet aber nicht von einer rechtlich korrekten Behandlung der potenziellen „Täter" und all der Bewerber, die nie problematisch auffällig werden. Die entscheidende Frage ist somit, ob die verschiedenen FFM-PD-Count-Techniken als juristisch zulässig im Personalauswahlkontext einzuschätzen sind oder nicht.

De Fruyt et al. (2009) betonen, dass die so erfassten Werte nicht als „pathologisch" bezeichnet werden, sondern lediglich als potenzielle Indikatoren für eine Störung gelten können und keine Substitute für klinische Diagnosen sind. Tatsächlich kann nur das entsprechende Ergebnis einer Begutachtung durch eine dafür ausgebildete Fachkraft nach den gängigen Kriterien des DSM (vgl. Abschnitt 2.1.1), gegebenenfalls unterstützt durch nachweislich valide, klinische Skalen, die Diagnose einer Persönlichkeitsstörung darstellen. Die verschiedenen Formen von FFM-Störungswerten sind keine „echten Störungen", die Diagnostiker in vielen Fällen keine dafür approbierten Personen, weshalb ein auf diese Weise erhaltenes Ergebnis nicht als offizielle Diagnose einer Persönlichkeitsstörung gelten kann. Nach herrschender Meinung sind nur solche offiziellen Diagnosen als medizinische Untersuchung aufzufassen und gesetzlich geregelt (in Deutschland nicht einmal diese explizit).

Damit dürfte die Nutzung von FFM PD Counts im Auswahlkontext tatsächlich rechtlich möglich sein, stellt jedoch sicherlich eine Grauzone bzw. problematische Gratwanderung dar, genau wie der Einsatz des *Persönlichkeitsinventars für DSM-5* (PID-5), aus dessen Ergebnissen sogar offizielle kategoriale Störungen berechenbar sind (vgl. Abschnitt 2.3.1). Selbst wenn dem Einsatz von FFM PD Counts rechtlich nichts entgegensteht, ist durch die mögliche kategoriale Einordnung und die verwendeten Bezeichnungen eine große konzeptionelle Nähe zu offiziellen Störungen und ein empirischer Zusammenhang mit diesen vorhanden. Selbst lediglich einen Indikator oder hohe Wahrscheinlichkeit für eine Persönlichkeitsstörung im Rahmen der Personalauswahl zu „diagnostizieren", ist sehr kritisch zu betrachten. Christiansen et al. (2014) sehen daher auch beim Einsatz von Inventaren wie dem *NEO-PI* (Costa & McCrae, 1985; aktuelle deutschsprachige Version: Ostendorf & Angleitner, 2004) ethische Fragestellungen als zu bedenken an. Sie raten Personalpraktikern dazu, von allen Skalen oder Ansätzen Abstand zu nehmen, die nach einer klinischen Diagnose benannt sind und besser Verfahren zu verwenden, die sich ausschließlich auf Verhalten am Arbeitsplatz beziehen. Um eine „Stigmatisierung" zu vermeiden, verwenden selbst „normale" berufsbezogene Verfahren beispielsweise anstelle des Begriffs „Neurotizismus" aus dem Fünf-Faktoren-Modell häufig den Gegenpol „Emotionale Stabilität" – so u. a. auch im Report für Führungskräfte des NEO-PI-3 (McCrae & Costa, 2015).

Gesetzlich verboten im Rahmen tatsächlicher Personalauswahl ist der Einsatz „dunkler" Eigenschaften jedoch eindeutig nicht – weder der direkt mit dem DSM verbundenen noch der Dunklen Triade – zu diesem Schluss kommen mehrere einschlägige Autoren (z.B. Harms, Wood & DeSimone, 2019; Reichin et al., 2019) in einer aktuellen Ausgabe der Fachzeitschrift *Industrial and Organizational Psychology* (2019, Volume 12, Ausgabe 2) zu dieser spezifischen Fragestellung. In dem Heft werden viele rechtliche und theoretische Argumente und Implikationen der praktischen Nutzung „dunkler" Eigenschaften diskutiert, weshalb es sich für Interessierte und in der Personalauswahlpraxis Tätige als weiterführende Quelle anbietet.

Die angezeigte Vorgehensweise beim berufsbezogenen Einsatz „dunkler" Persönlichkeitseigenschaften besteht damit in einer Messung auf dimensionalen Skalen und einer resultierenden normalen Verteilung der Ergebnisse. Idealerweise sollte die Entwicklung des Instruments an und für Stichproben aus der Allgemeinbevölkerung vorgenommen werden. Eine Nutzung von klinischen Verfahren und entsprechende Diagnosen von approbierten Fachpersonen sind für Personalauswahlzwecke nicht statthaft. Daher sollte es besser auch zu keiner kategorialen Einordnung von Ergebnissen kommen, die mit den Bezeichnungen von Persönlichkeitsstörungen versehen sind.

Eine solche Einordnung ist in der Personalauswahl auch unerheblich, vielmehr interessieren die berufsbezogenen Auswirkungen der erfassten Konstrukte. Wenn man unbedingt Kategorien bilden möchte, spricht aus eignungsdiagnostischer Sicht mehr dafür, und rechtlich nichts dagegen, Bewerber mit hohen Triade-Werten in eine „Risikokategorie" für mit ihnen nachweislich einhergehende Effekte, wie etwa CWB (vgl. Abschnitt 4.1), einzuordnen – und sie deshalb abzulehnen.

5.2.2 Fachlich korrekte Messung: Gütekriterien etablierter Standard- und Kurzverfahren zur Erfassung der Dunklen Triade

Für die Erfassung der Dunklen Triade in der Organisationspraxis spielen grundsätzlich dieselben fachlichen Vorgaben eine Rolle, die für andere eignungsdiagnostische Verfahren gelten. Dies sind international z.B. die *Standards for Educational and Psychological Testing* (AERA/APA/NCME, 2014), die aktuelle Entwicklung *ISO 10667* (ISO, 2011) oder die einschlägigeren *SIOP-Prinzipien zum Testgebrauch* (SIOP, 2018). In Deutschland liegt ein *Testbeurteilungssystem* (TBS-DTK; Diagnostik- und Testkuratorium, 2018) der Föderation Deutscher Psychologenvereinigungen (BDP und DGPs) vor und nicht zuletzt die *DIN 33430* (Deutsches Institut für Normung, 2016), die eine zunehmende Rolle in der Praxis spielt und auch bei juristischen Klärungen steigenden Einfluss haben wird (Püttner, 2014).

DIN 33430

Diese DIN-Norm stellt eine *Prozessnorm* für den gesamten Prozess der Eignungsdiagnose dar (Kersting, 2006). Sie enthält einen umfangreichen Abschnitt zu den dabei verwendeten Methoden und, für Testverfahren im Speziellen, Anforderungen, die für einen Einsatz im Zielfeld Organisation erfüllt sein müssen. Die Standards sind in der DIN 33430 als Checklisten im Anhang enthalten und können mit standardisierten Test-Audits nach den Testbeurteilungskriterien geprüft werden.

Für alle Verfahren müssen „Handhabungshinweise" vorliegen, etwa zur Zielgruppe; für Tests (Kategorie *messtheoretisch fundierte Fragebogen*) zudem noch „Verfahrenshinweise"

(z. B. in einem Testmanual). In erster Linie müssen also Informationen zum Verfahren vorliegen und zugänglich sein, um eine Überprüfung des Tests bzw. des diagnostischen Prozesses nach DIN durchzuführen.

Diese Überprüfung findet konkret hinsichtlich der folgenden Kategorien statt: *Theoretische Fundierung* als Ausgangspunkt der Testkonstruktion, *Objektivität*, *Zuverlässigkeit*, *Gültigkeit* und *Normierung* eines Verfahrens, zudem sind weitere Kriterien wie beispielsweise *Störanfälligkeit* zu berücksichtigen (Kersting, 2018a).

Die DIN 33430 fordert also im Wesentlichen die Einhaltung wissenschaftlicher Standards, auf Testverfahren bezogen den der „Berufseignungsdiagnostik inhärenten Qualitätsstandard – der Methodologie der psychologischen Testtheorie" (Schuler, 2014a, S. 393).

Wenn die genannten Informationen nicht vorliegen, ist die Überprüfung der DIN-Konformität und damit ein Einsatz des Verfahrens in einem DIN-konformen eignungsdiagnostischen Prozess nicht möglich (Kersting, 2018b). Das ebenfalls in der DIN 33430 formulierte Kriterium *Anforderungsbezug* (die mit dem Verfahren gemessenen Merkmale müssen einen eindeutigen Bezug zu den Tätigkeitsanforderungen haben, es muss sich also tatsächlich um Eignungsmerkmale handeln) muss im Einzelfall belegt werden, ein Verfahren kann somit nicht allgemein als „DIN-konform" gelten. Fragen des Berufs- und Anforderungsbezugs werden weiter unten in einem separaten Abschnitt (5.3.2) besprochen und anhand von Beispielitems illustriert. Im Folgenden werden entlang der übrigen aufgezeigten Kategorien die etablierten Standard- und Kurzverfahren NPI, Mach IV, SRP, Dirty Dozen und SD 3 bezüglich ihrer psychometrischen Qualität und damit der grundsätzlichen Eignung für eignungsdiagnostische Zwecke beurteilt.

Die Standardverfahren: NPI, Mach IV und SRP

Das *Narcissistic Personality Inventory* (NPI; vgl. Abschnitt 3.1.1) wurde bezüglich seiner psychometrischen Eigenschaften, meist aber für seine unklare faktorielle Struktur häufig kritisiert (z. B. Ackerman et al., 2011; Küfner et al., 2014); in erster Linie aufgrund der Tatsache, dass vielfach abweichende Faktorenlösungen vorgeschlagen wurden und der vulnerable Aspekt von Narzissmus nicht erfasst wird (Paulhus & Jones, 2015). Die verwendete Forced-Choice-Skala erzeugt zudem im kombinierten Einsatz mit den anderen, Likert-skalierten Verfahren zusätzliche Komplexität (Jonason & Webster, 2010). Die Reliabilität des NPI-Gesamtwerts und von sieben ursprünglich vorgeschlagenen Subskalen wurde bezüglich der *Teststabilität* und der *internen Konsistenz* untersucht. Dabei konnte nur der Gesamtwert zufriedenstellende Werte erzielen (del Rosario & White, 2005). Von Ackerman et al. (2011) wurde eine dreifaktorielle Lösung als reliabler bestätigt, der Faktor „Ausbeutung/ Anspruchshaltung" wies jedoch in drei Studien Alpha-Werte unter .50 auf.

Die *Mach IV* zur Erfassung von Machiavellismus (vgl. Abschnitt 3.1.2) wurde hinsichtlich psychometrischer Eigenschaften, Itemformulierungen und Validität kritisiert (Küfner et al., 2014), ihre Reliabilität häufig nur um .70 angegeben (Jonason & Webster, 2010). Grundsätzlich gilt die Skala als angemessen reliabel, auch bei der Mach IV ist die faktorielle Struktur der Hauptkritikpunkt (Jones & Paulhus, 2009). Wie bereits in Abschnitt 3.3.1 diskutiert, erfasst die Skala nicht alle theoretisch postulierten Aspekte von Machiavellismus. Schon in der Skalenentwicklung konnten nur zwei der erwarteten Faktoren bestätigt werden, heute wird sie meist als eindimensionale Skala verwendet. Neuere Skalen von Kessler et al. (2010) und Rauthmann und Will (2011) erfassen dagegen nach Paulhus und Jones (2015) zu breite Inhalte und tragen so potenziell weiter zum Construct Creep bei (vgl. Abschnitt 3.3.2).

Die am meisten genutzten Psychopathie-Skalen wurden vor allem aufgrund ihrer Länge kritisiert (Jones & Paulhus, 2014), das *Psychopathic Personality Inventory* (PPI; vgl. Abschnitt 3.1.3) besteht beispielsweise aus 154 Items, was fast eine halbe Stunde Bearbeitungszeit bedeutet. Furnham et al. (2013) sehen das Inventar als zu umfassend und als ein gutes Beispiel für Construct Creep an – die an einer Abbildung möglichst vieler Aspekte von Psychopathie orientierte Entwicklung hat dazu geführt, dass auch Bestandteile von Machiavellismus und Narzissmus integriert worden sind. Die *Self-Report Psychopathy Scale* (SRP; vgl. Abschnitt 3.1.3) enthält durch Items zur Abbildung des Faktors „Antisozial" kriminelle „Folgen" von Psychopathie und weist damit (je nach konzeptioneller Sicht von Psychopathie, vgl. Abschnitt 3.1.3) *Kriteriumskontamination* auf. Sie liegt in ihrer mittlerweile vierten Version als offizieller Test inklusive Manual vor (SRP 4; Paulhus et al., 2016). Für diese Version werden im Manual gute Alpha-Koeffizienten und Retest-Reliabilitäten berichtet. Ausgerechnet das inhaltlich vermutlich problematischste der Triade-Standardverfahren dürfte also daher, was seine Dokumentation und Verfahrenshinweise sowie seine Validitätsbelege angeht, für einen eignungsdiagnostischen Einsatz und eine Prüfung der DIN-Konformität grundsätzlich geeignet sein.

Trotz der geäußerten Kritik an der unklaren Faktorenstruktur und teilweise mangelnder Reliabilität der Standardverfahren für die Dunkle Triade können sie aus psychometrischen Gesichtspunkten als grundsätzlich angemessen für einen eignungsdiagnostischen Einsatz gelten. Es besteht einige Evidenz für die in Abschnitt 3.1 vorgestellten Faktorenlösungen und weitgehend Einigkeit über die Kernmerkmale der Skalen sowie die gegebene Möglichkeit der mehrdimensionalen Messung. Die mit den Standardverfahren gewonnenen Ergebnisse dominieren die Triade-Forschung (noch) quantitativ und stellen einen Großteil des Wissens über die Merkmale dar. Es konnten mit ihnen eine Reihe von Beziehungen zu eignungsdiagnostisch relevanten Kriterien gezeigt werden und sie gelten derzeit als die mutmaßlich validesten Prädiktoren der Dunklen Triade für organisationale Variablen (LeBreton et al., 2018). Ein Hauptkritikpunkt für die angewandte Nutzung ist die Zeitintensität ihres kombinierten Einsatzes (Küfner et al., 2014; Jones & Paulhus, 2014). In erster Linie aus Gründen der *Zeitökonomie* wurden daher Kurzverfahren vorgeschlagen, die im Folgenden besprochen werden.

Die Triade-Kurzverfahren: Dirty Dozen und SD 3

Jonason und Webster (2010) entwickelten über mehrere Studien ein Kurzverfahren mit je vier Items pro Triade-Faktor, die *Dirty Dozen* (DD). Das Verfahren wurde in zahlreiche Sprachen übersetzt, von Küfner et al. (2014) ins Deutsche Die DD konnten ihre Eignung zur Prognose vieler mit der Triade assoziierter Verhaltens- und Ergebniskriterien nachweisen (vgl. Abschnitt 3.2) und werden aufgrund der kurzen Durchführungsdauer gerne verwendet. Jedoch liegen in eben dieser Kürze die Defizite der DD begründet. So fanden Jonason und Webster (2010) schon in der Testentwicklung geringe Alpha-Reliabilitäten unter .70, was ihrer Meinung nach aber für die Skalenlänge in Ordnung ist, und nach der eher kurzen Zeitspanne von drei Wochen eine Retest-Reliabilität von im Schnitt nur r_{tt}=.80. Zudem deuteten sich bereits in der Entwicklung Probleme bezüglich der diskriminanten Validität der Machiavellismus-Skala zur SRP an (vgl. Jonason & Webster, 2010). Vor dem Hintergrund der *Item-Response-Theorie*, einem Ansatz der *probabilistischen Testtheorie*, zeigten

Webster und Jonason (2013) gute Diskriminations- und Schwierigkeitswerte, aber zu hohe Item-Interkorrelationen, die auf zu eng gefasste Skalen hindeuten. Kajonious, Persson, Rosenberg und Garcia (2016) fanden mit derselben Methode auf Basis von fast 4000 Probanden für alle drei Faktoren eine auffällige bimodale Verteilung. In erster Linie wurde die unterste, das Item am stärksten ablehnende, Antwortkategorie gewählt, was auf soziale Erwünschtheit im Antwortverhalten hindeutet (vgl. auch Abschnitt 5.1.1). Die Daten sprechen für eine gewisse Zurückhaltung, Machiavellismus- und Psychopathie-Items der DD wahrheitsgemäß zu beantworten, wohingegen die für Narzissmus eher normale Antwortmuster und Werteverteilungen erzeugen, dafür trugen letztere wiederum kaum zur Diskrimination von Personen bei. Die genannten problematischen Formen von Verteilungen führen bei kleinen Stichproben zu erheblich verzerrten Ergebnissen multivariater Verfahren (Kajonius et al., 2016).

Furnham et al. (2014) berichten von weiteren Studien, die den DD geringe Validität (Miller et al., 2012) und Vorhersagegüte (Lee et al., 2013) attestieren. Das Hauptproblem der DD sind jedoch entgegengesetzte oder abweichende Muster der Faktoren im Vergleich zu den Standardverfahren (Jonason & Tost, 2010), vermutlich da schlicht nicht alle Aspekte der heterogenen Konstrukte abgedeckt werden konnten. Watts et al. (2017) fanden eine Reihe von Unterschieden zwischen den DD und Standardverfahren auf Facettenebene des FFM und auch des HEXACO-Modells (vgl. Abschnitt 2.1.2) und schließen, dass die DD viele typische und relevante Bestandteile der Merkmale nicht erfassen. Miller et al. (2012) untersuchten speziell unter diesem Gesichtspunkt die Psychopathie-Skala der DD. In den Psychopathie-Items fehlen relevante Aspekte wie Manipulation, Grandiosität und geringe Impulskontrolle. Weiterhin bestehen mit Blick auf die Konstruktvalidität zu niedrige Zusammenhänge mit (geringer) Gewissenhaftigkeit und einzelnen Anteilen von (geringer) Verträglichkeit. Es liegen moderate Zusammenhänge zu anderen Psychopathie-Skalen vor, vor allem zu deren antisozialen Aspekten, jedoch beispielsweise nur geringe zu dem Aspekt „Furchtlose Dominanz“ aus dem PPI. Mit der SRP teilt die DD-Psychopathie-Skala nur weniger als ein Viertel der Varianz. Miller et al. (2012) halten fest, dass Skalenkürze nicht von gängigen psychometrischen Ansprüchen entbindet und mit dem Einsatz der DD veränderte Beziehungen in der Untersuchung von mit Psychopathie assoziierten Variablen zu erwarten sind, weshalb davon abzuraten ist, die DD als (einziges) Maß für Psychopathie einzusetzen. Als inhaltliche Erklärungen führen Maples, Lamkin und Miller (2014) an, dass in DD-Psychopathie das Merkmal „Enthemmtheit“ fehlt, dafür die DD-Narzissmus-Skala „Antagonismus“ beinhaltet, aber wiederum nicht die Aspekte von Narzissmus, die mit Extraversion verwandt sind. Zudem ist ein Item der DD-Psychopathie-Skala („I tend to be cynical“) theoretisch-inhaltlich klar zu Machiavellismus zu zählen (vgl. Abschnitt 3.1.2).

Nach Jones und Paulhus (2014) scheinen die DD schlicht zu kurz geraten zu sein, weshalb sich aus der Zusammenschau empirischer Befunde keine Empfehlung für ihren Einsatz ableiten lässt. Neben den genannten Einschränkungen wird besonders die mangelnde *diskriminante Validität* hervorgehoben, die z. T. höhere Korrelationen aufweist als die *konvergente Validität*. Auch konvergente Beziehungen zu Standardverfahren sind teilweise gering, die DD erfassen im Ergebnis nur sehr begrenzte Anteile der Inhalte der Konstrukte.

Mit aus diesem Grund wurden für die Entwicklung des *Short Dark Triad* (SD 3; Jones & Paulhus, 2014) Items für viele Aspekte eingeschlossen, die in der theoretischen Beschäftigung mit den Dunkle-Triade-Konstrukten hervorgehoben wurden. In einem dreistufigen faktorenanalytischen Prozess (isolierte explorative Analysen für jedes Konstrukt, gemeinsame explorative Untersuchung aller Items und abschließende konfirmatorische Prüfung) konnten 27 Items gefunden werden, die gute Fit-Maße, Ladungen auf zugedachten Faktoren und Validität zu den Standardverfahren aufweisen. Dem Verfahren wurden in der Folge bessere psychometrische Eigenschaften als den DD bescheinigt und auch gute Vorhersagequalität für interessierende Variablen (Furnham et al., 2014).

Maples et al. (2014) verglichen die DD und den SD 3 direkt. Auf Basis eines Literaturüberblicks fassen sie zunächst zusammen, dass DD-Skalen generell geringere konvergente Validität mit Standardverfahren als der SD 3 aufweisen und gerade DD-Machiavellismus hoch mit anderen Faktoren verbunden ist, vor allem mit Psychopathie. In den daraufhin angestellten eigenen Analysen bestanden ebenfalls zu geringe diskriminante Beziehungen, die sich in sehr hohen Interkorrelationen mit den jeweils nicht entsprechenden Konstrukten des anderen Verfahrens und innerhalb der Inventare äußern. So hängen DD-Machiavellismus und DD-Psychopathie höher miteinander zusammen als letztere zu SD 3-Psychopathie und fast genauso hoch mit SD 3-Machiavellismus. Die Machiavellismus-Skalen beider Inventare hängen höher mit Psychopathie des jeweils anderen Tests zusammen als mit der dortigen Machiavellismus-Skala. Zu den Standardverfahren fanden sich durchweg höhere Zusammenhänge für den SD 3, diese erfasst einen breiteren Inhaltsbereich (mittlere Item-Interkorrelationen von im Schnitt .33, entgegen .67 bei DD). Zu antisozialen Aspekten blieb für die DD nach Auspartialisierung des SD 3 keine Beziehung mehr übrig. Zu anderen geprüften Triade-Skalen bestand jeweils die höhere konvergente Validität mit dem SD 3, mit Ausnahme einer Skala, die vulnerablen Narzissmus erfasst und keine Beziehung zum SD 3 hat.

Maples et al. (2014) ziehen als Fazit, dass eine breitest mögliche Messung vorgenommen, also grundsätzlich die Standardverfahren genutzt werden sollten, in Anwendungsfällen mit kurzer Erhebungszeit der SD 3. Alle Arbeiten zum Vergleich der Kurzverfahren bevorzugen den SD 3 (z. B. Furnham et al., 2014), da er aus psychometrischer Warte besser geeignet ist, die Dunkle Triade entsprechend gängigen Standards zu erfassen. Bei den DD bestehen hier große Fragezeichen, besonders hinsichtlich ihrer konstruktbezogenen Validität.

Multidimensionale Messung

In Abschnitt 3.3 zur Struktur der Dunklen Triade wurden verschiedene theoretische und empirisch begründbare Sichtweisen bezüglich der Art und Anzahl der Faktoren und Subskalen unter den Dunkle-Triade-Eigenschaften sowie praktische Ansätze zu ihrer Erfassung vorgestellt. Daran wird ersichtlich, warum es nur eine *fein abgestufte Messung* ermöglicht, offene konstruktbezogene Fragen zu klären und die Möglichkeiten in der Prognose verschiedener Zielvariablen voll auszuschöpfen – insbesondere, wenn einzelne Aspekte eines Merkmals gegenläufige Beziehungen zu Kriterien aufweisen.

Mit Ausnahme für globale Kriterien, wie beruflichen Erfolg, ist eine multidimensionale Messung auch in der Eignungsdiagnostik von Interesse, wenn spezifische Aspekte beruflicher Leistung oder Fehlverhaltens prognostiziert werden sollen. Allerdings wurden kaum Studien auf *Facettenebene* zu arbeitsbezogenen Merkmalen angestellt bzw. Ergebnisse auf dieser Abstraktionsebene berichtet und durch die reine Erfassung bzw. ausschließliche Publikation der Ergebnisse auf Globalfaktorenebene geht alle Facetteninformation verloren (O'Boyle et al., 2012). Auch in der berufsbezogenen Literatur zur Dunklen Triade wurde daher die Notwendigkeit bemerkt, ihre Bestandteile als multidimensionale Konstrukte aus verschiedenen Traits aufzufassen (z. B. Wu & LeBreton, 2011) und dazu aufgerufen, sicherzustellen, dass alle einzelnen Aspekte der Konstrukte abgebildet werden (Harms & Spain, 2015).

Mit den Standardverfahren ist dies möglich. Wie in Abschnitt 3.1 aufgezeigt, weisen die im vorigen Abschnitt hinsichtlich ihrer Gütekriterien vorgestellten Standardverfahren eine theoretisch wie empirisch nachvollziehbare Struktur aus Subfacetten und dem übergeordneten Faktor auf (mit Einschränkungen für die Mach IV, für die keine diesbezügliche Berechnungsvorschrift vorliegt). Vor allem Narzissmus und Psychopathie sind sehr heterogen und komplex und mit kurzen Maßen schwer zu erfassen (Maples et al., 2014). Daher können die vorgeschlagenen Kurzverfahren allein aufgrund ihrer Kürze keine Subskalen ausweisen. Dies ist, wie in Abschnitt 3.3 ausgeführt, zum einen für einen Teil der Verwirrung um die Struktur der Dunklen Triade mitverantwortlich, zum anderen nimmt diese Verengung (nur ein Teil der definitorischen Kerninhalte wird erfasst) und Vermischung (gegebenenfalls gegenläufige Beziehungen einzelner Aspekte werden nivelliert) auch Erklärungskraft. Die Kurzskalen DD und SD 3 sind bei einem Einsatz für eignungsdiagnostische Fragestellungen somit mit potenziellen Einschränkungen ihrer prädiktiven Nützlichkeit verbunden.

Fazit: Allgemeine Triade-Verfahren und operative berufliche Eignungsdiagnostik

Bezüglich der *psychometrischen Kennwerte* besteht für alle im vorigen Abschnitt vorgestellten Verfahren einige Kritik, besonders starke an den DD. Die Standardmaße haben über viele Jahrzehnte und hunderte begutachtete Artikel in Fachzeitschriften annehmbare Kennwerte bewiesen, wären also aus psychometrischer Sicht grundsätzlich in der Berufseignungsdiagnostik einsetzbar. Deren zielfeldbezogene Probleme resultieren eher aus den Nebengütekriterien der Ökonomie und *Normierung*.

Letztgenannte Einschränkung gilt für alle vorgestellten Verfahren und hängt weniger mit der verfügbaren Datenbasis als mit formalen Gründen zusammen, liegen doch zahlreiche Stichprobenkennwerte für vielfältige Fragestellungen und über lange Zeitspannen vor (vgl. z. B. Abschnitt 3.1.1 zur Forschungsgeschichte von Narzissmus). Die Verfahren wurden für den Forschungskontext, in jedem Fall aber nicht für die Berufseignungsdiagnostik entwickelt und es wurden (mit Ausnahme der SRP 4 und des PPI-R; Alpers & Eisenbarth, 2008) keine Testmanuale im Sinne der Vorgaben einer DIN 33430 für sie angefertigt. Daher liegen bis auf das erwähnte Manual der SRP 4 und des PPI-R (nach Kenntnis des Autors des vorliegenden Bandes) keine veröffentlichten, expliziten Sammlungen und Gegenüberstellungen von Normen vor, vor allem nicht von Berufstätigen oder gar aus dem Auswahlkontext. Eine Ausnahme ist das Paper von Hunt und Chonko (1984), das für sechs Stichproben von Berufstätigen Mach IV-Mittelwerte und dazugehörige Standardabweichungen berichtet (der Mittelwertunterschied zwischen der am höchsten und der am niedrigsten abschneidenden Stichprobe beträgt dort interessanterweise drei Standardabweichungen). Mit dem Fehlen von Manualen liegen auch keine detaillierten Verfahrens- und Anwendungshinweise vor, was strenggenommen einen Einsatz der Verfahren in DIN-konformen Prozessen ohnehin ausschließt. Es ist jedoch denkbar, solche Zusammenstellungen in Form von Manualen vorzunehmen und Normen der berufstätigen Stichproben aus den veröffentlichten Studien zusammenzustellen.

Für einen Einsatz zur Personalauswahl müssen die in der DIN 33430 aufgeführten Merkmale eingehalten sein, soll der eignungsdiagnostische Prozess damit konform sein. Nun hat die Norm weder rechtlich bindende Wirkung noch orientiert sich die überwiegende Mehrheit der Unternehmen an ihr. Eine Beurteilung der Verfahren an dieser Norm ist aufgrund der ursprünglich berufsfernen Mess-Intention der allgemeinen Triade-Verfahren nicht passgenau und „fair“ (muss aber erfolgen, will man ihre Eignung für Studien oder Realeinsätze in der praktischen Personalarbeit beurteilen).

Als Anforderung hinsichtlich fachlicher Standards muss jedoch auch für allgemeine Dunkle-Triade-Verfahren mindestens die Einhaltung gängiger psychometrischer Qualitätsindikatoren gelten, was für die Standardverfahren und den SD 3 weitgehend gegeben ist. Für die DD muss hinterfragt werden, ob eine so häufig und deutlich kritisierte Skala für die in der Personalauswahl zu treffenden Entscheidungen angemessen ist – Spain et al. (2014) vertreten die Auffassung, dass sie es nicht ist.

Bezüglich der eignungsdiagnostischen Nutzbarkeit gängiger Dunkle-Triade-Selbsteinschätzungsverfahren kann festgehalten werden, dass alle eine *theoretische Fundierung* aufweisen, wie in Abschnitt 3.1 dargelegt wird – allerdings nicht bezüglich eines Einsatzes im beruflichen Kontext. Die hierzu bekannten Befunde wurden später durch ihre Anwendung für berufsbezogene Fragestellungen erbracht (vgl. Kapitel 4). Dieses Defizit in der theoretischen Fundierung (für den Berufskontext) führt dazu, dass allgemeine Dunkle-Triade-Verfahren z.T. irrelevanten, vor allem aber nicht anforderungsbezogenen Inhalt für den Einsatz in der Personalauswahl aufweisen. Dieser Umstand, in Kombination mit der daraus resultierenden mutmaßlich geringen Akzeptanz der Items, sowie die fehlenden Verfahrenshinweise und Normen sprechen vor dem Hintergrund der Vorgaben der DIN 33430 gegen einen Einsatz klassischer Triade-Verfahren in der Personalauswahlpraxis.

5.3 Die Bewerbersicht – sozial valide, akzeptierte und berufsbezogene Messung

Neben der Beachtung rechtlicher und fachlicher Standards und einer nach dem jeweils aktuellen Forschungsstand angezeigten methodischen Annäherung sollte ein weiteres Kriterium bei einem Einsatz „dunkler" Persönlichkeitseigenschaften in der Praxis besonders beachtet werden – die Reaktion auf bzw. die *Akzeptanz* der Verfahren durch die Bewerber. Für Organisationen bedeutsame Variablen, wie Commitment und Fluktuation, werden von der Bewerber-Akzeptanz des Einstellungsverfahrens beeinflusst (Shotland, Alliger & Sales, 1998). Metaanalytisch wurde bestätigt, dass eine positive Wahrnehmung des Einstellungsverfahrens verbunden ist mit einem positiveren Bild der Organisation und einer höheren Wahrscheinlichkeit, ein Jobangebot anzunehmen und das Unternehmen Bekannten zu empfehlen (Hausknecht, Day & Thomas, 2004). Hier war *Augenscheinvalidität* ein bedeutsamer Einflussfaktor; zu invasive oder unangemessene Bestandteile des Auswahlverfahrens können zu einer geringeren „Arbeitgeberattraktivität" führen – und, relevant vor dem Hintergrund der oben ausgeführten rechtlichen Vorgaben, zu einem potenziellen Mehr an juristischen Klagen. Shotland et al. (1998) empfehlen daher, einen augenscheinvaliden Auswahlprozess sicherzustellen, namentlich durch dessen möglichst berufsbezogene Ausgestaltung.

Persönlichkeitstests akzeptieren Bewerber generell weniger als etwa Interviews (Anderson, Salgado & Hülsheger, 2010). Die Akzeptanz der allgemeinen Dunkle-Triade-Kurzverfahren zu Personalauswahlzwecken wurde im Vergleich zum berufsbezogenen Dunkle-Triade-Verfahren TOP und „hellen" Persönlichkeitsmerkmalen, die in diesem Kontext zum Einsatz kommen, wie etwa Arbeitsengagement, überprüft. Die Ergebnisse werden in Abschnitt 6.3 vorgestellt. In den folgenden Abschnitten, 5.3.1 und 5.3.2, werden zuvor zwei grundsätzlich zu beachtende Aspekte fachlich und ethisch korrekter Personalauswahl vorgestellt, die der Bewerberakzeptanz zuträglich sein dürften – soziale Validität des Prozesses und Berufsbezug der eingesetzten Verfahren.

5.3.1 Soziale Validität

Bei der Frage nach der korrekten Behandlung von Bewerbern geht es nicht vorrangig um die Verhinderung von Klagen. Vielmehr ist sie Teil der wünschenswerten ethischen Grundhaltung im Umgang mit Bewerbern, die im Konzept der *sozialen Validität* (Schuler & Stehle, 1983) formuliert wurde. Die Bemühung um Einhaltung dessen Prinzipien trägt gleichwohl zum positiveren Erleben des Bewerbungsprozesses bei (Köchling & Körner, 1996). Soziale Validität geht weit über die Einhaltung fachlicher Qualitätsstandards, wie etwa geeigneter psychometrischer Eigenschaften eines Verfahrens, hinaus und bezieht sich auf Form und Ausmaß an *Information*, *Partizipation/Kontrolle*, *Transparenz* und *Urteilskommunikation/ Feedback,* die dem Bewerber in der sozialen Kontraktsituation zuteilwerden (Schuler, 2014a).

Für einen sozial validen und möglichst gut akzeptierten Einsatz von „dunklen" Persönlichkeitseigenschaften in der Personalauswahl sollte daher sichergestellt sein, dass Bewerber über Anforderungen des Arbeitsplatzes insoweit informiert werden, dass sie einen Bezug zu den abgefragten Eigenschaften herstellen können (etwa zu führungsrelevanten Aspekten aus dem Narzissmus-Konstrukt bei einer Führungsposition). Im vorliegenden Fall der Betrachtung von diagnostischen Verfahren an sich – das Konzept soziale Validität bezieht sich, wie die DIN 33430, auf den gesamten eignungsdiagnostischen Prozess – ist die Forderung nach Information gleichbedeutend mit dem Aspekt der *Transparenz*. Diese sollte über die Herstellung eines Aufgabenbezugs der eingesetzten Verfahren sichergestellt werden. In der diagnostischen Situation muss dem Teilnehmer eigene Kontrolle zugestanden werden, was bei dem Ausfüllen eines Persönlichkeitstests bis hin zur Nichtbearbeitung gegeben ist. Bei den weiter oben in Abschnitt 5.1.2 vorgestellten Verfahrenstypen IAT oder CRT ist die eigene Kontrolle deutlich eingeschränkter, bei Ferndiagnosen via Proxies oder Social-Media-gestütztem „Profiling" beispielsweise überhaupt nicht vorhanden. Der Kontrollverlust, der dabei entsteht, wenn Diagnosen ohne Wissen der Person und ohne ihr bekannten Zweck angestellt werden, ist das Gegenteil von sozialer Validität (Schuler, 2018).

Die Urteilskommunikation sollte (im Rahmen des notwendigen Schutzes des Auswahlprozesses und seiner Verfahren) offen erfolgen, in jedem Fall das *Feedback* rücksichtsvoll und unterstützend ausfallen. Gerade die Rückmeldung von Ergebnissen, die auch die „Integration in das Selbstkonzept ... erleichternd" sein sollte (Schuler, 2014a, S. 371), wirft Schwierigkeiten bei den Standard- und Kurzverfahren und ganz generell für die angewandte Diagnostik „dunkler" Persönlichkeitseigenschaften auf. Wie sollte man beispielsweise einem Kandidaten Feedback geben, der nach den Testergebnissen hoch „psychopathisch" ist, bei dem möglicherweise vollkommene Unwissenheit über die Inhalte und Bedeutung des Konstrukts besteht oder er es schlimmstenfalls sogar mit den Eigenschaften eines Serienmörders gleichgesetzt, und ihm dann noch vermitteln, warum man das Verfahren zur Personalauswahl einsetzt? Hier geraten Akzeptanz, soziale Validität und diagnostischer Zweck sowie Interessen der Organisation, etwa deren öffentliches Image, in Konflikt. Umso wichtiger ist es, im gesamten Auswahlprozess, aber speziell auch für die Einzelverfahren, Berufsbezug herzustellen, damit die wichtige Augenscheinvalidität besteht. Problematische Inhalte, die keinen Berufs- und Anforderungsbezug haben, sollten ausgeklammert werden und ganz generell ist sorgfältig zu überlegen und zu planen, in welcher Form und welche Ergebnisse man Bewerbern zurückmeldet.

Bezüglich des Punktes Transparenz sind bereits potenzielle Probleme von *indirekten Verfahren* angesprochen worden, auf die hier noch einmal eingegangen werden soll. Es wurde als Vorteil betont, aus bereits vorliegenden FFM-Testergebnissen im Nachhinein (und ohne eine erneute und spezifische Einwilligung einzuholen?) Persönlichkeitsstörungsindikatoren berechnen zu können (vgl. De Fruyt et al., 2009; Wille et al., 2013; zum konkreten Vorgehen siehe Abschnitt 5.2.1). Wille et al. (2013) sehen dieses Vorgehen unkritisch: Die „normale" Persönlichkeit sei ohnehin Teil eines Auswahlprozesses (eine Einschätzung, die die Verbreitung psychologischer Tests in der Praxis massiv überschätzt) und man könne so „unkompliziert" die vorhandenen Daten nutzen. Mit einem solchen Vorgehen würden jedoch ohne jegliche Transparenz Eignungsdiagnosen durchgeführt. Ähnliches gilt für indirekte Verfahren wie CRT oder IAT, wenn den Probanden die Messabsicht verschleiert wird – was eine Voraussetzung für ihre „Faking-Resistenz" zu sein scheint (LeBreton et al., 2007). Wenn die Berechnung von FFM PD Counts, wie von den Befürwortern vorgeschlagen, ex post erfolgt, wird zum Erhebungszeitpunkt im Extremfall sogar eine andere Messabsicht kommuniziert.

Nutzung von sozialen Medien, Big Data und Ansätzen der künstlichen Intelligenz

Die Nutzung der verschiedenen anderen genannten Möglichkeiten, wie Proxies oder der Analyse von Social-Media-Auftritten, wäre demgegenüber in der Personalauswahl noch problematischer, wenn die Personen nicht einmal etwas von der Teilnahme am „eignungsdiagnostischen Verfahren" wüssten. Nicht ohne Grund wurde daher darauf hingewiesen, dass auch die Verwendung von im Internet zugänglichen Informationen den allgemeinen Regelungen für Eignungsdiagnosen unterliegt (Püttner, 2014; Schuler, 2014a).

Die bereits angesprochene Frage nach den ethischen und rechtlichen Grenzen der Nutzung von Informationen über Bewerber im Internet ist unabhängig von der Anwendbarkeit der Dunklen Triade zu Personalauswahlzwecken zu klären. Sie wird an dieser Stelle nur deshalb angesprochen, da auch Verfahren zur Erfassung der Dunklen Triade anhand von Analysen der Social-Media-Auftritte einer Person vorgeschlagen wurden (vgl. Abschnitt 5.1.2). Entsprechende Vorgehensweisen gelten nicht als eignungsdiagnostische Verfahren, weshalb auch die für diese vorgeschriebene Einwilligungspflicht nicht besteht. Auch gibt es bislang keinerlei weitere Regelung außer der, dass nur frei zugängliche Informationen verwendet werden dürfen (Püttner, 2014) – was auf Social-Media-Profile oft zutrifft. Bei Kersting (2018a) werden Internetrecherchen in die Kategorie *Dokumentenanalyse* eingeordnet. Leider gehen bei manchen der vorgeschlagenen modernen IT-Ansätze Art und Tiefe der verarbeiteten Daten weit über Dokumente im herkömmlichen Sinn und deren Schutzbedürftigkeit hinaus.

Auch Sackett et al. (2017) gehen auf die Nutzung von im Internet verfügbaren Daten zu Personalauswahlzwecken ein, es liegen mittlerweile enorme Datenmengen mit Informationen über Menschen (und ihre Persönlichkeit) vor und die Methodik zur Auswertung und Nutzung dieser verbessert sich sprunghaft. Die persönliche, „manuelle" Auswertung von *Facebook-Profilen* durch Recruiter weist keine Validität für eignungsdiagnostische Kriterien auf (Van Iddekinge, Lanivich, Roth & Junco, 2013) und ist aus ethischen, rechtlichen und Validitätsgesichtspunkten zum jetzigen Zeitpunkt unter keinen Umständen zu empfehlen (Jeske & Shultz, 2016) – vor allem auch weil geschützte Kategorien wie die sexuelle Orientierung erfassbar sind, und das deutlich valider als die tatsächlich berufserfolgsrelevanten Merkmale der Person. Die Triade beispielsweise konnte, wie weiter oben ausgeführt, nicht valide diagnostiziert werden (Vander Molen et al., 2018). Jedoch kann mit statistischen Analysen von Facebook-Profilen die Persönlichkeit eines Menschen an sich nach dem Fünf-

Faktoren-Modell eingeschätzt werden (Bachrach, Kosinski, Graepel, Kohli & Stillwell, 2012). Unabhängig von der damit möglichen Beeinflussung einer enorm großen Anzahl an Personen mit hohen Effektstärken (Matz, Kosinski, Nave & Stillwell, 2017), die zu großer Kritik an der Methodik und ihrem Missbrauch geführt hat, scheint es bezüglich des beruflichen Kontexts und der vorliegenden Fragestellung ohne Weiteres möglich zu sein, auf diese Weise erfasste psychologische Merkmale auch als Prädiktoren für berufliche Eignung zu verwenden.

Wie valide solche Techniken für die Personalauswahl sind, ist aber noch unklar und eine Beurteilung moderner Ansätze im Vergleich zu gängigen Verfahrenstypen noch nicht möglich. Sackett et al. (2017) warnen daher ausdrücklich davor, neuartige Ansätze jedweder Art schnell und unüberlegt einzusetzen, vor allem ohne die notwendigen Studien mit den etablierten Standards und Verfahren bezüglich Reliabilität, faktoranalytischer Fundierung und ihrer Validität durchgeführt zu haben. Dasselbe gilt uneingeschränkt für entsprechende Vorschläge zur Dunklen Triade. Ein Problem dabei ist, dass die Funktionslogik neuartiger Verfahren und ihre Zielfunktionen (vor allem von Big-Data-Analysen und Ansätzen der künstlichen Intelligenz) den klassischen Prinzipien und statistischen Verfahren der (Personal-)Psychologie zum Teil entgegenstehen bzw. sie herausfordern (Liem et al., 2018) und erst in jüngerer Zeit Methoden entwickelt werden, um beide Bereiche zu verbinden (siehe Cheung & Jak, 2018).

Noch unkontrollierbarer für Bewerber (und HR-Verantwortliche) dürfte es daher werden, wenn nicht mehr Recruiter selbst per Internetrecherche zu einem Bewerber aktiv werden oder Facebook-Likes nach der Methodik einer linearen Regression mit Persönlichkeit verknüpft werden, sondern komplexe Algorithmen der *künstlichen Intelligenz* Wort- oder Bildaufnahmen von Bewerbern, deren Bewerbungsunterlagen oder gar das freie Internet nach Informationen durchforsten und diese verknüpfen. Schuler (2018) geht davon aus, dass lernfähige, informationstechnisch gestützte Verfahren bald deutlich valider sein werden und die Möglichkeiten derzeitiger Diagnostik weit übersteigen, allein auf der Basis automatisierter Mustererkennung. Für Entwicklungen dieser Art bestehen noch keine spezifischen Regelungen; fachliche und rechtliche Anforderungen gelten zwar grundsätzlich für neuartige Ansätze weiter, nur müssen sie sich den neuen Gegebenheiten anpassen (McFarland & Ployhart, 2015).

Ob sie das vermögen, ist fraglich. Berufsethische und gesetzliche Bestimmungen, und vor allem die Bereitschaft zu ihrer Einhaltung, werden vermutlich nicht mit der Entwicklung und ungeregelten Nutzung von künstlicher Intelligenz Schritt halten können (Schuler, 2018). So bieten beispielsweise einzelne Firmen Personalauswahlverfahren mit Unterstützung von künstlicher Intelligenz an, ohne dass unabhängige Validitätsbelege vorliegen (Kanning, 2018) oder der Gesetzgeber die Anwendung dieser Verfahren klar geregelt hätte. Hier bestehen neben den oben erwähnten Fragen der Psychometrie solche nach deren prognostischer Validität, vor allem aber nach der Legalität der (voll-)automatisierten Verarbeitung und des dabei schwer kontrollierbaren Einschlusses geschützter Kategorien in Algorithmen (Wojak, 2018) sowie praktische datenschutzrechtliche Fragen, wie Einblick- und Zustimmungsregelungen in Personalauswahlprozesse inklusive deren Inhalten (Muthers, 2018). Die Bundesregierung (2018) stellt in der Nationalen KI-Strategie in Aussicht, die Mitbestimmung des Betriebsrats nach § 95 BetrVG an den Auswahlkriterien auch für KI-Ansätze gesetzlich festzuschreiben. Wie sich das praktisch mit den spezifischen Funktionsweisen komplexer selbstlernender Ansätze des „Deep Learning“, u. U. „hinunter“ bis in mehrere sich überlagernde und bedingende Ebenen künstlicher neuronaler Netze, vereinbaren lässt, ist unklar.

Die Fragen nach den ethischen Implikationen automatisierter Verarbeitung und Nutzung von Informationen (im Internet) sind damit grundsätzlicher Natur und gehen nicht nur über den Einsatz der Dunklen Triade zur Personalauswahl, sondern über den Bereich der beruflichen Eignungsdiagnostik, weit hinaus. Im Vergleich mit den potenziellen tiefgreifenden, schädlichen Auswirkungen moderner IT-Methoden und „Big Data" auf Individuen und ganze Gesellschaften bei ihrem Missbrauch über Massenmedien erscheinen berufsbezogene Vorgaben für diese Ansätze vielleicht eher zweitrangig – sie sind für die zukünftige Entwicklung in diesem Feld jedoch von großer Relevanz: für die Validität der Auswahlprozesse von Organisationen, vor allem aber für den Persönlichkeitsschutz der Bewerber.

5.3.2 Berufs- und Anforderungsbezug

Zur Lösung der durch neuartige Messansätze für die Personalauswahl entstehenden Probleme kann beitragen, sich (nicht nur bei Dunkler-Triade-Diagnostik) auf ein weiteres Kriterium zu konzentrieren – den Berufs- und Anforderungsbezug eines Verfahrens bzw. seine *inhaltsbezogene Validität*. Ein inhaltsvalides, auf den Zielkontext „Beruf und Organisation" angepasstes Verfahren erhöht nicht nur die Akzeptanz bei Bewerbern, sondern trägt gleichzeitig dazu bei, die bereits weiter oben angesprochene, zentrale fachlich-rechtliche Anforderung des Berufsbezugs des Testverfahrens sicherzustellen. Die DIN 33430 fordert für Personalauswahlverfahren einen inhaltlichen Bezug zur konkreten Arbeitsausübung. Dieser hat seinen Hintergrund im Schutz des Persönlichkeitsrechts eines Bewerbers, das ihn vor irrelevantem oder zu weitgehendem Eindringen in seine Intim- und Privatsphäre und unbefugtem Ausforschen der Persönlichkeit schützt (Kersting & Püttner, 2018), daher „dürfen nur Verfahren verwendet werden, die einen eindeutigen Anforderungsbezug aufweisen ..." (DIN, 2016, S. 11). Diese Verfahren können sich sowohl auf direkte Leistungsanforderungen als auch umfeldbezogene Leistung beziehen (Guenole, 2014).

Ein weiterer Grund für eine möglichst kontextualisierte Gestaltung diagnostischer Verfahren liegt in der dadurch möglichen Erhöhung der Reliabilität und prädiktiven Validität für arbeitsbezogene Erfolgskriterien (Lievens, De Corte & Schollaert, 2008). Der dafür verantwortliche *Frame-of-Reference*-Effekt führt insbesondere zu höherer Messgenauigkeit und damit Vorhersagekraft, weil die intrapersonale Inkonsistenz im Antwortverhalten der Bewerber verringert wird, da für alle Items ein *kognitives Schema* wirkt – im vorliegenden Fall „am Arbeitsplatz". Bedeutend für die Erhöhung der kriterienbezogenen Validität ist daher, dass der Kontext der Erfassung konzeptionelle Überlappungen zum Kriterium hat (Lievens et al., 2008).

Guenole (2015) merkt an, dass Iteminhalte so gestaltet sein müssen, dass sie für ein breites Spektrum von Menschen „funktionieren" (in dem vorliegenden Fall für die arbeitende Bevölkerung angemessen sind), sie aber immer noch die zugrundeliegenden Konstrukte erfassen. Als Lösung wird vorgeschlagen, Iteminhalte „maladaptiver" Verfahren auf den Berufskontext zu übertragen und in diesem Zuge Fragen der Privatsphäre, des Berufsbezugs und der Legalität zu klären. Sehr private oder verborgene Aspekte der Persönlichkeit, wie selbstverletzendes Verhalten, Vermeidung von Intimität oder generell intime Bereiche wie sexuelles Verhalten, aber auch etwa Religiosität, sind im Berufskontext potenziell problembehaftet (Christiansen et al., 2014; Guenole, 2015), aber viele „dunkle" Verfahren weisen einige dieser Aspekte auf. Aus rechtlicher Sicht müssen bei einem Eindringen in die Privatsphäre von Bewerbern ein überzeugendes Interesse der Organisation an derartigen

Informationen und Belege deren eignungsdiagnostischer Relevanz bestehen. Und gerade im Auswahlkontext dürften Bewerber eine höhere Sensibilität für Iteminhalte und deren mögliche „Legalität" haben (Jackson, 2014).

Die Standard- wie auch Kurzverfahren zur Erfassung der Dunklen Triade (vgl. Abschnitt 5.2.2) entstammen keinem berufsbezogenen Entwicklungshintergrund oder -zweck. Daher weisen sie quasi keine berufsbezogenen Formulierungen auf oder Fragen, die sich auf erfolgsrelevantes Arbeitsverhalten beziehen, also keine Kontextualisierung oder gar einen Anforderungsbezug. Ausnahmen davon bilden die Items zu Führung im NPI und eine einzelne Frage aus der SRP-III, die mutmaßlich die spezielle Sichtweise von Psychopathen zu beruflicher Eignung abbilden soll: „Ich wäre gut in einem gefährlichen Job, da ich schnelle Entscheidungen treffe." Die Standardverfahren enthalten zudem Items, die als irrelevant für den Beruf oder als invasiv zu bezeichnen sind, da es zwar nicht um illegale Fragenbereiche, aber um sehr private Einstellungen oder das Privatleben geht, weshalb es zu einem irrelevanten und unbefugten Ausforschen innerer Strukturen kommen kann. Beispiele für das NPI sind: „Wenn ich über die Welt herrschen würde, hätten wir eine bessere Welt" oder „Ich stelle meinen Körper gern zur Schau." Items aus der Mach IV sind: „Unheilbar Kranke sollten die freie Wahl haben, schmerzfrei zu Tode gebracht zu werden" oder „Die meisten Menschen vergessen leichter den Tod ihrer Eltern als den Verlust ihres Besitzes." Und Beispiele aus der SRP-III sind: „Ich mag Sex mit Leuten, die ich kaum kenne" oder „Es macht mir nichts aus, keinen Kontakt mehr zu meiner Familie zu haben".

In der SRP sind zudem Items des Faktors „Antisozial" enthalten, die nach tatsächlich begangenen kriminellen Handlungen fragen, beispielsweise zu Drogenkonsum, „Gangmitgliedschaft", Diebstahl, Einbruch und früheren Verurteilungen. Zu invasive Fragen zum Privatleben von Bewerbern sind gesetzlich verboten, die genannten Psychopathie-Items im Personalauswahlkontext als hoch problematisch bis illegal einzuschätzen (Mathieu & Babiak, 2016a), von der Akzeptanz bei Bewerbern ganz zu schweigen. Der SD 3 weist unveränderte Items aus den Standardverfahren auf, beispielsweise die SRP-III-Items „Ich mag Sex mit Leuten, die ich kaum kenne" und „Ich hatte noch nie Probleme mit dem Gesetz". Die Formulierungen der DD sind demgegenüber unproblematischer, Items wie „Ich tendiere dazu, andere für meine Zwecke auszubeuten" oder „Ich habe gelogen und betrogen, um voranzukommen" wirken augenscheinlich aber ebenfalls zu invasiv für den Berufskontext. Keines der Kurzverfahren hat zudem explizit berufsbezogene Formulierungen. Wenn auch die gängigen Skalen eine subklinische Messung ermöglichen, sind damit einzelne Items potenziell problematisch, was Akzeptanz oder gar Legalität angeht, zumindest aber behandeln ihre Inhalte nicht die relevanten Anforderungen des beruflichen Kontexts.

Fazit

Als Fazit zum Bereich des akzeptierten Einsatzes von Merkmalen der Dunklen Triade aus Bewerbersicht kann festgehalten werden, dass die Anforderungen des Konzepts der sozialen Validität beachtet werden sollten. Insbesondere dürfen keine Informationen ohne Kenntnis der Bewerber erfasst werden, sie sollten stattdessen in möglichst transparenter Form abgefragt und durch aufgaben- und anforderungsbezogene Fundierung eine hohe Akzeptanz sichergestellt werden.

Betrachtet man die in diesem Kapitel vorgestellten Vorgaben und die vorliegenden Informationen über die gängigen zur Messung der Dunklen Triade eingesetzten Verfahren, kann keines der vorgestellten die Anforderungen voll erfüllen, die ein eignungsdiagnostischer Einsatz im organisationalen Kontext stellt. Aufgrund des steigenden Interesses an der Erforschung der Auswirkungen „dunkler" Persönlichkeitseigenschaften wie Narzissmus, Machiavellismus und Psychopathie im Berufsleben und der Chancen, die sich durch den angewandten Einsatz der Merkmale speziell für die Eignungsdiagnostik bieten, wird jedoch gerade ein solches Verfahren benötigt. Es bedarf eines psychometrisch-geeigneten, berufsbezogenen, deutschsprachigen Verfahrens zur Dunklen Triade der Persönlichkeit, das die Merkmale multidimensional misst und auch die rechtlichen Anforderungen des Kontexts und die speziellen der Zielgruppe „Bewerber" erfüllt. Im folgenden Kapitel wird in Form eines kurzen Überblicks über die Entwicklung und Validierung eines Testverfahrens berichtet, welches diese Ziele erfüllen soll – die *Dark Triad of Personality at Work* (TOP; Schwarzinger & Schuler, 2016) – und es werden erste Befunde zu seinem Einsatz in der Personalpraxis diskutiert.

6 Berufsbezogene Messung der Dunklen Triade – das Beispiel des Verfahrens TOP

Wie die Ausführungen in Kapitel 4 gezeigt haben, verspricht die Betrachtung der Dunklen Triade in der Personalarbeit einen potenziell großen Nutzen, da sie zusätzliche, von gängigen Konstrukten nicht erfasste, berufserfolgsrelevante Bereiche der Persönlichkeit abbildet. Gleichzeitig wurde bei der Evaluation der derzeit verfügbaren Verfahren in Kapitel 5 deutlich, dass diese es nicht erlauben, die hohen fachlichen Standards vollständig einzuhalten, die an psychodiagnostische Testverfahren in der Personalpraxis gestellt werden.

Um diese Lücke zu schließen, wurde in den Jahren 2010 bis 2015 am Lehrstuhl für Psychologie der Universität Hohenheim unter Leitung von Professor Heinz Schuler das Verfahren *Dark Triad of Personality at Work* (TOP) entwickelt und Ende 2016 publiziert (Schwarzinger & Schuler, 2016). In diesem Kapitel werden die Konstruktion und Validierung des Verfahrens beschrieben und die Anforderungen überprüft, die bezüglich der notwendigen psychometrischen Qualität und der anwendungsbezogenen Bedarfe der Triade-Messung in der Praxis abgeleitet wurden. Es soll am Beispiel einer aktuellen Testentwicklung aufgezeigt werden, welche Herausforderungen und Notwendigkeiten für den Einsatz der Dunklen Triade in der Berufseignungsdiagnostik bestehen, um so allgemeine Handlungsempfehlungen für die Verwendung von Narzissmus, Machiavellismus und subklinischer Psychopathie in der Personalarbeit, speziell der beruflichen Eignungsdiagnostik, auszusprechen.

6.1 Konstruktion der TOP

Die TOP als Persönlichkeitstest wurde als Selbstbeschreibungsverfahren konzipiert und auf Basis der *Klassischen Testtheorie* (vgl. Steyer & Eid, 2001) entwickelt. Entsprechend werden dafür gängige Kennwerte der Item- und Skalenentwicklung, zu deren faktorieller Validität und den Haupt- und Nebengütekriterien psychologischer Tests vorgestellt (vgl. Amelang & Zielinski, 2002). Die Darstellung erfolgt aus Platzgründen in Form eines kurzen Überblicks zu der Konstruktion des Verfahrens und seinen relevantesten Kennwerten, auch auf Nebengütekriterien wie *Nützlichkeit*, *Akzeptanz*, *Unverfälschbarkeit* oder *Normierung* wird knapp eingegangen. Für vertiefende und weiterführende Informationen muss auf das Testmanual verwiesen werden.

6.1.1 Bedarf, Ziele und Datenbasis der Testentwicklung sowie Konstruktion der Items

Da zum Zeitpunkt der Testkonstruktion kein anderes Verfahren vorlag, mit dem die Merkmale unter Berücksichtigung aller abgeleiteten Anforderungen erfassbar sind, war eine vollständige Neukonstruktion erforderlich, die die Defizite bestehender Verfahren behebt und zu folgender Zielsetzung der Testentwicklung führte: die Konstruktion eines objektiven, reliablen und validen deutschsprachigen Persönlichkeitstestverfahrens zur kombinierten Messung der Dunkle-Triade-Eigenschaften Narzissmus, Machiavellismus und subklinische Psychopathie, welches die Anforderungen für angewandte berufliche Eignungsdiagnostik erfüllt und von der Zielpopulation akzeptiert wird.

Die Entwicklung der TOP orientierte sich dabei an den Stufen der Testentwicklung nach Bühner (2011) und beinhaltete zunächst eine sorgfältige Anforderungsanalyse, Planung und Literatursuche. Anschließend wurde ein erster Testentwurf erstellt, dieser über mehrere Stufen der Verteilungs- und Itemanalyse optimiert und schließlich faktoranalytisch die finale Testversion bestimmt; diese dann validiert und normiert.

Im Rahmen der theoretischen Fundierung der zu testenden Merkmale wurden sowohl die grundlegenden als auch aktuelle theoretische Arbeiten zu den interessierenden Konstrukten, gängige Testverfahren und empirische Arbeiten zu ihren Auswirkungen im Zielfeld „Beruf und Organisation" einbezogen. Aufgrund des rasant wachsenden Wissensstands um die Dunkle Triade am Arbeitsplatz kann allen, die an der Verwendung der Dunklen Triade im Rahmen eigener Personalmaßnahmen interessiert sind, empfohlen werden, den jeweils aktuellen und spezifisch relevanten Stand der Forschung zu recherchieren.

Die Zielgruppe „Berufstätige" machte es notwendig, sämtliche Studien an Personen mit Berufserfahrung bzw. Berufstätigen durchzuführen, um die Repräsentativität der Ergebnisse für die spätere Zielpopulation zu gewährleisten. Die verwendeten Stichproben entstammen unterschiedlichen Branchen und Kontexten, verschiedenen hierarchischen Niveaus (von Auszubildenden bis zu Geschäftsführern). Unter den insgesamt 12 Einzelstudien waren solche, die innerhalb einer Organisation und solche, die unabhängig vom Arbeitgeber durchgeführt wurden. Die Gesamtstichprobe besteht aus $N = 1584$ Probanden, die zwischen Herbst 2010 und Herbst 2015 an den Studien zur Entwicklung der TOP teilgenommen haben. Darunter waren 58 % Frauen; das mittlere Alter aller Teilnehmer beträgt 31 Jahre ($SD = 11.5$).

Die Entscheidung für die Zielgruppe bzw. der geplante Einsatzzweck Personalauswahl führten zudem zu der Notwendigkeit, Items berufsbezogen zu formulieren, um der entsprechenden fachlichen Vorgabe „Berufs- und Anforderungsbezug" der DIN 33430 nachzukommen und eine möglichst hohe Akzeptanz bei den Testanden zu erzielen (vgl. Abschnitt 5.3.2). Durch die so erzielbare Steigerung der *inhaltsbezogenen Validität* wurde auch eine potenzielle Erhöhung der kriterienbezogenen Validität angestrebt (vgl. Shaffer & Postlethwaite, 2012).

Skalenart und -polung sowie Konstruktion von Items

Wie für Persönlichkeitstests am häufigsten praktiziert, wurde als Antwortformat für die TOP eine gebundene Beantwortung über Ratingskalen gewählt. Von der Entwicklung einer Forced-Choice-Skala wurde aufgrund der diesem Verfahrenstypus innewohnenden Probleme abgesehen (siehe dazu Abschnitt 5.1.3). Im vorliegenden Fall wurde eine siebenstufige, also tendenziell eher breite Skala gewählt (laut Bühner sind fünf Stufen die Regel), da durch mehr Skalenpunkte eine bessere Differenzierung der Probanden möglich wird und Reliabilität und Validität potenziell steigen (Bühner, 2011). Die einzelnen Stufen wurden mit *trifft gar nicht zu*, *trifft nicht zu*, *trifft eher nicht zu*, *teils-teils*, *trifft eher zu*, *trifft zu*, *trifft voll zu* einzeln verbal verankert, was nach Krosnick (1999) ebenfalls zu verbesserter Reliabilität und Validität führt.

Alle Items der TOP sind in Konstruktrichtung aufsteigend gepolt, d. h. positiv in Richtung einer hohen Merkmalsausprägung formuliert. Die Entscheidung hierfür fiel unter sorgfältiger Abwägung der möglichen Vor- und Nachteile, die hier kurz referiert werden sollen. In vielen verbreiteten Inventaren finden Wechsel in der Polung statt, was in erster Linie zur Vermeidung von *Akquieszenz*, also der Zustimmungstendenz, beitragen soll. Betrachtet man die empirischen Befunde zu dieser Thematik, werden durch negativ gepolte Items allerdings mehr Probleme geschaffen als gelöst: So ergeben Faktorenanalysen von Skalen mit wechselnd gepolten Items häufig zwei Faktoren (wovon einer meist die negativen Items enthält). Faktoren dieser Art wurden in verschiedenen Studien als Methodenfaktoren (vgl. Podsakoff, MacKenzie, Lee & Podsakoff, 2003) oder inhaltliche Dimension interpretiert, die einen bestimmten Antwort-Stil erfasst (Steyer & Eid, 2001). In der TOP ist durch die Abwechslung augenscheinlich positiver Aspekte, wie der Selbsteinschätzung als herausragende Führungskraft, und negativer, wie beispielsweise der eigenen Bereitschaft zu lügen, eine bloße „blinde" Zustimmung unwahrscheinlich, weshalb auf Polungswechsel verzichtet wurde. Auch Bühner (2011) kommt zu dem Schluss, dass sie verzichtbar sind, nicht zuletzt da sie schlicht „überlesen" werden können, was eine der eigentlichen Intention entgegengesetzte Beantwortung und entsprechende fehlerhafte Interpretationen nach sich zieht.

Zur Gewinnung und Auswahl der Items wurden zwei verschiedene Methoden angewandt, mit dem Ziel, die jeweiligen „Unzulänglichkeiten" der jeweils anderen zu kompensieren: für die Itemformulierung zunächst die *rationale Fragebogenkonstruktion* oder *deduktive Methode*, die Items nach inhaltlichen Gesichtspunkten wählt, bei der also eine bestehende theoretische Grundlage Basis der Itemkonstruktion ist. Das Prinzip der *induktiven Fragebogenkonstruktion* wurde schließlich über statistische Analyseverfahren der Itemreduktion (z. B. Faktorenanalysen) verfolgt, bei denen die aufgefundenen Dimensionen zur Theoriebildung bzw. im vorliegenden Fall zur Kontrolle genutzt werden (Bühner, 2011; Amelang & Zielinski, 2002).

In die Skalenentwicklung wurden zentrale Inhalte der Konstrukte Narzissmus, Machiavellismus und Psychopathie aus dem Itempool bestehender Inventare einbezogen, indem deren berufsspezifische Entsprechungen formuliert wurden. Als Grundlage hierfür dienten die Verfahren das deutsche *NPI-R* (Schütz et al., 2004), die Machiavellismus-Skala des Fragebogens zur Erfassung von Machiavellismus und Konservatismus *(MK)* von Cloetta (1972) sowie das *Kieler Psychopathie-Inventar* (Köhler et al., in Vorb.). Die „Übersetzung" der Inhalte in den beruflichen Kontext wurde vom Verfasser des vorliegenden Bandes durchgeführt. Ziel war dabei, den Inhalt, also etwa ein bestimmtes Verhalten oder eine Eigenschaft, zu übertragen, die Ursprungsitems jedoch selbstverständlich nicht zu „kopieren". Der Kasten gibt ein Beispiel.

Original-Item aus dem MK (Cloetta, 1972)

„Fast alle Menschen sind bei dem, was sie tun, nur auf ihren persönlichen Vorteil bedacht".

In den beruflichen Kontext übertragenes Item

„Bei uns im Unternehmen schaut jeder nur nach sich".

Weitere Items wurden anhand einer Expertenbefragung auf Basis von Definitionen der Konstrukte (und ihrer Subskalen) bzw. der Diagnosemerkmale nach DSM (vgl. Abschnitt 2.1.1) konstruiert. Die $N=7$ Teilnehmer waren in diesem Fall zum einen Wissenschaftler mit eignungsdiagnostischem Schwerpunkt, zum anderen Personalpraktiker mit langjähriger Erfahrung in der Personalauswahl, insbesondere auch mit vielfachem direkten Kontakt zu

Bewerbern und Kunden auf gehobenen bis obersten hierarchischen Positionen in Feldern wie Industrie und Unternehmensberatung.

Alle so formulierten Items wurden den aus der Theorie abgeleiteten Subskalen und Faktoren der Triade-Konstrukte zugeordnet (vgl. Abschnitt 3.3.3). Da hierdurch keine zahlenmäßig gleiche Repräsentation aller Subskalen hergestellt werden konnte, wurden Skalen, die nur mit wenigen Items besetzt waren, von den Autoren der TOP „aufgefüllt“ (wiederum deduktiv auf Basis der Definitionen der Expertenbefragung). Besonderes Augenmerk wurde darauf gelegt, bislang fehlende Aspekte einzubringen. Zum Abschluss wurden alle Items anhand der gängigen Regeln für die Itemformulierung (siehe z.B. Bühner, 2011, S. 139) durchgesehen und wo nötig verbessert. Insgesamt 433 berufsbezogene Dunkle-Triade-Items waren das Ergebnis, sie bildeten die Grundlage für die folgende quantitativ-statistisch orientierte Testentwicklung.

6.1.2 Itemanalysen und Prüfung der Dimensionalität: Struktur der TOP

Zur Überprüfung der Itemrohwerteverteilungen wurden im vorliegenden Fall zunächst *Spannweite*, *Schiefe* und *Kurtosis* herangezogen und an einer ersten Stichprobe (N=105) überprüft. Alle Items, die bezüglich mindestens eines der genannten Kriterien problematisch erschienen, wurden entfernt, die verbliebenen zu den theoretisch zugedachten Skalen gruppiert und auf Schwierigkeit, Trennschärfe und Homogenität hin untersucht, 170 Items verblieben nach dieser Prozedur für die Testentwicklung.

Zur Überprüfung der faktoriellen Struktur der TOP-Items wurden weitere Daten erhoben und *explorative* und *konfirmatorische Faktorenanalysen* (Strukturgleichungsmodelle) berechnet. Nach einer ersten Exploration möglicher Dimensionen des Itemmaterials wurde die erhaltene Faktorenlösung an einem unabhängigen Datensatz erneut explorativ untersucht und leicht revidiert und abschließend die finale Version der TOP konfirmatorisch überprüft (eine solche mehrstufige Vorgehensweise wurde auch von Jones und Paulhus, 2014 bei der Konstruktion ihres SD 3 angewendet).

Aufgrund der beschriebenen inhaltlichen Überlappungen der untersuchten Triade-Bestandteile wurden zunächst keine Faktorenanalysen über alle Items, sondern für die drei Konstrukte separiert berechnet. Die Alternative hätte potenziell schon in der ersten Stufe zu starker Reduktion der Dimensionen und damit der abgebildeten Inhalte geführt. Das in Kapitel 5 abgeleitete Ziel einer multidimensionalen Messung der Dunklen Triade erfordert hingegen eine möglichst vielschichtige Abbildung der Facetten von Narzissmus, Machiavellismus und Psychopathie.

Für die Zielsetzung des Auffindens latenter Dimensionen im Itemmaterial bieten sich grundsätzlich *Hauptachsen-Faktorenanalysen* (englisch: Principal Axis Factor Analysis, PAF) und *Maximum-Likelihood-Faktorenanalysen* (ML) an (vgl. Bühner, 2011). Für den ersten Schritt, einer separierten Analyse der Items der Konstrukte Narzissmus, Machiavellismus und Psychopathie, wurden PAF gerechnet. Bei der gemeinsamen faktoriellen Prüfung aller Triade-Bestandteile wurde zusätzlich auf die ML zurückgegriffen, da die Ergebnisse dieses Schritts später konfirmatorisch überprüft wurden, wofür die ML eine gute Grundlage darstellt (Bühner, 2011). Als Rotationstechnik wurde jeweils *Promax* (für oblique, also korrelierte Faktoren) gewählt, da diese für die hier vorliegenden, als korreliert angenommenen Faktoren die Methode der Wahl darstellt und geeignet ist, eine sogenannte „Einfachlösung“ zu erzielen (Bühner, 2011).

Die Ergebnisse der ersten, nach Konstrukten getrennten Analysen werden hier aus Platzgründen nicht dargestellt. Ihr Ziel, eine Reduktion der Items zu erreichen, gleichzeitig aber möglichst den vollen Inhalt der Merkmale beizubehalten, wurde erreicht, da trotz deutlich reduzierter Itemanzahl theoretisch sinnvoll interpretierbare Skalen abgegrenzt werden konnten. Im nächsten Schritt wurden alle verbliebenen Items gemeinsam untersucht und so die faktorielle Struktur der gesamten Dunklen Triade bzw. die Abbildung ihrer Skalen durch die Items der TOP an einem Datensatz von $N=334$ überprüft. Dabei war das Ziel, möglichst viele Aspekte der unter den Triade-Konstrukten subsumierten Inhalte in der Faktorenlösung zu finden, weshalb beispielsweise keine Extraktionstechniken mit einem „Zwang“ auf drei Faktoren durchgeführt wurden. Es sollte geprüft werden, ob sich die in getrennten Analysen gefundenen Skalen bei gemeinsamer Analyse der TOP-Items weiter abgrenzen lassen.

Die Ergebnisse sollen hier kurz dargestellt werden. Der anfängliche Eigenwerteverlauf weist auf 28 Faktoren hin. Der Scree-Test spricht nur für 5 Faktoren. Die Parallelanalyse nach Horn deutet auf 15 Faktoren hin, der MAP-Test (Minimum Average Partial-Test) in der ursprünglichen Version auf 12 Faktoren, in der revidierten auf 18. Inhaltlich eindeutig interpretierbar sind 15 Faktoren (Eigenwerteverlauf: 24.9; 10.5; 3.9; 3.6; 3.4; 2.6; 2.5; 2.3; 2.1; 2.1; 1.9; 1.7; 1.6; 1.5; 1.5). Auf diesen laden mindestens drei Items mit mindestens .35, die keine Nebenladungen mit anderen Faktoren aufweisen, was ihre Interpretation erschweren würde. Insgesamt konnten 73 Items extrahiert werden, die 15 berufsbezogene Komponenten der Dunkle-Triade-Eigenschaften abbilden.

Mit dieser Forschungsversion wurden in der Folge weitere Studien durchgeführt, um zusätzliche und vom ersten Datensatz unabhängige Stichproben zu erhalten. Auf dieser Basis wurden die finale faktorielle Struktur und Itemzusammenstellung bestimmt.

Die erhaltenen neuen Daten wurden nach dem Vorschlag von Fabrigar, Wegener, MacCallum und Strahan (1999) geteilt, um durch unabhängige explorative und konfirmatorische Faktorenanalysen die finale Version des Verfahrens zu bestimmen. Für diesen Zweck wurde in einem Teildatensatz ($N=391$) die Faktorenstruktur der TOP-Forschungsversion repliziert bzw. leicht revidiert und anschließend untersucht, ob den gefundenen Skalen der TOP die drei Dunkle-Triade-Konstrukte zugrunde liegen. Das auf Basis dieser explorativen Analysen abgeleitete strukturelle Modell für das Verfahren TOP wurde anschließend konfirmatorisch auf seine Passung an einem zweiten, davon unabhängigen Datensatz geprüft ($N=263$).

Für die Replikation der faktoriellen Struktur wurden mit dem Ziel einer möglichst repräsentativen Abbildung der Zielpopulation insgesamt fünf Einzelstichproben aus verschiedenen beruflichen Kontexten, Altersgruppen und Hierarchiestufen zusammengefasst und ML und PAF mit Kriterium Eigenwert>1 berechnet. Für beide Methoden ergaben sich quasi identische Faktorenlösungen. Der anfängliche Eigenwerteverlauf weist jeweils auf 15 Faktoren hin, der der extrahierten Faktoren auf 11 (Eigenwerteverlauf: 17.1; 8.4; 3.1; 2.9; 2.1; 1.9; 1.8; 1.7; 1.5; 1.4; 1.4). Der Scree-Test spricht für 4 Faktoren. Die Parallelanalyse weist auf 12 Faktoren hin. Der MAP-Test, in ursprünglicher wie revidierter Version, spricht für 11 Faktoren. Sinnvoll interpretierbar sind bei beiden Analyseverfahren 11 Faktoren. Die

Lösungen zeigen zudem die identischen Skalen und nahezu identische Itemzuordnungen und -reihenfolgen. Die Methodeninvarianz deutet auf eine stabile Lösung hin. Zudem stellen die Faktoren eine weitgehende Replikation der initialen Faktorenlösung der Forschungsversion dar und spiegeln die theoretisch erwarteten Subskalen wider. Es sprechen somit statistische wie sachlogische Gründe für die gefundenen Lösungen. Die Entscheidung fiel schließlich für die PAF-Lösung mit 60 Items, da sie etwas geringere Nebenladungen als die ML aufweist, v. a. aber nur zwei statt drei Skalen mit lediglich drei Items besetzt sind.

Es konnten 11 der 15 Skalen der initialen Lösung repliziert werden, sie wurden entsprechend ihrem Inhalt wie folgt benannt: *Autoritätsbedürfnis*, *Beschönigung*, *Durchsetzungsglaube*, *Flexibilität*, *Führungsanspruch*, *Impulsivität*, *Risikofreude*, *Skepsis*, *Unsentimentalität*, *Überlegenheitsgefühl* und *Überzeugungsglaube*. Damit sind die zentralen Aspekte, die unter den Triade-Merkmalen diskutiert werden, als abgrenzbare Skalen im berufsbezogenen Itemmaterial der TOP vorhanden (vgl. Tabelle 4) – also die gewünschte multidimensionale Messung der Dunklen Triade mit der TOP möglich.

Tabelle 4 stellt die Faktoren der TOP und ihre Herkunft vor, dabei wird bezüglich der finalen Version jeweils in der linken Vorgängerspalte dargestellt, aus welchen Skalen der TOP-Forschungsversion bzw. der originalen Konstrukte sich der neue Faktor speist (falls konstruktfremd, ist dies in Klammern angegeben).

Tabelle 4: TOP-Faktoren – Items, Herkunft und Zuordnung (nach Schwarzinger & Schuler, 2016, S. 49)

	Originalskalen und Konstrukte		**TOP-Forschungsversion**	**TOP**
Narzissmus	*Emmons (1984, 1987):*	*Raskin & Terry (1988), Schütz et al. (2004):*		
	Exploitativeness/ Entitlement	Anspruch/Dominanz, Ausbeutung, Anspruchshaltung	Autorität/Dominanz	Autoritätsbedürfnis
	Leadership/ Authority	Führungspersönlichkeit; Autoritätsgefühl, Ehrgeiz/Führungswille	Führungsfähigkeiten	Führungsanspruch
	Self-Absorption/ Self-Admiration	Unabhängigkeit/ Einfluss, Selbstgenügsamkeit, Physische Eitelkeit, Eitelkeit	Bewunderung	Überlegenheitsgefühl
	Superiority/ Arrogance	Überheblichkeit/ Überlegenheitsgefühle, Überlegenheitsgefühl, Prahlerei	Grandiosität	

Tabelle 4: Fortsetzung

	Originalskalen und Konstrukte		TOP-Forschungs-version	TOP
Machiavellismus	*Christie & Geis (1970), Jones & Paulhus (2009):*			
	Views		Misstrauen/Zynismus	Skepsis
	Tactics		Härte (Psychopathie)/ Ergebnisorientierung	Durchsetzungsglaube
			Strategisches Kontaktverhalten	
Psychopathie	*Cooke & Michie (2001):*	*Hare (2003):*		
	Arrogant and Deceitful Interpersonal Style	coning-manipulating, glibness/superficial charm, grandiose sense of self-worth	Manipulativer Charme	Überzeugungsglaube
		pathological lying	Lügenbereitschaft	Beschönigung
	Deficient Affective Experience	shallow affect	Flaches Gefühlsleben	Unsentimentalität
		callous/lack of empathy	Emotionale Kälte	
	Impulsive and Irresponsible Behavior Style	irresponsibility, failure to accept responsibility for own actions, lack of remorse/guilt	Verantwortungslosigkeit	Flexibilität
		parasitic lifestyle, lack of realistic, long term goals	Fehlen von Karrierezielen	
		need for stimulation/ proneness to boredom	Risikoneigung	Risikofreude
		impulsivity	Impulsivität	Impulsivität

Die Struktur der TOP

Zur Klärung der Fragestellung, welche Struktur den gefundenen Skalen und damit dem Verfahren TOP zugrunde liegt, wurden für diese wiederum ML und PAF mit jeweils den Kriterien Eigenwert >1 sowie in diesem Fall auch mit einem Zwang auf drei Faktoren berechnet. Bei PAF und ML, sowohl mit Kriterium Eigenwert >1 als auch bei Zwang auf drei Faktoren, weisen anfänglicher Eigenwertverlauf (3.8; 2.3; 1.0; 0.7), Scree-Plot und Parallelanalyse auf drei Faktoren hin. Der MAP-Test spricht in beiden Versionen für zwei Faktoren. Sinnvoll interpretierbar sind je dieselben drei Faktoren. Die Entscheidung fiel für die ML-Lösung, da sie zum einen weniger Nebenladungen als die PAF aufweist und zum anderen die Ladungen der Skalen auf den Faktoren etwas höher sind.

Der erste gefundene Faktor der TOP setzt sich aus den drei theoretisch zum Konstrukt Narzissmus gezählten Skalen Führungsanspruch, Autoritätsbedürfnis und Überlegenheitsgefühl sowie den „Psychopathie-Skalen" Überzeugungsglaube und Risikofreude zusammen. Bezüglich Überzeugungsglaube ist dies theoretisch gut erklärbar: Einzelne Items der zugrundeliegenden Skala Grandiosität sind in vorherigen Reduktionsschritten von Psychopathie zur Narzissmus-Skala „gewandert", was den Zusammenhang statistisch mit erklärt. Auch in der Literatur wurde häufig die große inhaltliche Ähnlichkeit des ersten Psychopathie-Faktors mit Narzissmus diskutiert (vgl. Kapitel 3 und 4). Insbesondere der oberflächliche Charme und das überzogene Selbstwertgefühl des Psychopathen, die mit der Skala Überzeugungsglaube erfasst werden, stellen narzisstische Aspekte dar. Auch bezüglich der zweiten Skala, Risikofreude, finden sich Belege für eine erhöhte Risikobereitschaft von Narzissten, die auch berufsbezogen nachgewiesen wurde (Campbell, Goodie & Foster, 2004; Emmons, 1981; Foster, Shenesey & Goff, 2009). Da der Faktor verwandte Inhalte eines anderen Konstrukts beinhaltet, wurde er nicht als Narzissmus, sondern mit *Narzisstische Arbeitshaltung* bezeichnet, nicht zuletzt auch um dem speziellen berufsbezogenen Hintergrund des Verfahrens Rechnung zu tragen.

Aus denselben Gründen wurde der zweite Faktor, der eine breite berufsbezogene Abbildung des Machiavellismus-Konstrukts darstellt, *Machiavellistische Arbeitseinstellung* benannt. Er enthält neben den theoretisch erwarteten Skalen Skepsis und Durchsetzungsglaube – von denen letztere wiederum in vorangegangenen Schritten „Psychopathie-Items" erhalten hat – auch die „Psychopathie-Skala" Unsentimentalität. Diese empirische Zuordnung ist erklärbar, da emotionale Kälte oder Distanziertheit von Beginn der wissenschaftlichen Beschäftigung an betonte Aspekte des Machiavellismus-Konstrukts sind („cool-syndrome") und empirisch eine enge Verwandtschaft mit diesem aufweisen (vgl. Kapitel 3 und 4).

Für den dritten Faktor verblieben schließlich die psychopathischen Kernmerkmale des dritten Faktors „Lebenswandel" nach Hare (2003) bzw. Impulsive and Irresponsible Behavior Style nach Cooke und Michie (2001). Er wurde daher *Psychopathischer Arbeitsstil* benannt. Er umfasst die Skala Impulsivität und weitere, euphemistisch unter der Skala Flexibilität gefasste, Aspekte des unverantwortlichen Lebensstils des Psychopathen (fehlende Zielorientierung, Verantwortungslosigkeit, Ungeplantheit), also Inhalte, die kaum mit den anderen Triade-Konstrukten assoziiert sind und als Abgrenzungsmerkmale von diesen gesehen werden (Mathieu & Babiak, 2016a; vgl. dazu auch Abschnitt 3.3.3). Zudem enthält er die Skala Beschönigung, deren Inhalt „Lügen" zwar zu Psychopathie gezählt, aber eigentlich auf derem ersten Faktor „Interpersonal" verortet wird. Diese Zuordnung ist inhaltlich und empirisch erklärbar. Die Bereitschaft zu Lügen und Betrügen hat klassischerweise hohe Zusammenhänge zu Aspekten des Faktors „Lebenswandel" der gängigen Psychopathie-Modelle. Im vorliegenden berufsbezogenen Itemmaterial ist Lügen eher mit den anderen regelbrechenden Aspekten des Faktors Psychopathischer Arbeitsstil als mit den Inhalten von Narzisstische Arbeitshaltung verbunden.

Es sprechen somit statistische wie sachlogische Gründe für die gefundene Lösung, die allerdings eine empirische faktorielle Abgrenzung der Triade-Konstrukte darstellt, keine vollständigen und reinen theoriekonformen Faktoren. Die empirische Faktorenlösung für die

Dunkle Triade unterscheidet sich damit von Erwartungen, die aus theoretischen Arbeiten ableitbar sind, ist aber inhaltlich erklärbar und lässt sich als eine Abbildung ihrer zentralen Kerninhalte in Form von berufsrelevanten Ausschnitten der Konstrukte beschreiben.

Den TOP-Skalen liegen somit drei Faktoren zugrunde, die als berufsbezogene Varianten von Narzissmus, Machiavellismus und subklinischer Psychopathie bezeichnet werden können. Allerdings weisen die beiden ersten breitere Inhalte auf als theoretisch erwartet und Psychopathischer Arbeitsstil stellt nur einen Teilbereich von Psychopathie dar, namentlich den dritten Faktor „Lebenswandel“. Tabelle 5 stellt die „empirische Triade-Lösung“ der TOP-Skalen dar.

Tabelle 5: Drei-Faktoren-Lösung der TOP-Skalen (aus Schwarzinger & Schuler, 2016, S. 51)

	Narzisstische Arbeitshaltung	**Machiavellistische Arbeitseinstellung**	**Psychopathischer Arbeitsstil**
Führungsanspruch	**.95**	−.07	−.24
Überzeugungsglaube *(Psychopathie)*	**.81**	−.17	.06
Autoritätsbedürfnis	**.70**	.13	.05
Risikofreude *(Psychopathie)*	**.64**	.09	−.21
Überlegenheitsgefühl	**.60**	.03	.25
Unsentimentalität *(Psychopathie)*	−.11	**.94**	−.23
Durchsetzungsglaube	.06	**.69**	.16
Skepsis	.01	**.51**	.22
Flexibilität	−.23	−.12	**.61**
Impulsivität	.05	.17	**.44**
Beschönigung	.11	.21	**.42**

Auf Basis der beiden beschriebenen explorativen Analyseschritte wird eine Struktur für die TOP angenommen, die aus den gefundenen elf Subskalen und den drei darüber liegenden Faktoren Narzisstische Arbeitshaltung, Machiavellistische Arbeitseinstellung und Psychopathischer Arbeitsstil besteht *(Dunkle-Triade-Modell)*. Dessen Struktur ist empirisch abgeleitet und stellt eine gute inhaltliche Abbildung der theoretischen Erwartungen an die Dunkle-Triade-Eigenschaften dar, weshalb dieses Modell konfirmatorisch auf seine Passung überprüft wurde. Zum Vergleich wurden die in Abschnitt 3.3.1 diskutierten weiteren theoretischen Vorschläge zur Dunklen-Triade-Struktur betrachtet, die für die TOP-Skalen möglich erscheinen. Demnach könnte die Struktur oberhalb der Skalen durch einen latenten Faktor *(„dunkler“ g-Faktor-Modell)* oder zwei Faktoren *(Dark-Dyad-Modell)* beschrieben werden – letztere bei Zusammenfassung von Machiavellismus und Psychopathie zu einem Faktor.

Fabrigar et al. (1999) folgend, wurde dies an einem von der explorativen Analyse unabhängigen Datensatz durchgeführt ($N=263$). Für das Modell werden die empfohlenen Fit-Indizes χ^2 mit p-Wert, *CFI* (Comparative-Fit-Index), *RMSEA* (Root-Mean-Square-Error of Approximation) und *SRMR* (Standardized-Root-Mean-Residual) angegeben (vgl. Beauducel & Wittmann, 2005; Bühner, 2011).

Als erstes wurde das Dunkle-Triade-Modell geprüft, in diesem liegen den 60 Items in den elf gefundenen Skalen drei latente Faktoren zugrunde. Dabei handelt es sich um ein *rekursives Modell* mit unkorrelierten Fehlervariablen und Beziehungen, die alle in eine Richtung weisen (vgl. Bühner, 2011). Der Chi-Quadrat-Wert ist mit $\chi^2=2909.802$ ($df=1697$; $\chi^2/df=1.71$) erwartungsgemäß sehr hoch und zeigt an, dass das Modell nicht auf die Daten passt ($p=.000$; Bollen-Stine-korrigiert $p=.001$). Der *RMSEA* liegt allerdings mit .052 unter der für die Stichprobengröße geltenden Maximalgrenze von .06, das 90 %-Konfidenzintervall schließt 0 nicht ein, jedoch liegt die obere Grenze mit .055 innerhalb des vorgegebenen Bereichs. Auch die Wahrscheinlichkeit $p=.127$ deutet an, dass der *RMSEA* nicht signifikant von einem Wert von .05 abweicht. Der *CFI* ist mit .825 leicht unter der geforderten Mindestgrenze von „um .95“. Der *SRMR* liegt mit .0901 innerhalb des bei Hu und Bentler (1999) genannten gewünschten Bereichs von $<.11$ und nahe am häufig für einen guten Fit genannten Wert von .08.

Mit zwei eingehaltenen von vier geforderten Grenzwerten sind die globalen Fit-Maße des Modells nicht voll zufriedenstellend. Alle Variablen haben allerdings signifikante Beziehungen zu den latenten Faktoren. Des Weiteren liegt kein standardisiertes Regressionsgewicht weit über eins, was Schätzprobleme anzeigen würde. Auch die Fehlervarianzen sind alle signifikant von null verschieden. Dies spricht grundsätzlich für einen lokalen Modell-Fit (vgl. Bühner, 2011). Es werden eine ganze Reihe von Modifikationsindizes angezeigt, die durch weitere Spezifizierung von Kovarianzen zwischen Items oder Fehlervariablen zu einer erheblichen Verbesserung des Modell-Fits führen würden, was darauf hindeutet, dass das Modell nicht genügend spezifiziert und daher aufgrund fehlenden lokalen Modell-Fits abzulehnen ist (Bühner, 2011).

Als Nächstes wurden die Modelle mit zwei Faktoren (Dark Dyad) und einem Faktor („dunkler“ g-Faktor) am selben Datensatz und mit demselben Vorgehen modelliert. Das Dark-Dyad-Modell weist nahezu dieselbe Passung wie das Dunkle-Triade-Modell mit jeweils leicht schwächeren Fit-Werten auf: χ^2 (1699) = 2937.819 ($p=.000$; Bollen-Stine-korrigiert $p=.001$; $\chi^2/df=1.73$); $RMSEA=.053$ (*CI* 90: .050–.056), $p=.079$; $SRMR=.0922$; $CFI=.821$. Das „dunkle“-g-Faktor-Modell weist gegenüber den beiden anderen schlechtere Passungswerte auf. Mit χ^2 (1700) = 3112.966 ($p=.000$; Bollen-Stine-korrigiert $p=.001$; $\chi^2/df=1.83$); $RMSEA=.056$ (*CI* 90: .053–.059), $p=.001$; $SRMR=.1109$; $CFI=.796$ kann es nur nach einem der Fit-Indizes als passend gelten. Der RMSEA-Bereich liegt zwar unterhalb .06, der p-Wert von .001 deutet allerdings darauf hin, dass er signifikant von einem $RMSEA=.05$ abweicht.

Nach gängiger Auffassung sind somit alle Modelle abzulehnen; das für die TOP explorativ hergeleitete Dunkle-Triade-Modell mit einer dreifaktoriellen Struktur oberhalb der Skalen hat im Vergleich die besten Fit-Werte, nahezu identische mit dem zweifaktoriellen Modell (Dark Dyad). Das Dunkle-Triade-Modell weist einen signifikant besseren Fit auf als das einfaktorielle Modell mit $\Delta\chi^2$ (3) = 203.164 ($p=.001$) und als das zweifaktorielle mit $\Delta\chi^2$ (2) = 28.017 ($p=.001$). Eine dreifaktorielle Struktur erklärt die Daten damit besser, als das mit einem oder zwei Faktoren möglich ist.

Allerdings sind zwei der Fit-Indizes dieses Modells nach gängigen Standards als zu gering einzuschätzen, weshalb die Struktur konfirmatorisch nicht als voll bestätigt gelten kann. Neben den aus der Forschung zu den Triade-Konstrukten bekannten inhaltlichen Gründen, wie der hohen Interkorrelation der Skalen innerhalb aber auch über Konstruktgrenzen hinweg (vgl. Kapitel 3), ist einschränkend zur verwendeten Methode anzumerken, dass sich mit strengen Testverfahren, wie der Chi-Quadrat-Statistik, Modelle aus Multi-Item-Fragebogenstudien schwer bestätigen lassen. Marsh, Hau und Wen (2004) verweisen beispielsweise darauf, dass in Fragebogenstudien mit vielen Einzelitems die Grenzwerte fast nie eingehalten werden können. Hu und Bentler (1999) geben an, dass die Grenzwerte von Fit-Indizes als Daumenregeln zu verstehen sind, die in manchen Fällen zu unzutreffenden Einschätzungen führen.

Eine Modifikation des Modells anhand erhaltener Modifikationsindizes, durch die Etablierung weiterer Beziehungen zwischen Variablen, macht in dem bestehenden Fall der Prüfung der Struktur eines vorliegenden Testverfahrens inhaltlich keinen Sinn, da Testitems bzw. Skalen im Anwendungsfall nur einer Skala bzw. einem Faktor zurechenbar sind. Nach Bühner (2011, S. 429) ist dieses „rein statistische Vorgehen" zudem lediglich ein exploratives Herantasten an eine passende Struktur und daher abzulehnen. Aus diesem Grund wurden auch weitere mögliche Ansätze, wie z. B. die von McLarnon und Tarraf (2017) gezeigten ESEM oder B-ESEM (vgl. Abschnitt 3.3.1), die das Ziel verfolgen, möglichst viel Varianz zu erklären, für den vorliegenden Fall als nicht zweckmäßig erachtet.

Aus theoretischen wie empirischen Arbeiten zur Dunklen Triade ist bekannt, dass eine Vielzahl geteilter Inhalte und Varianzanteile der Merkmale und ihrer Skalen bestehen, wodurch naheliegend ist, dass weitere Kovarianz und potenzielle Pfade zwischen den Variablen des Modells modelliert werden können (und möglicherweise weitere Varianzaufklärung durch die Etablierung eines Bi-Faktors erreicht werden kann). Für ein Testverfahren sollte jedoch geprüft werden, ob sich die angenommene Hauptstruktur, also die zentralen Beziehungen zwischen den Skalen und Faktoren, bestätigen und empirische Daten mit der Struktur beschreiben lassen, die ein Test zu messen intendiert und vorgibt. Der Fokus liegt in dem vorliegenden Fall damit auf dem Nachweis der strukturellen *konstruktbezogenen Validität* eines Verfahrens für konkrete Anwendungsfälle – nicht der Untersuchung der allgemeinen Struktur der Triade-Merkmale. Im operativen Einsatz werden Ergebnisse für konkrete Skalen und Konstrukte berechnet und entsprechend verwendet und zurückgemeldet, in der Testentwicklung ist daher nachzuweisen, dass eben diese geeignet sind, die Datenstruktur valide zu beschreiben. Dass für die Triade-Konstrukte an sich, gemessen mit jedwedem Triade-Verfahren und so auch der TOP, andere Strukturen modelliert werden können (und diese gegebenenfalls bessere Fit-Werte aufweisen), bleibt davon unbenommen.

Es ist daher festzuhalten, dass die theoretisch gut passende Lösung, die empirisch über drei Schritte explorativer Faktorenanalysen gefunden wurde, konfirmatorisch nicht voll bestätigt werden kann, aber annehmbare Passungsmaße aufweist. Es kann vor dem Hintergrund der Komplexität des Modells und der Zusammenschau aller Indizes sowie der Diskussion um diese davon ausgegangen werden, dass das dreifaktorielle Modell eine weitestgehend sinnvolle Abbildung der Daten darstellt. Daher wird dieses Modell als bestmögliche strukturelle Beschreibung der Iteminhalte der TOP für praktische Anwendungsfälle und damit als „die Struktur der TOP" angenommen. Abbildung 4 stellt das Dunkle-Triade-Modell mit 60 Items (TOP # 1 bis TOP # 60), den elf Skalen sowie den drei latent dahinterliegenden Faktoren dar.

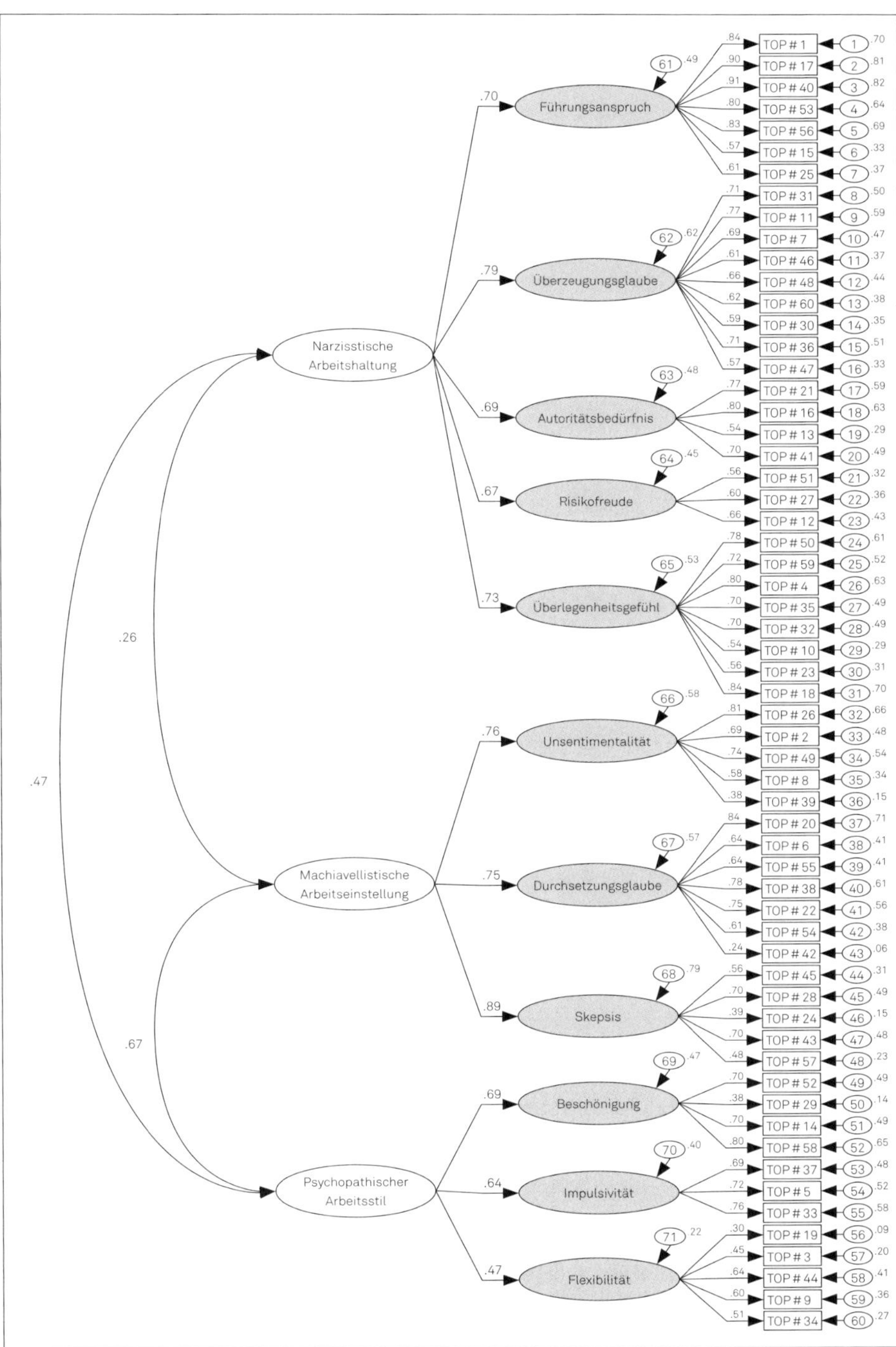

Abbildung 4: TOP-Items und latente Skalen- und Faktoren-Struktur (aus Schwarzinger & Schuler, 2016, S. 53)

6.2 Reliabilität, Validität und Normierung

Im vorliegenden Kapitel werden Daten aus dem Testmanual der TOP (Schwarzinger & Schuler, 2016) vorgestellt. An diesem Beispiel soll gezeigt werden, in welchem Ausmaß eine reliable und valide Messung der Dunklen Triade mit einem berufsbezogenen Verfahren grundsätzlich möglich ist bzw. welche Überlegungen und Analysen relevant sind, will man Merkmale der Dunklen Triade für die operative Personalarbeit nutzen. Zudem können anhand der Daten die psychometrische Qualität der TOP und ihre Eignung für berufliche Eignungsdiagnostik im Speziellen beurteilt werden.

6.2.1 Objektivität, Reliabilität und Verteilungseigenschaften

Das Gütekriterium *Objektivität* verlangt von einem Test die Unabhängigkeit der Testergebnisse vom Testanwender in Durchführung, Auswertung und Interpretation (Lienert & Raatz, 1994). Diese Vorgaben beziehen sich in erster Linie auf die Anwendung eines Tests, weshalb der Sicherstellung von Objektivität im Praxiseinsatz entscheidende Bedeutung zukommt. Das Testmanual der TOP enthält alle notwendigen Hinweise zur objektiv korrekten Durchführung, Auswertung und Interpretation des Verfahrens (vgl. Schwarzinger & Schuler, 2016). Eine objektive Erfassung der Dunklen Triade ist mit der TOP also grundsätzlich möglich. Gerade bei Merkmalen wie Narzissmus, über die einerseits landläufige Begriffsauffassungen bestehen, die tatsächlich aber komplex und vielschichtig sind, sollte bei jeglichem personalpsychologischen Einsatz eine hohe Objektivität in der Erfassung und Interpretation sichergestellt werden: in erster Linie durch die Konstruktion geeigneter Verfahren und Skalen, etwa verhaltensverankerter Einstufungsskalen in Interviews oder Assessment-Center-Übungen (vgl. Schuler, 2004).

Für jegliche Skalen, gerade jedoch für eine Testentwicklung, entscheidend ist die Frage der *Reliabilität*, also der Messfehlerfreiheit oder Messgenauigkeit (Bühner, 2011). Hierfür bestehen verschiedene Zugänge, für die Untersuchung der TOP wurden mehrere für eine möglichst vielschichtige Betrachtung genutzt. Als Maß für die interne Konsistenz der Skalen wurden der Wert Cronbachs Alpha sowie *mittlere Korrelationen zwischen den Items* (MIC) und *Split-Half-Reliabilitäten* berechnet. Diese Maße geben an, wie eng die Items bzw. Inhalte einer Skala übereinstimmen und sind z.T. stark von der Skalenlänge abhängig (Schmitt, 1996). Jonason und Webster (2010) bezeichnen ein Alpha von unter .70 als in Ordnung für eine Skala mit beispielsweise nur vier Items. Nach Schmitt (1996) ist die Kürze einer Skala jedoch kein Argument oder gar eine Heilung für mangelnde Alpha-Reliabilität, hingegen seien geringe Alphas sehr wohl legitim, wenn es die Skala bzgl. ihres Inhalts rechtfertigt. Eine Skala sollte weder zu homogen noch zu heterogen sein und Abweichungen sind vor dem Hintergrund des Inhalts und der Skalenlänge zu beurteilen. Meist wird ein Cronbachs Alpha von .70 bis .80 als gut angesehen, die Split-Half-Reliabilität sollte sich in einem ähnlichen Bereich bewegen, die mittlere Item-Interkorrelation zwischen .20 und .40 liegen (Bühner, 2011).

Zur Bestimmung der Split-Half-Reliabilität wurden sowohl die *Spearman-Brown-Formel* als auch die *Guttman-Formel* herangezogen, die als konservativer gilt. Skalen mit ungerader Itemzahl führen bei Zweiteilungen zu ungleich großen Teilskalen, weshalb eine dafür spezifische Spearman-Brown-Formel zum Einsatz kam. Die Teststabilität oder *Retest-Reliabilität* wurde für einen kurzen Zeitraum (zwei bis vier Wochen) und für eine Spanne von einem halben Jahr bestimmt. Die Retest-Reliabilität ist abhängig von der Stabilität des Merkmals und der Zeitspanne der Messung. Sie sollte möglichst hoch sein; für Persönlichkeitstests liegt sie im Schnitt bei .79, in einer Vergleichsstudie mehrerer Persönlichkeitstests für die Hälfte aller untersuchten Verfahren zwischen .71 und .86 (Amelang & Schmidt-Atzert, 2006).

Zur Beurteilung der *Verteilungseigenschaften* der TOP-Skalen und -Faktoren wurden deren Mittelwert, Standardabweichung, Schiefe und Kurtosis geprüft. Diese Maße erlauben eine Aussage darüber, welches Antwortverhalten die Probanden bezüglich der Items auf der zugrundeliegenden Skala zeigen und so eine Einschätzung darüber, ob die Antworten über die gesamte Skalenbreite streuen und alle Wertebereiche vorhanden sind, also die geforderte subklinische, normalverteilte Messung der Dunklen Triade mit der TOP möglich ist. Für eine Normalverteilung nicht notwendig, aber für praktische Einsatzwecke wünschenswert, sind zudem Mittelwerte in der theoretischen Mitte der Skala und im Falle einer siebenstufigen Skala operativ gut anwendbar Standardabweichungen um den Wert $SD=1$. Eine solche Normalverteilung um den Skalenmittelpunkt beschreibt eine geeignete Streuung auf beiden Seiten der Verteilung und ist so gut in der Lage, Unterschiede zwischen Personen sichtbar zu machen. Die Normalverteilungseigenschaft einer Skala lässt sich mit entsprechenden Tests oder bei Stichproben größer $N=400$, wie hier vorliegend und daher verwendet, auch über Schiefekennwerte im Bereich -0,5 bis +0,5 und Kurtosis-Werte zwischen -1 und +1 beurteilen (vgl. Lienert & Raatz, 1994). Tabelle 6 stellt die Ergebnisse dar.

Der Faktor *Narzisstische Arbeitshaltung* besteht aus 31 Items und seine Inhalte sind mit fünf Subskalen am breitesten in der TOP vertreten. Mit einem Mittelwert auf dem Mittelpunkt der siebenstufigen Mess-Skala ($M=4.08$) und einer Standardabweichung von nahe eins, guter Streubreite über die Skala und geringer Schiefe weist er sehr gute Verteilungseigenschaften auf. Alpha-, Split-Half- und Retest-Reliabilitätswerte von um oder über .90 sprechen für eine hohe Homogenität und Mess-Stabilität. Dieses Muster gilt in leicht abgeschwächter Form für alle Subskalen bis auf *Risikofreude*, die trotz eigentlich zu hoher Inter-Item-Korrelation ein geringes Cronbachs Alpha und eher schwache Retest-Reliabilität aufweist – ein Grund könnte in der Kürze der Skala von nur drei Items liegen. Für diese Interpretation spricht, dass auch die Skala *Autoritätsbedürfnis*, mit vier Items, durchgängig die zweitschlechtesten Werte aufweist. Die MIC-Werte sind bei allen Subskalen hoch und deuten auf eher große inhaltliche Nähe der Items hin.

Der Faktor *Machiavellistische Arbeitseinstellung* kann als messstabil und hinreichend homogen gelten, er weist zwar leicht schwächere, aber durchweg ähnlich gute Werte wie Narzisstische Arbeitshaltung auf. Alle Subskalen-Werte liegen in den geforderten Bereichen. Einzige Ausnahme davon, für die keine Erklärung angeboten werden kann, ist die Retest-Reliabilität über ein halbes Jahr für *Unsentimentalität*, die deutlich zu gering ist. Ihre Machiavellistische Arbeitseinstellung wird von den Probanden durchschnittlich geringer ausgeprägt bewertet als die Mitte der Skala ($M=3{,}37$), die Werte folgen trotzdem einer Normalverteilung. Dies gilt auch für den Faktor *Psychopathischer Arbeitsstil*, der mit einem Skalenmittelwert von knapp über drei ($M=3{,}17$) und leicht linkssteiler Verteilung der Teil der TOP ist, auf dem die Probanden die geringsten Werte angeben. Alpha-, Split-Half- und Retest-Reliabilitätswerte von über .70 bis zumeist um .80 belegen seine gute Reliabilität; die vergleichsweise geringe langfristige Mess-Stabilität der Subskalen ist als Schwachstelle zu bezeichnen.

Zusammenfassend kann konstatiert werden, dass die TOP die erforderliche Reliabilität für einen eignungsdiagnostischen Einsatz aufweist. Von den verschiedenen Reliabilitätskennwerten sind die meisten in gefordertem Umfang eingehalten. Dies gilt uneingeschränkt für die Faktoren, die kurzen Subskalen weisen teilweise Schwächen auf und können für lang-

Tabelle 6: Verteilung und Reliabilität der TOP (aus Schwarzinger & Schuler, 2016, S. 58)

Skala	Verteilung					Reliabilität				
	Items	*M*	*SD*	*S*	*K*	α	$r_{tt\,1}$	$r_{tt\,2}$	Split-Half (S/G)	*MIC*
Narzisstische Arbeitshaltung	31	4.08	0.86	−.17	−.09	.94	.95	.76	.87/.85	.33
Führungsanspruch	7	4.44	1.27	−.36	−.40	.93	.94	.76	.92/.90	.67
Überzeugungsglaube	9	4.54	0.90	−.39	.44	.88	.89	.75	.81/.80	.46
Autoritätsbedürfnis	4	3.37	1.19	.13	−.49	.79	.87	.53	.79/.79	.49
Risikofreude	3	4.55	1.13	−.41	.30	.65	.69	.49	.64/.56	.65
Überlegenheitsgefühl	8	3.45	1.13	.19	−.48	.88	.95	.77	.89/.89	.47
Machiavellistische Arbeitseinstellung	17	3.37	0.94	.38	.01	.88	.86	.73	.82/.81	.31
Unsentimentalität	5	3.57	1.11	.28	−.09	.75	.77	.41	.67/.60	.38
Durchsetzungsglaube	7	3.35	1.12	.36	−.21	.81	.87	.74	.78/.76	.38
Skepsis	5	3.20	1.15	.38	−.24	.78	.69	.68	.75/.71	.42
Psychopathischer Arbeitsstil	12	3.17	0.93	.30	−.05	.81	.86	.69	.70/.69	.26
Flexibilität	5	3.12	1.02	.40	−.08	.66	.80	.59	.65/.63	.29
Impulsivität	3	3.28	1.40	.37	−.51	.79	.80	.57	.77/.67	.57
Beschönigung	4	3.15	1.32	.41	−.40	.79	.81	.74	.80/.80	.48

Anmerkungen: *M, SD, S, K*, α/Split-Half, *MIC*: *N* = 1 318; *N*: $r_{tt\,1}$ = 55–64; $r_{tt\,2}$ = 39; *M* = Mittelwert; *SD* = Standardabweichung; *S* = Schiefe; *K* = Kurtosis; α = Cronbachs Alpha; $r_{tt\,1}$ = 2–4 Wochen Testwiederholungsintervall; $r_{tt\,2}$ = 6 Monate Testwiederholungsintervall; (S/G) = Spearman/Guttman; *MIC* = Mittlere Item-Interkorrelation.

fristige Prognosezwecke vorerst nur mit Vorsicht interpretiert werden. Ein Grund könnte in der geringen Stichprobengröße bzw. Stichprobeneffekten wie im „Drop-out" von Teilnehmern zum letzten Untersuchungszeitpunkt liegen, weshalb die Teststabilität mit größeren Datensätzen überprüft werden muss.

Lage- und Verteilungsmaße sprechen für eine ausreichend Varianz erzeugende, normale Verteilung der Werte. Damit ermöglicht die TOP eine dimensionale, subklinische Messung der Dunklen Triade und die Werteverteilungen spiegeln zudem ein Antwortverhalten der Probanden wider, welches es grundsätzlich ohne Weiteres möglich erscheinen lässt, mit der TOP brauchbare Daten in berufsbezogenen Kontexten zu erheben. So werden nicht etwa nur sehr ablehnende Antworten gegeben (angezeigt beispielsweise durch geringe Mittelwerte um zwei, was eine ablehnende Haltung gegenüber und potenzielle Probleme mit den Items andeuten würde), sondern solche, die über die gesamte Skalenbreite streuen. Als praktische Empfehlung für die Entwicklung weiterer Verfahren und Skalen zur Dunklen Triade kann demnach gegeben werden, eine Normalverteilung der Werte anzustreben. Möglichst hohe Reliabilität ist, genau wie die eingangs des Abschnitts besprochene Objektivität, aber in jedem Fall sicherzustellen.

6.2.2 Konstruktbezogene Validität: Verwandte Verfahren, Persönlichkeitsmodelle und Beziehungen zu eignungsdiagnostisch eingesetzten Verfahren und Konstrukten

Im Rahmen der konstruktbezogenen Validierung soll untersucht werden, inwieweit ein Test die Eigenschaft misst, die er zu messen vorgibt (wie es eine gängige, knappe Definition von Konstruktvalidität ist, vgl. Bühner, 2011). Dazu bestehen verschiedene Strategien (siehe Kasten).

Strategien zur Prüfung der konstruktbezogenen Validität

- Eine davon kann in den bereits geschilderten Untersuchungen der *faktoriellen Struktur* der Triade gesehen werden, durch welche die Dunkle-Triade-Konstrukte und ihre Teilaspekte abgegrenzt wurden.
- Das wichtigste Vorgehen ist jedoch, die Beziehungen eines Verfahrens zu anderen, ähnlichen Konstrukten zu untersuchen. Aus der Gegenüberstellung mit Verfahren, die das Konstrukt adäquat repräsentieren, kann – bei genügend hoher Übereinstimmung – abgeleitet werden, dass der zu prüfende Test *konvergent konstruktvalide* ist.
- Weiter besteht die Frage nach der *diskriminanten konstruktbezogenen Validität* eines Tests, also seiner Abgrenzbarkeit von anderen verwandten Konstrukten oder Verfahren. Idealerweise werden alle zu untersuchenden Konstrukte mit mehreren Methoden erfasst.
- Die Ergebnisse können dann in einer *Multitrait-Multimethod-Matrix* zusammengefasst werden. Darin sollten gleiche Konstrukte über Methoden hinweg möglichst hoch zusammenhängen, verschiedene Konstrukte innerhalb einer Methode aber abgrenzbar sein (Bühner, 2011).

Wie in Abschnitt 5.1.2 ausgeführt, standen zum Zeitpunkt der Testentwicklung (neben Selbsteinschätzungen) noch keine nachweislich validen Methoden zur Erfassung der Dunklen Triade zur Verfügung – etwa Fremdeinschätzungen oder Interviews. Daher wurde die TOP nur bezüglich ihrer konstruktbezogenen Validität zu anderen Testverfahren untersucht. Zukünftige Studien zur Dunklen Triade im Berufskontext sollten idealerweise zusätzliche Verfahren und diagnostische Zugänge einschließen und so nicht nur die Konstruktvalidität der Einzelverfahren, sondern auch den inkrementellen Nutzen verschiedener Modi der Eignungsdiagnostik bei der Messung und Verwendung der Dunklen Triade in der Personalarbeit untersuchen.

Im vorliegenden Fall waren drei Fragestellungen von besonderer Bedeutung, die in der Forschungsgeschichte zur Dunklen Triade vielfach besprochen und daher geprüft wurden. Für ein Verfahren zur kombinierten Messung der Merkmale, wie der TOP, sollte dessen *Binnenvalidität* untersucht werden – also wie hoch die Merkmale, operationalisiert als Skalen des Tests, selbst zusammenhängen. Zudem werden Beziehungen mit Standardverfahren zur Messung der Dunklen Triade berichtet, um beurteilen zu können, inwieweit tatsächlich die Dunkle Triade – wenn auch berufsbezogen – gemessen wird. Ebenfalls wurden die Lage der TOP-Skalen in allgemeinen, breiten Persönlichkeitsmodellen und die Validität der TOP bezüglich Konstrukten untersucht, die in ihrem späteren Zielfeld, dem beruflichen und speziell dem Personalauswahlkontext, nachweislich bedeutsam sind: kognitive Fähigkeiten, berufliche Interessen, Leistungsmotivation und soziale Kompetenzen sowie politische Fertigkeiten.

Mit die validesten „Kriterien“ für die Prüfung, was ein Verfahren misst, sind die Standardverfahren, mit denen die meisten Erkenntnisse zu den betreffenden Konstrukten gewonnen wurden (vgl. Abschnitt 5.2.2). Die Befunde für diese Skalen stellen nicht nur große Teile des Forschungsstandes zu den Konstrukten dar, im Falle von Narzissmus und Machiavellismus gilt gar, dass das initiale (subklinische) Konstrukt explizit in den manifestierten Ergebnissen auf den Skalen NPI bzw. Mach IV gesehen wurde (vgl. Abschnitt 3.1). Daher kamen im vorliegenden Fall zur konstruktbezogenen Validierung die deutschsprachigen Verfahren zum Einsatz, von denen die größtmögliche Übereinstimmung mit den Standardverfahren erwartet wurde. Die Beziehung der TOP zu Narzissmus wurde anhand der deutschsprachigen Version des NPI von Schütz et al. (2004) geprüft. Von den verschiedenen Übersetzungen der Mach IV ins Deutsche weist die Skala M des MK (Machiavellismus/ Konservatismus) von Cloetta (1972) die größte inhaltliche Übereinstimmung zur originalen Mach IV auf. Zur Messung von Psychopathie wurde auf das KPI von Köhler et al. (in Vorb.) zurückgegriffen, welches zwar eine deutsche Eigenentwicklung darstellt, aber nach der Konzeption von Psychopathie von Hare konstruiert wurde. Zum Einsatz kam der erste Teil des KPI, mit dem sich die drei persönlichkeitspsychologischen Kernmerkmale bzw. die ersten drei Faktoren von Psychopathie erfassen lassen. Im KPI werden sie bezeichnet als *Oberflächlicher Charme/Grandiosität*, *Kaltherzig/Unemotional* und *Manipulativer/Impulsiver Lebensstil*. Zudem wurden die Beziehungen der TOP zu den weit verbreiteten Kurzskalen für die Dunkle Triade DD und SD 3 erhoben, die in Abschnitt 5.2.2 besprochen wurden.

Für die Beurteilung der Konstruktvalidität einer Skala ist es sinnvoll, ihre „Lage“ im Referenzmodell der empirischen Persönlichkeitsforschung näher zu betrachten – dem Fünf-Faktoren-Modell. Zusätzlich werden die Zusammenhänge der TOP mit den Skalen des HEXACO-Modells berichtet, da dieses, wie in Abschnitt 2.1.2 ausgeführt, einen (gerade auch für die Erforschung der Dunklen Triade) vielversprechenden zusätzlichen Faktor enthält, den „H-Faktor“ bzw. Ehrlichkeit-Bescheidenheit (Ashton & Lee, 2007). Zur Messung der Big Five wurde das *NEO-Fünf-Faktoren-Inventar* (NEO-FFI; Borkenau & Ostendorf, 2008) eingesetzt. Die HEXACO-Faktoren nach Lee und Ashton wurden mit dem *HEXACO-*

60-Persönlichkeitsinventar (HEXACO-60; Ashton & Lee, 2009) erfasst. Tabelle 7 stellt zentrale Verwandtschaftsbeziehungen der TOP-Faktoren untereinander und zu verwandten Skalen und allgemeinen Persönlichkeitsmodellen vor.

Tabelle 7: Beziehungen der TOP-Faktoren zu Standard-, Kurz- und Persönlichkeitsverfahren

	Narzisstische Arbeitshaltung	Machiavellistische Arbeitseinstellung	Psychopathischer Arbeitsstil
Narzisstische Arbeitshaltung	–	.26**	.22**
Machiavellistische Arbeitseinstellung	–	–	.53**
NPI	.59**	.23*	.19
MK	.29**	.69**	.53**
KPI	.64**	.47**	.50**
SD 3 Narzissmus	.56**	.27**	.42**
SD 3 Machiavellismus	.18*	.64**	.56**
SD 3 Psychopathie	.12	.28**	.53**
DD Narzissmus	.24**	.35**	.61**
DD Machiavellismus	.22*	.34**	.52**
DD Psychopathie	.09	.28**	.43**
NEO_Neurotizismus	–.29**	.27**	.38**
NEO_Extraversion	.40**	–.13	–.03
NEO_Offenheit	.04	–.21*	–.09
NEO_Verträglichkeit	–.54**	–.57**	–.56**
NEO_Gewissenhaftigkeit	.04	–.02	–.34**
Ehrlichkeit-Bescheidenheit	–.47**	–.44**	–.52**
Emotionalität	–.35**	.00	.15
Extraversion	.36**	–.33**	–.17
Verträglichkeit	–.38**	–.32**	–.44**
Gewissenhaftigkeit	–.07	–.02	–.32**
Offenheit	.18	–.15	–.07

Anmerkungen: Binnenvalidität: $N = 1318$; Standardverfahren: $N = 55–80$; Kurzmaße: $N = 128$; Persönlichkeitsmodelle $N = 112$; $^{**}p < .01$; $^{*}p < .05$.

Narzisstische Arbeitshaltung und Machiavellistische Arbeitseinstellung hängen zu *r*=.26 zusammen, Machiavellistische Arbeitseinstellung und Psychopathischer Arbeitsstil zu *r*=.53 und Narzisstische Arbeitshaltung und Psychopathischer Arbeitsstil mit *r*=.22. Damit sind die ersten beiden Beziehungen in der TOP etwas weniger eng, aber etwa in der Höhe vorhanden, die in drei Metaanalysen für die Dunkle Triade gefunden wurden (vgl. Abschnitt 3.3.1). Der letztgenannte Zusammenhang, der von Narzissmus und Psychopathie, stellt den schwächsten in der TOP dar und weicht am weitesten von metaanalytischen Ergebnissen ab. Die Merkmale hängen bei O'Boyle et al. (2012) mit *r*=.51 hoch zusammen, die anderen beiden Metaanalysen kommen demgegenüber auf *r*=.38 (Muris et al., 2017; Vize, Lynam et al., 2018). Die schwächere Beziehung in der TOP liegt an der „empirischen Konzeption" von deren Psychopathie-Skala, die nicht das volle Psychopathie-Konstrukt misst, sondern nur Inhalte des dritten Faktors „Lebenswandel".

Der Faktor Narzisstische Arbeitshaltung weist angemessene konvergente Validität mit dem NPI und dem entsprechenden Faktor des SD 3 auf, aber geringe (*r*=.24) mit dem der DD. Es besteht sehr gute diskriminante Validität zum MK und den Machiavellismus- und Psychopathie-Skalen der Kurzverfahren (ausgedrückt dadurch, dass die Enge des Zusammenhangs sogar geringer ist als die metaanalytisch für die Merkmale gefundene). Zum KPI besteht hingegen ein Zusammenhang von *r*=.64, der enger ist, als es Metaanalysen nahelegen (dort zwischen .53 und .59), und aufseiten der TOP wiederum mit Psychopathie-Merkmalen, wie Oberflächlicher Charme und Reizhunger (TOP-Skalen Überzeugungsglaube und Risikofreude), auf dem TOP-Faktor Narzisstische Arbeitshaltung erklärt werden kann. Machiavellistische Arbeitseinstellung hat in SD 3 und MK gute konvergente Validität zu dem entsprechenden Faktor, in den DD mit *r*=.34 nicht. Eine Abgrenzung zu den anderen Merkmalen gelingt vor dem Hintergrund der bestehenden Überlappungen der Merkmale und den nach Metaanalysen erwarteten Beziehungen gut. Psychopathischer Arbeitsstil weist insgesamt zwar zu den Standardverfahren sowohl diskriminante als auch konvergente Validität auf, allerdings etwas abgeschwächt (z. B. *r*=.50 zum KPI), was mit den inhaltlichen Einschränkungen durch die empirische Konzeption des Faktors Psychopathischer Arbeitsstil erklärbar ist. Bei den Kurzskalen ist dies nicht der Fall. Die TOP-Psychopathie-Skala hängt jeweils leicht höher mit dem Machiavellismus- als mit dem Psychopathie-Faktor zusammen, die Höhe entspricht dabei allerdings in etwa der, wie sie metaanalytisch nachgewiesen wurde (vgl. Abschnitt 3.3.1).

Zusammengefasst führt die inhaltliche Verschiebung von Aspekten in der TOP in erster Linie zu einer Verengung des Psychopathie-Faktors, was die generell schwächeren konvergenten Beziehungen von Psychopathischer Arbeitsstil verantwortet. Dafür ergibt sich durch das Fehlen der „positiveren", mit Narzissmus verwandten Aspekte eine nuancierte Abbildung des Psychopathie-Konstrukts hinsichtlich solcher Persönlichkeitsaspekte, die man an Mitarbeitern wenig schätzt (vgl. das „NEO-Profil" aus Tabelle 7 auf Seite 141: „neurotisch, wenig gewissenhaft, wenig verträglich"). Die beiden anderen Faktoren weisen angemessene konvergente Validität auf. Die diskriminante Validität der TOP ist bezüglich SD 3 und Standardverfahren in einem Ausmaß gegeben, das auf Basis metaanalytischer Befunde zu erwarten ist. In erster Linie hinsichtlich der Beziehung der TOP-Faktoren zu den DD ergeben sich eine Reihe unbefriedigender konvergenter und diskriminanter Beziehungen, deren Ursache, neben den genannten Gründen aufseiten der TOP, auch in den DD zu suchen ist. Das Verfahren wurde stark kritisiert und misst nachweislich unvollständige oder gar theorieinkonforme Konstruktinhalte (vgl. Abschnitt 5.2.2).

Zur weiteren Prüfung, welche einzelnen Aspekte der Dunklen Triade jeweils mit den TOP-Faktoren zusammenhängen, wurden ihre Beziehungen zu den Subskalen des NPI und KPI berechnet (nicht in der Tabelle enthalten). Der Faktor Narzisstische Arbeitshaltung hängt mit allen Subskalen des NPI substanziell zusammen, zudem mit allen des Faktors „Interpersonal" von Psychopathie, sehr hoch mit Selbstwert und Charme; auch mit mangelndem Gewissen und oberflächlichen Gefühlen des Faktors „Affektiv", aber außer Impulsivität mit keiner der Skalen des Faktors „Lebenswandel". Machiavellistische Arbeitseinstellung hängt lediglich mit dem antagonistisch konnotierten Aspekt Anspruch/Dominanz und Unabhängigkeit/Einfluss von Narzissmus zusammen, nicht mit den typisch narzisstischen Aspekten, auch nicht mit ihren Entsprechungen im KPI. Machiavellistische Arbeitseinstellung und Psychopathischer Arbeitsstil korrelieren mit den den Konstrukten inhaltlich näherstehenden Aspekten des Faktors „Interpersonal" – Betrügerisch/Manipulativ, Stimulationsbedürfnis und Pathologisches Lügen –, nicht mit den mit Narzissmus verwandten Skalen des Faktors (Charme und Selbstwert); dafür beide mit den erwarteten Aspekten des Faktors „Affektiv" (oberflächliche Gefühle und mangelnde Empathie), aber auch mit denen des Faktors „Lebenswandel" (fehlende Verantwortungsübernahme, geringe Verhaltenskontrolle und Impulsivität). Letztgenannten Beziehungen stehen theoretische Erwartungen zum Machiavellismus-Konstrukt entgegen, empirisch wurden Zusammenhänge von Machiavellismus und Impulsivität und Verwandtem jedoch wiederholt gefunden (vgl. Abschnitt 3.2). Psychopathischer Arbeitsstil weist nahezu das identische Muster wie Machiavellistische Arbeitseinstellung auf, mit einer Akzentuierung: Während für Machiavellistische Arbeitseinstellung (entsprechend dem dort enthaltenen Faktor Unsentimentalität) Beziehungen zu affektiven Aspekten enger sind, gilt dies für Psychopathischer Arbeitsstil und die Skalen des Faktors „Lebenswandel" – geringe Verhaltenskontrolle, Impulsivität und Fehlen von Zielen. Auf Basis der Subskalen der Standardverfahren kann zwar von konvergenter Validität für alle TOP-Faktoren, aber von keiner ausreichenden diskriminanten Validität von Machiavellistische Arbeitseinstellung und Psychopathischer Arbeitsstil ausgegangen werden.

Zusammenfassend lässt sich an den Daten ablesen, dass konvergente Validität der TOP in so ausreichendem Ausmaß besteht, dass von einer Messung der Zielkonstrukte gesprochen werden kann, es besteht jedoch zum Teil zu geringe diskriminante Validität zwischen den TOP-Faktoren und den berufsfernen Konstrukten. Einschränkend kann angemerkt werden, dass nahezu alle betroffenen Zusammenhänge in einer Höhe bestehen, wie sie für die Merkmale metaanalytisch gezeigt wurde. Machiavellismus und Psychopathie sind, wie in der Forschung zur Triade oft bemerkt wurde, inhaltlich eng verwandt, empirisch schwer zu trennen und daher wohl grundsätzlich als Konstrukte nicht diskriminant valide (vgl. Abschnitt 3.3). Auch in der TOP weisen Machiavellistische Arbeitseinstellung und Psychopathischer Arbeitsstil eine substanzielle Beziehung auf, trotz faktorieller Abgrenzung und den daraus resultierenden deutlich abweichenden Inhalten.

Alle TOP-Skalen hängen (stark) negativ mit Verträglichkeit zusammen (und das in beiden Modellen) und auch Ehrlichkeit-Bescheidenheit ist erwartungsgemäß deutlich negativ mit den Triade-Bestandteilen in der TOP korreliert. Damit sind die zentralen Erwartungen für die TOP hinsichtlich breiter Persönlichkeitsmodelle erfüllt. Für Psychopathischer Arbeitsstil lässt sich die erwartete negative Beziehung zu Gewissenhaftigkeit zeigen, nicht jedoch für Machiavellistische Arbeitseinstellung. Narzisstische Arbeitshaltung ist zudem erwartungsgemäß in beiden Modellen mit Extraversion und auch mit Emotionaler Stabilität verbunden, nicht aber mit Offenheit korreliert.

Beziehungen zu eignungsdiagnostisch eingesetzten Verfahren und Konstrukten

Im Rahmen der Konstruktvalidierung sollte ein Verfahren von Konstrukten abgegrenzt werden, die von diesem *abweichende Inhalte* erfassen. Von Interesse im Rahmen der Testentwicklung eines berufsbezogenen Persönlichkeitstests sind beispielsweise Beziehungen zu Verfahren aus den in diesem Feld gängigerweise betrachteten Bereichen Interessen, Eigenschaften oder Fähigkeiten. In Abschnitt 4.3 wurde ausgeführt, welche Vertreter dieser Merkmalsgruppen potenziell gemeinsam mit den Triade-Bestandteilen für eignungsdiagnostische Fragestellungen herangezogen werden können. Der bedeutendste Prädiktor beruflicher Leistung – Intelligenz (vgl. Schmidt & Hunter, 1998) – ist zudem allein deshalb zu betrachten, da Persönlichkeitstests möglichst frei von Intelligenz-Anteilen sein sollten. Zur Klärung dieser Fragestellungen wurden die Beziehungen der TOP zu kognitiven Fähigkeiten, Interessen, Leistungsmotivation, politischen Fertigkeiten und sozialen Kompetenzen geprüft.

Selbsteingeschätzte Intelligenz wurde erfasst mit Self-IQ (*Selbsteinschätzungsskala der Intelligenz von* S & F Personalpsychologie), Intelligenz-Testwerte mit dem Verfahren KAPPA (*Kurzskala der allgemeinen Intelligenz* von S & F Personalpsychologie). Die Selbsteinschätzung der Intelligenz (im Vergleich zu der anderer Personen) wurde über ein „Single-Item“ abgefragt, die Ergebnisse auf eine Z-Skala transformiert. Das Testverfahren KAPPA ist webbasiert, besteht aus klassischen Intelligenzaufgaben und erlaubt zudem die getrennte Ausweisung numerischer und verbaler Fähigkeiten. Eine Verbindung von Persönlichkeit, Interessen und kognitiven Aspekten stellt das Rahmenmodell *Intellect* von Mussel (2013) dar, das mit einem Selbsteinschätzungsfragebogen persönlichkeitsbezogene Grundlagen kognitiver Operationen des Suchens und Verarbeitens von Problemen und Lerninhalten misst. Verwandt damit ist auch das Konzept der berufsbezogenen Neugier *Curiosity* (erfasst mit der *Work-related Curiosity Scale*; Mussel, Spengler, Litman & Schuler, 2012).

Aufgrund der in der Forschung zur Dunklen Triade oft angestellten Überlegungen zu typischen Berufsfeldern, die Träger hoher Merkmalsausprägungen anziehen, und Interessen, die sie auszeichnen, wurde für die TOP-Skalen geprüft, welche spezifischen beruflichen Umwelten oder Interessensbereiche mit ihnen zusammenhängen. Hierfür kam das Verfahren INTEREST (*Beruflicher Interessentest* von S & F Personalpsychologie) zum Einsatz, welches (in der verwendeten Kurzversion) die sechs Interessen des Holland'schen hexagonalen *RIASEC-Modells* durch je ein Selbstbeschreibungs-Item (nach der Definition von Holland) auf einer zehnstufigen Skala erfasst.

Die typischen berufsbezogenen Verhaltensweisen und Motive von Triade-Merkmalsträgern wurden mit für den Zielkontext entwickelten und dort nachweislich validen Verfahren zur TOP in Beziehung gesetzt. Dies waren im Einzelnen das Konzept der Leistungsmotivation mit dem Verfahren BMT (*Beruflicher Motivationstest* von S & F Personalpsychologie), einer Kurzvariante des *Leistungsmotivationsinventars* (LMI) von Schuler und Prochaska (2001), politische Fertigkeiten mit dem *Political Skill Inventory* (PSI; Blickle & Gläser, 2009) und soziale Kompetenzen mit dem *Inventar sozialer Kompetenzen* (ISK; Kanning, 2009). Tabelle 8 stellt die Ergebnisse vor.

Bezüglich *kognitiver Fähigkeiten* kann auch für die TOP bestätigt werden, dass die Triade-Merkmale unabhängig von Intelligenz sind. Zudem besteht für Narzisstische Arbeitshaltung eine Selbstüberschätzung der eigenen Intelligenz: Hohe diesbezügliche Selbsteinschätzungen gehen mit objektiv nicht vorhandener höherer kognitiver Leistungsfähigkeit

Tabelle 8: Die TOP und Interessen sowie kognitive, soziale und motivationale Aspekte

	Narzisstische Arbeitshaltung	Machiavellistische Arbeitseinstellung	Psychopathischer Arbeitsstil
Selbsteingeschätzte Intelligenz	.55**	–.06	–.31**
Allgemeine Intelligenz	.04	–.04	.04
Numerische Intelligenz	–.02	–.12*	–.02
Verbale Intelligenz	.04	–.02	.05
Intellect	.38**	–.20**	–.47**
Curiosity	.37**	–.08	–.12
Realistisches Interesse	.13*	.20**	.16**
Intellektuell-forschendes Interesse	.18**	.08	–.02
Künstlerisches Interesse	.02	–.13*	–.08
Soziales Interesse	–.03	–.27**	–.22**
Unternehmerisches Interesse	.35**	–.01	–.18**
Konventionelles Interesse	–.04	–.16*	–.24**
Leistungsmotivation	.39**	.37**	.23*
Soziale Kompetenzen	.38**	–.08	–.29*
Politische Fertigkeiten	.85**	.20	.20

Anmerkungen: Kognitive Fähigkeiten: $N = 317$; Curiosity: $N = 197$; Interessen: $N = 293$; Leistungsmotivation und soziale Kompetenz: $N = 78$; Politische Fertigkeiten: $N = 59$; $^{**}p < .01$; $^{*}p < .05$.

einher. Die unerwartete negative Korrelation von Machiavellistische Arbeitseinstellung mit numerischer Intelligenz geht auf die Skala Skepsis zurück, die mit $r = -.13$ signifikant korreliert ist. Für die negative Ein- und damit Unterschätzung der eigenen Intelligenz bei erhöhten Werten von Psychopathischer Arbeitsstil kann keine überzeugende Erklärung angeboten werden. Bezüglich der Konzepte Intellect und Curiosity zeigt sich in Haupt- wie Subskalen jedoch unter Umständen ein potenzieller Hinweis darauf. Vor allem Psychopathischer Arbeitsstil, aber auch Machiavellistische Arbeitseinstellung, steht mit einer Ablehnung intellektueller Inhalte und Tätigkeiten in Beziehung, Narzisstische Arbeitshaltung stattdessen mit positiven Beziehungen hierzu und auch allgemein größerer berufsbezogener Neugier.

Alle Triade-Bestandteile sind in der TOP mit der Neigung zu *realistischen Tätigkeiten* verbunden, sie werden als typisch „maskulin" gesehen (Holland, 1997). Narzisstische Arbeitshaltung steht zudem mit *intellektuell-forschenden Interessen* und *unternehmerischer Orientierung*, nicht aber mit *künstlerischen Interessen* in Zusammenhang. Der Faktor Psychopathischer

Arbeitsstil ist zwar mit realistischer, aber negativ mit unternehmerischer Orientierung verbunden. Dieser unerwartete Befund für Psychopathischer Arbeitsstil kann unter Umständen mit der empirischen Konzeption in der TOP erklärt werden – für die unternehmerische Orientierung des vollständigen Psychopathie-Konstrukts wären dementsprechend die Skalen verantwortlich, die in der TOP auf dem „Narzissmus-Faktor" laden. Tatsächlich sind alle Narzisstische Arbeitshaltung-Skalen positiv mit unternehmerischer Orientierung verbunden. Machiavellistische Arbeitseinstellung und Psychopathischer Arbeitsstil hängen zudem erwartungsgemäß negativ mit *sozialen Interessen* zusammen. Eine *konventionelle Orientierung*, die mit wiederkehrenden, strukturierten Abläufen assoziiert wird, ist ebenfalls mit Machiavellistische Arbeitseinstellung und Psychopathischer Arbeitsstil und nahezu allen Teilskalen negativ verbunden. Zusätzlich besteht eine negative Beziehung von Machiavellistische Arbeitseinstellung zu künstlerischen Interessen, was auf die Skala Unsentimentalität zurückgeht – ein flaches Gefühlsleben fordert scheinbar keinen künstlerischen Ausdruck.

Alle Triade-Eigenschaften sind mit dem Gesamtwert *Leistungsmotivation* positiv verbunden, die Ursache hierfür liegt in erster Linie in individuellen Leistungszielen oder solchen, die einen sozialen Vergleich oder Wettbewerb einschließen – so hängen beispielsweise die Subskalen *Dominanz*, *Leistungsstolz*, *Statusstreben* und *Wettbewerbshaltung* mit den drei TOP-Skalen jeweils zwischen $r=.30$ und .50 zusammen. Aspekte, die auf konkretes Arbeiten und ausdauernde Anstrengungsbereitschaft ausgerichtet sind, wie *Ausdauer*, *Flexibilität*, *Flow*, *Lernmotivation* und *Selbstdisziplin* bzw. *Selbstverantwortlichkeit*, weisen keinen Zusammenhang mit den Triade-Merkmalen auf.

Narzisstische Arbeitshaltung hat eine positive Beziehung zum Gesamtwert *soziale Kompetenzen*, Machiavellistische Arbeitseinstellung keine und Psychopathischer Arbeitsstil hängt negativ mit sozialen Kompetenzen zusammen. Die positive Beziehung von Narzisstische Arbeitshaltung geht insbesondere auf die Skala *Offensivität* mit einem Zusammenhang von $r=.54$ zurück, die Inhalte wie Durchsetzungsfähigkeit, Extraversion und Entscheidungsfreude aufweist; zudem auf die Skala *Reflexibilität*, die Selbstdarstellung und Selbstaufmerksamkeit beinhaltet (vgl. Kanning, 2009). Machiavellistische Arbeitseinstellung und Psychopathischer Arbeitsstil hängen in erster Linie negativ mit der Skala *Soziale Orientierung* zusammen ($r=-.25$ bzw. $-.37$), die Prosozialität umfasst, etwa durch die Bereitschaft zu Kompromissen und zur Perspektivenübernahme. Psychopathischer Arbeitsstil ist zudem negativ mit der Skala *Selbststeuerung* verbunden, welche Aspekte wie Selbstkontrolle und emotionale Stabilität beinhaltet.

Alle Subskalen von Narzisstische Arbeitshaltung sind hoch positiv mit der eigenen Zuschreibung *politischer Fertigkeiten* korreliert, entsprechend stark mit $r=.85$ der Gesamtwert. Dagegen hängen lediglich die Skala Skepsis des Faktors Machiavellistische Arbeitseinstellung und Beschönigung von Psychopathischer Arbeitsstil mit politischen Fertigkeiten zusammen, weshalb sich für diese Faktoren nur schwache und nicht signifikante Beziehungen ergeben.

6.2.3 Zusammenhänge mit Integrität, prosozialem und kontraproduktivem Verhalten

In den vorigen Abschnitten wurden Befunde zur Beurteilung der konstruktbezogenen Validität der TOP in Form von Zusammenhängen zu anderen Merkmalen der Person des Trägers beschrieben, wie beispielsweise ihren kognitiven Fähigkeiten, also eine eher individuelle Perspektive gewählt. Im Folgenden liegt der Fokus auf Auswirkungen, die erhöhte Triade-

Werte am Arbeitsplatz auf Dritte haben. Die hier betrachteten Konstrukte Organizational Citizenship Behavior (OCB) und kontraproduktives Verhalten am Arbeitsplatz (CWB) können als persönlichkeitsbezogene Konstrukte aufgefasst werden, gleichzeitig stellt OCB als Operationalisierung von umfeldbezogener Leistung einen Bestandteil der beruflichen Leistung dar und CWB beschreibt ganz explizit mögliche schädliche Auswirkungen, die als klare Kriterien negativer „Leistungen" am Arbeitsplatz gelten können (vgl. Abschnitt 2.2.1 und 4.1). Entsprechend wurde als Begründung für einen eignungsdiagnostischen Einsatz der Dunklen Triade in erster Linie die mit hohen Ausprägungen der Merkmale verbundene Wahrscheinlichkeit angeführt, kontraproduktive Verhaltensweisen zu zeigen. Um die Beziehungen der TOP dazu zu untersuchen, wurden Zusammenhänge zu OCB und CWB auf Haupt- und Subskalenebene geprüft und Regressionen der zu erklärenden Variablen auf die TOP-Skalen berechnet. Zusätzlich wird bestimmt, welchen Anteil die TOP-Skalen an CWB über Integrität und breite Persönlichkeitsmodelle hinaus erklären können.

Zunächst wurde die TOP mit organisationskonformem Verhalten „als guter Bürger einer Organisation" in Beziehung gesetzt, dem Organizational Citizenship Behavior (OCB), erfasst mit der Skala *FELA-S* von Staufenbiel und Hartz (2000). Sie gibt insgesamt fünf Dimensionen organisationskonformen Verhaltens aus – vier klassische OCB-Dimensionen und eine Skala für „in-role" bzw. task performance. Aus den Skalen lassen sich die beiden Dimensionen *individuumsbezogenes* (OCB-I) und *organisationsbezogenes* OCB (OCB-O) berechnen. Für die Messung von CWB wurde zum einen die Skala von Bennett und Robinson (2000) herangezogen, die neben dem Gesamtwert (CWB-BR) eine Unterscheidung in individuumsbezogene (CWB-I) und organisationsbezogene (CWB-O) kontraproduktive Verhaltensweisen erlaubt. Für die Analyse von CWB auf Facettenebene wurden zudem elf abgrenzbare Dimensionen des kontraproduktiven Verhaltens nach Gruys und Sackett (2003) erfasst und auch diese zu einem Gesamtwert (CWB-GS) aggregiert. Tabelle 9 stellt die Ergebnisse vor.

Tabelle 9: Die TOP und Organizational Citizenship Behavior (OCB) sowie Counterproductive Work Behavior (CWB)

	Narzisstische Arbeitshaltung	Machiavellistische Arbeitseinstellung	Psychopathischer Arbeitsstil
OCB-individuumsbezogen	–.14	–.38**	–.32**
OCB-organisationsbezogen	.05	–.25**	–.42**
OCB (Gesamtwert)	–.01	–.33**	–.44**
• Hilfsbereitschaft	–.08	–.23*	–.20*
• Gewissenhaftigkeit	–.07	.09	–.19*
• Unkompliziertheit	–.20*	–.46**	–.42**
• Einsatz	.38**	–.12	–.11
• Arbeitsverhalten	–.05	–.14	–.36**

Tabelle 9: Fortsetzung

	Narzisstische Arbeitshaltung	**Machiavellistische Arbeitseinstellung**	**Psychopathischer Arbeitsstil**
CWB-BR	.26*	.11	.37**
CWB-individuumsbezogen	.28**	.13	.36**
CWB-organisationsbezogen	.16	.07	.27**
CWB-GS	.26*	.18	.42**
• Unangemessene verbale Akte	.28**	.31**	.45**
• Unangemessene physische Akte	.28**	.15	.31**
• Informationsmissbrauch	.16	.19*	.37**
• Zeit- und Ressourcenverschwendung	.19	.10	.25*
• Diebstahl und Verwandtes	.21*	.09	.32**
• Absentismus	.10	.09	.17
• Schlechte Arbeitsqualität	.08	.13	.20*
• Zerstörung von Betriebseigentum	.03	.05	.19*
• Unsicheres Arbeitsverhalten	.04	−.11	.11
• Alkohol- und Drogengebrauch	−.05	−.01	.24*

Anmerkungen: $N = 112$; $^{**}p < .01$; $^{*}p < .05$. Auf den CWB-Skalen war die tatsächliche Häufigkeit anzugeben, mit der man vorgegebene kontraproduktive Verhaltensweisen im letzten Jahr gezeigt hat. Zur Verfügung standen sieben Antwortalternativen von „nie" bis „täglich".

Sowohl Psychopathischer Arbeitsstil als auch Machiavellistische Arbeitseinstellung hängen negativ mit OCB zusammen. Narzisstische Arbeitshaltung weist hingegen keine Beziehung zu OCB auf, was auf die Inhalte der Subskala *Einsatz* zurückzuführen ist, die substanziell positiv korreliert ist. Sie erfasst individuelle proaktive Verhaltensweisen bei der Arbeit, die vor allem auch dem eigenen Vorankommen und Vorteil dienen, nicht aber konkrete Hilfe für andere Personen oder die Organisation beinhalten (vgl. Staufenbiel & Hartz, 2000). Die beiden anderen TOP-Faktoren zeigen problematische Einstellungen bezüglich des freiwilligen, außertätigkeitsbezogenen Einsatzes für Kollegen oder die Organisation an; ausgedrückt durch eine negative Beziehung zur Skala *Hilfsbereitschaft* und allen voran zur Skala *Unkompliziertheit*, die eine sehr kritische, Aufgaben oder Kollegen bemängelnde Haltung zur Arbeit erfasst und als einzige auch mit Narzisstische Arbeitshaltung negativ korreliert ist (die Items werden invertiert). Nur für Psychopathischer Arbeitsstil zeigen sich zusätzlich problematische Beziehungen zu *Gewissenhaftigkeit* und *Arbeitsverhalten* (also Dimensionen, die eng an den klassischen Bestandteilen aufgabenbezogener Leistung liegen).

Narzisstische Arbeitshaltung hängt positiv mit CWB zusammen, was quasi ausschließlich auf personenbezogene kontraproduktive Verhaltensweisen zurückgeht; zu CWB-O besteht kein Zusammenhang (außer zu der Subskala Diebstahl). Machiavellistische Arbeitseinstellung ist mit keinem CWB-Aspekt außer unangemessenen verbalen Akten und Informationsmissbrauch verbunden, daher auch nicht mit den aggregierten Variablen. Psychopathischer Arbeitsstil hängt hingegen mit nahezu allen CWB-Teilaspekten und am stärksten von den drei TOP-Faktoren mit CWB-I und CWB-O zusammen. Psychopathischer Arbeitsstil ist lediglich mit den Skalen Absentismus und unsicheres Arbeitsverhalten nicht verbunden. Dies kann ein Effekt der Stichprobe sein, die sich vor allem aus gut ausgebildeten Hochschulabsolventen aus dem Management-Bereich zusammensetzt, deren Arbeitsplätze mutmaßlich nur selten eine Stechuhr und Sicherheitsschuhe kennen. Ein Stichprobeneffekt kann auch als Erklärung für den Befund zu Machiavellistische Arbeitseinstellung angeboten werden: Aus der theoretischen Beschreibung des Konstrukts und empirischen Befunden zu typischen Verhaltensweisen geht eine kühl-rationale, realistische Orientierung des Machiavellisten hervor (vgl. Abschnitt 3.1.2). Von geringer Selbstkontrolle und zwischenmenschlichem Geltungsdrang getriebene Verhaltensweisen gegen Individuen, aber vor allem schwer kriminell kontraproduktive Verhaltensweisen gegen die Organisation unterlassen sie unter Umständen bewusst, aufgrund fehlender Nutzenerwartung oder der Wahrscheinlichkeit, entdeckt zu werden.

Um zu klären, wie viel Varianz die Ergebnisse des Verfahrens TOP an OCB und CWB erklären können, wurde eine multiple Regression dieser Werte auf die TOP-Skalen durchgeführt. Dieses in der Literatur zur Dunklen Triade häufig gewählte Vorgehen ist geeignet, die individuellen Erklärungsbeiträge der Merkmale zu untersuchen. Die alleinige Durchführung auf Globalfaktorenebene wurde dabei kritisiert, da die Merkmale geteilte bzw. verwandte Inhalte aufweisen und so im Einzelfall nicht klar ist, was auspartialisiert wurde bzw. im betrachteten Residuum inhaltlich verbleibt (vgl. Abschnitt 3.3.2). Daher wurde eine Regression auf TOP-Subskalen-Ebene durchgeführt, um zu klären, auf welche typischen, einzelnen Aspekte der Dunklen Triade diese Haltung zurückzuführen ist. Bei den im Folgenden berichteten Regressionsanalysen wurden explorativ Modelle mit Geschlecht als zusätzlicher Variable berechnet. Dabei war Geschlecht stets ein von der Einflusshöhe sehr geringer (meist Beta-Gewichte um null), nie ein signifikanter Prädiktor oder hatte gar Anstiege in R-Quadrat bei Aufnahme in das Modell oder eine Änderung der Beta-Gewichte der Triade-Skalen zur Folge (was auf mediierende oder Suppressionseffekte hinweisen würde, vgl. Bühner, 2011), weshalb das Geschlecht nicht weiter betrachtet wurde.

Eine Unterscheidung in OCB-I und OCB-O wurde nicht vorgenommen, da die TOP-Skalen zu beiden Teilbereichen eine quasi gleichförmige Beziehung aufweisen. Das Modell zur Erklärung des OCB-Gesamtwerts mit $F\ (11/100) = 3.773$, $p = .000$ zeigt einen signifikanten Erklärungsbeitrag der TOP. Die TOP-Skalen erklären insgesamt 29 % der Varianz in OCB. Entsprechend den β-Gewichten wird deutlich, dass zwar alle Subskalen von Psychopathischer Arbeitsstil eine negative Beziehung haben, die Varianzaufklärung jedoch vor allem auf Flexibilität zurückgeht, die als einzige einen sehr signifikanten Erklärungsbeitrag aufweist ($\beta = -.34$). Auch die Skala Skepsis aus Machiavellistische Arbeitseinstellung ist mit $\beta = -.24$ signifikant negativer Prädiktor für OCB. Die letztgenannte Beziehung liegt inhaltlich nahe, eine generelle Geringschätzung anderer dürfte nicht zu Hilfsbereitschaft und Engagement gegenüber Kollegen oder der Organisation führen. Der Einfluss von Flexibilität kann damit erklärt werden, dass ein ungeplantes und zielloses Erledigen der eigenen Arbeit vermutlich nicht mit zusätzlichem, außertätigkeitsbezogenem Engagement für andere einhergeht. An dieser Stelle sei noch einmal darauf hingewiesen, dass Flexibilität, wie auch die Bezeichnungen der übrigen TOP-Skalen, eine euphemistische Umschreibung der Inhalte der Skala darstellt. Ihre ursprüngliche, phänomenologisch zutreffendere Bezeichnung war Verantwortungslosigkeit/Fehlen von Karrierezielen.

Um zu prüfen, wie viel Varianz an CWB durch die TOP-Skalen erklärt werden kann, wurde je eine multiple Regression von CWB-I und CWB-O nach Bennett und Robinson (2000) auf die TOP-Skalen berechnet; in diesem Fall getrennt für die Variablen, da in den bivariaten Beziehungen relevante Unterschiede der TOP-Faktoren zu diesen sichtbar sind. Das Modell für CWB-I zeigt einen signifikanten Erklärungsbeitrag der TOP mit F (11/97) = 3.319, p = .001 und 27 % Varianzaufklärung. Das Modell für CWB-O zeigt ebenfalls einen signifikanten Erklärungsbeitrag der TOP mit F (11/90) = 1.954, p = .043 und 19 % Varianzaufklärung.

Die β-Gewichte zeigen an, dass im Modell für CWB-I nur die Skalen Impulsivität und Beschönigung von Psychopathischer Arbeitsstil einen eigenständigen Erklärungsbeitrag aufweisen. Im Modell für CWB-O wirkt ebenfalls vor allem Beschönigung und Flexibilität aus Psychopathischer Arbeitsstil, zusätzlich auch die Skala Skepsis aus Machiavellistische Arbeitseinstellung. Die genannten Eigenschaften oder Einstellungen sind klassische Aspekte von Integritätsskalen und solche von Psychopathie, die auch mit außerberuflichen antisozialen Verhaltensweisen in Beziehung stehen (vgl. Abschnitt 2.2 und 3.2).

Damit kann festgehalten werden, dass die Ergebnisse des Verfahrens TOP als Ganzes substanzielle Anteile (20 bis 30 %) von einerseits (fehlendem) hilfsbereiten Verhalten bzw. umfeldbezogener Leistung und andererseits von vermehrten kontraproduktiven Verhaltensweisen gegenüber Individuen und der Organisation erklären können; letzteres, mit Ausnahme von Machiavellistische Arbeitseinstellung, in der Höhe, wie sie metaanalytisch für die Dunkle Triade in ihrer ursprünglichen, berufsfernen Operationalisierung nachgewiesen werden konnte (vgl. Abschnitt 4.1).

Die Forschung zu personalen Einflussfaktoren von CWB hat vor allem auf allgemeine Persönlichkeitsmodelle und die Variable Integrität fokussiert – auf letztere, da sie aus eben den Testverfahren entstanden ist, die kontraproduktives Verhalten prognostizieren sollen (vgl. Marcus, 2000; Sackett et al., 2017). Das Merkmal *Integrität* steht in einer negativen Beziehung zur Dunklen Triade (vgl. Abschnitt 4.1). Mögliche inkrementelle Validität zu breiten Persönlichkeitsmodellen (und Integrität) ist ein zentrales Interesse der weiteren Erforschung von „dunklen" Persönlichkeitseigenschaften (z. B. LeBreton et al., 2018; Wu & LeBreton, 2011) und relevant für die Entscheidung über den Einsatz geeigneter Verfahren in der Praxis. Daher wurde CWB regressionsanalytisch auf die Persönlichkeitsmodelle FFM und HEXACO sowie Integrität zurückgeführt und der inkrementelle Erklärungsbeitrag der TOP zu diesen Variablen bestimmt.

Zunächst wurden die Beziehungen der TOP mit Integrität geprüft, vergleichend an zwei unterschiedlichen Stichproben und jeweils erfasst über das PIA (*Persönlichkeitsinventar zur Integritätsabschätzung* von S & F Personalpsychologie). Das aus dem Hohenheimer Projekt zur Integritätsforschung hervorgegangene Verfahren kann als der in deutschen Unternehmen am häufigsten eingesetzte Integritätstest angesehen werden. Alle Faktoren und Skalen der TOP hängen negativ mit Integrität zusammen, bis auf die Skalen Führungsanspruch und Überzeugungsglaube unter Auszubildenden. Dabei ergeben sich fast identische Korrelationen in beiden Stichproben (vgl. Tabelle 10).

Tabelle 10: Beziehung der TOP zu Integrität in zwei Stichproben

	Integrität	
	Auszubildende/ Studierende	**Angestellte**
Narzisstische Arbeitshaltung	–.16**	–.36**
Führungsanspruch	–.01	–.20*
Überzeugungsglaube	–.01	–.32**
Autoritätsbedürfnis	–.28**	–.39**
Risikofreude	–.23**	–.24*
Überlegenheitsgefühl	–.24**	–.32**
Machiavellistische Arbeitseinstellung	–.55**	–.55**
Unsentimentalität	–.23**	–.34**
Durchsetzungsglaube	–.53**	–.57**
Skepsis	–.54**	–.42**
Psychopathischer Arbeitsstil	–.67**	–.69**
Flexibilität	–.52**	–.46**
Impulsivität	–.48**	–.44**
Beschönigung	–.56**	–.59**

Anmerkungen: $N_{Auszubildende/Studierende} = 317$; $N_{Angestellte} = 112$; $^{**}p < .01$; $^{*}p < .05$.

Für die Prüfung inkrementeller Validität der TOP (angezeigt durch signifikante Änderungen in R^2) wurden in Regressionsanalysen im ersten Schritt jeweils die Persönlichkeitsmodelle, danach die TOP-Faktoren bzw. Integrität aufgenommen. Als Kriterienvariable kam für eine möglichst breite Abbildung des Phänomens die beschriebene CWB-Skala nach Gruys und Sackett (2003) zum Einsatz.

Als erstes Modell wurde eine Regression von CWB auf die fünf großen Persönlichkeitsfaktoren berechnet, dann als zweites Modell geprüft, wie viel inkrementelle Validität die TOP-Skalen zu diesen aufweisen. Das zweite Modell klärt 6 % zusätzliche Varianz auf ($\Delta R^2 = .06$), mit F (3/86) = 2.179, $p = .096$ allerdings nicht signifikant mehr. Mit dem identischen Vorgehen wurde die inkrementelle Validität der TOP über das HEXACO-Modell geprüft. Auch hier kann mit $\Delta R^2 = .03$, F (3/85) = 1.384, $p = .253$ ein Zuwachs, aber kein statistisch bedeutsamer Anstieg in R^2 erzielt werden. Von den TOP-Faktoren weist in diesem Modell nur Psychopathischer Arbeitsstil einen Erklärungsbeitrag auf, im Vergleich zum FFM hat von den großen Persönlichkeitsfaktoren Gewissenhaftigkeit keinen Erklärungsbeitrag, dafür der Faktor Ehrlichkeit-Bescheidenheit – eine Skala, die Integrität misst (Lee et al., 2005). Als letztes wurde ein aus den HEXACO-Faktoren, Integrität und der TOP bestehendes Modell geprüft. Durch Einschluss aller drei Testverfahren lassen sich insgesamt 42 % der Varianz in CWB aufklären. Die TOP leistet im Modell mit $\Delta R^2 = .04$, $F\,(3/84) = 2.110$, $p = .105$ wiederum einen mit 4 % geringen zusätzlichen Erklärungsbeitrag, der nicht signifikant ist. Es ergeben sich damit zusätzliche Erklärungsbeiträge der TOP über breite Persönlichkeitsmodelle und Integrität, diese sind aber durchweg gering und im vorliegenden Fall nicht signifikant.

6.2.4 Kriterienbezogene Validität: Beziehungen zu beruflicher Leistung und beruflichem Erfolg

Das letztlich interessierende und damit vermutlich wichtigste Hauptgütekriterium eines Tests ist seine *kriterienbezogene Validität*, für ein Verfahren zur Berufseignungsdiagnostik also in erster Linie Kriterien beruflicher Leistung bzw. beruflichen Erfolgs oder Misserfolgs. Das am häufigsten verwendete, wenn auch mit Problemen behaftete Kriterium der beruflichen Leistung einer Person ist die Leistungsbewertung durch die direkten Vorgesetzten. Für die TOP wurden Vorgesetzteneinschätzungen mit verschiedenen Skalen erhoben, die neben der globalen Einschätzung beruflicher Leistung auch eine Unterscheidung in aufgaben-, team- und organisationsbezogene Leistung erlauben (vgl. Abschnitt 2.2). Zu ausgewählten Leistungskriterien wurden neben einfachen Zusammenhängen auch kurvilineare Beziehungen der TOP geprüft und ob die Prädiktoren Intelligenz oder Integrität eine moderierende Rolle spielen.

Eine der Untersuchungen der Beziehung von TOP-Werten zu Beurteilungen beruflicher Leistung wurde im Rahmen der konkurrenten Validierung einer berufsbezogenen Testbatterie zur Personalauswahl durchgeführt. Hierbei bearbeiteten die Probanden, Auszubildende und duale Studenten eines großen deutschen Kreditinstituts am Ende des zweiten Lehrjahres, die TOP und ihre Ausbilder schätzten deren berufliche Leistung ein. Die $N = 226$ Vorgesetzten-Einschätzungen wurden auf der *Work Role Behavior*-Skala (WRBS; Griffin, Neal & Parker, 2007) vorgenommen. Diese ermöglicht die getrennte Bewertung von allgemeiner aufgabenbezogener Leistung (Proficiency) und umfeldbezogener Leistung. Umfeldbezogene Leistung wird getrennt in Leistung als Teammitglied (Team Member) und Organisationsmitglied (Organization Member) ausgewiesen. Unterschieden werden von den Proficiency-Dimensionen das Ausmaß an Adaptivität (Adaptivity) und Proaktivität (Proactivity), die bei aufgaben- und umfeldbezogenen Leistungen an den Tag gelegt werden. Zudem wird ein Gesamtwert „Leistung in der Arbeitsrolle“ (Work Role Behavior) berechnet.

In der Stichprobe bestand für keine der Dimensionen der Leistung und auch nicht zum Gesamtwert ein Zusammenhang mit einem der TOP-Faktoren (sämtlich „Nullkorrelationen“) und damit, entsprechend den Ergebnissen der Metaanalyse von O'Boyle und Kollegen (2012), auch gemessen mit der TOP kein linearer Zusammenhang der Dunklen Triade zu beruflichen Leistungsbewertungen. Eine mögliche Erklärung sind potenzielle kurvilineare Effekte, die beispielsweise für Narzissmus und Machiavellismus bestehen (vgl. Abschnitt 4.2), weshalb die quadratischen Effekte der TOP-Faktoren auf das Kriterium berufliche Leistung geprüft wurden. Die Befunde werden im Abschnitt „Kurvilinearität und Moderationseffekte als Erklärungen“ vorgestellt.

Eine weitere mögliche Erklärung für die nicht existente lineare Beziehung der TOP-Faktoren zu Berufsleistung ist die Stichprobe. Es handelt sich bei den betrachteten Personen um solche, die am Beginn ihrer beruflichen Karriere stehen. In der speziellen Situation (Ausbildung) wirken zudem mögliche situative Rahmenbedingungen nicht, die in der Triade-Forschung diskutiert werden (vgl. Kapitel 4). Beispielsweise kann die Art, wie Aufgaben erledigt und Leistungsziele verfolgt werden, nicht autonom gesteuert werden. Aufgrund des Alters der Probanden und der damit verbundenen geringen beruflichen Erfahrung ist das gezeigte und bewertete Verhalten nicht voll repräsentativ für längerfristiges berufliches Verhalten und entsprechende Leistungen.

Daher wurde die Fragestellung nach den Beziehungen der TOP-Faktoren zu beruflicher Leistung in einer zweiten Stichprobe (N=34) untersucht, die einen deutlich höheren Altersdurchschnitt, hierarchische Positionen, Autonomie und Komplexität der Arbeitsaufgaben aufweist. Erfasst wurden Vorgesetzteneinschätzungen auf der oben beschriebenen Skala WRBS nach Griffin et al. (2007). In diesem Fall wurden nur die Proficiency-Dimensionen beurteilt, also die Erfüllung klar beschreibbarer Leistungsanforderungen, keine Adaptivität oder Proaktivität. Zudem wurde eine globale Fremdeinschätzung beruflicher Leistung anhand einer *Sequentiellen Prozentrangskala* erfasst (SPRS; vgl. Brandstätter & Schuler, 2004). Tabelle 11 stellt die Ergebnisse dar.

Tabelle 11: Zusammenhänge der TOP mit Vorgesetzteneinschätzungen

	Narzisstische Arbeitshaltung	Machiavellistische Arbeitseinstellung	Psychopathischer Arbeitsstil
Globale berufliche Leistung (SPRS)	.50**	−.10	.04
Proficiency (aggregiert)	.45**	−.13	−.11
Individual Task Proficiency	.34*	−.02	−.13
Team Member Proficiency	.26	−.21	−.07
Organization Member Proficiency	.54**	−.09	−.09

Anmerkungen: N = 34; n = 31 (SPRS); **p < .01; *p < .05.

In dieser Stichprobe besteht für Narzisstische Arbeitshaltung auf beiden Beurteilungsskalen und vor allem für die Beiträge als Organisationsmitglied eine positive Beziehung zu beruflicher Leistung; für die beiden anderen TOP-Faktoren hingegen schwach negative Beziehungen, diese sind hier stärker akzentuiert als in der anderen Stichprobe, aber ebenfalls nicht signifikant.

Hierfür bieten sich mehrere Erklärungen an: Es könnte sein, dass eine stärkere Narzisstische Arbeitshaltung tatsächlich zu besseren Leistungen führt, die sich erst im Zeitverlauf oder bei entsprechenden Aufgaben und Rahmenbedingungen zeigen. Eine andere Erklärung ist, dass eine weniger direkte und häufige Zusammenarbeit gegeben ist und damit eine eingeschränkte Beobachtbarkeit des Verhaltens der zu Bewertenden. Zudem sind Arbeitsaufgaben wie Leistungsziele heterogener, also Leistung weit weniger klar objektiv bewertbar als bei Auszubildenden. In diesem Fall könnten Effekte klassisch narzisstischer Selbstdarstellung auf die Beurteiler gewirkt und zu besseren Einschätzungen geführt haben, obwohl objektiv keine bessere Leistung besteht. Die Höhe des Zusammenhangs spricht vor dem Hintergrund der metaanalytisch bestätigten Nullkorrelation zu Arbeitsleistung an sich (deren Stichprobenauswahl allerdings eher keine gehobenen hierarchischen Niveaus aus dem Wirtschaftsbereich einschließt, vgl. Abschnitt 4.2.2), der Ergebnisse der Stichprobe der Auszubildenden und Studierenden und der übrigen berichteten Befunde für Narzissmus und Leistung eher für die zweite Interpretation. Dieser Fragestellung muss jedoch (für die TOP wie die Dunkle Triade allgemein) mit weiteren Studien an größeren Datensätzen im Vergleich von objektiven und fremdeingeschätzten Daten nachgegangen werden (v.a. auch durch systematische Vergleiche über Job-Levels hinweg).

Kurvilinearität und Moderationseffekte als Erklärungen

Die Befunde zu den Auswirkungen der Dunklen Triade auf berufliche Leistung sind nicht eindeutig (sieht man von ihren negativen Auswirkungen durch vermehrte kontraproduktive Verhaltensweisen ab). Dies zeigt sich in Metaanalysen zur Triade und vielen vorgeschlagenen Moderatoren, von denen einige in Kapitel 4 besprochen wurden. Für die Merkmale Narzissmus und Machiavellismus wurden beispielsweise umgekehrt U-förmige Beziehungen zu Leistungseinschätzungen gezeigt (vgl. Abschnitt 4.2). Die besten Leistungsbewertungen gehen demnach mit durchschnittlichen Werten der betreffenden Eigenschaft einher, geringe oder hohe Werte mit schlechteren Leistungen. Auch in den Daten zur TOP konnten verschiedene und z.T. widersprüchliche Beziehungen zu Kriterien beruflicher Leistung gezeigt werden. Entsprechend den Erklärungsansätzen in der Triade-Forschung wurden daher die möglichen Effekte von Moderatoren und das Vorliegen kurvilinearer Zusammenhänge geprüft.

Für die TOP wurden an dem Datensatz von $N = 226$ Vorgesetzteneinschätzungen der beruflichen Leistung von Auszubildenden und Studierenden, in dem kein linearer Zusammenhang vorliegt, in Regressionsanalysen in einem ersten Schritt (Modell 1) das zu untersuchende Merkmal aufgenommen und im zweiten Schritt (Modell 2) zusätzlich zum Prädiktor dessen quadrierter Term (der z-standardisierten Variable). Bei signifikantem β-Gewicht des quadrierten Terms besteht ein *kurvilinearer Effekt*; bei negativem Vorzeichen ist dieser invers U-förmig. Inkrementelle Validität über den linearen Effekt besteht bei signifikanten Änderungen in R^2 (vgl. zum Vorgehen Grijalva et al., 2015).

Die erwartete invers U-förmige Beziehung von Narzisstische Arbeitshaltung und fremdeingeschätzter beruflicher Leistung kann mit $F\ (1/223) = 3.962$, $p = .048$; $\Delta R^2 = .017$ bestätigt werden. Geringe Werte gehen mit keinen guten Leistungseinschätzungen einher, mittlere Werte mit den höchsten Bewertungen. Personen mit den ausgeprägtesten Werten in Narzisstische Arbeitshaltung erhalten die deutlich schlechtesten Vorgesetzteneinschätzungen.

Abbildung 5 stellt den Verlauf dieser Beziehung dar. Dabei sind die gemittelten Leistungseinschätzungen der Probanden je Kategorie von minus zwei bis plus zwei Standardabweichungen in Narzisstische Arbeitshaltung als Punkt abgetragen.

Mit demselben Vorgehen konnte auch für Machiavellistische Arbeitseinstellung und fremdeingeschätzte berufliche Leistung mit $F\ (1/223) = 5.146$, $p = .024$; $\Delta R^2 = .022$ eine invers U-förmige Beziehung nachgewiesen werden. Abbildung 6 stellt die Ergebnisse vor.

Für Psychopathischer Arbeitsstil kann mit $F\ (1/223) = 0.369$, $p = .544$; $\Delta R^2 = .002$ hingegen keine solche Beziehung gefunden werden. Leicht überdurchschnittliche Werte haben einen negativen Effekt auf Leistungseinschätzungen, im Bereich von plus zwei Standardabweichungen über dem Mittelwert erhalten die Probanden allerdings die besten Leistungseinschätzungen.

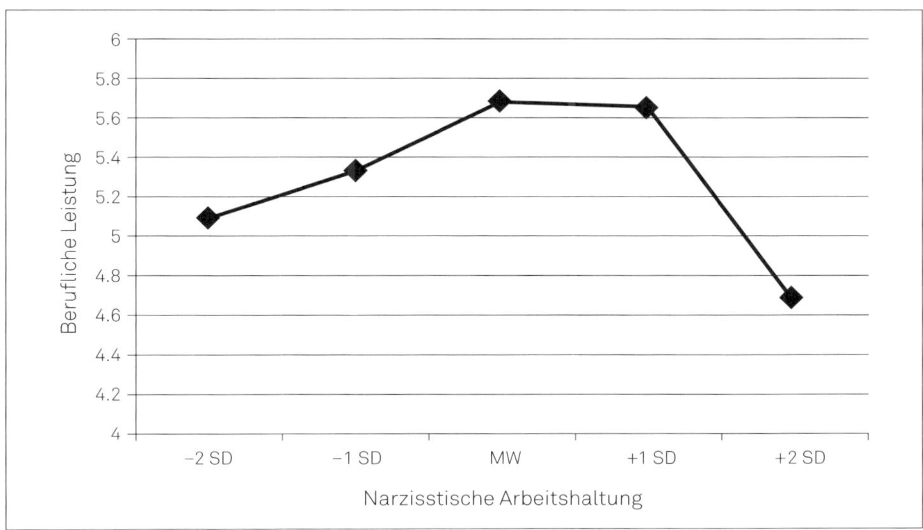

Abbildung 5: Berufliche Leistungseinschätzung für Narzisstische Arbeitshaltung – Werte am Mittelwert sowie an ±1 bzw. 2 Standardabweichungen (aus Schwarzinger & Schuler, 2016, S. 76)

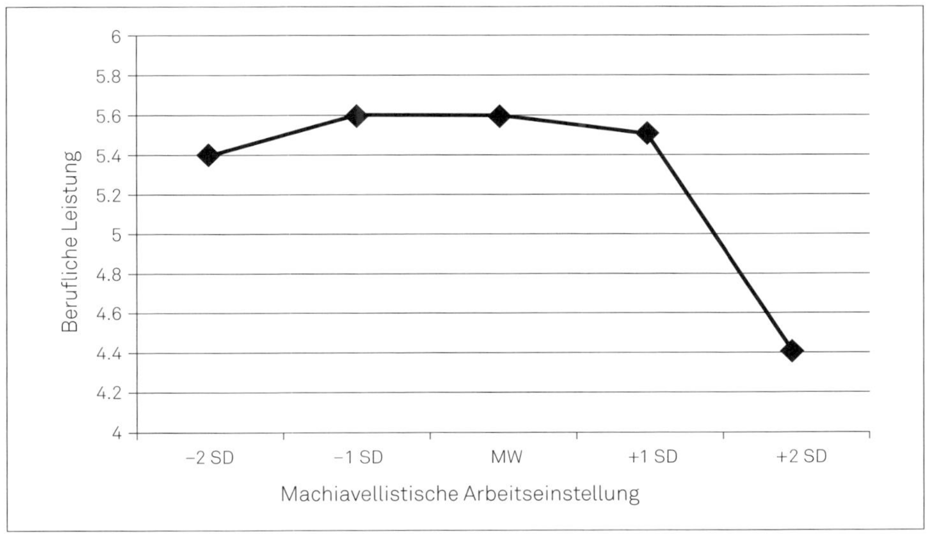

Abbildung 6: Berufliche Leistungseinschätzung für Machiavellistische Arbeitseinstellung – Werte am Mittelwert sowie an ±1 bzw. 2 Standardabweichungen (aus Schwarzinger & Schuler, 2016, S. 77)

Eine weitere Hypothese, die für die Beziehung von Dunkler Triade und beruflicher Leistung aufgestellt wurde, ist die eines *moderierenden Effekts* von Integrität oder Intelligenz (vgl. Abschnitt 4.2). Dabei wird angenommen, dass bei gleichzeitig starken Ausprägungen dieser Merkmale und hohen Triade-Werten eine positive Beziehung zu beruflicher Leistung besteht.

Für die Untersuchung eines Moderationseffekts wurden in Regressionsanalysen im zweiten Schritt (Modell 2) jeweils der zu untersuchende TOP-Faktor und der Moderator Intelligenz bzw. Integrität sowie der Interaktionseffekt der beiden Prädiktoren aufgenommen. Signifikante β-Gewichte der Interaktion zeigen dabei eine bestehende moderierende Wirkung an, ein signifikantes R^2 eine Verbesserung des Vorhersage-Modells durch Betrachtung des Moderators.

Mit F (1/222) = 2.972, p = .086; ΔR^2 = .013 kann in dem Datensatz kein moderierender Effekt von Integrität auf die Beziehung von Narzisstische Arbeitshaltung mit Berufsleistung oder eine Modellverbesserung durch deren Einschluss nachgewiesen werden (Moderationseffekt und Modellverbesserung sind nur auf p < .10 signifikant). Die Ergebnisse werden in Abbildung 7 dargestellt.

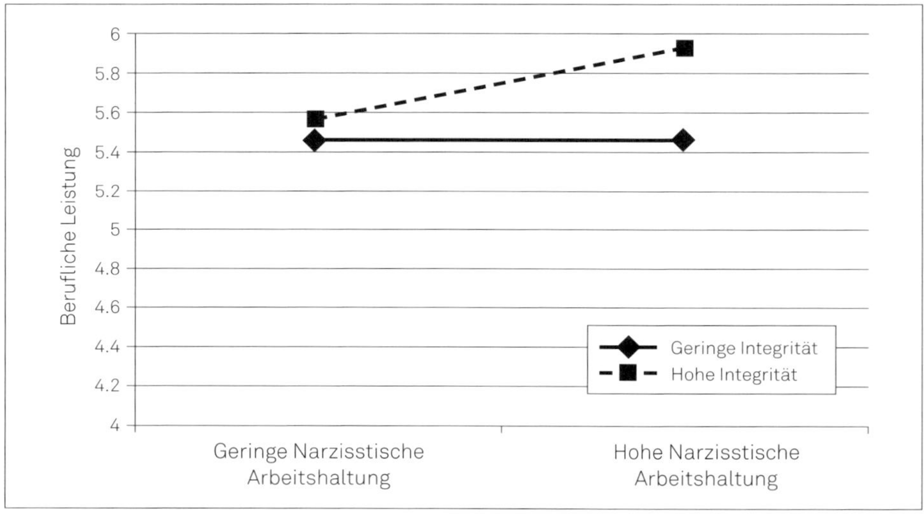

Abbildung 7: Moderationseffekt von Integrität auf die Beziehung von Narzisstische Arbeitshaltung und beruflicher Leistung (aus Schwarzinger & Schuler, 2016, S. 80)

Mit F (1/222) = 5.230, p = .023; ΔR^2 = .022 besteht hingegen ein moderierender Effekt von Integrität auf die Beziehung von Machiavellistische Arbeitseinstellung und beruflicher Leistung; sowohl Interaktionseffekt als auch Änderung in R^2 sind signifikant. Abbildung 8 stellt die Ergebnisse vor.

Integrität moderiert die Beziehung von Machiavellistische Arbeitseinstellung zu Berufsleistung. Für Narzisstische Arbeitshaltung besteht ein ähnlicher Effekt, kann aber nicht hinreichend gegen den Zufall abgesichert werden. Für Psychopathischer Arbeitsstil muss die Hypothese eines moderierenden Effekts von Integrität mit F (1/222) = 0.064, p = .801; ΔR^2 = .000 klar abgelehnt werden (auf die grafische Darstellung der Ergebnisse wird daher verzichtet).

Potenzielle moderierende Effekte von *Intelligenz* auf die Beziehung der TOP-Faktoren zu beruflicher Leistung wurden mit demselben Vorgehen und Datensatz geprüft. Für Narzisstische Arbeitshaltung ergibt sich dabei F (1/222) = 1.914, p = .168; ΔR^2 = .008. Auch für Ma-

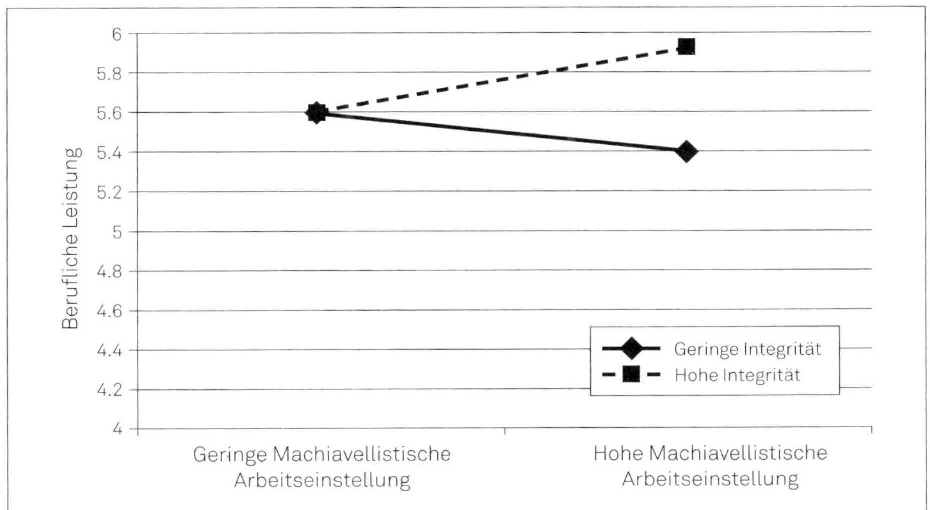

Abbildung 8: Moderationseffekt von Integrität auf die Beziehung von Machiavellistische Arbeitseinstellung und beruflicher Leistung (aus Schwarzinger & Schuler, 2016, S. 81)

chiavellistische Arbeitseinstellung mit F (1/222) = 0.039, p = .844; ΔR^2 = .000 und Psychopathischer Arbeitsstil mit F (1/222) = 0.665, p = .416; ΔR^2 = .003 kann in dem Datensatz kein moderierender Effekt von Intelligenz auf die Beziehung der TOP-Faktoren zu beruflicher Leistung nachgewiesen werden.

Fazit: Keine besseren Leistungen von „dunklen" Persönlichkeiten

Auf der Basis aller Ergebnisse des vorliegenden Abschnitts besteht kein linearer Zusammenhang der TOP-Faktoren zu beruflicher Leistung. Für Narzisstische Arbeitshaltung scheint es einen kurvilinearen Effekt zu geben oder einen, der je nach Stichprobe und Art des Arbeitsplatzes wirksam ist bzw. lediglich von Vorgesetzten so eingeschätzt wird. Für Machiavellistische Arbeitseinstellung besteht in einer Stichprobe ein Moderationseffekt von Integrität und eine kurvilineare Beziehungen zu beruflicher Leistung. Die bivariaten, linearen Ergebnisse für Machiavellistische Arbeitshaltung und Psychopathischer Arbeitsstil aus zwei Stichproben bestätigen auch für die TOP-Faktoren die metaanalytisch gefundene leicht negative Beziehung von Machiavellismus und Psychopathie mit Vorgesetzteneinschätzungen. Damit sind auch die TOP-Faktoren über alle Personengruppen hinweg ein eher schwacher Prädiktor beruflicher Leistung, wie es für die Dunkle Triade allgemein von O'Boyle et al. (2012) in ihrer Metaanalyse festgehalten wurde.

In Verbund mit den Befunden zu OCB als einem Aspekt der umfeldbezogenen Leistung muss zumindest bei hohen Werten von Machiavellistische Arbeitseinstellung oder Psychopathischer Arbeitsstil ein negativer Einfluss auf berufliche Leistung im Sinne eines organisationalen Gesamtwertbeitrags erwartet werden. Dieser dürfte insbesondere dann negativ werden, wenn die in Abschnitt 6.2.3 geschilderten Zusammenhänge mit kontraproduktiven Verhaltensweisen und die Kosten der daraus resultierenden Schäden mit in die Kalkulation aufgenommen werden.

Beruflicher Erfolg

Entsprechend den für die TOP gezeigten Beziehungen und den unter Kapitel 4 vorgestellten Befunden für die Dunkle Triade allgemein besteht keine Evidenz für insgesamt bessere berufliche Leistungen bei hohen Merkmalsausprägungen auf einem der TOP-Faktoren. Jedoch stehen solche Werte im Zusammenhang mit negativen Auswirkungen auf die Organisation durch kontraproduktive Verhaltensweisen. Daher dürften Personen mit hohen TOP-Werten grundsätzlich keinen größeren beruflichen Erfolg haben. Gute oder schlechte berufliche Leistungen führen allerdings nicht automatisch zu Erfolg oder Misserfolg. Individueller Erfolg bemisst sich auch nach anderen Kriterien als den erbrachten Leistungsbeiträgen zu einem Organisationsziel und ist von vielen Rahmenbedingungen abhängig, die nicht in der Person des Merkmalsträgers liegen. Kriterien beruflichen Erfolgs sind daher kontaminiert und defizient (vgl. Abschnitt 2.2.1).

Für eine möglichst vielseitige Annäherung an das hypothetische Konstrukt Gesamterfolg werden im vorliegenden Abschnitt die Beziehungen der TOP zu Selbsteinschätzungen des Berufserfolgs, der eigenen Arbeitszufriedenheit, des Commitments zur Organisation, Einschätzungen geführter Teams und objektive Erfolgsdaten berichtet. Zudem werden Leistungsbewertungen und Befindenswerte von Teams als Erfolgsindikatoren für deren Führungskräfte herangezogen.

Selbsteingeschätzter Berufserfolg wurde operationalisiert über die *Selbstbeurteilungsskala beruflichen Erfolgs* (SBE; siehe Mussel, Winter, Gelléri & Schuler, 2011). Eine dort enthaltene Frage thematisiert die Wahrnehmung der eigenen aufgabenbezogenen Arbeitsleistung, die übrigen Items beruflichen Erfolg im engeren Sinne, was die eigene berufliche Entwicklung, die Integration in Teams und den Vergleich mit Kollegen angeht. Zudem

Tabelle 12: Zusammenhänge der TOP mit der Selbstbeurteilungsskala beruflichen Erfolgs (SBE)

	Narzisstische Arbeitshaltung	Machiavellistische Arbeitseinstellung	Psychopathischer Arbeitsstil
SBE-Gesamtwert	.51**	–.20**	–.14**
Ich bin beruflich erfolgreicher als Kollegen, die in einer ähnlichen Position arbeiten.	.45**	.02	–.07
Ich erfülle sämtliche Arbeitsaufgaben zur vollsten Zufriedenheit.	.24**	–.16**	–.13**
Meine berufliche Entwicklung war erfolgreich.	.34**	–.12**	–.06
Von Kollegen werde ich häufig um Rat gefragt.	.43**	–.18**	–.05
Insgesamt bin ich beruflich erfolgreich.	.35**	–.29**	–.17**

Anmerkungen: $n = 683$; $^{**}p < .01$; $^{*}p < .05$.

kann ein Gesamtwert für Erfolg berechnet werden. Die Skala wurde bei einer Vielzahl der online durchgeführten Studien zur TOP miterfasst, die Werte stellen damit eine breite Abbildung von Selbsteinschätzungen des eigenen Erfolgs über mehrere Stichproben, Alters- und Berufsgruppen dar. In Tabelle 12 sind die Ergebnisse dargestellt.

Eine höhere Narzisstische Arbeitshaltung geht mit positiven Selbstbeurteilungen der eigenen Leistung und allen Teilaspekten einher, die sich auf eine Einschätzung des eigenen Erfolgs beziehen. Da diese Einschätzung von Erfolg (vor allem in dieser Höhe) weder aus theoretischen Arbeiten (vgl. Kapitel 4) noch den weiter oben berichteten Ergebnissen der TOP für den Faktor objektiv bestätigt werden kann, liegt zudem eine Überschätzung des eigenen Erfolgs vor: Eine verstärkte Narzisstische Arbeitshaltung äußert sich in hohen Einschätzungen und einer Überschätzung eigener beruflicher Leistungen und des eigenen Erfolgs. Für Psychopathischer Arbeitsstil und Machiavellistische Arbeitseinstellung ergeben sich negative Beziehungen zu Einschätzungen beruflicher Leistung sowie dem Gesamtwert für Erfolg und den meisten Teilaspekten. Damit stimmen diese Selbstbeurteilungen in Richtung und Höhe sowohl mit den weiter oben berichteten Fremdeinschätzungen der Leistung als auch mit den metaanalytisch bestimmten Werten bei O'Boyle et al. (2012) in etwa überein, sind sogar geringfügig stärker und damit mutmaßlich etwas zu pessimistisch.

Wie in Abschnitt 2.2.1 ausgeführt wird, stehen neben breit operationalisierten und meist defizienten Erfolgsindikatoren (die weiter unten in diesem Abschnitt berichtet werden) als Kriterien individuellen Erfolgs auch Maße des eigenen Befindens zur Verfügung. Als weitere Selbsteinschätzungen wurden daher unter $N=50$ Führungskräften einer Bank deren Arbeitszufriedenheit und Commitment zur Organisation erhoben. Die verwendete „Arbeitszufriedenheitsskala" von Baillod und Semmer (1994) besteht aus insgesamt acht Items, wobei das erste die globale Arbeitszufriedenheit misst. Diese globale Zufriedenheitsabfrage und drei weitere Items der Skala wurden von Lais (2013), die die Daten in einer gemeinsamen Studie erhoben und anschließend zur Verfügung gestellt hat, zu der Skala „Arbeitszufriedenheit" verrechnet. Das organisationale Commitment der Führungskräfte wurde in der Studie über den diesen Aspekt betreffenden Teil des Fragebogens von Felfe et al. (2010; vgl. auch Felfe & Franke, 2012) abgefragt. Zudem wurde von Lais (2013) die wahrgenommene *Effektivität des geführten Teams* hinsichtlich der Bereiche Arbeitsqualität, Kundenfreundlichkeit, Termingerechte Erledigung von Aufgaben, Ertragsorientiertes Denken und Handeln, Schnelle Bearbeitung von Kundenanfragen/Problemstellungen, Flexibilität im Umgang mit unerwarteten Veränderungen, Zielerreichung und Gesamtleistung eingeschätzt und zu einer Gesamtleistung des Teams aggregiert. Der Effektivitätswert bildet somit die wahrgenommene Leistung des Teams durch die Führungskraft ab, insbesondere hinsichtlich der Qualität der geleisteten Arbeit und den erreichten Zielen, er kann damit als ein (defizienter und kontaminierter) Indikator für den Erfolg in der Führungsrolle aufgefasst werden, da die Führungskraft ihr Team auf das Erreichen der Ziele hin steuert. Tabelle 13 stellt die Ergebnisse dar.

Nach den Ergebnissen besteht für die Dunkle-Triade-Merkmale in der TOP kein negativer Zusammenhang zu Commitment gegenüber der Organisation. Die eigene Arbeitszufriedenheit wird durchweg negativ beurteilt, am stärksten für Psychopathischer Arbeitsstil und auch für Machiavellistische Arbeitseinstellung substanziell negativ. Für Narzisstische Arbeitshaltung besteht kein Zusammenhang hierzu. Für die Effektivität des geführten Teams, zu deren Einschätzung für alle Triade-Merkmale ein negativer Zusammenhang besteht, liegt nur für Machiavellistische Arbeitseinstellung ein signifikanter Wert vor. Besonders

Tabelle 13: TOP und Selbsteinschätzung von Zufriedenheit, Commitment und Effektivität des geführten Teams

	Narzisstische Arbeitshaltung	**Machiavellistische Arbeitseinstellung**	**Psychopathischer Arbeitsstil**
Commitment	.04	−.12	.04
Arbeitszufriedenheit	−.27	−.32*	−.40**
Effektivität geführtes Team	−.21	−.34*	−.25

Anmerkungen: $N = 50$; $^{**}p < .01$; $^{*}p < .05$.

kritisch bewerteten die befragten Führungskräfte ein zu wenig *Ertragsorientiertes Denken und Handeln*, geringe *Flexibilität im Umgang mit neuen Anforderungen* und die allgemeine *Zielerreichung*.

Nach dem Kriterium Effektivität des Teams bemessen, schätzen Personen mit hohen Werten auf TOP-Skalen den eigenen Führungserfolg tendenziell geringer ein. Entsprechend der typisch machiavellistischen Einstellung des Zynismus anderen gegenüber oder narzisstischen Motiven der Abwertung oder Geringschätzung anderer könnten aber auch eben solche Motive bei der Bewertung eine Rolle gespielt haben.

Eine weitere zentrale Fragestellung der berufsbezogenen Forschung zu Dunkle-Triade-Merkmalen bezieht sich auf die Wirkungen, die Personen mit erhöhten Werten in ihrer Funktion als *Führungskraft* auf Mitarbeiter und Teams ausüben. Hier wird neben Leistungswerten von Teams oder deren Mitgliedern in erster Linie das „Befinden" der geführten Mitarbeiter betrachtet (vgl. Abschnitt 4.2.1). Zur Untersuchung dieser Beziehungen wurden den TOP-Werten der Führungskräfte Selbsteinschätzungen der geführten Teams hinsichtlich der Arbeitszufriedenheit und des Commitments zugeordnet. Zudem wurde erneut die Effektivität des Teams beurteilt – in diesem Fall aus Sicht der Teammitglieder, also deren wahrgenommene eigene Teamleistung. Die erfassten Werte können damit in diesem Fall als fremdeingeschätzte Erfolgs- bzw. Misserfolgsindikatoren für Führung herangezogen werden – erfolgreiche Führung sollte zu positiveren Einschätzungen der Variablen beitragen, schlechte oder gar destruktive, missbräuchliche Führung in negativen Bewertungen resultieren.

Dafür kamen die Skalen, die auch die Führungskräfte beantwortet haben, zum Einsatz. Zusätzlich wurde der Führungsstil der Führungskräfte über den *Multifactor Leadership Questionnaire* (MLQ) von Bass und Avolio (1994) in deutscher Übersetzung von Felfe und Goihl (2002) beurteilt. Nach den Ergebnissen gehen erhöhte Werte von Führungskräften auf einem TOP-Faktor nicht mit negativen Bewertungen des Teams hinsichtlich eigener Arbeitszufriedenheit, Commitment oder eingeschätzter Effektivität einher. Im Gegenteil zeigen die Teams von Führungskräften mit erhöhten Werten in Narzisstische Arbeitshaltung ein höheres Commitment gegenüber der Organisation ($r = .32$). Kein TOP-Faktor ist in der Studie mit einem bestimmten Führungsstil assoziiert, Narzisstische Arbeitshaltung wird tendenziell mit transformationaler Führung verbunden.

Objektive Leistungsindikatoren

Neben Selbsteinschätzungen des eigenen beruflichen Erfolgs und Bewertungen durch Vorgesetzte werden zur Untersuchung von beruflichem Erfolg in erster Linie *objektive Kriterien* herangezogen. In den webbasierten TOP-Studien wurden jeweils die Kriterien hierarchische Position, erhaltene Beförderungen, Führungsspanne und Gehalt mit erhoben (in der diesbezüglichen Analyse wurden nur Vollzeit-Berufstätige betrachtet, wobei um die Jahre der beruflichen Erfahrung korrigiert wurde). Die Ergebnisse hierzu (Kriteriengruppe 1 in Tabelle 14) waren in Form einer Selbsteinschätzung auf verankerten Skalen mit jeweils bis zu zehn kategorialen Abstufungen einzuschätzen. Zudem konnten den TOP-Werten der besprochenen Stichprobe von Führungskräften und ihren Teams Leistungsindikatoren aus dem organisationalen Controlling zugeordnet werden (Kriteriengruppe 2): Dies waren Zielerreichung vertrieblicher Kennzahlen, Fehlzeitenquote je Team und Beiträge zum betrieblichen Vorschlagswesen pro Team. Die objektiven Daten auf Teamebene können als „harte" Daten zur Beurteilung des Erfolgs der Führungskraft angesehen werden – versteht man die erzielten Werte des geführten Teams im Sinne der obigen Ausführungen als ein Kriterium beruflichen Erfolgs des Leiters des Teams. Ähnlich den anderen herangezogenen Kriterien sind diese kontaminiert und defizient. Unmittelbar zuordenbare, objektive persönliche Erfolgskriterien stellen demgegenüber die in der Stichprobe zur Untersuchung der beruflichen Leistung von Auszubildenden und Studierenden erfassten Noten dar (Kriteriengruppe 3). Sie bilden in Form von gemittelten *Schulabschlussnoten* (Zeugnisschnitt) und der *IHK-Zwischenprüfung* den Erfolg in der schulischen und betrieblichen Ausbildung ab. Die Ergebnisse sind in Tabelle 14 dargestellt.

Tabelle 14: TOP-Faktoren und objektive Erfolgsdaten

		Narzisstische Arbeitshaltung	Machiavellistische Arbeitseinstellung	Psychopathischer Arbeitsstil
1	Hierarchische Position	.14**	–.11	–.02
	Beförderungen	.20**	–.09	–.07
	Führungsspanne	.28**	–.13**	–.06
	Gehalt	.19**	.05	.10*
2	Zielerreichungsquote geführtes Team	–.13	–.30	.01
	Fehlzeiten geführtes Team	.05	.23	–.07
	Verbesserungsvorschläge	.52*	.18	.15
3	IHK-Note	.01	–.20**	–.06
	Schulnoten	–.03	–.34**	–.14

Anmerkungen: n: IHK-Note = 262; Schulnoten = 69; Zielerreichung, Fehlzeiten und Verbesserungsvorschläge = 50; Hierarchische Position, Beförderungen, Führungsspanne, Gehalt = 459. Schulnoten sind recodiert. $^{**}p < .01$; $^{*}p < .05$.

Mit höheren Werten auf Narzisstische Arbeitshaltung gehen positive Einschätzungen aller Kriterien der Gruppe 1 einher. Dies ist im Einklang mit den Befunden von Paleczek et al. (2018) zu Gehalt und Führungsposition, der Wert für Gehalt besteht auch in ähnlicher Höhe wie von Spurk et al. (2016) gefunden. Eine höhere Narzisstische Arbeitshaltung steht in Zusammenhang mit höherem (selbst angegebenem) Gehalt und Hierarchielevel, mehr Beförderungen und größerer Führungsspanne. Es bestehen hingegen keine Beziehungen zum Leistungsindikator Noten (Kriteriengruppe 3), auch die Leistungswerte des Teams sind nicht besser (bis auf eine höhere Anzahl an eingereichten *Verbesserungsvorschlägen*).

Für Psychopathischer Arbeitsstil bestehen fast durchweg Nullkorrelationen zu beruflichen Erfolgsmaßen, nur schwach höhere Gehälter. Machiavellistische Arbeitseinstellung hängt negativ mit betrieblichem und schulischem (Bildungs-)Erfolg operationalisiert durch Noten zusammen. Teams, die von Personen mit erhöhter Machiavellistischer Arbeitseinstellung geführt werden, weisen höhere *Fehlzeiten* auf und tendenziell eine geringere Zielerreichung (beide Beziehungen bestehen in moderater Höhe, sind allerdings nicht signifikant). Personen mit höher ausgeprägter Machiavellistischer Arbeitseinstellung geben auch eine geringere Führungsspanne an und tendenziell geringere erreichte Hierarchieebenen. Machiavellistische Arbeitseinstellung steht in keinem positiven Zusammenhang mit höheren hierarchischen Positionen. Spurk et al. (2016) fanden eine positive Beziehung zum Kriterium *Führungsposition*. In ihrer Studie wurden allerdings nur Personen mit wenigen Jahren Berufserfahrung eingeschlossen und dichotom auf das Erreichen einer Führungsposition geprüft. In der in den TOP-Studien eingesetzten Skala musste die Einschätzung auf einer mehrstufigen Skala bezüglich des hierarchischen Niveaus, verankert von einfachem Arbeiter/Angestellten bis Geschäftsführer/Vorstand, vorgenommen werden; die Stichprobe bildet zudem einen größeren Altersbereich und unterschiedlich lange Berufstätigkeit ab.

Fazit: Beziehungen zu beruflichem Erfolg

Zusammenfassend lassen sich nur wenige und zudem differenzierte Belege für Beziehungen der TOP-Faktoren zu beruflichem Erfolg finden. Narzisstische Arbeitshaltung ist mit einer höheren Selbsteinschätzung des beruflichen Erfolgs und mit positiven Bewertungen selbst angegebener objektiver Kriterien verbunden. Zu harten Erfolgsdaten und Bewertungen geführter Mitarbeiter besteht kein Zusammenhang. Selbsterlebter beruflicher Erfolg im Sinne von hoher Arbeitszufriedenheit oder Commitment kann ebenfalls nicht bestätigt werden, im Gegenteil liegen tendenziell negative Beziehungen mit diesen Kriterien vor. Psychopathischer Arbeitsstil steht in keiner Beziehung zu beruflichem Erfolg; zu quasi allen untersuchten Kriterien, außer der eigenen Arbeitszufriedenheit, ergeben sich Nullkorrelationen. Eine höhere Machiavellistische Arbeitseinstellung scheint beruflichem Erfolg am wenigsten zuträglich zu sein. Die eigene Arbeitszufriedenheit und die Effektivität des Teams sind in Selbst- wie Teameinschätzung geringer, auch weitere objektive Erfolgsdaten stehen tendenziell in negativer Beziehung, für Noten besteht sogar ein substanziell negativer Zusammenhang.

6.3 Evaluation der TOP

In Abschnitt 6.2 wurden Befunde zu den psychometrischen Eigenschaften der TOP und ihren Möglichkeiten vorgestellt, eignungsdiagnostisch relevante Kriterien zu prognostizieren. Hieran lässt sich die Einhaltung gängiger quantitativer Kriterien der psychologischen

Testtheorie prüfen, die auch nach DIN 33430 in der beruflichen Eignungsdiagnostik gegeben sein müssen. Wie in Kapitel 5 dargelegt, sind diese fachlichen Vorgaben jedoch nur ein Bestandteil der Gesamtaussage über die tatsächliche Anwendbarkeit eines Verfahrens zur Personalauswahl. Damit diese gegeben ist, müssen grundlegende weitere Anforderungen erfüllt sein; manche davon bedürfen bei „dunklen" Persönlichkeitseigenschaften besonderer Aufmerksamkeit. Daher wird in den folgenden Abschnitten die Eignung der TOP hinsichtlich rechtlicher Vorgaben und Anforderungsbezug, sozialer Validität, der Akzeptanz seitens der Probanden und Normierung besprochen, wie unter Kapitel 5 abgeleitet und gefordert wurde.

Rechtliche und fachliche Vorgaben

Entsprechend den Ausführungen zu den rechtlichen Vorgaben für ein Verfahren müssen insbesondere die Bereiche Legalität von Einzelfragen, potenzielle klinische Messung bzw. Interpretation der Ergebnisse, erfolgte Entwicklung und Normierung an der Zielpopulation und hergestellter Berufs- und Anforderungsbezug betrachtet werden.

In der TOP-Entwicklung wurden nur berufsbezogene Items mit der Absicht formuliert, für diesen Zielkontext relevante Aspekte der Merkmale zu erfassen. Potenziell rechtlich oder von der Invasivität her bedenkliche Inhalte der Triade-Konstrukte wurden nicht auf den Berufskontext übertragen, um keine unangemessene Ausforschung der Persönlichkeit zu ermöglichen – so z. B. die Skalen zu Sexualverhalten aus dem Psychopathie-Konstrukt *Promiskuität* und *viele eheähnliche Beziehungen* sowie die Inhalte des Faktors vier nach Hare „Antisozial", der konkret begangene antisoziale und meist strafrechtlich relevante Verhaltensweisen abbildet, z. T. sogar retrospektiv im Sinne der Abfrage von Vorverurteilungen. Die TOP-Items enthalten damit keine rechtlich bedenklichen Inhalte oder gar Fragen aus den in Deutschland untersagten Kategorien (vgl. Schuler, 2014a, Tabelle 29 zu Fragenbereichen im Personalfragebogen und ihrer rechtlichen Zulässigkeit).

Die in den Items abgebildeten Verhaltensweisen bei der Arbeit und Einstellungen zur Arbeit stehen, wie theoretische Vorarbeiten und die in Abschnitt 6.2 berichteten Validierungsergebnisse für die TOP gezeigt haben, in Zusammenhang mit Kriterien allgemeinen beruflichen Erfolgs bzw. Misserfolgs und zu ganz spezifischen Kriterien, die im Zielkontext relevant sind und an dafür repräsentativen Stichproben gewonnen wurden. Damit stehen Werte auf TOP-Faktoren grundsätzlich in erfolgskritischer Beziehung zu den Berufen, für die ein Einsatz der TOP infrage kommt, und die mit der TOP gemessenen Inhalte haben einen Bezug zu Anforderungen an entsprechenden Arbeitsplätzen. Die TOP kann damit einen Berufs- und Anforderungsbezug aufweisen und in DIN-konformen Prozessen eingesetzt werden, dieser muss jedoch für jeden Einzelfall neu überprüft und beurteilt werden. Die TOP-Endversion liegt jedoch zumindest in einer Form vor, die den Anforderungen der DIN 33430 hinsichtlich Dokumentation, Validierung und Anwenderhinweisen grundsätzlich entspricht, da im Testmanual alle notwendigen Hinweise zur Durchführung und Interpretation der TOP zur Verfügung gestellt und vielfältige Befunde zu ihren psychometrischen Eigenschaften und ihrer Validität berichtet werden (vgl. Schwarzinger & Schuler, 2016).

Wie die Darstellungen in Abschnitt 6.2.1 zur Verteilung der TOP-Werte zeigen, ist mit ihr die geforderte normalverteilte, dimensionale Messung möglich. Mit den im Manual bereitgestellten Auswertungshinweisen und den separat erhältlichen Auswertungs- und Profilbogen wird eine entsprechende Ergebniseinordnung und -interpretation vorgenommen.

Damit ist die Forderung, dass nur eine subklinische Messung mit der TOP ermöglicht werden soll, aus empirischer Sicht erfüllt. Die Ausführungen unter Kapitel 5 zu potenziellen Missbrauchsmöglichkeiten von Persönlichkeitsinventaren durch nicht intendierte Kategorisierung und Interpretation der Ergebnisse werden im Manual explizit adressiert, um der Forderung der DIN 33430 nach einem „Hinweis auf mögliche missbräuchliche Anwendung“ nachzukommen. Es wird darauf hingewiesen, dass bezüglich Messbreite und -kontext keine vollständige und schon gar keine klinische Erfassung der Konstrukte erfolgen kann und daher „Gesundheitsdiagnosen“ nicht möglich sind.

Rückmeldung von Ergebnissen und soziale Validität

In den Hinweisen zur Rückmeldung der Ergebnisse wird ein Verzicht auf klinisch konnotierte Zuschreibungen gefordert; und es werden Anregungen zu sozial valider Anwendung gegeben. Dabei wird unter anderem betont, dass nur arbeitsbezogene Merkmale isoliert erfasst werden und daher keine allgemeinen oder privaten Persönlichkeits- und Verhaltenszüge erfassbar sind.

Für die Rückmeldung wird ein persönliches Gespräch empfohlen, in dem ausschließlich arbeitsbezogene Interpretationen der Ergebnisse erfolgen sollen. Für die Rückmeldung werden je nach Anwendungsform (klassisch papierbasiert oder online im Hogrefe Testsystem HTS 5) wahlweise entweder einfache papierbasierte Rückmeldebogen mit kurzen Skalenbeschreibungen und erzielten Standardwerten oder detailliertere narrative Berichte im PDF-Format zur Verfügung gestellt. Diese liefern dem Testteilnehmer für jede Skala und jeden Faktor, je nach Merkmalsausprägung, eine ausformulierte Aussage, was die konkrete Ausprägung praktisch im Berufsleben bedeuten kann sowie Hinweise auf mögliche Konsequenzen und Anregungen zur Reflexion. Ein solches Feedback und die vermittelten Informationen erhöhen die Transparenz und unterstützen die Herstellung eines sozial validen Einsatzes. Für Rückmeldegespräche wird der Report im HTS 5 optional mit euphemistischen Skalenbeschreibungen angeboten, die mit *Selbstbezogene* (statt Narzisstische) *Arbeitshaltung*, *Durchsetzungsbezogene* (statt Machiavellistische) *Arbeitseinstellung* und *Ungebunden-impulsiver* (statt Psychopathischer) *Arbeitsstil* benannt sind. Hierbei tritt der Konflikt zwischen möglichst hoher Transparenz und der Durchschaubarkeit der Messabsicht sowie der selbstwertförderlichen Rückmeldung zutage, der weiter oben (vgl. Abschnitt 5.3.1 zur sozialen Validität) und auch von Schuler (2014a) thematisiert wird. Eine solche Vorgehensweise – euphemistische und allgemein verständliche Benennung der Skalen – wurde auch bei dem am Markt etablierten und bei Anwendern wie Bewerbern akzeptierten Verfahren HDS (Hogan & Hogan, 2009) gewählt, weshalb entschieden wurde, diese Möglichkeit auch für die TOP anzubieten. Die Abwägung, welchem Teilaspekt sozialer Validität im einzelnen Anwendungsfall stärker entsprochen werden soll, hat der Test-Anwender nach sachgerechter Erwägung mithilfe der Ausführungen im Manual zu treffen. Aus ersten Anwendungsprojekten in der Praxis ging klar hervor, dass Testmaterialien ohne die explizite Nennung der Triade-Eigenschaften für organisationale Zwecke dringend benötigt werden, da von jeglicher Nähe zu den ursprünglichen Konstrukten Abstand gehalten werden soll.

Entsprechend den Ausführungen in diesem Abschnitt kann festgehalten werden, dass die TOP den aufgestellten Anforderungen bezüglich rechtlicher Aspekte nachkommt und die Grundlagen für eine berufsbezogene, sozial valide Erfassung der Dunklen Triade mit der TOP gegeben sind.

Akzeptanz

Wie die Ausführungen zu sozialer Validität weiter gezeigt haben, ist eine wünschenswerte Folge eines sozial validen Auswahlprozesses die bessere Akzeptanz durch die Probanden. Die reine Akzeptanz des eingesetzten Verfahrens wurde für die TOP im Vergleich zu den Kurzverfahren DD und SD 3 sowie den „hellen" Persönlichkeitsmerkmalen OCB (OCB; Lee & Allen, 2002) und Arbeitsengagement (UWES; *Utrecht Work Engagement Scale*; Schaufeli & Bakker, 2003) geprüft. Zum Einsatz kam hierbei die TOP-Kurzform (TOP-K). Diese beinhaltet insgesamt neun Items aus neun der elf TOP-Skalen und stellt damit eine breite und repräsentative Abbildung der Iteminhalte der TOP dar. Die für dieses Verfahren gewonnenen Einschätzungen können damit als eine gute Abbildung der Akzeptanz der Inhalte der TOP-Langversion gelten. Die TOP-K wurde ausgewählt, da sie im Vergleich zur Langversion eine höhere Äquivalenz in der Itemanzahl mit den Vergleichsverfahren aufweist, wodurch nicht der zusätzliche situationale Einflussfaktor *Testlänge* auf die Beurteilungen wirkte.

Die Studie wurde an Berufstätigen und nebenberuflich Studierenden der Arbeits- und Organisationspsychologie durchgeführt – an Personen also, die ein grundsätzliches Verständnis von den Begriffen und Anforderungen rund um valide und akzeptierte berufsbezogene Diagnostik haben, teilweise sogar einschlägige Berufserfahrung. Die verwendete Stichprobe ist die Teilmenge von $n=55$, für die Akzeptanzeinschätzungen zugeordnet werden konnten. Diese wurden erfasst mit den zwei Bereichen des Fragebogens *AKZEPT-P* (Kersting, 2005): *Wahrung der Privatsphäre* und *Augenscheinvalidität*. Sie erfragen jeweils über mehrere Items Aspekte der Invasivität bzw. des wahrgenommenen Eindringens in die Privatsphäre und die mangelnde augenscheinliche Gültigkeit eines Tests zur Personalauswahl, die jeweils zu einer Skala verrechnet werden. Zusätzlich wurde mit einem selbst formulierten „Single-Item" erfragt, wie die *Angemessenheit des Verfahrens für Personalauswahlzwecke* eingeschätzt wird. Per Zufallsmechanismus gesteuert, bearbeiteten die Probanden „helle" und „dunkle" Verfahren, jedes direkt gefolgt von einer Einschätzung der Akzeptanz desselben. Tabelle 15 stellt die Mittelwerte der Einschätzungen dar.

Tabelle 15: Mittelwerte in Akzeptanz von TOP und anderen Verfahren

	TOP-K	DD	SD 3	OCB	UWES
Wahrung Privatsphäre	5.5	5.1	4.0	6.1	6.2
Augenscheinvalidität	4.0	3.5	3.1	4.1	4.0
Das Verfahren ist für den Einsatz in der Personalauswahl angemessen.	3.6	2.7	2.4	3.5	3.6

Anmerkungen: $n=55$. Dargestellt sind Mittelwerte auf einer siebenstufigen Skala von „trifft nicht zu" bis „trifft genau zu".

Die Wahrung der Privatsphäre der TOP-K wurde geringer als die der Skalen zu OCB ($t(54)=3.10$, $p<.00$; $d_{Cohen}=.456$) und Arbeitsengagement ($t(54)=3.61$, $p<.00$; $d_{Cohen}=.532$) eingeschätzt; im Vergleich zu den anderen Triade-Verfahren SD 3 ($t(54)=-6.91$, $p<.00$; $d_{Cohen}=-.822$) und DD ($t(54)=-1.91$, $p<.06$; $d_{Cohen}=-.241$) jedoch als in höherem Ausmaß gegeben.

Die TOP-K-Augenscheinvalidität wurde höher als die der DD ($t(54)=-2.78$, $p<.01$; $d_{Cohen}=-.385$) und SD 3 ($t(54)=-5.63$, $p<.00$; $d_{Cohen}=-.692$), gleich wie die der OCB- ($t(54)=0.51$, $p<.61$; $d_{Cohen}=.083$) und Arbeitsengagement-Skala eingeschätzt ($t(54)=-0.25$, $p<.81$; $d_{Cohen}=.004$). Zusammenfassend wurde auch die Angemessenheit der TOP-K zu Personalauswahlzwecken in einem Maße verortet wie für die OCB- ($t(54)=0.09$, $p<.93$; $d_{Cohen}=-.061$) und Arbeitsengagement-Skala ($t(54)=0.00$, $p<1.00$; $d_{Cohen}=.000$) und als in höherem Ausmaß gegeben als für DD ($t(54)=3.22$, $p<.00$; $d_{Cohen}=-.545$) und SD 3 ($t(54)=4.69$, $p<.00$; $d_{Cohen}=-.727$).

Die positiven Einschätzungen der TOP – bezüglich jedem erfassten Bereich besser als die Triade-Kurzverfahren und teilweise genauso gut wie die „hellen" Verfahren – sprechen dafür, dass es durch kontextualisierte Formulierungen gelungen ist, den Anforderungsbezug und damit die Relevanz und Augenscheinvalidität der Dunklen Triade für den Auswahlkontext in den Augen der Probanden zu steigern, zumindest im Vergleich zur Messung der Konstrukte in ihrer ursprünglichen, berufsfernen Konzeptualisierung. Das Verfahren TOP kommt daher, betrachtet man das reine Testmaterial, der aufgestellten Anforderung weitestgehend nach, die Dunkle Triade in Organisationen in möglichst akzeptabler Form zu erfassen.

Normierung

Eine weitere zentrale Forderung der DIN 33430, die für die Beurteilung der Anwendbarkeit der TOP für praktische personalpsychologische Fragestellungen geklärt wurde, ist die Bereitstellung geeigneter Normwerte für ein Verfahren. Anhand dieser können individuelle Teilnehmer-Werte ins Verhältnis zu einer repräsentativen Stichprobe gesetzt werden, weshalb die Norm aktuell und vor allem passend für den Zielkontext sein muss. Nach der DIN 33430-Checkliste (Diagnostik- und Testkuratorium, 2018, S. 238) soll die Bezugsgruppe, an der die Normdaten gewonnen werden, in zentralen Merkmalen wie Alter, Bildungsstand und Berufserfahrung derjenigen entsprechen, für die nach den Verfahrenshinweisen der Einsatz des eignungsdiagnostischen Instruments geplant ist.

Für die TOP wurden Normen berechnet und im Testmanual bereitgestellt. In der Entwicklung der TOP wurden nur Personen mit Berufserfahrung in die Analysen eingeschlossen. Die Stichproben entstammen Studien aus berufsnahen Kontexten oder Unternehmen/Organisationen, womit die Entwicklung und Normierung der TOP im Zielbereich vorgenommen wurde. Wie die Stichprobenbeschreibungen im Testmanual belegen, wurden die Normen an Personen erhoben, die hinsichtlich Alter, dem Bildungshintergrund und der Bereiche der beruflichen Betätigung weitestgehend der angestrebten Zielpopulation der TOP entsprechen. Diese wird in der berufstätigen Allgemeinbevölkerung mit tendenziell leicht gehobenem Bildungsniveau in wirtschaftsnahen Berufen gesehen.

Für die Berechnung der Normwerte standen insgesamt $N=1298$ Personenwerte zur Verfügung, für die Antworten zu allen Items vorliegen und die nicht aus dem Auswahlkontext stammen (siehe hierzu weiter unten in diesem Abschnitt). Die Norm für die berufstätige Allgemeinbevölkerung wird für alle Skalen und Faktoren im Testmanual zur Verfügung gestellt.

Für die TOP bestehen entsprechend den theoretischen Erwartungen zwar für alle Skalen höhere Mittelwerte für Männer, jedoch nur für Narzisstische Arbeitshaltung statistisch bedeutsame Unterschiede. Deshalb wird ausschließlich für diesen Faktor und seine Subskalen eine Normgruppe *Frauen*, bestehend aus $n=637$ Personen mit einem Durchschnittsalter von 29 Jahren ($SD=10.6$), und eine Normgruppe *Männer*, mit $n=506$ Personen und dem Durchschnittsalter 32 Jahre ($SD=12.0$), bereitgestellt.

Neben dem Geschlecht bestehen keine expliziten theoretischen Erwartungen hinsichtlich Gruppenunterschieden, etwa bezüglich des Alters oder Bildungsniveaus, wie es bei kognitiven Tests üblich ist. Trotzdem wurden in der Testentwicklung explorativ verschiedene Alters- und Bildungsgruppen-Unterschiede geprüft, jedoch wie erwartet keine gefunden, die eine Ausweisung weiterer separater Normen ermöglicht hätten (vgl. Schwarzinger & Schuler, 2016). Eine Ausnahme stellen Personen in Führungspositionen dar; für diese Gruppe konnten ebenfalls höhere Werte in Narzisstische Arbeitshaltung gefunden werden ($t(54)=3.22$, $p<.00$; $d_{Cohen}=-.545$). Die Normgruppe *Führungskräfte* besteht aus $n=258$ Personen, 58 % männlich, mit einem Durchschnittsalter von 42 Jahren ($SD=10.5$). In einer Stichprobe von Führungskräften fanden sich keine Unterschiede zwischen Männern und Frauen auf den Faktoren der TOP (Mai, Büttgen & Schwarzinger, 2017).

Forschungs-Praxis-Effekte

Ein, wenn nicht der Hauptanwendungszweck für die TOP besteht im Einsatz zur Personalauswahl. Diese spezielle Situation führt traditionell zu Effekten auf das Antwortverhalten der Probanden. In der Auswahlsituation neigen Personen generell zu positiver Selbstdarstellung, was sich in höheren Werten auf positiv assoziierten Verfahren bzw. Konstrukten wie Gewissenhaftigkeit zeigt (Marshall, De Fruyt, Rolland & Bagby, 2005; vgl. dazu auch die Ausführungen zu *Faking* in Abschnitt 5.1.1). Für „dunkle Verfahren" werden daher geringere Werte in der Auswahlsituation erwartet, so auch für die TOP.

Um einen Eindruck von der Stärke dieses Effekts zu erhalten, wurde die TOP Probanden in einer Auswahlsituation vorgelegt. Es handelte sich dabei um einen Online-Vorauswahl-Test von Bewerbern um alle vakanten Positionen eines Unternehmens des technischen Mittelstands, also einer sehr breiten Mischung verschiedener Bildungsniveaus und Fachrichtungen. Deren Werte wurden mit der Gesamtstichprobe verglichen. Die Effektstärken wurden als Hedges *g* (bzw. Cohens *d*) für unterschiedlich große Stichproben bestimmt.

Für die Skalen und Faktoren der TOP zeigten sich unerwartet zumeist kleine oder keine Effekte, aber auch mittelstarke Auswirkungen. Die mit zwei Drittel einer Standardabweichung größten Effekte bestehen für Psychopathischer Arbeitsstil, hingegen keiner für Machiavellistische Arbeitseinstellung. Im Durchschnitt resultierte ein schwacher Effekt von $g=-.30$. Tabelle 16 stellt die Ergebnisse vor.

Damit ist das Verfahren TOP an der Zielpopulation entwickelt und normiert und die Normen sind für Anwender zugänglich. Eine spezifische „Auswahlnorm" steht derzeit jedoch noch nicht zur Verfügung, welche zu einer weiteren Eingrenzung erwartbarer Bereiche der Testwerte der eigenen Bewerber beitragen kann. Bei geeignet großer Bewerberstichprobe bietet sich auch die Berechnung einer eigenen Norm an.

Der Anforderung für einen angewandten organisationalen Einsatz der Dunklen Triade, Normen bereitzustellen, konnte somit für die TOP weitgehend, aber nicht voll nachgekommen werden – ein Defizit, das in Folgeauflagen behoben werden soll; erste diesbezügliche Studien im realen Auswahlkontext, für die Daten zur Verfügung gestellt werden, haben im Jahr 2018 begonnen. Zudem liegt seit Kurzem die offizielle englischsprachige Version des Verfahrens vor (Schwarzinger & Schuler, 2019) und mehrere weitere fremdsprachige Adaptionen der TOP befinden sich in der Validierung, was in der Zukunft auch kulturvergleichende Studien der Dunklen Triade der Persönlichkeit im Berufskontext ermöglichen wird.

Tabelle 16: Effektstärken Forschung vs. Auswahl

	Forschung		Auswahl					
	M	*SD*	*M*	*SD*	*t* (1 454)	*p*	Hedges *g*	Effekt nach Cohen
Narzisstische Arbeitshaltung	4.08	0.86	3.72	1.08	4.56	.00	–.41	klein
Führungsanspruch	4.44	1.27	4.24	1.34	1.75	.08	–.16	klein
Überzeugungsglaube	4.54	0.90	4.07	0.90	5.84	.00	–.52	mittel
Autoritätsbedürfnis	3.37	1.19	2.90	1.20	4.41	.00	–.40	klein
Risikofreude	4.55	1.13	4.58	1.08	0.30	.77	.03	kein Effekt
Überlegenheitsgefühl	3.45	1.13	2.80	0.89	6.55	.00	–.59	mittel
Machiavellistische Arbeitseinstellung	3.37	0.94	3.35	1.00	0.24	.81	–.02	kein Effekt
Unsentimentalität	3.57	1.11	4.08	1.10	5.14	.00	.46	klein
Durchsetzungsglaube	3.35	1.12	3.25	0.97	1.01	.31	–.09	kein Effekt
Skepsis	3.20	1.15	2.72	0.91	4.75	.00	–.43	klein
Psychopathischer Arbeitsstil	3.17	0.93	2.53	1.08	7.57	.00	–.68	mittel
Flexibilität	3.12	1.02	2.44	0.82	7.58	.00	–.68	mittel
Impulsivität	3.28	1.40	2.51	1.19	6.23	.00	–.56	mittel
Beschönigung	3.15	1.32	2.64	1.23	4.35	.00	–.39	klein

Anmerkungen: N_{Norm} = 1 318, $N_{Auswahl}$ = 138. Ein negatives Vorzeichen bei Effektstärken kennzeichnet, dass in der Auswahlsituation geringere Werte angegeben wurden. Hedges *g*-Interpretation nach Cohen (1988): < .20 = kein Effekt, .20–.50 = kleiner Effekt, .50–.80 = mittlerer Effekt, > .80 = starker Effekt.

7 Empfehlungen für die Praxis und die weitere Forschung

Im vorliegenden Buch sollte geklärt werden, inwieweit die Betrachtung der Persönlichkeitseigenschaften Narzissmus, Machiavellismus und Psychopathie einen sinnvollen Beitrag für die Berufseignungsdiagnostik leisten kann. Im Einzelnen wurde dazu diskutiert, ob die Merkmale im beruflichen Kontext valide erfassbar sind und sie in Zusammenhang mit Kriterien beruflichen Erfolgs bzw. beruflicher Leistung stehen. Zudem wurde geprüft, ob die Dunkle Triade unter Einhaltung berufsethischer, rechtlicher und fachlicher Vorgaben zur Personalauswahl nutzbar ist, also ihre Anwendung in der Praxis möglich erscheint. Im Folgenden werden abschließend die Inhalte und Ergebnisse der theoretisch-methodischen Fundierung und die Befunde zu Validität und operativer Anwendbarkeit der Dunklen Triade in der Personalauswahl zusammengefasst und miteinander verknüpft, um weiteren Forschungsbedarf und praktische Handlungsempfehlungen abzuleiten.

7.1 Empfehlungen für die Forschung

7.1.1 Bedarf weiterer theoretischer Fundierung und methodischer Konsolidierung

Die Dunkle Triade der Persönlichkeit gehört zu einer größeren Gruppe von Merkmalen, welche unter der Oberkategorie *Dark Side Personality Traits* zusammengefasst werden. Diese zeichnen sich dadurch aus, dass sie dimensionale bzw. subklinische Konzeptionen zumeist ursprünglich klinischer Persönlichkeitsstörungen sind. Dazu gezählt werden neben Narzissmus, Machiavellismus und Psychopathie in erster Linie die auf dem DSM basierten Eigenschaften bzw. die Skalen des HDS (Spain et al., 2014), aber auch noch viele weitere. Sie stellen Mischungen einzelner, abgrenzbarer Aspekte dar, sogenannte *Compound Traits* (Dilchert et al., 2014), und haben nicht notwendigerweise negative Konsequenzen, vor allem für den Merkmalsträger werden auch positive diskutiert und nachgewiesen (Wille et al., 2013). Die Beziehungen der verschiedenen „dunklen" Konzepte untereinander sind noch nicht ausreichend erforscht, es gibt mehrere parallele Vorschläge zu inhaltlichen „Kernen" und die einzelnen Eigenschaften sind nicht klar voneinander abgrenzbar – eine eindeutige Taxonomie „dunkler" Eigenschaften fehlte bislang (Spain et al., 2014) und fehlt noch. Eine solche integrierende Funktion könnte das *Maladaptive-Trait-Modell* des neuen DSM-5 (APA/Falkai et al., 2018) wahrnehmen, welches eine empirisch abgrenzbare, hierarchische Struktur ähnlich der des Fünf-Faktoren-Modells (FFM) aufweist (Guenole, 2014); die diesbezügliche Forschung steht noch am Anfang, ist aber vielversprechend und dringend geboten.

Die *Dunkle Triade* selbst ist ebenfalls eine Gruppe überlappender Merkmale, die geteilte Inhalte (Furnham et al., 2013) und gemeinsame genetische Grundlagen aufweisen (Vernon et al., 2008), aber auch zum Teil erhebliche Unterschiede in ihrer Beziehung zu externen Kriterien zeigen, die sich merkmalsspezifisch unterscheiden; etwa hinsichtlich Selbstüberschätzung (Jonason, Abboud et al., 2017), emotionalen Aspekten (Jonason & Kroll, 2015), Impulsivität (Jones & Paulhus, 2011) oder antisozialen Verhaltensweisen (Baughmann et al.,

2012). Alle Triade-Bestandteile gehen mit einer Reihe interpersonell negativer Verhaltensweisen einher, Psychopathie ist bezüglich der Effekte auf Dritte jedoch das problematischste Merkmal der Dunklen Triade (Muris et al., 2017). Auch in ihren Beziehungen zu allgemeinen Persönlichkeitsmodellen (O'Boyle et al., 2015) und hinsichtlich des Maladaptive-Trait-Modells (Grigoras & Wille, 2017) unterscheiden sich die Eigenschaften.

Andererseits wurde die Triade als Ganze von Muris et al. (2017) als redundantes Konzept bezeichnet, da ihre Varianz fast vollständig mit dem FFM erklärt werden kann (O'Boyle et al., 2015), zu Teilen auch durch die Kerne der Triade „disagreeableness" (Vernon et al., 2008) und den „H-Faktor" des HEXACO-Modells (Hodson et al., 2018) oder Hauptbestandteile des Psychopathie-Konstrukts (Book et al., 2015). Weder mit Psychopathie noch dem „H-Faktor" oder dem FFM kann jedoch die gesamte Varianz der Dunklen Triade erklärt werden (vgl. Book et al., 2015; Hodson et al., 2018). Als Ergebnis der großen Überschneidungen wurden zum Teil bessere Passungen für die Modellierung eines Faktors und unter Aufnahme eines Bi-Faktors (Bertl et al., 2017; McLarnon & Tarraf, 2017; Volmer et al., 2019) oder die Kombination von Machiavellismus und Psychopathie als einen Faktor gefunden (Miller et al., 2017) als für die Annahme einer dreifaktoriellen Struktur der Dunklen Triade. Entsprechend wurde wiederholt darauf hingewiesen, dass in erster Linie Machiavellismus und Psychopathie schwer zu unterscheiden sind und in erheblichem Umfang Varianz teilen (Vize, Collison et al., 2018).

Methodisch bzw. als analytische Strategie wurden aus diesem Grund häufig Regressionsanalysen für die Untersuchung der Beziehungen der Dunklen Triade zu externen Variablen angestellt. Hieran wurde kritisiert, dass es durch *Auspartialisierung* geteilter Varianz zu erheblichen Änderungen an den betrachteten ursprünglichen Konstrukten kommt und damit nicht mehr klar ist, was die Residuen inhaltlich repräsentieren (Sleep et al., 2017). Besonders kritisch wurde ein anderer prominenter Ansatz der Triade-Forschung, die Nutzung von *Composite Scores*, bewertet, da durch Zusammenfassung der vielschichtigen Merkmale erhebliche Anteile an Varianz verloren gehen und es sogar zur Nivellierung bestehender Beziehungen zu Außenkriterien kommen kann (Watts et al., 2017). Die Nutzung von verschiedenen Techniken wie Composite Scores, SEM oder Regressionen wurde daher kritisch betrachtet, zumindest aber zu einem klaren Ausweis der verwendeten Methode und Nachweis ihrer Zweckmäßigkeit aufgerufen (Vize, Collison et al., 2018).

Der Grund für die theoretischen und methodischen Probleme der Triade-Forschung wird in erster Linie im *Construct Creep* gesehen (Furnham et al., 2013). Durch die jahrzehntelange isolierte Erforschung kam es zu einer Ausweitung und Überschneidungen der betrachteten Merkmalsbereiche, die sich nun, bei kombinierter Messung, in inhaltlicher Redundanz und statistisch in gemeinsamer Varianz äußern. Noch verstärkt durch die verbreiteten analytischen Methoden der Auspartialisierung von geteilter Varianz oder der Bildung von Composite Scores entstanden so Unklarheiten darüber, welche genauen Beziehungen einzelne Merkmale oder ihre Teilaspekte zu externen Variablen haben. Aus diesem Grund wird in erster Linie auch die Auffassung und Verwendung der Dunkle-Triade-Konstrukte als jeweils eindimensionale Monolithen kritisiert und die multidimensionale Betrachtung der Dunklen Triade als am sinnvollsten erachtet (Miller et al., 2019; Watts et al., 2017) sowie eine entsprechende Erfassung als Basis für jedwede analytische Strategie und wesentliche Voraussetzung ihrer besseren zukünftigen Erforschung postuliert.

Als Fazit zu den theoretischen und messmethodischen Fragen rund um die Triade kann festgehalten werden, dass eine kritische Auseinandersetzung damit zu erfolgen hat, was die Eigenschaften inhaltlich ausmacht, welche ihre Unterschiede sind und in welchem Ausmaß sie mit den zur Verfügung stehenden Mess- und Berechnungsverfahren abgegrenzt werden können. Gegebenenfalls sind dann neue Verfahren zu entwickeln (und vom weiteren Einsatz ungeeigneter abzusehen), um so zukünftig auf verbesserter Datenbasis den Fragen nach der Struktur der Dunklen Triade und der Taxonomie der gesamten „dunklen Seite" der Persönlichkeit weiter nachzugehen. Für die Klärung des nomologischen Netzes der „dunklen" Eigenschaften und die (statistische) Suche nach empirischen oder inhaltlichen Kernen sollten zudem möglichst breite Standardverfahren genutzt sowie alle bekannten „dunklen" Konzepte eingeschlossen werden, also keine inhaltlich zu enge Vorauswahl erfolgen.

Auch für die Untersuchung der Beziehung der Dunklen Triade zu Kriterienvariablen bietet sich grundsätzlich an, die gewählte Methodik stärker als bisher an der Fragestellung und entsprechend der Symmetriehypothese an der Betrachtungsebene der Kriterien auszurichten. In Ausnahmefällen kann dies die Berechnung eines Composite Scores bedeuten, besser sind vielfach Strukturgleichungsmodelle oder multiple Regressionen. Als Datenbasis dafür, und wohl in vielen Fällen auch ausschließlich, bietet sich die Verwendung der Messwerte von inhaltlich möglichst facettenreichen Verfahren mit der Möglichkeit zum Ausweis von Subskalen an.

Für die weitere Forschung und die Personalpraxis ergibt sich daraus die Empfehlung, die Dunkle-Triade-Eigenschaften *multidimensional* zu betrachten, also möglichst viele spezifische ihrer theoretisch klar herleitbaren Inhalte zu erheben. So können damit verbundene Verhaltensweisen in eine klare, anforderungsbezogene Beziehung zu Aspekten einer Arbeitstätigkeit gestellt werden. Analytisch bieten sich damit zunächst die Nutzung grundständiger Verfahren an und die Interpretation der Ergebnisse von eben jenen Subskalen oder Faktorwerten, für die bivariate Beziehungen zu relevanten Kriterien belegt sind. Wenn entsprechende statistische Kenntnisse und Fertigkeiten vorliegen, könnten die Ergebnisse solcher Verfahren auch mit regressionsanalytischen oder strukturmodellierenden Methoden auf ihre bedeutsamsten Einflussfaktoren reduziert und anschließend diese Werte eignungsdiagnostisch genutzt werden (davor müssten die so erzeugten Prädiktoren jedoch für den spezifischen Anwendungsfall auf prognostische Validität hin geprüft werden).

7.1.2 Bedarf weiterer berufsbezogener Forschung und praktischer Erfahrungen

Ungeachtet der ungeklärten konzeptionellen und analytischen Fragen nimmt die explizit berufsbezogene Betrachtung von Narzissmus, Machiavellismus und Psychopathie stark zu, eine Metaanalyse zur Dunklen Triade und Arbeitsverhalten (O'Boyle et al., 2012) und ein Review zur Dunklen Triade am Arbeitsplatz (LeBreton et al., 2018) belegen dies. Wie für andere Dark Side Traits schon seit etwa 15 Jahren üblich, ist der Einsatz der Dunklen Triade zur Personalauswahl naheliegend, wird aber derzeit noch nicht durchgeführt, zumindest nicht in wahrnehmbarem Ausmaß. Für die Rechtfertigung eines solchen Einsatzes müssen formale Rahmenbedingungen gegeben sein, vor allem aber die Merkmale, wenn sie einen Nutzen für entsprechende Fragestellungen bieten sollen, in der Lage sein, eignungsdiagnostisch relevante Kriterien zu prognostizieren und dies idealerweise besser oder mit zusätzlichem Erklärungsbeitrag zu in der Personalarbeit üblicherweise eingesetzten Verfahren oder Konstrukten.

Die lange Nichtbeachtung der „dunklen Seite" und zu starke Fokussierung auf die „helle Seite" in der Forschung zu Persönlichkeit und Beruf wurde als Limitation kritisiert (Guenole, 2014; Kaiser et al., 2015). Wie die Ausführungen zu „dunklen" Persönlichkeitseigenschaften gezeigt haben, erweitern diese tatsächlich den Merkmalsbereich um Aspekte der Persönlichkeit, die nicht oder nur unzureichend in allgemeinen Persönlichkeitsmodellen, wie den Big Five, und entsprechenden Inventaren enthalten sind (Spain et al., 2014). Sie markieren Bereiche, die außerhalb des „normalen" und alltäglichen, vor allem aber außerhalb des „öffentlich" gezeigten Teils der Persönlichkeit liegen.

Dark Side Traits aus der DSM-Tradition gehen häufig dezidiert mit Problemen hinsichtlich der eigenen Person oder dem Funktionieren im „normalen" sozialen Leben einher, oft verbunden mit einem Rückzug von interpersonellem Austausch, Wettbewerb und teilweise auch von beruflicher Leistung. Bei anderen Dark Side Traits, wie auch der Triade, stehen hingegen besonders antagonistische Züge im Zentrum, die sich offensiv gegen andere richten und zwar teilweise moralisch verwerflich sind, aber gerade mit einem besseren „Funktionieren" im Sinne eigenen Vorankommens assoziiert werden. Bei Narzissmus ist dies etwa der durchaus nach außen zur Schau gestellte, aber sozial wenig akzeptierte Glaube, etwas ganz Besonderes und besser als andere zu sein und nach entsprechender Bestätigung zu streben. Im Falle von Machiavellismus sind es schon eher verborgene Haltungen der Geringschätzung und Bereitschaft zur kühl-rationalen Ausbeutung anderer, um eigene Ziele zu erreichen. Bei Psychopathie treten offen antisoziale Verhaltensweisen wie Lügen, sprunghaftes und impulsives Verhalten mit fehlender Rücksicht auf oder Mitleid mit anderen bis hin zu kriminellen Vergehen hervor, zum Zweck individuelle Bedürfnisse zu befriedigen.

Die „dunkle Seite" und speziell auch die Dunkle Triade stellt damit tatsächlich eine Erweiterung des Merkmalsbereichs auf Prädiktorenseite dar. Für die Berufseignungsdiagnostik relevant ist dies jedoch nur, wenn dadurch auch eine erhöhte Varianzaufklärung an Kriterien möglich wird. Die Frage ist also, ob die „dunklen", verborgenen Züge von Personen am Arbeitsplatz wirksam sind, und wenn ja, wie stark ihre Effekte sind.

Die „dunkle Seite" der Persönlichkeit wird schon seit langer Zeit erforscht und es konnten vielfältige Belege für ihre Nützlichkeit geliefert werden, in erster Linie für die Prognose *kontraproduktiver Verhaltensweisen* (Sackett et al., 2017). Heutzutage werden Dark Side Traits zumeist für die Forschung im Führungskontext, in erster Linie zur Erklärung von „Derailment" von Führungskräften herangezogen (Dalal & Nolan, 2009). Für DSM-basierte „dunkle" Merkmale und mit der sogenannten Count-Technik aus „normalen" Persönlichkeitsinventaren errechneten Indikatoren für Störungen konnten zumeist negative Zusammenhänge zu Kriterien beruflichen oder Führungserfolgs und der beruflichen Entwicklung gezeigt werden, es bestehen jedoch einzelne positive Beziehungen, oft für die mit Narzissmus assoziierte Skala *Bold* des HDS. Hinsichtlich einzelner Fragestellungen konnten Zusatzbeiträge zu klassischen Prädiktoren oder Auswahlverfahren gezeigt werden, mit dem HDS etwa für die Vorhersage der Entwicklung zur Führungskraft (Harms et al., 2011), und mit manchen FFM PD Counts inkrementelle Varianz zu den Big Five für objektive Leistungskriterien, vor allem aber für subjektive wie Arbeitszufriedenheit, erklärt werden (Wille et al., 2013).

Für die Dunkle Triade wurde metaanalytisch eine schwach negative Beziehung von Machiavellismus und Psychopathie zu beruflicher Leistung nachgewiesen, für Narzissmus kein Zusammenhang gefunden (O'Boyle et al., 2012), zu Führungsleistung konnte für letzteres Merkmal hingegen eine kurvilineare Beziehung gezeigt werden (Grijalva et al., 2015). Die Dunkle Triade ist mit weniger freiwilligem Engagement für andere oder die Organisation und mit geringerem Commitment dieser gegenüber verbunden (Sanecka, 2013). Alle Triade-Merkmale stehen mit einem größeren Ausmaß an kontraproduktiven Verhaltensweisen am Arbeitsplatz in Verbindung, in erster Linie gegenüber Individuen (O'Boyle et al., 2012). Bei Führung durch Personen mit erhöhten Werten auf Dunkle-Triade-Eigenschaften sind negative Auswirkungen auf Befinden und Leistung von Mitarbeitern zu erwarten (Volmer et al., 2016). Positive Effekte sind nur in sehr geringem Ausmaß vorhanden, in erster Linie für individuelle Erfolgsindikatoren wie das Gehalt (Spurk et al., 2016). Mit Kriterien subjektiven Erfolgs, wie etwa Arbeitszufriedenheit, bestehen meist negative Zusammenhänge (Bruk-Lee et al., 2009).

Die Beziehungen von „dunklen" Eigenschaften sind im Einzelfall abhängig vom betrachteten Merkmal, *Moderatoren* wie der Autonomie der Tätigkeit, der Branche, der Unternehmenskultur oder dem konkreten Beruf, und in manchen Fällen nicht linear (Harms & Spain, 2015). Auch bei der Dunklen Triade spielen Moderatoren eine große Rolle für das Verständnis ihrer Wirkungsweise und Beziehungen im Berufskontext und merkmalsspezifischer Unterschiede (Smith et al., 2016). Besonders wenn Triade-Merkmalsträger Handlungsspielraum haben oder sich eingeschränkt fühlen, kompetitive Situationen oder Möglichkeiten zur Selbstdarstellung bestehen, treten merkmalstypische Verhaltensweisen und ihre Auswirkungen verstärkt zutage. Zudem bestehen teilweise kurvilineare Beziehungen zu Kriterien beruflicher Leistung (Zettler & Solga, 2013).

Das Bild von der Wirkung „dunkler" Eigenschaften im Berufsleben ist damit komplex und kein eindeutiges, aber in jedem Fall konnte nachgewiesen werden, dass „dunkle" Merkmale grundsätzlich einen Erklärungsbeitrag für berufsbezogene Fragestellungen liefern können. Narzissmus, Machiavellismus und Psychopathie stehen in keinem positiven Zusammenhang zu beruflicher Leistung und beruflichem Erfolg, sie sind im Gegenteil mit negativen Auswirkungen verbunden, besonders auf geführte Mitarbeiter. Damit steht die Dunkle Triade nachweislich in Beziehung zu eignungsdiagnostisch relevanten Variablen und ist ein Konzept, das grundsätzlich nützliche Anwendungszwecke in der Berufseignungsdiagnostik verspricht. Entsprechend den weiter oben in diesem Abschnitt beschriebenen geteilten Varianzanteilen mit den Big Five konnte bislang nur in wenigen Fällen *inkrementelle Validität* über diese für eignungsdiagnostisch relevante Fragestellungen nachgewiesen werden (z.B. Jonason & O'Connor, 2017; Paleczek et al., 2018; Scherer et al., 2013; Schneider et al., 2017), entsprechende Studien sind allerdings bislang selten und daher weitere dringend nötig.

Die zentrale Limitation der Nutzung von „dunklen" Persönlichkeitseigenschaften und speziell der Dunklen Triade zu eignungsdiagnostischen Zwecken liegt daher (neben anwendungsbezogenen Fragen, die weiter unten besprochen werden) im Ausstehen von vielfältigeren Belegen ihrer inkrementellen eignungsdiagnostischen Nützlichkeit. Es ist noch besser zu untersuchen, welche spezifischen Bestandteile der multidimensionalen Konstrukte mit welchen beruflichen (Fehl-)Verhaltensweisen und Kriterien in Beziehung stehen und welche Moderatoren oder Mediatoren dafür eine Rolle spielen sowie zu welchen Kriterien kurvilineare Beziehungen bestehen. Diese Fragen müssen im Anwendungsfall und mit berufstätigen Stichproben, idealerweise im Auswahlkontext, geklärt werden, um spezifischere Prognosen von beruflichem Verhalten, Erleben oder Leistung zu erlauben. Auf dieser Basis sind auch Studien mit anderen, gängigen Prädiktoren beruflicher Leistung und die Untersuchung von inkrementeller Validität der Dunklen Triade zu diesen möglich.

Bezüglich der eignungsdiagnostischen Nützlichkeit der Dunklen Triade kann festgehalten werden, dass diese grundsätzlich besteht, aber durch weitere Forschung im Detail zu klären ist, welche engen Subfacetten wie und in welcher Kombination wirken. Diese können dann gegebenenfalls (entsprechend der Symmetriehypothese) für enge berufliche Kriterien genutzt oder zur Vorhersage von breiten Kriterien auch kombiniert werden, um so vielleicht einen nach kriterienbezogener Validität hin zusammengestellten „dunklen" Compound Trait bzw. Criterion-Focused Occupational Personality Scale zu erhalten – eine „*dark COPS*".

7.2 Empfehlungen für die Praxis

7.2.1 Vorgaben und Empfehlungen für die praktische Nutzung der Dunklen Triade

Ungeachtet der aufgezeigten Limitationen steht die Dunkle Triade der Persönlichkeit in Zusammenhang mit berufserfolgsrelevanten (Fehl-)Verhaltensweisen und ist grundsätzlich geeignet, Kriterien beruflicher Leistung und beruflichen Erfolgs zu prognostizieren – sie kommt damit für einen angewandten Einsatz in der praktischen Personalarbeit infrage. In erster Linie für Verfahren zur Personalauswahl bestehen diverse Vorgaben rechtlicher und fachlicher Natur und nicht zuletzt Erwägungen, die die Reaktion der Bewerber und die ethische Vertretbarkeit des Einsatzes betreffen.

Die Frage nach der *rechtlichen Statthaftigkeit* kann dahingehend beantwortet werden, dass bei einer dimensionalen Erfassung von Narzissmus, Machiavellismus und subklinischer Psychopathie keine gesetzlichen Bestimmungen oder Beschränkungen bestehen. Einzelne Items, besonders aus Psychopathie-Inventaren, erscheinen jedoch zu invasiv für den Auswahlkontext oder rechtlich bedenklich zu sein. Echte „klinische" Diagnosen sind nach herrschender Meinung in Deutschland zur Personalauswahl nicht gestattet (vgl. Püttner, 2014); in anderen Ländern ist dies auch gesetzlich geregelt. Der Einsatz etwa der PCL oder eines klinischen Interviews zur Diagnose der Narzisstischen Persönlichkeitsstörung wäre demnach in der Personalauswahl nicht angemessen, wenn auch nicht klar verboten. Ähnlich verhält es sich mit Methoden, die auf Basis „normaler" Persönlichkeit Indikatoren für Störungen errechnen. Solche Art von analytischen Techniken und daraus gezogene Schlüsse sind nicht von den Vorgaben zu klinischer Diagnostik betroffen, gerade bei nicht transparenter oder gar retrospektiver Anwendung erscheinen sie allerdings als ethisch fragwürdig.

Als *fachliche Anforderungen* für die Nutzung der Dunklen Triade im Berufskontext können, wie für alle anderen eignungsdiagnostischen Methoden, die Standards der psychologischen Testtheorie gelten, wie sie etwa in der DIN 33430 enthalten sind, dort erweitert um praktisch relevante Aspekte wie dem Vorliegen von Anwenderinformationen und den des Berufs- und Anforderungsbezugs der eingesetzten Verfahren. Wie die Betrachtungen gezeigt haben, sind die gängigen psychometrischen Qualitätskriterien für die Standardverfahren zur Dunklen Triade weitestgehend eingehalten, auch für das Kurzverfahren SD 3. Die Dirty Dozen müssen demgegenüber als wenig geeignet für eignungsdiagnostische Zwecke bezeichnet werden (Spain et al., 2014). Fremdeinschätzungen und Proxies, vor allem IT- oder gar KI-gestützte auf Basis von persönlichen Informationen in sozialen Medien, sind nach derzeitigem Datenstand aus psychometrischer Sicht nicht für die operative Personalarbeit geeignet und es bestehen erhebliche praktische Schwierigkeiten und ethische Bedenken.

Die Forderungen der DIN für die Personalpraxis nach einem Berufs- und Anforderungsbezug, der Dokumentation eines Verfahrens und dem Vorliegen von Anwenderhinweisen sind für die genannten neuartigen Messansätze und die gängigen Standard- und Kurzverfahren ebenfalls nicht eingehalten. Die kommerziell vertriebenen Psychopathie-Skalen *SRP 4* und *PPI* kommen den Dokumentationsanforderungen nach, weisen aber keinen Berufsbezug auf.

Verbunden mit dem Berufsbezug eines Verfahrens wurde die soziale Validität als weiterer dringend zu beachtender Aspekt bei der Beurteilung der eignungsdiagnostischen Einsetzbarkeit der Dunklen Triade besprochen. Die Standard- und Kurzverfahren wurden bezüglich ihrer Inhalte als möglicherweise zu invasiv befunden, FFM PD Counts aufgrund mangelnder Transparenz und ihrer Nähe zu klinischen Störungen kritisiert, neuartige Methoden wegen nicht bestehender Kontrollmöglichkeit über die diagnostische Situation abgelehnt. Ein sozial valider Einsatz der Dunklen Triade kann dann grundsätzlich gelingen, wenn sie auf ethisch vertretbare Weise erfasst, die berufliche Relevanz der Merkmale transparent kommuniziert und entsprechendes Feedback gegeben wird.

Die Untersuchung der Anwendbarkeit der Dunklen Triade in realen Personalauswahlprozessen oder im Executive Coaching steht erst am Anfang. Daneben bestehen Vorbehalte bei Anwendern wegen Hintergrund und Bezeichnung der drei Eigenschaften und eine vermutete Ablehnung bei Bewerbern, zumindest aber erhöhte Erklärungsbedürftigkeit der Eigenschaften in der Praxis. Es liegen noch zu wenige Erfahrungen darüber vor, wie die Merkmale in Auswahlprozesse integriert und Ergebnisse zurückgemeldet werden können sowie welche Effekte sich in Auswahlsituationen auf die Reliabilität und Validität ergeben. Diese Fragen sind entsprechend das für die Praxis relevanteste zukünftige Forschungsfeld und sollten von der Wissenschaft, vor allem aber von den Personalverantwortlichen in Organisationen, für den konkreten eigenen Anwendungsfall eingehend überprüft werden.

Zusammenfassend betrachtet, kann die Dunkle Triade der Persönlichkeit wie jedes andere Merkmal in der praktischen Berufseignungsdiagnostik angewendet werden, wenn die für das Feld geltenden Vorgaben und Anforderungen eingehalten sind. Für die vorgestellten alternativen Messansätze ist dies nicht gegeben bzw. aufgrund der Datenlage noch nicht beurteilbar. Von einem Einsatz dieser Techniken und Methoden zur Erfassung der Triade für personalpsychologische Zwecke muss daher dringend abgeraten werden.

Als einziger Verfahrenstyp, der derzeit die Anforderungen an ein Instrument für den Einsatz zu operativer Personalauswahl erfüllen kann, wurden Selbsteinschätzungsverfahren identifiziert. Daneben wurden weitere vielversprechende Messverfahren vorgeschlagen und sollten weiter erforscht werden, um sie zur „Einsatzreife" zu bringen. Zu nennen sind Conditional Reasoning Tests (CRT), digitale Arbeitssimulationen oder Forced-Choice-Verfahren. Ganz generell verspricht im Sinne einer multimodalen Personalauswahl auch die Betrachtung anderer diagnostischer Zugänge, etwa solcher des Simulationsansatzes, wie situative Interviewfragen oder Rollenspiele, großen Erkenntnisgewinn und potenziellen inkrementellen Nutzen.

7.2.2 Personalauswahl mit der TOP – Möglichkeiten und Limitationen

Am Beispiel des Persönlichkeitstests TOP wurde geprüft, inwieweit eine Messung der Dunklen Triade im beruflichen Kontext valide möglich und ein Verfahren dieser Art praktisch anwendbar ist. Es ist im Rahmen der Testentwicklung gelungen, zahlreiche Einzelaspekte der Merkmale in den beruflichen Kontext zu übertragen. Aus einem Pool berufsbezogen formulierter Items konnten elf Skalen extrahiert werden, die zentrale Inhalte von Narzissmus, Machiavellismus und Psychopathie in einer berufsbezogenen Variante abbilden. Den elf Skalen liegen drei Faktoren zugrunde, die als Dunkle Triade beschrieben werden können. Der „Psychopathie-Faktor" stellt eine inhaltlich eingeschränkte Form des vollständigen originalen Konstrukts dar, der nur berufsbezogene Aspekte des Lebensstils des Psychopathen erfasst. Eine erste Limitation des Tests TOP stellt die empirische, faktorenanalytische Zuordnung der Subskalen unter den Faktoren dar. Dadurch ist die direkte Vergleichsmöglichkeit mit gängigen Triade-Verfahren eingeschränkt. Eine weitere ist darin zu sehen, dass das komplexe strukturelle Modell der TOP mit elf Skalen und drei latenten Faktoren bei konfirmatorischer Prüfung nicht bezüglich aller Fit-Indizes eine gute Passung an die Daten aufweist, für die englischsprachige Version des Verfahrens konnten jedoch zumindest quasi identische Passungswerte gefunden und damit die Struktur sprachübergreifend bestätigt werden (Schwarzinger & Schuler, 2019). Die faktorielle Struktur der TOP muss an weiteren, unabhängigen Datensätzen untersucht werden.

Die psychometrischen Eigenschaften der TOP sind im Allgemeinen zufriedenstellend bis gut und es kann von einer objektiven und reliablen Messung der Dunklen Triade ausgegangen werden. In erster Linie erreichen Subskalen, die nur wenige Items aufweisen, zum Teil nicht die erforderlichen Kennwerte. Eine weitere Limitation stellt daher die Retest-Reliabilität der im Vergleich kurzen Subskalen dar, die zudem an einer kleinen Stichprobe bestimmt wurde, welche erweitert werden muss. Die Verteilungseigenschaften der TOP-Skalen sind gut und erlauben eine subklinische, normalverteilte Messung der Merkmale.

Konstruktbezogene Validität der TOP konnte hinsichtlich mehrerer Aspekte belegt werden. So hängen die Triade-Eigenschaften untereinander und konvergent zu den Faktoren von Standard- und Kurzverfahren in einer Höhe zusammen, wie sie nach metaanalytischen Ergebnissen für die Triade allgemein erwartet werden kann. Eine weitere Limitation stellt für die TOP, wie die Triade-Forschung ganz allgemein, die mangelnde Abgrenzbarkeit der Faktoren für Machiavellismus und Psychopathie voneinander und bezüglich ihrer Zusammenhänge mit manchen Außenkriterien dar.

In allgemeinen Persönlichkeitsmodellen konnte ein für die Dunkle Triade als typisch angesehenes Muster für die TOP-Faktoren bestätigt werden, in erster Linie deren geteilte Kerne geringe Verträglichkeit und geringe Ehrlichkeit-Bescheidenheit und erwartete Unterschiede, etwa zu Extraversion. Auch bezüglich der Eigenschaften des Maladaptive-Trait-Modells zeigen sich spezifische Unterschiede zwischen den TOP-Faktoren. Die Beziehungen der TOP zum neuen DSM-5-Modell sind ein in Zukunft eingehender zu erforschendes Feld, um so auch die taxonomische Einordnung der TOP und der übrigen „dunklen" Eigenschaften zu klären.

Mit den TOP-Skalen konnten weitestgehend die beruflichen Interessenstrukturen für Triade-Faktoren nachgewiesen werden, die aus der Literatur bekannt sind, etwa negative Zusammenhänge von Machiavellismus und Psychopathie zu sozialen Interessen und positive von Narzissmus zu unternehmerischer Orientierung. Die Triade-Merkmale sind auch gemessen mit der TOP unabhängig von Intelligenz, es bestehen die erwarteten Überschätzungen kognitiver Leistungsfähigkeit für Narzisstische Arbeitshaltung. Alle TOP-Faktoren weisen eine positive Beziehung zu beruflicher Leistungsmotivation auf. Bei genauer Betrachtung zeigen sich quasi ausschließlich Zusammenhänge zu Aspekten der Motivation, die auf sozialen Vergleich und individuellen Status ausgerichtet sind. Bezüglich solcher Konzepte, die interpersonelle Einflussnahme abbilden, sind erhebliche Unterschiede zwischen den Faktoren feststellbar. Narzisstische Arbeitshaltung ist positiv mit sozialer Kompetenz und politischen Fertigkeiten verbunden, die beiden anderen Faktoren nicht bzw. im Falle von Psychopathischer Arbeitsstil und sozialer Kompetenz sogar negativ.

Der TOP-Faktor Psychopathischer Arbeitsstil ist negativ mit OCB und mit mehr CWB verbunden, jeweils für die beiden „Ziele" Individuum und Organisation und auch mit nahezu allen Subaspekten von CWB. Narzisstische Arbeitshaltung weist eine Beziehung mit CWB gegenüber Individuen auf, nicht aber mit solchen gegen die Organisation und auch nicht mit OCB. Machiavellistische Arbeitseinstellung steht in Zusammenhang mit weniger OCB, aber unerwartet nicht mit CWB. Mit den TOP-Skalen kann ein substanzieller Anteil der Varianz in OCB und CWB erklärt werden, allerdings bestehen kaum inkrementelle Aufklärungsbeiträge an kontraproduktivem Verhalten über Persönlichkeitsmodelle und das Verbundmerkmal Integrität hinaus.

Bezüglich Kriterien der beruflichen Leistung und des beruflichen Erfolgs ergeben sich für die TOP weitestgehend die Beziehungen, die aus der Literatur ableitbar sind. Für Narzisstische Arbeitshaltung besteht in einer Stichprobe kein linearer Zusammenhang zu beruflicher Leistung in der Vorgesetzteneinschätzung, aber eine kurvilineare Beziehung. In einer weiteren Studie liegen hingegen starke Zusammenhänge vor, die auf die spezifische Stichprobe und das Verhältnis zum Beurteilenden zurückzuführen sein könnten. Auch in Einschätzungen geführter Mitarbeiter zeigen sich keine Anzeichen für eine bessere Leistung oder Führung oder einen bestimmten Führungsstil. In der Selbsteinschätzung dagegen bestehen für Narzisstische Arbeitshaltung sehr positive Bewertungen eigener Leistungen und des eigenen Erfolgs, gerade bezüglich selbst angegebener objektiver Kriterien. Die beiden anderen TOP-Faktoren hängen hingegen mit tendenziell eher negativen Bewertungen der eigenen Leistung, des eigenen Erfolgs und objektiver Kriterien zusammen, die Zusammenhänge sind jedoch meist schwach. Teams, die Führungskräften mit höheren Werten in Machiavellistische Arbeitseinstellung unterstehen, weisen tendenziell schlechtere objektive Erfolgsindikatoren auf, auch ihre Arbeitszufriedenheit ist eher gering. Eine ausgeprägtere Machiavellistische Arbeitseinstellung geht mit schlechteren Zensuren in Schule und Berufsausbildung einher. Alle TOP-Faktoren stehen mit geringer Arbeitszufriedenheit und tendenziell weniger Commitment gegenüber der Organisation in Verbindung.

Der Unterschied zwischen Machiavellistische Arbeitseinstellung und Psychopathischer Arbeitsstil scheint darin zu bestehen, dass ersterer für individuelle Leistungs- und Erfolgskriterien sowie Führungsleistung am wenigsten zuträglich ist und Psychopathischer Arbeitsstil, auch am Arbeitsplatz, zu „zwischenmenschlichen" Kriterien die stärksten negativen Zusammenhänge aufweist. Narzisstische Arbeitshaltung ist von allen TOP-Faktoren der am wenigsten problematische, mit zum Teil sogar positiven Effekten auf die eigene Leistung und beruflichen Erfolg.

Die für einen praktischen Einsatz von Dunkle-Triade-Merkmalen abgeleiteten Anforderungen und Erwartungen an einen Test können weitestgehend als erfüllt bezeichnet werden. Die TOP hat, wie die Ausführungen gezeigt haben, annehmbare psychometrische Qualität und zeigt auch gute Verteilungseigenschaften, die eine subklinische Messung der Dunklen Triade ermöglichen. Die Entwicklung wurde an der berufstätigen Allgemeinbevölkerung und in beruflichen Kontexten vorgenommen und es stehen Normen zur Verfügung. Eine Limitation stellt in dieser Hinsicht dar, dass bislang keine spezifische Auswahlnorm vorliegt. Das Testmaterial ist, was Items und die vorliegende Dokumentation angeht, als geeignet für den Zielkontext zu bezeichnen. Erste Studien zur Akzeptanz des Verfahrens und die Ausführungen im Manual zu der intendierten Anwendung lassen auch einen sozial validen und von Bewerbern akzeptierten Einsatz möglich erscheinen. Damit sind die Voraussetzungen für die Nutzung des Verfahrens zur operativen Personalauswahl nach rechtlichen und fachlichen Gesichtspunkten wie auch hinsichtlich der Bewerberakzeptanz gegeben.

Aus Seminaren zur TOP mit Testanwendern ging hervor, dass die geschilderten Schritte zur Kontextualisierung vonseiten der Praxis sehr begrüßt werden, aber Bedenken aufgrund des Hintergrunds der Merkmale und der landläufigen Auffassung von ihren Inhalten bestehen, gerade auch was die Kommunikation und Rechtfertigung des Einsatzes und die Rückmeldung der Ergebnisse anbelangt. Erste Praxisprojekte stimmen demgegenüber sehr zuversichtlich, so wurden die Items und das Verfahren als solches als „relativ normal" und passend für den Einsatzzweck bewertet, und Befragte aus dem Top-Management eines großen Finanzkonzerns haben dem Verfahren hohe Augenscheinvalidität und grundsätzliche Einsetzbarkeit im Executive Assessment der eigenen Organisation bescheinigt – auch explizite Kritik von Bewerbern aus dem Realeinsatz ist bislang nicht bekannt. Dabei ist zu beachten, dass die Einführung der TOP in dem beschriebenen Praxisbeispiel mit sorgfältiger Kommunikation und Schulung der Beteiligten einherging und darauf geachtet wurde, einen klaren Anforderungsbezug zum Leitbild und den Verhaltensstandards des Unternehmens herzustellen. Allen Personen und Organisationen, die an einem Einsatz der Dunklen Triade, mit jedwedem Verfahren oder diagnostischen Ansatz, in der operativen Personalauswahl interessiert sind, muss dringend empfohlen werden, ähnliche Schritte zu gehen.

Die Ergebnisse der Testkonstruktion und -validierung zusammenfassend, ist mit der Entwicklung der TOP die „small migration" der Dunklen Triade auf den beruflichen Kontext weitestgehend gelungen, wodurch ein veröffentlichtes Verfahren zur Verfügung steht, dessen Einsatz in einem sozial validen Auswahlprozess nach den Vorgaben der DIN 33430 grundsätzlich möglich ist. Die Kommunikation des Einsatzes und der Ergebnisse ist jedoch sehr sorgfältig zu planen und die Entscheidung für eine Verwendung der TOP für personalpsychologische Zwecke unter Abwägung des erwarteten Nutzens und der dafür nötigen Aufwände zu treffen – potenziell lohnend ist ihr Einsatz in jedem Fall.

7.3 Fazit: Die Dunkle Triade in der Personalauswahl?

Die Dunkle Triade der Persönlichkeit ist eine Merkmalsgruppe, die in vielfältigem Zusammenhang zu Kriterien beruflichen Erfolgs und beruflicher Leistung steht. Die Messung von Narzissmus, Machiavellismus und Psychopathie verspricht damit einen Nutzen für die berufliche Eignungsdiagnostik. Durch die „grand migration" (Furnham et al., 2013, S. 200) zur subklinischen Sphäre sind die Merkmale rechtlich unproblematisch verwendbar, selbst zu Personalauswahlzwecken. Mit der TOP liegt ein Verfahren vor, das hinsichtlich Dokumentation, theoretischer Fundierung, psychometrischer Kennwerte und vorliegender Anwenderinformationen, einen aus fachlicher Sicht und von den Bewerbern akzeptierten, sozial validen Einsatz ermöglicht. Die Dunkle Triade der Persönlichkeit ist damit als Konzept, speziell gemessen mit der TOP und eingebettet in einen diagnostischen Prozess nach den Vorgaben der DIN 33430, zur praktischen Personalauswahl oder verwandten Anwendungszwecken einsetzbar und verspricht einen Beitrag zur Klärung der beruflichen Eignung oder Passung einer Person zu leisten.

Allerdings bestehen weiterhin ungeklärte theoretische und analytische Fragen zur Dunklen Triade und Vorbehalte der Praxis bezüglich des Hintergrunds und „Brandings" der

Merkmale. Und, zentral für die Beurteilung der Nützlichkeit ihres Einsatzes, sind die Beziehungen zu Kriterien beruflichen Erfolgs meist schwach, zumindest aber ist inkrementelle Validität zu gängigen Prädiktoren beruflicher Leistung oder Fehlverhaltens nach bisherigen Erkenntnissen nur in geringem Ausmaß vorhanden. Die Frage ist damit weniger, ob man Narzissmus, Machiavellismus und Psychopathie zur Personalauswahl einsetzen *kann*, sondern, ob man das auch tun *sollte*, es also sinnvoll ist.

Ein Einsatz von solch erklärungsbedürftigen Merkmalen zur Personalauswahl muss gut begründet sein und es müssen stichhaltige Argumente dafür vorliegen. Eines wäre eine ausgesprochene Eignung, berufliche Leistung vorhersagen zu können. Dies ist, wie metaanalytische Befunde zur Dunklen Triade allgemein und Daten zur TOP nahelegen, eher nicht der Fall, die Dunkle-Triade-Merkmale weisen quasi keinen linearen Zusammenhang zu aufgabenbezogener Leistung auf – für manche Kriterien wurden kurvilineare Beziehungen gezeigt, deren weitere Untersuchung vielversprechend ist. Die Befunde zu umfeldbezogener Leistung sind dagegen klarer – Personen mit hohen Werten auf den Triade-Eigenschaften sind, um es freundlich auszudrücken, keine netten Kollegen und haben wenig Bereitschaft, sich für andere oder die Organisation einzusetzen, wenn es ihnen keinen individuellen Vorteil verspricht. Entsprechend ihrem Hintergrund und aus berufsfernen Studien bekannten typischen Motivations- und Verhaltensmustern sind Triade-Merkmale mit einer erhöhten Neigung zu kontraproduktiven Verhaltensweisen verbunden, besonders gegen Individuen. Die größte Gefahr in dieser Hinsicht geht vermutlich von Führungskräften mit hohen Werten auf einer der drei Eigenschaften aus. Es konnten zahlreiche belastbare Befunde erbracht werden, dass hier destruktives, missbräuchliches Führungsverhalten mit erheblichen Konsequenzen für Leistung und Befinden der Geführten erwartet werden muss, bis hin zur Kündigung oder Depression. Die Dunkle Triade der Persönlichkeit eignet sich – entgegen den zu Beginn der Betrachtung und vornehmlich außerhalb der Wissenschaft teilweise formulierten Erwartungen – damit gerade nicht dafür, erfolgreiche zukünftige Führungskräfte zu finden, sondern dazu, die „falschen" Menschen auf ihrem Weg dorthin aufzuhalten oder den Menschen, die aus den „falschen" Motiven handeln, diese zu spiegeln und verhaltensbezogene Rückmeldung mit dem Ziel erwünschter Verhaltensänderung zu geben.

Als Fazit des vorliegenden Bandes kann konstatiert werden, dass die Dunkle Triade der Persönlichkeit – beim Einsatz geeigneter Verfahren und bei angemessenem Vorgehen – ohne weiteres in der Personalarbeit verwendbar ist. Dabei kommen in erster Linie Einsätze in der Personalvorauswahl infrage, um stark problematische Personen frühzeitig zu erkennen. Auch in umfangreicheren Testbatterien zur Auswahl und für beratende Zwecke, wie Potenzialanalysen zur Karriereplanung, zur Berufsberatung oder im Rahmen von Coachingprozessen, können die Dunkle-Triade-Eigenschaften wertvolle Zusatzhinweise liefern, die von keinem der gängigen berufsbezogenen Testverfahren erbracht werden können. Damit ist aus personalpsychologischer Sicht zwar kein Hype um die Merkmale begründet, in jedem Fall aber eine weitere Erforschung und in vielen Fällen die praktische Anwendung der Dunklen Triade der Persönlichkeit in der Personalauswahl gerechtfertigt.

Literatur

Ackerman, R.A., Witt, E.A., Donnellan, M.B., Trzesniewski, K.H., Robins, R.W. & Kashy, D.A. (2011). What does the Narcissistic Personality Inventory really measure? *Assessment, 18,* 67–87. https://doi.org/10.1177/1073191110382845

Adam, D. (2019). Does a ‚Dark Triad' Personality Make You More Successful? *Science.* Verfügbar unter: https://www.sciencemag.org/news/2019/03/does-dark-triad-personality-traits-make-you-more-successful https://doi.org/10.1126/science.aax3078

Aghababei, N. & Błachnio, A. (2015). Well-being and the Dark Triad. *Personality and Individual Differences, 86,* 365–368. https://doi.org/10.1016/j.paid.2015.06.043

Ahmetoglu, G., Dobbs, S., Furnham, A., Crump, J., Chamorro-Premuzic, T. & Bakhshalian, E. (2016). Dark side of personality, intelligence, creativity, and managerial level. *Journal of Managerial Psychology, 31,* 391–404. https://doi.org/10.1108/JMP-03-2013-0096

Akhtar, R., Ahmetoglu, G. & Chamorro-Premuzic, T. (2013). Greed is good? Assessing the relationship between entrepreneurship and subclinical psychopathy. *Personality and Individual Differences, 54,* 420–425. https://doi.org/10.1016/j.paid.2012.10.013

Akhtar, S. (2006). Deskriptive Merkmale und Differenzialdiagnose der Narzisstischen Persönlichkeitsstörung. In O.F. Kernberg & H.-P. Hartmann (Hrsg.), *Narzissmus. Grundlagen – Störungsbilder – Therapie* (S. 231–262). Stuttgart: Schattauer.

Aktas, N., de Bodt, E., Bollaert, H. & Roll, R. (2016). CEO narcissism and the takeover process: From private initiation to deal completion. *Journal of Financial and Quantitative Analysis, 51,* 113–137. https://doi.org/10.1017/S0022109016000065

Ali, F., Amorim, I.S. & Chamorro-Premuzic, T. (2009). Empathy deficits and trait emotional intelligence in psychopathy and Machiavellianism. *Personality and Individual Differences, 47,* 758–762. https://doi.org/10.1016/j.paid.2009.06.016

Ali, F. & Chamorro-Premuzic, T. (2010). The dark side of love and life satisfaction: Associations with intimate relationships, psychopathy and Machiavellianism. *Personality and Individual Differences, 48,* 228–233. https://doi.org/10.1016/j.paid.2009.10.016

Allport, G.W. & Odbert, H.S. (1936). Trait-names: A psycho-lexical study. *Psychological Monographs, 47,* i-171. https://doi.org/10.1037/h0093360

Alpers, G.W. & Eisenbarth, H. (2008). *Psychopathic Personality Inventory-Revised (PPI-R). Deutsche Version.* Göttingen: Hogrefe.

Amelang, M. & Bartussek, D. (1997). *Differentielle Psychologie und Persönlichkeitsforschung.* Stuttgart: Kohlhammer.

Amelang, M. & Schmidt-Atzert, L. (2006). *Psychologische Diagnostik und Intervention* (4. Aufl.). Berlin: Springer. https://doi.org/10.1007/3-540-28507-5

Amelang, M. & Zielinski, W. (2002). *Psychologische Diagnostik und Intervention* (3. Aufl.). Berlin: Springer. https://doi.org/10.1007/978-3-662-09578-2

American Educational Research Association (AERA), American Psychological Association (APA), National Council on Measurement in Education (NCME) (2014). *Standards for Educational and Psychological Testing.* Washington, DC: American Educational Research Association.

American Psychiatric Association (APA). (2000). *Diagnostic and statistical manual of mental disorders* (4th ed.). Washington, DC: American Psychiatric Association.

American Psychiatric Association (APA). (2018). *Diagnostisches und Statistisches Manual Psychischer Störungen – DSM-5* (2., korrigierte Aufl.; deutsche Ausgabe herausgegeben von Peter Falkai und Hans-Ulrich Wittchen, mitherausgegeben von Manfred Döpfner, Wolfgang Gaebel, Wolfgang Maier, Winfried Rief, Henning Saß und Michael Zaudig). Göttingen: Hogrefe.

Ames, A. & Kidd, A.H. (1979). Machiavellianism and women's grade point average. *Psychological Reports, 44,* 223–228. https://doi.org/10.2466/pr0.1979.44.1.223

Anderson, N., Salgado, J.F. & Hülsheger, U.R. (2010). Applicant reactions in selection: Comprehensive meta-analysis into reaction generalization versus situational specificity. *International Journal of Selection and Assessment, 18,* 291–304. https://doi.org/10.1111/j.1468-2389.2010.00512.x

Andrea, R.K. & Conway, J.A. (1982). Linear and curvilinear considerations of Machiavellianism and school leader effectiveness. *School Psychology International, 3,* 203–212. https://doi.org/10.1177/014303438200300404

Andreassen, C.S., Ursin, H., Eriksen, H.R. & Pallesen, S. (2012). The relationship of narcissism with workaholism, work engagement, and professional position. *Social Behavior and Personality: An International Journal, 40,* 881–890. https://doi.org/10.2224/sbp.2012.40.6.881

Arvan, M. (2013). A lot more bad news for conservatives, and a little bit of bad news for liberals? Moral judgments and the dark triad personality traits: A follow-up study. *Neuroethics, 6,* 51–64. https://doi.org/10.1007/s12152-012-9155-7

Asendorpf, J.B. (2009). *Persönlichkeitspsychologie*. Heidelberg: Springer.

Ashton, M.C. & Lee, K. (2007). Empirical, theoretical, and practical advantages of the HEXACO model of personality structure. *Personality and Social Psychology Review, 11,* 150–166. https://doi.org/10.1177/1088868306294907

Ashton, M.C. & Lee, K. (2008). The HEXACO model of personality structure. In G.J. Boyle, G. Matthews & D. Saklofske (Eds.), *Handbook of personality theory and assessment: Volume 2 – Personality measurement and testing* (pp. 239–260). London: Sage.

Ashton, M.C. & Lee, K. (2009). The HEXACO-60: A short measure of the major dimensions of personality. *Journal of Personality Assessment, 91,* 340–345. https://doi.org/10.1080/00223890902935878

Austin, E.J., Farrelly, D., Black, C. & Moore, H. (2007). Emotional intelligence, Machiavellianism and emotional manipulation: Does EI have a dark side? *Personality and Individual Differences, 43,* 179–189. https://doi.org/10.1016/j.paid.2006.11.019

Azizli, N., Atkinson, B.E., Baughman, H.M., Chin, K., Vernon, P.A., Harris, E. & Veselka, L. (2016). Lies and crimes: Dark Triad, misconduct, and high-stakes deception. *Personality and Individual Differences, 89,* 34–39. https://doi.org/10.1016/j.paid.2015.09.034

Babiak, P. (1995). When psychopaths go to work: a case study of an industrial psychopath. *Applied Psychology: An International Review, 44,* 171–188. https://doi.org/10.1111/j.1464-0597.1995.tb01073.x

Babiak, P. (1996). Psychopathic manipulation in organizations: pawns, patrons, and patsies. In D.J. Cooke, A.E. Forth, J.P. Newman & R.D. Hare (Eds.), *Issues in criminological and legal psychology: No. 24. International perspectives on psychopathy* (pp. 12–17). Leicester: British Psychological Society.

Babiak, P. (2007). From Darkness into the Light: Psychopathy in Industrial and Organizational Psychology. In H. Hervé & J.C. Yuille (Eds.), *The Psychopath: Theory, Research, and Practice* (pp. 411–428). Mahwah: Lawrence Erlbaum Associates.

Babiak, P., Neumann, C.S. & Hare, R.D. (2010). Corporate psychopathy: Talking the walk. *Behavioral Sciences & the Law, 28,* 174–193. https://doi.org/10.1002/bsl.925

Bachrach, Y., Kosinski, M., Graepel, T., Kohli, P. & Stillwell, D. (2012). Personality and patterns of Facebook usage. In *Proceedings of the 4th Annual ACM Web Science Conference* (pp. 24–32). New York: ACM.

Back, M.D., Schmukle, S.C. & Egloff, B. (2010). Why are narcissists so charming at first sight? Decoding the narcissism-popularity link at zero acquaintance. *Journal of Personality and Social Psychology, 98,* 132–145. https://doi.org/10.1037/a0016338

Baillod, J. & Semmer, N. (1994). Fluktuation und Berufsverläufe bei Computerfachleuten. *Zeitschrift für Arbeits- und Organisationspsychologie, 38,* 152–163.

Baloch, M.A., Meng, F., Xu, Z., Cepeda-Carrion, I., Danish & Bari, M.W. (2017). Dark Triad, Perceptions of Organizational Politics and Counterproductive Work Behaviors: The Moderating Effect of Political Skills. *Frontiers in Psychology, 8,* 1972. https://doi.org/10.3389/fpsyg.2017.01972

Baron, R.A. (2004). Workplace aggression and violence. In R.W. Griffin & A.M. O'Leary-Kelly (Eds.), *The dark side of organizational behavior* (pp. 23–26). San Francisco: Jossey-Bass.

Barrick, M.R. & Mount, M.K. (1991). The big five personality dimensions and job performance: A meta-analysis. *Personnel Psychology, 44,* 1–26. https://doi.org/10.1111/j.1744-6570.1991.tb00688.x

Barrick, M.R., Mount, M.K. & Judge, T.A. (2001). Personality and performance at the beginning of the new millenium: What we do know and where do we go next? *International Journal of Selection and Assessment, 9,* 9–30. https://doi.org/10.1111/1468-2389.00160

Bartlett, C.J., Quay, L.C. & Wrightsman Jr, L.S. (1960). A comparison of two methods of attitude measurement: Likert-type and Forced-Choice. *Educational and Psychological Measurement, 20,* 699–704. https://doi.org/10.1177/001316446002000405

Basler, H. (2007). *Psychopathie und das Fünf-Faktoren-Modell der Persönlichkeit.* Unveröffentlichte Diplomarbeit, Christian-Albrechts-Universität zu Kiel.

Bass, B.M. & Avolio, B.J. (1994). Transformational leadership and organizational culture. *The International Journal of Public Administration, 17,* 541–554. https://doi.org/10.1080/01900699408524907

Baughman, H.M., Dearing, S., Giammarco, E. & Vernon, P.A. (2012). Relationships between bullying behaviours and the Dark Triad: A study with adults. *Personality and Individual Differences, 52,* 571–575. https://doi.org/10.1016/j.paid.2011.11.020

Baughman, H.M., Jonason, P.K., Lyons, M. & Vernon, P.A. (2014). Liar liar pants on fire: Cheater strategies linked to the Dark Triad. *Personality and Individual Differences, 71,* 35–38. https://doi.org/10.1016/j.paid.2014.07.019

Baughman, H.M., Jonason, P.K., Veselka, L. & Vernon, P.A. (2014). Four shades of sexual fantasies linked to the Dark Triad. *Personality and Individual Differences, 67,* 47–51. https://doi.org/10.1016/j.paid.2014.01.034

Beauducel, A. & Wittmann, W.W. (2005). Simulation study on fit indexes in CFA based on data with slightly distorted simple structure. *Structural Equation Modeling, 12,* 41–75. https://doi.org/10.1207/s15328007sem1201_3

Becker, J.A. & O'Hair, D.H. (2007). Machiavellians' motives in organizational citizenship behavior. *Journal of Applied Communication Research, 35,* 246–267. https://doi.org/10.1080/00909880701434232

Beesdo-Baum, K., Zaudig, M. & Wittchen, H.-U. (2019). *Strukturiertes Klinisches Interview für DSM-5-Störungen – Persönlichkeitsstörungen* (SCID-5-PD; deutsche Bearbeitung des Structured Clinical Interview for DSM-5 – Personality Disorders von Michael B. First, Janet B.W. Williams, Lorna Smith Benjamin, Robert L. Spitzer). Göttingen: Hogrefe.

Bennett, R.J. & Robinson, S.L. (2000). Development of a measure of workplace deviance. *Journal of Applied Psychology, 85,* 349–360. https://doi.org/10.1037/0021-9010.85.3.349

Bensch, D., Maaß, U., Greiff, S., Horstmann, K.T. & Ziegler, M. (2019). The nature of faking: A homogeneous and predictable construct? *Psychological Assessment, 31,* 532–544. https://doi.org/10.1037/pas0000619

Benson, M.J. & Campbell, J.P. (2007). To be, or not to be, linear: An expanded representation of personality and its relationship to leadership performance. *International Journal of Selection and Assessment, 15,* 232–249. https://doi.org/10.1111/j.1468-2389.2007.00384.x

Benz, S.M. (2018). *Conditional Reasoning Test zur Erfassung der Dunklen Triade im beruflichen Kontext (CRT-DT). Testentwicklung eines Screeningverfahrens zur Erfassung des Dunklen Kerns im beruflichen Kontext.* Unveröffentlichte Masterarbeit, Zürcher Hochschule für Angewandte Wissenschaften.

Berry, C.M., Ones, D.S. & Sackett, P.R. (2007). Interpersonal deviance, organizational deviance, and their common correlates: A review and meta-analysis. *Journal of Applied Psychology, 92,* 410–424. https://doi.org/10.1037/0021-9010.92.2.410

Berry, C.M., Sackett, P.R. & Wiemann, S. (2007). A review of recent developments in integrity test research. *Personnel Psychology, 60,* 271–301. https://doi.org/10.1111/j.1744-6570.2007.00074.x

Bertl, B., Pietschnig, J., Tran, U.S., Stieger, S. & Voracek, M. (2017). More or less than the sum of its parts? Mapping the Dark Triad of personality onto a single Dark Core. *Personality and Individual Differences, 114,* 140–144. https://doi.org/10.1016/j.paid.2017.04.002

Bezdjian, S., Raine, A., Baker, L.A. & Lynam, D.R. (2011). Psychopathic personality traits in children: Genetic and environmental contributions. *Psychological Medicine, 41,* 589–600. https://doi.org/10.1017/S0033291710000966

Bierhoff, H.W. & Herner, M.J. (2009). *Narzissmus – die Wiederkehr.* Bern: Huber.

Birkeland, S.A., Manson, T.M., Kisamore, J.L., Brannick, M.T. & Smith, M.A. (2006). A meta-analytic investigation of job applicant faking on personality measures. *International Journal of Selection and Assessment, 14,* 317–335. https://doi.org/10.1111/j.1468-2389.2006.00354.x

Blair, C.A., Hoffman, B.J. & Helland, K.R. (2008). Narcissism in organizations: A multisource appraisal reflects different perspectives. *Human Performance, 21,* 254–276. https://doi.org/10.1080/08959280802137705

Blickle, G. & Gläser, D. (2009). Politische Fertigkeiten und Arbeitsstile: Eine Feldstudie. *Zeitschrift für Arbeits- und Organisationspsychologie, 53,* 94–103. https://doi.org/10.1026/0932-4089.53.3.94

Blickle, G., Schlegel, A., Fassbender, P. & Klein, U. (2006). Some personality correlates of business white-collar crime. *Applied Psychology: An International Review, 55,* 220–233. https://doi.org/10.1111/j.1464-0597.2006.00226.x

Blickle, G. & Schütte, N. (2017). Trait psychopathy, task performance, and counterproductive work behavior directed toward the organization. *Personality and Individual Differences, 109,* 225–231. https://doi.org/10.1016/j.paid.2017.01.006

Boddy, C.R. (2011). Corporate psychopaths, bullying and unfair supervision in the workplace. *Journal of Business Ethics, 100,* 367–379. https://doi.org/10.1007/s10551-010-0689-5

Boddy, C.R., Miles, D., Sanyal, C. & Hartog, M. (2015). Extreme managers, extreme workplaces: Capitalism, organizations and corporate psychopaths. *Organization, 22,* 530–551. https://doi.org/10.1177/1350508415572508

Book, A., Visser, B.A. & Volk, A.A. (2015). Unpacking „evil“: Claiming the core of the Dark Triad. *Personality and Individual Differences, 73,* 29–38. https://doi.org/10.1016/j.paid.2014.09.016

Borkenau, P. & Ostendorf, F. (2008). *NEO-Fünf-Faktoren-Inventar nach Costa und McCrae* (NEO-FFI; 2. Aufl.). Göttingen: Hogrefe.

Borman, W.C. & Motowidlo, S.M. (1993). Expanding the criterion domain to include elements of contextual performance. In N. Schmitt & W.C. Borman (Eds.), *Personnel selection in organizations* (pp. 71–98). San Francisco: Jossey-Bass.

Brandstätter, H. & Schuler, H. (2004). Overcoming halo and leniency: A new method of merit rating. In H. Schuler (Hrsg.), *Beurteilung und Förderung beruflicher Leistung* (2. Aufl., S. 359–363). Göttingen: Hogrefe.

Braun, S. (2017). Leader Narcissism and Outcomes in Organizations: A Review at Multiple Levels of Analysis and Implications for Future Research. *Frontiers in Psychology, 8,* 773. https://doi.org/10.3389/fpsyg.2017.00773

Brown, A. & Maydeu-Olivares, A. (2013). How IRT can solve problems of ipsative data in Forced-Choice questionnaires. *Psychological Methods, 18,* 36–52. https://doi.org/10.1037/a0030641

Bruk-Lee, V., Khoury, H.A., Nixon, A.E., Goh, A. & Spector, P.E. (2009). Replicating and extending past personality/job satisfaction meta-analyses. *Human Performance, 22,* 156–189. https://doi.org/10.1080/08959280902743709

Brunell, A.B., Gentry, W.A., Campbell, W.K., Hoffman, B.J., Kuhnert, K.W. & DeMarree, K.G. (2008). Leader emergence: The case of the narcissistic leader. *Personality and Social Psychology Bulletin, 34,* 1663–1676. https://doi.org/10.1177/0146167208324101

Bühner, M. (2011). *Einführung in die Test- und Fragebogenkonstruktion* (3. Aufl.). München: Pearson.

Bushman, B.J., Bonacci, A.M., van Dijk, M. & Baumeister, R.F. (2003). Narcissism, sexual refusal, and aggression: Testing a narcissistic reactance model of sexual coercion. *Journal of Personality and Social Psychology, 84,* 1027–1040. https://doi.org/10.1037/0022-3514.84.5.1027

Cairncross, M., Veselka, L., Schermer, J.A. & Vernon, P.A. (2013). A behavioral genetic analysis of alexithymia and the Dark Triad traits of personality. *Twin Research and Human Genetics, 16,* 690–697. https://doi.org/10.1017/thg.2013.19

Campbell, W.K., Goodie, A.S. & Foster, J.D. (2004). Narcissism, confidence, and risk attitude. *Journal of Behavioral Decision Making, 17,* 297–311. https://doi.org/10.1002/bdm.475

Campbell, W.K., Hoffman, B.J., Campbell, S.M. & Marchisio, G. (2011). Narcissism in organizational contexts. *Human Resource Management Review, 21,* 268–284.

Campbell, W.K. & Miller, J.D. (2011). *The handbook of narcissism and narcissistic personality disorder: Theoretical approaches, empirical findings, and treatments.* Hoboken: Wiley. https://doi.org/10.1002/9781118093108

Campbell, J., Schermer, J.A., Villani, V.C., Nguyen, B., Vickers, L. & Vernon, P.A. (2009). A behavioral genetic study of the Dark Triad of personality and moral development. *Twin Research and Human Genetics, 12,* 132–136. https://doi.org/10.1375/twin.12.2.132

Carey, A.L., Brucks, M.S., Küfner, A.C., Holtzman, N.S., Große Deters, F., Back, M.D. et al. (2015). Narcissism and the use of personal pronouns revisited. *Journal of Personality and Social Psychology, 109,* e1-e15. https://doi.org/10.1037/pspp0000029

Carter, G.L., Montanaro, Z., Linney, C. & Campbell, A.C. (2015). Women's sexual competition and the Dark Triad. *Personality and Individual Differences, 74,* 275–279. https://doi.org/10.1016/j.paid.2014.10.022

Carton, H. & Egan, V. (2017). The dark triad and intimate partner violence. *Personality and Individual Differences, 105,* 84–88. https://doi.org/10.1016/j.paid.2016.09.040

Cascio, W.F. & Aguinis, H. (2008). Research in industrial and organizational psychology from 1963 to 2007: changes, choices, and trends. *Journal of Applied Psychology, 93,* 1062–1081. https://doi.org/10.1037/0021-9010.93.5.1062

Castille, C.M., Kuyumcu, D. & Bennett, R.J. (2017). Prevailing to the peers' detriment: Organizational constraints motivate Machiavellians to undermine their peers. *Personality and Individual Differences, 104,* 29–36. https://doi.org/10.1016/j.paid.2016.07.026

Cattell, R.B. (1947). Confirmation and clarification of primary personality factors. *Psychometrika, 12,* 197–220. https://doi.org/10.1007/BF02289253

Chabrol, H., Bouvet, R. & Goutaudier, N. (2017). The Dark Tetrad and Antisocial Behavior in a Community Sample of College Students. *Journal of Forensic Psychology Research and Practice, 17,* 295–304. https://doi.org/10.1080/24732850.2017.1361310

Chabrol, H., van Leeuwen, N., Rodgers, R. & Séjourné, N. (2009). Contributions of psychopathic, narcissistic, machiavellian, and sadistic personality traits to juvenile delinquency. *Personality and Individual Differences, 47,* 734–739. https://doi.org/10.1016/j.paid.2009.06.020

Chatterjee, A. & Hambrick, D.C. (2007). It's all about me: Narcissistic chief executive officers and their effects on company strategy and performance. *Administrative Science Quarterly, 52,* 351–386. https://doi.org/10.2189/asqu.52.3.351

Cheung, M.W.L. & Jak, S. (2018). Challenges of Big Data Analyses and Applications in Psychology. *Zeitschrift für Psychologie, 226,* 209–211. https://doi.org/10.1027/2151-2604/a000348

Christiansen, N.D., Quirk, S.W., Robie, C. & Oswald, F.L. (2014). Light already defines the darkness: Understanding normal and maladaptive personality in the workplace. *Industrial and Organizational Psychology, 7,* 138–143. https://doi.org/10.1111/iops.12122

Christie, R. (1970a). Why Machiavelli? In R. Christie & F.L. Geis (Eds.), *Studies in Machiavellianism* (pp. 1–9). New York: Academic Press. https://doi.org/10.1016/B978-0-12-174450-2.50006-3

Christie, R. (1970b). Scale construction. In R. Christie & F.L. Geis (Eds.), *Studies in Machiavellianism* (pp. 10–34). New York: Academic Press. https://doi.org/10.1016/B978-0-12-174450-2.50007-5

Christie, R. & Geis, F.L. (1970). *Studies in Machiavellianism.* New York: Academic Press.

Cleckley, H. (1941/1976). *The mask of sanity*. St. Louis: Mosby.

Cloetta, B. (1972). *MK: Fragebogen zur Erfassung von Machiavellismus und Konservatismus.* Konstanz: Universität, Zentrum I Bildungsforschung, Sonderforschungsbereich 23.

Cohen, A. (2016). Are they among us? A conceptual framework of the relationship between the dark triad personality and counterproductive work behaviors (CWBs). *Human Resource Management Review, 2,* 69–85. https://doi.org/10.1016/j.hrmr.2015.07.003

Cohen, J. (1988). *Statistical power analysis for the behavioral sciences.* Hillsdale: Erlbaum.

Colins, O.F., Fanti, K.A., Salekin, R.T. & Andershed, H. (2017). Psychopathic personality in the general population: Differences and similarities across gender. *Journal of Personality Disorders, 31,* 49–74. https://doi.org/10.1521/pedi_2016_30_237

Connelly, B.S., Lilienfeld, S.O. & Schmeelk, K.M. (2006). Integrity Tests and Morality: Associations with Ego Development, Moral Reasoning, and Psychopathic Personality. *International Journal of Selection and Assessment, 14,* 82–86.

Cooke, D.J. & Michie, C. (2001). Refining the construct of psychopathy: towards a hierarchical model. *Psychological Assessment, 13,* 171–188. https://doi.org/10.1037/1040-3590.13.2.171

Cooke, D.J., Michie, C. & Hart, S.D. (2006). Facets of clinical psychopathy. In C.J. Patrick (Ed.), *Handbook of psychopathy* (pp. 91–106). New York: Guilford Press.

Cooke, D.J., Michie, C. & Skeem, J. (2007). Understanding the structure of the Psychopathy Checklist-Revised. *The British Journal of Psychiatry, 190,* 39–50. https://doi.org/10.1192/bjp.190.5.s39

Corzine, J., Buntzman, G.F. & Busch, E.T. (1999). Machiavellianism in US bankers. *The International Journal of Organizational Analysis, 7,* 72–83. https://doi.org/10.1108/eb028895

Costa, P.T., Jr. & McCrae, R.R. (1985). *The NEO Personality Inventory manual.* Odessa: Psychological Assessment Resources.

Cronbach, L.J. (1990). *Essentials of Psychological Testing.* New York: Harper and Row.

Cronbach, L.J. & Gleser, G.C. (1965). *Psychological tests and personnel decisions.* Oxford: University of Illinois Press.

Crossley, L., Woodworth, M., Black, P.J. & Hare, R. (2016). The dark side of negotiation: Examining the outcomes of face-to-face and computer-mediated negotiations among dark personalities. *Personality and Individual Differences, 91,* 47–51. https://doi.org/10.1016/j.paid.2015.11.052

Crotts, J.C., Aziz, A. & Upchurch, R.S. (2005). Relationship between Machiavellianism and sales performance. *Tourism Analysis, 10,* 79–84. https://doi.org/10.3727/1083542054547921

Crysel, L.C., Crosier, B.S. & Webster, G.D. (2013). The Dark Triad and risk behavior. *Personality and Individual Differences, 54,* 35–40. https://doi.org/10.1016/j.paid.2012.07.029

Dahling, J.J., Whitaker, B.G. & Levy, P.E. (2009). The development and validation of a new measure of Machiavellianism. *Journal of Management, 35,* 219–257. https://doi.org/10.1177/0149206308318618

Dahmen-Wassenberg, P., Kämmerle, M., Unterrainer, H.F. & Fink, A. (2016). The relation between different facets of creativity and the dark side of personality. *Creativity Research Journal, 28,* 60–66. https://doi.org/10.1080/10400419.2016.1125267

Dalal, D. & Nolan, K. (2009). Using dark side personality traits to identify potential failure. *Industrial and Organizational Psychology, 2,* 434–436. https://doi.org/10.1111/j.1754-9434.2009.01169.x

Dalal, R.S. (2005). A meta-analysis of the relationship between organizational citizenship behavior and counterproductive work behavior. *Journal of Applied Psychology, 90,* 1241–1255. https://doi.org/10.1037/0021-9010.90.6.1241

De Clercq, B., Hofmans, J., Vergauwe, J., De Fruyt, F. & Sharp, C. (2017). Developmental pathways of childhood dark traits. *Journal of Abnormal Psychology, 126,* 843–858. https://doi.org/10.1037/abn0000303

De Fruyt, F., De Clercq, B.J., Miller, J., Rolland, J.P., Jung, S.C., Taris, R. et al. (2009). Assessing personality at risk in personnel selection and development. *European Journal of Personality, 23,* 51–69. https://doi.org/10.1002/per.703

De Fruyt, F., Wille, B. & Furnham, A. (2013). Assessing aberrant personality in managerial coaching: Measurement issues and prevalence rates across employment sectors. *European Journal of Personality, 27,* 555–564. https://doi.org/10.1002/per.1911

De Hoogh, A.H., Den Hartog, D.N. & Nevicka, B. (2015). Gender differences in the perceived effectiveness of narcissistic leaders. *Applied Psychology: An International Review, 64,* 473–498. https://doi.org/10.1111/apps.12015

Del Rosario, P.M. & White, R.M. (2005). The Narcissistic Personality Inventory: Test-retest stability and internal consistency. *Personality and Individual Differences, 39,* 1075–1081. https://doi.org/10.1016/j.paid.2005.08.001

Deluga, R.J. (1997). Relationship among American presidential charismatic leadership, narcissism, and rated performance. *The Leadership Quarterly, 8,* 49–65. https://doi.org/10.1016/S1048-9843(97)90030-8

Deluga, R.J. (2001). American presidential Machiavellianism: Implications for charismatic leadership and rated performance. *The Leadership Quarterly, 12,* 339–363. https://doi.org/10.1016/S1048-9843(01)00082-0

DeShong, H.L., Grant, D.M. & Mullins-Sweatt, S.N. (2015). Comparing models of counterproductive workplace behaviors: The Five-Factor Model and the Dark Triad. *Personality and Individual Differences, 74,* 55–60. https://doi.org/10.1016/j.paid.2014.10.001

DeShong, H.L., Helle, A.C., Lengel, G.J., Meyer, N. & Mullins-Sweatt, S.N. (2017). Facets of the Dark Triad: Utilizing the five-factor model to describe Machiavellianism. *Personality and Individual Differences, 105,* 218–223. https://doi.org/10.1016/j.paid.2016.09.053

Deutsches Institut für Medizinische Dokumentation und Information (DIMDI). (2019). *Internationale statistische Klassifikation der Krankheiten und verwandter Gesundheitsprobleme, 10. Revision, German Modification (ICD-10-GM).* Verfügbar unter: https://www.dimdi.de/static/de/klassifikationen/icd/icd-10-gm/kode-suche/htmlgm2019/

Deutsches Institut für Normung (2016). *DIN 33430:2016-07. Anforderungen an berufsbezogene Eignungsdiagnostik*. Berlin: Beuth.

DeYoung, C.G., Hirsh, J.B., Shane, M.S., Papademetris, X., Rajeevan, N. & Gray, J.R. (2010). Testing predictions from personality neuroscience: Brain structure and the big five. *Psychological Science, 21,* 820–828. https://doi.org/10.1177/0956797610370159

DeYoung, C.G., Peterson, J.B. & Higgins, D.M. (2002). Higher-order factors of the Big Five predict conformity: Are there neuroses of health? *Personality and Individual Differences, 33,* 533–552. https://doi.org/10.1016/S0191-8869(01)00171-4

DeYoung, C.G., Quilty, L.C. & Peterson, J.B. (2007). Between facets and domains: 10 aspects of the Big Five. *Journal of Personality and Social Psychology, 93,* 880–896. https://doi.org/10.1037/0022-3514.93.5.880

Dhanani, S., Kumari, V., Puri, B.K., Treasaden, I., Young, S. & Sen, P. (2017). A systematic review of the heritability of specific psychopathic traits using Hare's two-factor model of psychopathy. *CNS Spectrums,* 1–10.

Diagnostik- und Testkuratorium (2018). TBS-DTK. Testbeurteilungssystem des Diagnostik- und Testkuratoriums der Föderation Deutscher Psychologenvereinigungen. Revidierte Fassung vom 03. Januar 2018. *Psychologische Rundschau, 69,* 109–116.

Diamond, D. (2006). Narzissmus als klinisches und gesellschaftliches Phänomen. In O.F. Kernberg & H.-P. Hartmann (Hrsg.), *Narzissmus. Grundlagen – Störungsbilder – Therapie* (S. 171–204). Stuttgart: Schattauer.

Die Bundesregierung (2018). *Strategie Künstliche Intelligenz der Bundesregierung.* Verfügbar unter: https://www.bmbf.de/files/Nationale_KI-Strategie.pdf

Digman, J.M. (1996). The curious history of the Five-Factor Model. In J.S. Wiggins (Ed.), *The Five-Factor Model of Personality: Theoretical Perspectives* (pp. 1–20). New York: Guilford Press.

Digman, J.M. (1997). Higher-order factors of the Big Five. *Journal of Personality and Social Psychology, 73,* 1246–1256. https://doi.org/10.1037/0022-3514.73.6.1246

Dilchert, S., Ones, D.S. & Krueger, R.F. (2014). Maladaptive personality constructs, measures, and work behaviors. *Industrial and Organizational Psychology, 7,* 98–110. https://doi.org/10.1111/iops.12115

Donnellan, M.B., Trzesniewski, K.H. & Robins, R.W. (2009). An emerging epidemic of narcissism or much ado about nothing? *Journal of Research in Personality, 43,* 498–501. https://doi.org/10.1016/j.jrp.2008.12.010

Douglas, H., Bore, M. & Munro, D. (2012). Distinguishing the dark triad: Evidence from the five-factor model and the Hogan development survey. *Psychology, 3,* 237–242. https://doi.org/10.4236/psych.2012.33033

Dowgwillo, E.A. & Pincus, A.L. (2017). Differentiating dark triad traits within and across interpersonal circumplex surfaces. *Assessment, 24,* 24–44. https://doi.org/10.1177/1073191116643161

Dubbelt, L., Oostrom, J.K., Hiemstra, A.M. & Modderman, J.P. (2015). Validation of a digital work simulation to assess Machiavellianism and compliant behavior. *Journal of Business Ethics, 130,* 619–637. https://doi.org/10.1007/s10551-014-2249-x

DuBrin, A.J. (2012). *Narcissism in the workplace: Research, opinion and practice.* Cheltenham: Edward Elgar Publishing. https://doi.org/10.4337/9781781001363

Dutton, K. (2012). *The wisdom of psychopaths: What saints, spies, and serial killers can teach us about success.* London: Macmillan.

Eaton, N.R., Krueger, R.F., South, S.C., Simms, L.J. & Clark, L.A. (2011). Contrasting prototypes and dimensions in the classification of personality pathology: Evidence that dimensions, but not prototypes, are robust. *Psychological Medicine, 41,* 1151–1163. https://doi.org/10.1017/S0033291710001650

Eisenbarth, H., Hart, C.M. & Sedikides, C. (2018). Do Psychopathic Traits Predict Professional Success? *Journal of Economic Psychology, 64,* 130–139. https://doi.org/10.1016/j.joep.2018.01.002

Ellen, B.P., Kiewitz, C., Garcia, P.R.J.M. & Hochwarter, W.A. (2017). Dealing with the Full-of-Self-Boss: Interactive Effects of Supervisor Narcissism and Subordinate Resource Management Ability on Work Outcomes. *Journal of Business Ethics,* 1–18.

Emmons, R.A. (1981). Relationship between narcissism and sensation seeking. *Psychological Reports, 48,* 247–250. https://doi.org/10.2466/pr0.1981.48.1.247

Emmons, R.A. (1984). Factor analysis and construct validity of the narcissistic personality inventory. *Journal of Personality Assessment, 48,* 291–300. https://doi.org/10.1207/s15327752jpa4803_11

Emmons, R.A. (1987). Narcissism: theory and measurement. *Journal of Personality and Social Psychology, 52,* 11–17. https://doi.org/10.1037/0022-3514.52.1.11

Engel, R.R. (Hrsg.). (2000). *Minnesota Multiphasic Personality Inventory-2* (MMPI-2). Bern: Huber.

Erdle, S. & Rushton, J.P. (2010). The general factor of personality, BIS–BAS, expectancies of reward and punishment, self-esteem, and positive and negative affect. *Personality and Individual Differences, 48,* 762–766. https://doi.org/10.1016/j.paid.2010.01.025

Externbrink, K. & Keil, M. (2018). *Narzissmus, Machiavellismus und Psychopathie in Organisationen: Theorien, Methoden und Befunde zur dunklen Triade*. Berlin: Springer. https://doi.org/10.1007/978-3-658-17239-8

Fabrigar, L.R., Wegener, D.T., MacCallum, R.C. & Strahan, E.J. (1999). Evaluating the use of exploratory factor analysis in psychological research. *Psychological Methods, 4,* 272–299. https://doi.org/10.1037/1082-989X.4.3.272

Fehr, B., Samsom, D. & Paulhus, D.L. (1992). The construct of Machiavellianism: twenty years later. In C.D. Spielberger & J.N. Butcher (Eds.), *Advances in personality assessment* (Vol. 9, pp. 77–116). Hillsdale: Erlbaum.

Felfe, J. & Franke, F. (2012). *Commitment-Skalen (COMMIT). Fragebogen zur Erfassung von Commitment gegenüber Organisation, Beruf/Tätigkeit, Team, Führungskraft und Beschäftigungsform*. Bern: Huber.

Felfe, J. & Goihl, K. (2002). Deutsche überarbeitete und ergänzte Version des Multifactor Leadership Questionnaire (MLQ). In A. Glöckner-Rist (Hrsg.), *ZUMA-Informationssystem. Elektronisches Handbuch sozialwissenschaftlicher Erhebungsinstrumente. Version 5.00*. Mannheim: Zentrum für Umfragen, Methoden und Analysen.

Felfe, J., Six, B., Schmook, R. & Knorz, C. (2010). Commitment gegenüber der Organisation, dem Beruf/der Tätigkeit und der Beschäftigungsform (COBB). In W. Sarges, H. Wottawa & C. Roos (Hrsg.), *Handbuch wirtschaftspsychologischer Testverfahren, Band II: Organisationspsychologische Instrumente*, S. 39–44). Lengerich: Pabst Science Publishers.

Ferris, G.R., Treadway, D.C., Kolodinsky, R.W., Hochwarter, W.A., Kacmar, C.J., Douglas, C. et al. (2005). Development and validation of the political skill inventory. *Journal of Management, 31,* 126–152. https://doi.org/10.1177/0149206304271386

Fiedler, P. (2001). *Persönlichkeitsstörungen*. Weinheim: Beltz.

Fisher, P.A., Robie, C., Christiansen, N.D. & Komar, S. (2018). The impact of psychopathy and warnings on faking behavior: A multisaturation perspective. *Personality and Individual Differences, 127,* 39–43. https://doi.org/10.1016/j.paid.2018.01.033

Fiske, D.W. (1949). Consistency of the factorial structures of personality ratings from different sources. *The Journal of Abnormal and Social Psychology, 44,* 329–344. https://doi.org/10.1037/h0057198

Foster, J.D., Shenesey, J.W. & Goff, J.S. (2009). Why do narcissists take more risks? Testing the roles of perceived risks and benefits of risky behaviors. *Personality and Individual Differences, 47,* 885–889. https://doi.org/10.1016/j.paid.2009.07.008

Freud, S. (1931). Über libidinöse Typen. In S. Freud, *Gesammelte Werke XIV* (S. 507–513). Frankfurt am Main: Fischer.

Furnham, A., Hughes, D.J. & Marshall, E. (2013). Creativity, OCD, narcissism and the Big Five. *Thinking Skills and Creativity, 10,* 91–98. https://doi.org/10.1016/j.tsc.2013.05.003

Furnham, A., Hyde, G. & Trickey, G. (2014). Do your dark side traits fit? Dysfunctional personalities in different work sectors. *Applied Psychology: An International Review, 63,* 589–606. https://doi.org/10.1111/apps.12002

Furnham, A., Richards, S.C. & Paulhus, D.L. (2013). The Dark Triad of Personality: A 10 Year Review. *Social and Personality Psychology Compass, 7,* 199–216. https://doi.org/10.1111/spc3.12018

Furnham, A., Richards, S.C., Rangel, L. & Jones, D.N. (2014). Measuring malevolence: Quantitative issues surrounding the Dark Triad of personality. *Personality and Individual Differences, 67,* 114–121. https://doi.org/10.1016/j.paid.2014.02.001

Furnham, A., Trickey, G. & Hyde, G. (2012). Bright aspects to dark side traits: Dark side traits associated with work success. *Personality and Individual Differences, 52,* 908–913. https://doi.org/10.1016/j.paid.2012.01.025

Gable, M. & Dangello, F. (1994). Job involvement, machiavellianism and job performance. *Journal of Business and Psychology, 9,* 159–170. https://doi.org/10.1007/BF02230634

Gable, M., Hollon, C. & Dangello, F. (1992). Managerial structuring of work as a moderator of the Machiavellianism and job performance relationship. *The Journal of Psychology, 126,* 317–325. https://doi.org/10.1080/00223980.1992.10543366

Gabriel, M.T., Critelli, J.W. & Ee, J.S. (1994). Narcissistic illusions in self-evaluations of intelligence and attractiveness. *Journal of Personality, 62,* 143–155. https://doi.org/10.1111/j.1467-6494.1994.tb00798.x

Gaddis, B.H. & Foster, J.L. (2015). Meta-analysis of dark side personality characteristics and critical work behaviors among leaders across the globe: Findings and implications for leadership development and executive coaching. *Applied Psychology: An International Review, 64,* 25–54.

Geis, F.L. & Christie, R. (1970). Overview of experimental research. In R. Christie & F.L. Geis (Eds.), *Studies in Machiavellianism* (pp. 285–313). New York: Academic Press.

Gerstenberg, F., Imhoff, R., Banse, R. & Schmitt, M.J. (2014). Discrepancies between implicit and explicit self-concepts of intelligence: relations to modesty, narcissism, and achievement motivation. *Frontiers in Psychology, 5,* 85. https://doi.org/10.3389/fpsyg.2014.00085

Giammarco, E.A., Atkinson, B., Baughman, H.M., Veselka, L. & Vernon, P.A. (2013). The relation between antisocial personality and the perceived ability to deceive. *Personality and Individual Differences, 54,* 246–250. https://doi.org/10.1016/j.paid.2012.09.004

Gkorezis, P., Petridou, E. & Krouklidou, T. (2015). The detrimental effect of machiavellian leadership on employees' emotional exhaustion: organizational cynicism as a mediator. *Europe's Journal of Psychology, 11,* 619–631. https://doi.org/10.5964/ejop.v11i4.988

Glenn, A.L., Raine, A., Yaralian, P.S. & Yang, Y. (2010). Increased volume of the striatum in psychopathic individuals. *Biological Psychiatry, 67,* 52–58. https://doi.org/10.1016/j.biopsych.2009.06.018

Glenn, A.L. & Sellbom, M. (2015). Theoretical and empirical concerns regarding the Dark Triad as a construct. *Journal of Personality Disorders, 29,* 360–377. https://doi.org/10.1521/pedi_2014_28_162

Goldberg, L.R. (1993). The structure of phenotypic personality traits. *American Psychologist, 48,* 26–34. https://doi.org/10.1037/0003-066X.48.1.26

Gordon, D.S. & Platek, S.M. (2009). Trustworthy? The brain knows: Implicit neural responses to faces that vary in dark triad personality characteristics and trustworthiness. *Journal of Social, Evolutionary, and Cultural Psychology, 3,* 182–200. https://doi.org/10.1037/h0099323

Gottfredson, M.R. & Hirschi, T. (1990). *A General Theory of Crime.* Stanford: Stanford University Press.

Gough, H.G. & Bradley, P. (1992). Delinquent and criminal behavior as assessed by the revised California Psychological Inventory. *Journal of Clinical Psychology, 48,* 298–308. https://doi.org/10.1002/1097-4679(199205)48:3<298::AID-JCLP2270480306>3.0.CO;2-X

Griffin, M.A., Neal, A. & Parker, S.K. (2007). A new model of work role performance: Positive behavior in uncertain and interdependent contexts. *Academy of Management Journal, 50,* 327–347. https://doi.org/10.5465/amj.2007.24634438

Griffin, R.W. & O'Leary-Kelly, A.M. (2004). An introduction to the dark side. In R.W. Griffin & A.M. O'Leary-Kelly (Eds.), *The dark side of organizational behavior* (pp. 1–19). San Francisco: Jossey-Bass.

Griffith, R.L., Chmielowski, T. & Yoshita, Y. (2007). Do applicants fake? An examination of the frequency of applicant faking behavior. *Personnel Review, 36,* 341–355. https://doi.org/10.1108/00483480710731310

Grigoras, M. & Wille, B. (2017). Shedding light on the dark side: associations between the dark triad and the DSM-5 maladaptive trait model. *Personality and Individual Differences, 104,* 516–521. https://doi.org/10.1016/j.paid.2016.09.016

Grijalva, E., Harms, P.D., Newman, D.A., Gaddis, B. & Fraley, R.C. (2015). Narcissism and leadership: A meta-analytic review of linear and nonlinear relationships. *Personnel Psychology, 68,* 1–47. https://doi.org/10.1111/peps.12072

Grijalva, E., Maynes, T.D., Badura, K.L. & Whiting, S.W.W. (2019). Examining the „I" in team: A longitudinal investigation of the influence of team narcissism composition on team outcomes in the NBA. *Academy of Management Journal.* Advance online publication. https://doi.org/10.5465/amj.2017.0218

Grijalva, E. & Newman, D.A. (2015). Narcissism and counterproductive work behavior (CWB): Meta-analysis and consideration of collectivist culture, Big Five personality, and narcissism's facet structure. *Applied Psychology: An International Review, 64,* 93–126. https://doi.org/10.1111/apps.12025

Gruys, M.L. & Sackett, P.R. (2003). Investigating the dimensionality of counterproductive work behavior. *International Journal of Selection and Assessment, 11,* 30–42. https://doi.org/10.1111/1468-2389.00224

Guedes, M.J.C. (2017). Mirror, mirror on the wall, am I the greatest performer of all? Narcissism and self-reported and objective performance. *Personality and Individual Differences, 108,* 182–185. https://doi.org/10.1016/j.paid.2016.12.030

Guenole, N. (2014). Maladaptive personality at work: Exploring the darkness. *Industrial and Organizational Psychology, 7,* 85–97. https://doi.org/10.1111/iops.12114

Guenole, N. (2015). The Hierarchical Structure of Work-Related Maladaptive Personality Traits. *European Journal of Psychological Assessment, 31,* 83–90. https://doi.org/10.1027/1015-5759/a000209

Guenole, N., Brown, A.A. & Cooper, A.J. (2016). Forced-Choice Assessment of Work-Related Maladaptive Personality Traits: Preliminary Evidence from an Application of Thurstonian Item Response Modeling. *Assessment,* 1–14. https://doi.org/10.1177/1073191116641181

Guion, R.M. & Gottier, R.F. (1965). Validity of personality measures in personnel selection. *Personnel Psychology, 18,* 135–164. https://doi.org/10.1111/j.1744-6570.1965.tb00273.x

Gunnthorsdottir, A., McCabe, K. & Smith, V. (2002). Using the Machiavellianism instrument to predict trustworthiness in a bargaining game. *Journal of Economic Psychology, 23,* 49–66. https://doi.org/10.1016/S0167-4870(01)00067-8

Gustafson, S.B. (2000). Personality and organizational destructiveness: Fact, fiction, and fable. In L.R. Bergman, R.B. Cairns, L. Nilsson & L. Nystedts (Eds.), *Developmental science and the holistic approach* (pp. 299–314). Mahwah: Lawrence Erlbaum Associates.

Gustafson, S.B. & Ritzer, D.R. (1995). The dark side of normal: a psychopathy-linked pattern called aberrant self-promotion. *European Journal of Personality, 9,* 147–183. https://doi.org/10.1002/per.2410090302

Hall, A.T., Hochwarter, W.A., Ferris, G.R. & Bowen, M.G. (2004). The dark side of politics in organizations. In R.W. Griffin & A.M. O'Leary-Kelly (Eds.), *The dark side of organizational behavior* (pp. 237–261). San Francisco: Jossey-Bass.

Hare, R.D. (1980). A research scale for the assessment of psychopathy in criminal populations. *Personality and Individual Differences, 1,* 111–119. https://doi.org/10.1016/0191-8869(80)90028-8

Hare, R.D. (1985). Comparison of procedures for the assessment of psychopathy. *Journal of Consulting and Clinical Psychology, 53,* 7–16. https://doi.org/10.1037/0022-006X.53.1.7

Hare, R.D. (1996). Psychopathy: A clinical construct whose time has come. *Criminal Justice and Behavior, 23,* 25–54. https://doi.org/10.1177/0093854896023001004

Hare, R.D. (2003). *Hare Psychopathy Checklist-Revised (PCL-R): Technical Manual* (2nd ed.). Toronto: Multi-Health Systems.

Hare, R.D. (2005). *Gewissenlos: die Psychopathen unter uns.* Wien: Springer.

Hare, R.D. & Neumann, C.S. (2006). The PCL-R assessment of psychopathy. In C.J. Patrick (Ed.), *Handbook of psychopathy* (pp. 58–88). New York: Guilford Press.

Harms, P.D., Roberts, B.W. & Kuncel, N. (2004). *The mini-markers of evil: Using adjectives to measure the Dark Triad of personality.* Paper presented at the Meeting of the Society for Personality and Social Psychology, Austin.

Harms, P.D. & Spain, S.M. (2015). Beyond the bright side: Dark personality at work. *Applied Psychology: An International Review, 64,* 15–24. https://doi.org/10.1111/apps.12042

Harms, P.D., Spain, S.M. & Hannah, S.T. (2011). Leader development and the dark side of personality. *The Leadership Quarterly, 22,* 495–509. https://doi.org/10.1016/j.leaqua.2011.04.007

Harms, P.D., Wood, D. & DeSimone, J.A. (2019). Just because it's dark doesn't mean that we can't go there. *Industrial and Organizational Psychology, 12,* 206–210. https://doi.org/10.1017/iop.2019.40

Harpur, T.J., Hakstian, A.R. & Hare, R.D. (1988). Factor structure of the Psychopathy Checklist. *Journal of Consulting and Clinical Psychology, 56,* 741–747. https://doi.org/10.1037/0022-006X.56.5.741

Hart, S.D. & Hare, R.D. (1998). The association between psychopathy and narcissism: Theoretical views and empirical evidence. In E. Rooningstam (Ed.), *Disorders of narcissism – Theoretical, empirical, and clinical implications* (pp. 415–436). Washington, DC: American Psychiatric Press.

Hartmann, H.-P. (2006). Narzisstische Persönlichkeitsstörungen – ein Überblick. In O.F. Kernberg & H.-P. Hartmann (Hrsg.), *Narzissmus. Grundlagen – Störungsbilder – Therapie* (S. 3–36). Stuttgart: Schattauer.

Hathaway, S.R., & McKinley, J.C. (1943). *Manual for the Minnesota Multiphasic Personality Inventory.* New York: Psychological Corporation.

Hausknecht, J.P., Day, D.V. & Thomas, S.C. (2004). Applicant reactions to selection procedures: An updated model and meta-analysis. *Personnel Psychology, 57,* 639–683. https://doi.org/10.1111/j.1744-6570.2004.00003.x

Heinzen, H., Seibert, M., Schulte Ostermann, M.A., Huchzermeier, C. & Eisenbarth, H. (2014). Diagnostische Verfahren zur Messung von psychopathischen Persönlichkeitsmerkmalen. *Praxis der Rechtspsychologie, 24,* 106–137.

Henning, H.-J. & Six, B. (1977). Konstruktion einer Machiavellismus-Skala. *Zeitschrift für Sozialpsychologie, 8,* 185–198.

Henslin, P.A. (2005). Conceptualizing and evaluating career success. *Journal of Organizational Behavior, 26,* 113–136. https://doi.org/10.1002/job.270

Hervé, H. & Yuille, J.C. (2007). *The Psychopath: Theory, Research, and Practice.* Mahwah: Lawrence Erlbaum Associates.

Hicks, B.M., Carlson, M.D., Blonigen, D.M., Patrick, C.J., Iacono, W.G. & Mgue, M. (2012). Psychopathic personality traits and environmental contexts: Differential correlates, gender differences, and genetic mediation. *Personality Disorders: Theory, Research, and Treatment, 3,* 209–227. https://doi.org/10.1037/a0025084

Hirschi, A. & Jaensch, V.K. (2015). Narcissism and career success: Occupational self-efficacy and career engagement as mediators. *Personality and Individual Differences, 77,* 205–208. https://doi.org/10.1016/j.paid.2015.01.002

Hmieleski, K.M. & Lerner, D.A. (2016). The dark triad and nascent entrepreneurship: An examination of unproductive versus productive entrepreneurial motives. *Journal of Small Business Management, 54,* 7–32. https://doi.org/10.1111/jsbm.12296

Hodson, G., Book, A., Visser, B.A., Volk, A.A., Ashton, M.C. & Lee, K. (2018). Is the Dark Triad common factor distinct from low Honesty-Humility? *Journal of Research in Personality, 73,* 123–129. https://doi.org/10.1016/j.jrp.2017.11.012

Hodson, G., Hogg, S.M. & MacInnis, C.C. (2009). The role of „dark personalities" (narcissism, Machiavellianism, psychopathy), Big Five personality factors, and ideology in explaining prejudice. *Journal of Research in Personality, 43,* 686–690. https://doi.org/10.1016/j.jrp.2009.02.005

Hogan, J., Barrett, P. & Hogan, R. (2007). Personality measurement, faking, and employment selection. *Journal of Applied Psychology, 92,* 1270–1285. https://doi.org/10.1037/0021-9010.92.5.1270

Hogan, R. & Hogan, J. (2001). Assessing leadership: A view from the dark side. *International Journal of Selection and Assessment, 9,* 40–51. https://doi.org/10.1111/1468-2389.00162

Hogan, R. & Hogan, J. (2007). *Hogan Personality Inventory (HPI). Manual* (3rd ed.). Tulsa: Hogan Assessment Systems.

Hogan, R. & Hogan, J. (2009). *Hogan Development Survey (HDS). Manual* (2nd ed.). Tulsa: Hogan Assessment Systems.

Holland, J.L. (1997). *Making vocational choices: A theory of vocational personalities and work environments.* Odessa: Psychological Assessment Resources.

Holtzman, N.S. (2011). Facing a psychopath: Detecting the dark triad from emotionally-neutral faces, using prototypes from the Personality Faceaurus. *Journal of Research in Personality, 45,* 648–654. https://doi.org/10.1016/j.jrp.2011.09.002

Horney, K. (1950). *Neurosis and Human Growth.* New York: Norton.

Howe, J., Falkenbach, D. & Massey, C. (2014). The relationship among psychopathy, emotional intelligence, and professional success in finance. *International Journal of Forensic Mental Health, 13,* 337–347. https://doi.org/10.1080/14999013.2014.951103

Hu, L. & Bentler, P.M. (1999). Cutoff criteria for fit indexes in covariance structure analysis: Conventional criteria vs. new alternatives. *Structural Equation Modeling, 6,* 1–55. https://doi.org/10.1080/10705519909540118

Hudek-Knežević, J., Kardum, I. & Mehić, N. (2016). Dark triad traits and health outcomes: An exploratory study. *Psychological Topics, 25,* 129–156.

Hunt, S.D. & Chonko, L.B. (1984). Marketing and Machiavellianism. *Journal of Marketing, 48,* 30–42. https://doi.org/10.1177/002224298404800304

Hurst, C., Simon, L., Jung, Y. & Pirouz, D. (2017). Are „Bad“ Employees Happier Under Bad Bosses? Differing Effects of Abusive Supervision on Low and High Primary Psychopathy Employees. *Journal of Business Ethics,* 1–16. https://doi.org/10.1007/s10551-017-3770-5

International Organization for Standardization (ISO) (2011). *ISO 10667-1:2011. Assessment service delivery – Procedures and methods to assess people in work and organizational settings.* Genf, Schweiz: ISO.

Jackson, D.J. (2014). Can maladaptive personality be assessed in organizations? *Industrial and Organizational Psychology, 7,* 110–113. https://doi.org/10.1111/iops.12116

Jeske, D. & Shultz, K.S. (2016). Using social media content for screening in recruitment and selection: pros and cons. *Work, Employment & Society, 30,* 535–546. https://doi.org/10.1177/0950017015613746

Jonason, P.K., Abboud, R., Tomé, J., Dummett, M. & Hazer, A. (2017). The Dark Triad traits and individual differences in self-reported and other-rated creativity. *Personality and Individual Differences, 117,* 150–154. https://doi.org/10.1016/j.paid.2017.06.005

Jonason, P.K., Baughman, H.M., Carter, G.L. & Parker, P. (2015). Dorian Gray without his portrait: Psychological, social, and physical health costs associated with the Dark Triad. *Personality and Individual Differences, 78,* 5–13. https://doi.org/10.1016/j.paid.2015.01.008

Jonason, P.K. & Buss, D.M. (2012). Avoiding entangling commitments: Tactics for implementing a short-term mating strategy. *Personality and Individual Differences, 52,* 606–610. https://doi.org/10.1016/j.paid.2011.12.015

Jonason, P.K., Foster, J.D., Egorova, M.S., Parshikova, O., Csathó, Á., Oshio, A. & Gouveia, V.V. (2017). The Dark Triad traits from a life history perspective in six countries. *Frontiers in Psychology: Evolutionary Psychology, 8,* 1476.

Jonason, P.K., Icho, A. & Ireland, K. (2016). Resources, harshness, and unpredictability: the socioeconomic conditions associated with the Dark Triad traits. *Evolutionary Psychology, 14,* 1–11. https://doi.org/10.1177/1474704915623699

Jonason, P.K., Kavanagh, P.S., Webster, G.D. & Fitzgerald, D. (2011). Comparing the measured and latent dark triad: Are three measures better than one? *Journal of Methods and Measurement in the Social Sciences, 2,* 28–44. https://doi.org/10.2458/jmm.v2i1.12363

Jonason, P.K., Koehn, M., Okan, C. & O'Connor, P.J. (2018). The role of personality in individual differences in yearly earnings. *Personality and Individual Differences, 121,* 170–172. https://doi.org/10.1016/j.paid.2017.09.038

Jonason, P.K. & Krause, L. (2013). The emotional deficits associated with the Dark Triad traits: Cognitive empathy, affective empathy, and alexithymia. *Personality and Individual Differences, 55,* 532–537. https://doi.org/10.1016/j.paid.2013.04.027

Jonason, P.K. & Kroll, C.H. (2015). A multidimensional view of the relationship between empathy and the Dark Triad. *Journal of Individual Differences, 36,* 150–156. https://doi.org/10.1027/1614-0001/a000166

Jonason, P.K. & Lavertu, A.N. (2017). The reproductive costs and benefits associated with the Dark Triad traits in women. *Personality and Individual Differences, 110,* 38–40. https://doi.org/10.1016/j.paid.2017.01.024

Jonason, P.K., Li, N.P. & Buss, D.M. (2010). The costs and benefits of the Dark Triad: Implications for mate poaching and mate retention tactics. *Personality and Individual Differences, 48,* 373–378. https://doi.org/10.1016/j.paid.2009.11.003

Jonason, P.K., Li, N.P., Webster, G.D. & Schmitt, D.P. (2009). The dark triad: Facilitating a short-term mating strategy in men. *European Journal of Personality, 23,* 5–18. https://doi.org/10.1002/per.698

Jonason, P.K., Luevano, V.X. & Adams, H.M. (2012). How the Dark Triad traits predict relationship choices. *Personality and Individual Differences, 53,* 180–184. https://doi.org/10.1016/j.paid.2012.03.007

Jonason, P.K., Lyons, M., Baughman, H.M. & Vernon, P.A. (2014). What a tangled web we weave: The Dark Triad and deception. *Personality and Individual Differences, 70,* 117–119. https://doi.org/10.1016/j.paid.2014.06.038

Jonason, P.K., Lyons, M., Bethell, E. & Ross, R. (2013). Different routes to limited empathy in the sexes: Examining the links between the Dark Triad and empathy. *Personality and Individual Differences, 54,* 572–576. https://doi.org/10.1016/j.paid.2012.11.009

Jonason, P.K. & O'Connor, P.J. (2017). Cutting corners at work: An individual differences perspective. *Personality and Individual Differences, 107,* 146–153. https://doi.org/10.1016/j.paid.2016.11.045

Jonason, P.K., Richardson, E.N. & Potter, L. (2015). Self-reported creative ability and the Dark Triad traits: An exploratory study. *Psychology of Aesthetics, Creativity, and the Arts, 9,* 488–494. https://doi.org/10.1037/aca0000037

Jonason, P.K., Slomski, S. & Partyka, J. (2012). The Dark Triad at work: How toxic employees get their way. *Personality and Individual Differences, 52,* 449–453. https://doi.org/10.1016/j.paid.2011.11.008

Jonason, P.K. & Tost, J. (2010). I just cannot control myself: The Dark Triad and self-control. *Personality and Individual Differences, 49,* 611–615. https://doi.org/10.1016/j.paid.2010.05.031

Jonason, P.K., Valentine, K.A., Li, N.P. & Harbeson, C.L. (2011). Mate-selection and the Dark Triad: Facilitating a short-term mating strategy and creating a volatile environment. *Personality and Individual Differences, 51,* 759–763. https://doi.org/10.1016/j.paid.2011.06.025

Jonason, P.K. & Webster, G.D. (2010). The Dirty Dozen: a concise measure of the Dark Triad. *Psychological Assessment, 22,* 420–432. https://doi.org/10.1037/a0019265

Jonason, P.K. & Webster, G.D. (2012). A protean approach to social influence: Dark Triad personalities and social influence tactics. *Personality and Individual Differences, 52,* 521–526. https://doi.org/10.1016/j.paid.2011.11.023

Jonason, P.K., Wee, S. & Li, N.P. (2015). Competition, autonomy, and prestige: Mechanisms through which the Dark Triad predict job satisfaction. *Personality and Individual Differences, 72,* 112–116. https://doi.org/10.1016/j.paid.2014.08.026

Jonason, P.K., Wee, S., Li, N.P. & Jackson, C. (2014). Occupational niches and the Dark Triad traits. *Personality and Individual Differences, 69,* 119–123. https://doi.org/10.1016/j.paid.2014.05.024

Jones, D.N. (2014). Risk in the face of retribution: Psychopathic individuals persist in financial misbehavior among the Dark Triad. *Personality and Individual Differences, 67,* 109–113. https://doi.org/10.1016/j.paid.2014.01.030

Jones, D.N. & Figueredo, A.J. (2013). The core of darkness: Uncovering the heart of the Dark Triad. *European Journal of Personality, 27,* 521–531. https://doi.org/10.1002/per.1893

Jones, D.N. & Hare, R.D. (2016). The mismeasure of psychopathy: A commentary on Boddy's PM-MRV. *Journal of Business Ethics, 138,* 579–588. https://doi.org/10.1007/s10551-015-2584-6

Jones, D.N. & Olderbak, S.G. (2014). The associations among dark personalities and sexual tactics across different scenarios. *Journal of Interpersonal Violence, 29,* 1050–1070. https://doi.org/10.1177/0886260513506053

Jones, D.N. & Paulhus, D.L. (2009). Machiavellianism. In M.R. Leary & R.H. Hoyle (Eds.), *Handbook of individual differences in social behavior* (pp. 93–108). New York: Guilford Press.

Jones, D.N. & Paulhus, D.L. (2010). Different provocations trigger aggression in narcissists and psychopaths. *Social Psychological and Personality Science, 1,* 12–18. https://doi.org/10.1177/1948550609347591

Jones, D.N. & Paulhus, D.L. (2011). The role of impulsivity in the Dark Triad of personality. *Personality and Individual Differences, 51,* 679–682. https://doi.org/10.1016/j.paid.2011.04.011

Jones, D.N. & Paulhus, D.L. (2014). Introducing the short dark triad (SD 3): a brief measure of dark personality traits. *Assessment, 21,* 28–41. https://doi.org/10.1177/1073191113514105

Jones, D.N. & Paulhus, D.L. (2017). Duplicity among the dark triad: Three faces of deceit. *Journal of Personality and Social Psychology, 113,* 329–342. https://doi.org/10.1037/pspp0000139

Judge, T.A., LePine, J.A. & Rich, B.L. (2006). Loving yourself abundantly: relationship of the narcissistic personality to self-and other perceptions of workplace deviance, leadership, and task and contextual performance. *Journal of Applied Psychology, 91,* 762–776. https://doi.org/10.1037/0021-9010.91.4.762

Judge, T.A., Piccolo, R.F. & Kosalka, T. (2009). The bright and dark sides of leader traits: A review and theoretical extension of the leader trait paradigm. *The Leadership Quarterly, 20,* 855–875. https://doi.org/10.1016/j.leaqua.2009.09.004

Kaiser, R.B., LeBreton, J.M. & Hogan, J. (2015). The dark side of personality and extreme leader behavior. *Applied Psychology: An International Review, 64,* 55–92. https://doi.org/10.1111/apps.12024

Kajonius, P.J., Persson, B.N. & Jonason, P.K. (2015). Hedonism, achievement, and power: Universal values that characterize the Dark Triad. *Personality and Individual Differences, 77,* 173–178. https://doi.org/10.1016/j.paid.2014.12.055

Kajonius, P.J., Persson, B.N., Rosenberg, P. & Garcia, D. (2016). The (mis)measurement of the Dark Triad Dirty Dozen: exploitation at the core of the scale. *PeerJ, 4,* e1748. https://doi.org/10.7717/peerj.1748

Kanning, U.P. (2009). *Inventar sozialer Kompetenzen* (ISK). Göttingen: Hogrefe.

Kanning, U.P. (2018). Digitalisierung in der Eignungsdiagnostik. *Report Psychologie, 10,* 396–405.

Kapoor, H. (2015). The creative side of the dark triad. *Creativity Research Journal, 27,* 58–67. https://doi.org/10.1080/10400419.2014.961775

Kersting, M. (2005). *Fragebogen zur Messung der Akzeptanz diagnostischer Verfahren für Persönlichkeitstests (AKZEPT!-P).* Aachen: RWTH, Institut für Psychologie, Lehrstuhl II für Betriebs- und Organisationspsychologie.

Kersting, M. (2006). Zur Beurteilung der Qualität von Tests: Resümee und Neubeginn. *Psychologische Rundschau, 57,* 243–253. https://doi.org/10.1026/0033-3042.57.4.243

Kersting, M. (2018a). Verfahren der Eignungsbeurteilung sowie ihre Möglichkeiten und Grenzen. In Diagnostik- und Testkuratorium (Hrsg.), *Personalauswahl kompetent gestalten. Grundlagen und Praxis der Eignungsdiagnostik nach DIN 33430* (S. 97–112). Berlin: Springer. https://doi.org/10.1007/978-3-662-53772-5

Kersting, M. (2018b). Serviceteil. In Diagnostik- und Testkuratorium (Hrsg.), *Personalauswahl kompetent gestalten. Grundlagen und Praxis der Eignungsdiagnostik nach DIN 33430* (S. 223–245). Berlin: Springer. https://doi.org/10.1007/978-3-662-53772-5

Kersting, M. & Püttner, I. (2018). Einführung in die DIN 33430. In Diagnostik- und Testkuratorium (Hrsg.). *Personalauswahl kompetent gestalten. Grundlagen und Praxis der Eignungsdiagnostik nach DIN 33430* (S. 1–25). Berlin: Springer. https://doi.org/10.1007/978-3-662-53772-5

Kessler, S.R., Bandelli, A.C., Spector, P.E., Borman, W.C., Nelson, C.E. & Penney, L.M. (2010). Re-Examining Machiavelli: A three-dimensional model of machiavellianism in the workplace. *Journal of Applied Social Psychology, 40,* 1868–1896. https://doi.org/10.1111/j.1559-1816.2010.00643.x

Kiazad, K., Restubog, S.L.D., Zagenczyk, T.J., Kiewitz, C. & Tang, R.L. (2010). In pursuit of power: The role of authoritarian leadership in the relationship between supervisors' Machiavellianism and subordinates' perceptions of abusive supervisory behavior. *Journal of Research in Personality, 44,* 512–519. https://doi.org/10.1016/j.jrp.2010.06.004

Knight, N.M., Dahlen, E.R., Bullock-Yowell, E. & Madson, M.B. (2018). The HEXACO model of personality and Dark Triad in relational aggression. *Personality and Individual Differences, 122,* 109–114. https://doi.org/10.1016/j.paid.2017.10.016

Köchling, A.C. & Körner, S. (1996). Personalauswahl aus der Sicht der Betroffenen: Zur bewerberorientierten Gestaltung von Beurteilungssituationen. *Zeitschrift für Arbeits- und Organisationspsychologie, 40,* 22–37.

Kohlberg, L. (1984). *Philosophy of Moral Development*. New York: Harper and Row.

Köhler, D., Müller, R. & Huchzermeier, C. (in Vorb.). *Das Kieler Psychopathie-Inventar (KPI). Ein Fragebogen zur Selbstbeurteilung psychopathischer Persönlichkeitseigenschaften*. Göttingen: Hogrefe.

Korponay, C., Pujara, M., Deming, P., Philippi, C., Decety, J., Kosson, D.S., Kiehl, K.A. & Koenigs, M. (2017). Impulsive-antisocial dimension of psychopathy linked to enlargement and abnormal functional connectivity of the striatum. *Biological Psychiatry: Cognitive Neuroscience and Neuroimaging, 2,* 149–157. https://doi.org/10.1016/j.bpsc.2016.07.004

Kowalski, C.M., Rogoza, R., Vernon, P.A. & Schermer, J.A. (2018). The Dark Triad and the self-presentation variables of socially desirable responding and self-monitoring. *Personality and Individual Differences, 120,* 234–237. https://doi.org/10.1016/j.paid.2017.09.007

Kowalski, C.M., Vernon, P.A. & Schermer, J.A. (2016). The general factor of personality: the relationship between the Big One and the Dark Triad. *Personality and Individual Differences, 88,* 256–260. https://doi.org/10.1016/j.paid.2015.09.028

Kowalski, C.M., Vernon, P.A. & Schermer, J.A. (2017). Vocational interests and dark personality: Are there dark career choices?. *Personality and Individual Differences, 104,* 43–47. https://doi.org/10.1016/j.paid.2016.07.029

Kramer, M., Cesinger, B., Schwarzinger, D. & Gelléri, P. (2011). *Investigating entrepreneurs' dark personality: How narcissism, machiavellianism, and psychopathy relate to entrepreneurial intention.* Proceedings of the 25th ANZAM conference, Wellington, New Zealand.

Krosnick, J.A. (1999). Survey research. *Annual Review of Psychology, 50,* 537–567. https://doi.org/10.1146/annurev.psych.50.1.537

Krueger, R.F., Derringer, J., Markon, K.E., Watson, D. & Skodol, A.E. (2012). Initial construction of a maladaptive personality trait model and inventory for DSM-5. *Psychological Medicine, 42,* 1879–1890. https://doi.org/10.1017/S0033291711002674

Krueger, R.F. & Eaton, N.R. (2010). Personality traits and the classification of mental disorders: Toward a more complete integration in DSM-5 and an empirical model of psychopathology. *Personality Disorders: Theory, Research, and Treatment, 1,* 97–118. https://doi.org/10.1037/a0018990

Küfner, A.C., Dufner, M. & Back, M.D. (2014). Das Dreckige Dutzend und die Niederträchtigen Neun. *Diagnostica, 61,* 76–91. https://doi.org/10.1026/0012-1924/a000124

Kuyumcu, D. & Dahling, J.J. (2014). Constraints for some, opportunities for others? Interactive and indirect effects of Machiavellianism and organizational constraints on task performance ratings. *Journal of Business and Psychology, 29,* 301–310. https://doi.org/10.1007/s10869-013-9314-9

Lais, M. (2013). *Silence is silver, voice is golden? Der Einfluss von Führung auf Mitarbeiterverhalten unter Berücksichtigung psychologischer Verträge.* Hamburg: Verlag Dr. Kovač.

LeBreton, J.M., Barksdale, C.D., Robin, J. & James, L.R. (2007). Measurement issues associated with conditional reasoning tests: Indirect measurement and test faking. *Journal of Applied Psychology, 92,* 1–16. https://doi.org/10.1037/0021-9010.92.1.1

LeBreton, J.M., Shiverdecker, L.K. & Grimaldi, E.M. (2018). The Dark Triad and Workplace Behavior. *Annual Review of Organizational Psychology and Organizational Behavior, 5,* 387–414. https://doi.org/10.1146/annurev-orgpsych-032117-104451

Lee, K. & Allen, N.J. (2002). Organizational citizenship behavior and workplace deviance: The role of affect and cognitions. *Journal of Applied Psychology, 87,* 131–142. https://doi.org/10.1037/0021-9010.87.1.131

Lee, K. & Ashton, M.C. (2005). Psychopathy, Machiavellianism, and Narcissism in the Five-Factor Model and the HEXACO model of personality structure. *Personality and Individual Differences, 38,* 1571–1582. https://doi.org/10.1016/j.paid.2004.09.016

Lee, K. & Ashton, M.C. (2006). Further assessment of the HEXACO Personality Inventory: Two new facet scales and an observer report form. *Psychological Assessment, 18,* 182–191. https://doi.org/10.1037/1040-3590.18.2.182

Lee, K., Ashton, M.C. & de Vries, R.E. (2005). Explaining workplace delinquency and integrity with the HEXACO and Five-Factor Models of personality structure. *Human Performance, 18,* 179–197. https://doi.org/10.1207/s15327043hup1802_4

Lee, K., Ashton, M.C., Wiltshire, J., Bourdage, J.S., Visser, B.A. & Gallucci, A. (2013). Sex, power, and money: Prediction from the Dark Triad and Honesty-Humility. *European Journal of Personality, 27,* 169–184. https://doi.org/10.1002/per.1860

Lee, S.A. & Gibbons, J.A. (2017). The Dark Triad and compassion: Psychopathy and narcissism's unique connections to observed suffering. *Personality and Individual Differences, 116,* 336–342. https://doi.org/10.1016/j.paid.2017.05.010

Liem, C.S., Langer, M., Demetriou, A., Hiemstra, A.M.F., Wicaksana, A.S., Born, M.P. & König, C.J. (2018). Psychology meets machine learning: Interdisciplinary perspectives on algorithmic job candidate screening. In H.J. Escalante et al. (Eds.), *Explainable and interpretable models in computer vi-*

sion and machine learning (pp. 197–253). Cham: Springer. https://doi.org/10.1007/978-3-319-98131-4_9

Lienert, G. & Raatz, U. (1994). *Testaufbau und Testanalyse.* Weinheim: Beltz.

Lievens, F., De Corte, W. & Schollaert, E. (2008). A closer look at the frame-of-reference effect in personality scale scores and validity. *Journal of Applied Psychology, 93,* 268–279. https://doi.org/10.1037/0021-9010.93.2.268

Lilienfeld, S.O. & Fowler, K.A. (2006). The Self-Report Assessment of Psychopathy: Problems, Pitfalls, and Promises. In C.J. Patrick (Ed.), *Handbook of psychopathy* (pp. 107–132). New York: Guilford Press.

Lohaus, D. & Schuler, H. (2014). Leistungsbeurteilung. In H. Schuler & U.P. Kanning (Hrsg.), *Lehrbuch der Personalpsychologie* (3. Aufl., S. 357–411). Göttingen: Hogrefe.

Lopes, B. & Yu, H. (2017). Who do you troll and Why: An investigation into the relationship between the Dark Triad Personalities and online trolling behaviours towards popular and less popular Facebook profiles. *Computers in Human Behavior, 77,* 69–76. https://doi.org/10.1016/j.chb.2017.08.036

Lykken, D.T. (2006). Psychopathic personality: The scope of the problem. In C.J. Patrick (Ed.), *Handbook of psychopathy* (pp. 3–13). New York: Guilford Press.

Lynam, D. (2011). Psychopathy and narcissism. In W.K. Campbell & J. D Miller (Eds.), *The handbook of narcissism and narcissistic personality disorder: Theoretical approaches, empirical findings, and treatments* (pp. 272–282). Hoboken: Wiley.

Lyons, M. (2019). *The Dark Triad of Personality: Narcissism, Machiavellianism, and Psychopathy in Everyday Life.* Cambridge: Academic Press.

Lyons, M. & Brockman, C. (2017). The Dark Triad, emotional expressivity and appropriateness of emotional response: Fear and sadness when one should be happy? *Personality and Individual Differences, 104,* 466–469. https://doi.org/10.1016/j.paid.2016.08.038

MacNeil, B.M. (2008). *The Dark Triad and faking ability on self-report personality inventories and autobiographical accounts.* Unpublished doctoral dissertation, Queen's University, Canada.

MacNeil, B.M., Whaley, I. & Holden, R.R. (2007). *A Confirmatory Factor Analysis of the Dark Triad Screening Measure.* Paper presented at the meeting of the Canadian Psychological Association, Ottawa.

Mai, C., Büttgen, M. & Schwarzinger, D. (2017). „Think-Manager-Consider-Female": Eine Analyse stereotypischer Ansichten über weibliche Führungskräfte und die empirische Überprüfung ihrer realen Persönlichkeit anhand der Big Five und Dunklen Triade. *Schmalenbachs Zeitschrift für betriebswirtschaftliche Forschung, 69,* 119–152. https://doi.org/10.1007/s41471-016-0022-9

Malesza, M. & Kaczmarek, M.C. (2018). The convergent validity between self-and peer-ratings of the Dark Triad personality. *Current Psychology,* 1–8. https://doi.org/10.1007/s12144-018-9906-7

Malesza, M. & Ostaszewski, P. (2016). The utility of the Dark Triad model in the prediction of the self-reported and behavioral risk-taking behaviors among adolescents. *Personality and Individual Differences, 90,* 7–11. https://doi.org/10.1016/j.paid.2015.10.026

Maples, J.L., Lamkin, J. & Miller, J.D. (2014). A test of two brief measures of the dark triad: The dirty dozen and short dark triad. *Psychological Assessment, 26,* 326–331. https://doi.org/10.1037/a0035084

Marcus, B. (2000). *Kontraproduktives Verhalten im Betrieb: Eine individuumsbezogene Perspektive.* Göttingen: Hogrefe.

Marcus, B. & Schuler, H. (2004). Antecedents of counterproductive behavior at work: a general perspective. *Journal of Applied Psychology, 89,* 647–660. https://doi.org/10.1037/0021-9010.89.4.647

Marcus, B., Schuler, H., Quell, P. & Hümpfner, G. (2002). Measuring counterproductivity: Development and initial validation of a German self-report questionnaire. *International Journal of Selection and Assessment, 10,* 18–35. https://doi.org/10.1111/1468-2389.00191

Marcus, B., Taylor, O.A., Hastings, S.E., Sturm, A. & Weigelt, O. (2016). The structure of counterproductive work behavior: A review, a structural meta-analysis, and a primary study. *Journal of Management, 42,* 203–233. https://doi.org/10.1177/0149206313503019

Marcus, D.K., Preszler, J. & Zeigler-Hill, V. (2018). A network of dark personality traits: What lies at the heart of darkness? *Journal of Research in Personality, 73,* 56–62. https://doi.org/10.1016/j.jrp.2017.11.003

Marcus, D.K. & Zeigler-Hill, V. (2015). A big tent of dark personality traits. *Social and Personality Psychology Compass, 9,* 434–446. https://doi.org/10.1111/spc3.12185

Markon, K.E., Krueger, R.F. & Watson, D. (2005). Delineating the structure of normal and abnormal personality: an integrative hierarchical approach. *Journal of Personality and Social Psychology, 88,* 139–157. https://doi.org/10.1037/0022-3514.88.1.139

Marsh, H.W., Hau, K.T. & Wen, Z. (2004). In search of golden rules: Comment on hypothesis-testing approaches to setting cutoff values for fit indexes and dangers in overgeneralizing Hu and Bentler's (1999) findings. *Structural Equation Modeling, 11,* 320–341. https://doi.org/10.1207/s15328007sem1103_2

Marshall, M.B., De Fruyt, F., Rolland, J.P. & Bagby, R.M. (2005). Socially desirable responding and the factorial stability of the NEO PI-R. *Psychological Assessment, 17,* 379–384. https://doi.org/10.1037/1040-3590.17.3.379

Mathieu, C. (2013). Personality and job satisfaction: The role of narcissism. *Personality and Individual Differences, 55,* 650–654. https://doi.org/10.1016/j.paid.2013.05.012

Mathieu, C. & Babiak, P. (2016a). Validating the B-Scan Self: A self-report measure of psychopathy in the workplace. *International Journal of Selection and Assessment, 24,* 272–284. https://doi.org/10.1111/ijsa.12146

Mathieu, C. & Babiak, P. (2016b). Corporate psychopathy and abusive supervision: Their influence on employees' job satisfaction and turnover intentions. *Personality and Individual Differences, 91,* 102–106. https://doi.org/10.1016/j.paid.2015.12.002

Mathieu, C., Hare, R.D., Jones, D.N., Babiak, P. & Neumann, C.S. (2013). Factor structure of the B-Scan 360: A measure of corporate psychopathy. *Psychological Assessment, 25,* 288–293. https://doi.org/10.1037/a0029262

Mathieu, C., Neumann, C.S., Hare, R.D. & Babiak, P. (2014). A dark side of leadership: Corporate psychopathy and its influence on employee well-being and job satisfaction. *Personality and Individual Differences, 59,* 83–88. https://doi.org/10.1016/j.paid.2013.11.010

Matz, S.C., Kosinski, M., Nave, G. & Stillwell, D.J. (2017). Psychological targeting as an effective approach to digital mass persuasion. *Proceedings of the National Academy of Sciences, 14,* 1214–1219. https://doi.org/10.1073/pnas.1710966114

Mayer, J.D., Salovey, P. & Caruso, D.R. (2002). *Mayer-Salovey-Caruso Emotional Intelligence Test (MSCEIT).* Toronto: Multi-Health Systems.

Maynard, D.C., Brondolo, E.M., Connelly, C.E. & Sauer, C.E. (2015). I'm too good for this job: Narcissism's role in the experience of overqualification. *Applied Psychology: An International Review, 64,* 208–232. https://doi.org/10.1111/apps.12031

McCord, M.A., Joseph, D.L. & Grijalva, E. (2014). Blinded by the light: the dark side of traditionally desirable personality traits. *Industrial and Organizational Psychology, 7,* 130–137. https://doi.org/10.1111/iops.12121

McCrae, R.R. & Costa, P.T., Jr. (2015). *NEO Personality Inventory – 3 (NEO-PI-3). UK adaptation by Wendy Lord.* Oxford: Hogrefe.

McFarland, L.A. & Ployhart, R.E. (2015). Social media: A contextual framework to guide research and practice. *Journal of Applied Psychology, 100,* 1653–1677. https://doi.org/10.1037/a0039244

McHoskey, J.W. (1995). Narcissism and Machiavellianism. *Psychological Reports, 77,* 755–759. https://doi.org/10.2466/pr0.1995.77.3.755

McHoskey, J.W., Worzel, W. & Szyarto, C. (1998). Machiavellianism and psychopathy. *Journal of Personality and Social Psychology, 74,* 192–210. https://doi.org/10.1037/0022-3514.74.1.192

McLarnon, M.J. & Tarraf, R.C. (2017). The Dark Triad: Specific or general sources of variance? A bifactor exploratory structural equation modeling approach. *Personality and Individual Differences, 112,* 67–73. https://doi.org/10.1016/j.paid.2017.02.049

Mershon, B. & Gorsuch, R.L. (1988). Number of factors in the personality sphere: Does increase in factors increase predictability of real-life criteria? *Journal of Personality and Social Psychology, 55,* 675–680. https://doi.org/10.1037/0022-3514.55.4.675

Miao, C., Humphrey, R.H., Qian, S., & Pollack, J.M. (2019). The relationship between emotional intelligence and the dark triad personality traits: A meta-analytic review. *Journal of Research in Personality, 78,* 189–197. https://doi.org/10.1016/j.jrp.2018.12.004

Michel, J. S. & Bowling, N. A. (2013). Does dispositional aggression feed the narcissistic response? The role of narcissism and aggression in the prediction of job attitudes and counterproductive work behaviors. *Journal of Business and Psychology, 28,* 93–105. https://doi.org/10.1007/s10869-012-9265-6

Miller, J. D., Bagby, R. M., Pilkonis, P. A., Reynolds, S. K. & Lynam, D. R. (2005). A simplified technique for scoring DSM-IV personality disorders with the five-factor model. *Assessment, 12,* 404–415. https://doi.org/10.1177/1073191105280987

Miller, J. D., Dir, A., Gentile, B., Wilson, L., Pryor, L. R. & Campbell, W. K. (2010). Searching for a vulnerable dark triad: Comparing factor 2 psychopathy, vulnerable narcissism, and borderline personality disorder. *Journal of Personality, 78,* 1529–1564. https://doi.org/10.1111/j.1467-6494.2010.00660.x

Miller, J. D., Few, L. R., Seibert, L. A., Watts, A., Zeichner, A. & Lynam, D. R. (2012). An examination of the Dirty Dozen measure of psychopathy: A cautionary tale about the costs of brief measures. *Psychological Assessment, 24,* 1048–1053. https://doi.org/10.1037/a0028583

Miller, J. D., Hyatt, C. S., Maples-Keller, J. L., Carter, N. T. & Lynam, D. R. (2017). Psychopathy and Machiavellianism: A distinction without a difference? *Journal of Personality, 85,* 439–453. https://doi.org/10.1111/jopy.12251

Miller, J. D., Vize, C., Crowe, M. L. & Lynam, D. (2019). A critical appraisal of the Dark Triad literature and suggestions for moving forward. *Current Directions in Psychological Science.* Advance online publication.

Mischel, W. (1968). *Personality and assessment*. New York: Wiley.

Mokros, A., Hollerbach, P., Nitschke, J. & Habermeyer, E. (2017). *Hare Psychopathy Checklist – Revised (PCL-R). Deutsche Version der Hare Psychopathy Checklist – Revised (PCL-R) von R. D. Hare*. Göttingen: Hogrefe.

Mörzinger, D. (2012). *Die Entwicklung eines impliziten Verfahrens zur Erfassung der Dunklen Tetrade.* Unveröffentlichte Diplomarbeit, Universität Wien.

Moscoso, S. & Salgado, J. F. (2004). „Dark side" personality styles as predictors of task, contextual, and job performance. *International Journal of Selection and Assessment, 12,* 356–362. https://doi.org/10.1111/j.0965-075X.2004.00290.x

Moshagen, M., Hilbig, B. E. & Zettler, I. (2018). The dark core of personality. *Psychological Review, 125,* 656–688. https://doi.org/10.1037/rev0000111

Motowidlo, S. J. (2003). Job performance. In W. Borman, D. Ilgen & R. Klimoski (Eds.), *Handbook of Psychology* (Volume 12: Industrial and Organizational Psychology, pp. 39–54). Hoboken: Wiley.

Mumford, M. D., Connelly, M. S., Helton, W. B., Strange, J. M. & Osburn, H. K. (2001). On the construct validity of integrity tests: Individual and situational factors as predictors of test performance. *International Journal of Selection and Assessment, 9,* 240–257. https://doi.org/10.1111/1468-2389.00177

Muris, P., Merckelbach, H., Otgaar, H. & Meijer, E. (2017). The malevolent side of human nature: A meta-analysis and critical review of the literature on the dark triad (narcissism, machiavellianism, and psychopathy). *Perspectives on Psychological Science, 12,* 183–204. https://doi.org/10.1177/1745691616666070

Murphy, K. R. (Ed.). (2014). [Themenheft mit Kommentaren zum Focal Article: „Maladaptive Personality at Work: Exploring the Darkness" von Guenole (2014)]. *Industrial and Organizational Psychology, 7* (1).

Musek, J. (2007). A general factor of personality: Evidence for the Big One in the five-factor model. *Journal of Research in Personality, 41,* 1213–1233. https://doi.org/10.1016/j.jrp.2007.02.003

Mussel, P. (2003). Persönlichkeitsinventar zur Integritätsabschätzung (PIA). In J. Erpenbeck & L. von Rosenstiel (Hrsg.), *Handbuch Kompetenzmessung* (S. 3–18). Stuttgart: Schäffer-Poeschel.

Mussel, P. (2013). Intellect: A theoretical framework for personality traits related to intellectual achievements. *Journal of Personality and Social Psychology, 104,* 885–906. https://doi.org/10.1037/a0031918

Mussel, P., Gatzka, T. & Hewig, J. (2018). Situational judgment tests as an alternative measure for personality assessment. *European Journal of Psychological Assessment, 34,* 328–335. https://doi.org/10.1027/1015-5759/a000346

Mussel, P., Spengler, M., Litman, J. A. & Schuler, H. (2012). Development and validation of the German work-related curiosity scale. *European Journal of Psychological Assessment, 28,* 109–117. https://doi.org/10.1027/1015-5759/a000098

Mussel, P., Winter, C., Gelléri, P. & Schuler, H. (2011). Explicating the openness to experience construct and its subdimensions and facets in a work setting. *International Journal of Selection and Assessment, 19,* 145–156. https://doi.org/10.1111/j.1468-2389.2011.00542.x

Muthers, C. (2018). Datenschutzrechtliche Aspekte der Personalauswahl. In A. Gourmelon (Hrsg.), *Personalauswahl – ein Blick in die Zukunft* (S. 121–138). Heidelberg: rehm.

Nagler, U.K., Reiter, K.J., Furtner, M.R. & Rauthmann, J.F. (2014). Is there a „dark intelligence"? Emotional intelligence is used by dark personalities to emotionally manipulate others. *Personality and Individual Differences, 65,* 47–52. https://doi.org/10.1016/j.paid.2014.01.025

Nathanson, C., Paulhus, D.L. & Williams, K.M. (2006). Personality and misconduct correlates of body modification and other cultural deviance markers. *Journal of Research in Personality, 40,* 779–802. https://doi.org/10.1016/j.jrp.2005.09.002

Neider, L.L. & Schriesheim, C.A. (Eds.). (2010). *The dark side of management*. Charlotte: Information Age.

Nerdinger, F.W. (2008). *Unternehmensschädigendes Verhalten erkennen und verhindern*. Göttingen: Hogrefe.

Nevicka, B., De Hoogh, A.H., Van Vianen, A.E., Beersma, B. & McIlwain, D. (2011). All I need is a stage to shine: Narcissists' leader emergence and performance. *The Leadership Quarterly, 22,* 910–925. https://doi.org/10.1016/j.leaqua.2011.07.011

Nicholls, A.R., Madigan, D.J., Backhouse, S.H. & Levy, A.R. (2017). Personality traits and performance enhancing drugs: The Dark Triad and doping attitudes among competitive athletes. *Personality and Individual Differences, 112,* 113–116. https://doi.org/10.1016/j.paid.2017.02.062

O'Boyle, E.H. Jr., Forsyth, D.R., Banks, G.C. & McDaniel, M.A. (2012). A meta-analysis of the dark triad and work behavior: A social exchange perspective. *Journal of Applied Psychology, 97,* 557–579. https://doi.org/10.1037/a0025679

O'Boyle, E.H. Jr., Forsyth, D., Banks, G.C. & Story, P.A. (2013). A meta-analytic review of the Dark Triad-Intelligence connection. *Journal of Research in Personality, 47,* 789–794. https://doi.org/10.1016/j.jrp.2013.08.001

O'Boyle, E.H., Forsyth, D.R., Banks, G.C., Story, P.A. & White, C.D. (2015). A meta-analytic test of redundancy and relative importance of the dark triad and five-factor model of personality. *Journal of Personality, 83,* 644–664. https://doi.org/10.1111/jopy.12126

Ogloff, J.R., Campbell, R.E. & Shepherd, S.M. (2016). Disentangling psychopathy from antisocial personality disorder: An Australian analysis. *Journal of Forensic Psychology Practice, 16,* 198–215. https://doi.org/10.1080/15228932.2016.1177281

Ones, D.S. & Viswesvaran, C. (1998). The effects of social desirability and faking on personality and integrity assessment for personnel selection. *Human Performance, 11,* 245–269. https://doi.org/10.1207/s15327043hup1102&3_7

Ones, D.S. & Viswesvaran, C. (2001). Personality at work. Criterion-Focused Occupational Personality Scales Used in Personnel Selection. In B.W. Roberts & R. Hogan (Eds.), *Personality psychology in the workplace* (pp. 63–92). Washington, DC: American Psychological Association.

Ones, D.S., Viswesvaran, C. & Schmidt, F.L. (1993). Comprehensive meta-analysis of integrity test validities: Findings and implications for personnel selection and theories of job performance. *Journal of Applied Psychology, 78,* 679–703. https://doi.org/10.1037/0021-9010.78.4.679

Ong, C.W., Roberts, R., Arthur, C.A., Woodman, T. & Akehurst, S. (2016). The leader ship is sinking: A temporal investigation of narcissistic leadership. *Journal of Personality, 84,* 237–247. https://doi.org/10.1111/jopy.12155

O'Reilly III, C.A., Doerr, B., Caldwell, D.F. & Chatman, J.A. (2014). Narcissistic CEOs and executive compensation. *The Leadership Quarterly, 25,* 218–231. https://doi.org/10.1016/j.leaqua.2013.08.002

O'Reilly III, C.A., Doerr, B. & Chatman, J.A. (2018). „See You in Court": How CEO narcissism increases firms' vulnerability to lawsuits. *The Leadership Quarterly, 29,* 365–378. https://doi.org/10.1016/j.leaqua.2017.08.001

Ostendorf, F. & Angleitner, A. (2004). *NEO-PI-R: Neo-Persönlichkeitsinventar nach Costa und McCrae*. Göttingen: Hogrefe.

Owens, B.P., Wallace, A.S. & Waldman, D.A. (2015). Leader narcissism and follower outcomes: The counterbalancing effect of leader humility. *Journal of Applied Psychology, 100,* 1203–1213. https://doi.org/10.1037/a0038698

Paleczek, D., Bergner, S. & Rybnicek, R. (2018). Predicting career success: Is the dark side of personality worth considering? *Journal of Managerial Psychology, 33,* 437–456. https://doi.org/10.1108/JMP-11-2017-0402

Palmer, J.C., Komarraju, M., Carter, M.Z. & Karau, S.J. (2017). Angel on one shoulder: Can perceived organizational support moderate the relationship between the Dark Triad traits and counterproductive work behavior? *Personality and Individual Differences, 110,* 31–37. https://doi.org/10.1016/j.paid.2017.01.018

Paracelsus, T. (1965). Septem Defensiones (1538). In W.-E. Peukert (Hrsg.), *Theophrast Paracelsus: Werke*. Darmstadt: Wissenschaftliche Buchgesellschaft.

Patrick, C.J. (2006a). *Handbook of psychopathy*. New York: Guilford Press.

Patrick, C.J. (2006b). Back to the future: Cleckley as a guide to the next generation of psychopathy research. In C.J. Patrick (Ed.), *Handbook of psychopathy* (pp. 605–617). New York: Guilford Press.

Patrick, C.J. (2018a). *Handbook of psychopathy* (2nd ed.). New York: Guilford Press.

Patrick, C.J. (2018b). Preface. In C.J. Patrick (Ed.), *Handbook of psychopathy* (2nd ed., pp. xi–xvi). New York: Guilford Press.

Paulhus, D.L. (2001). Normal narcissism: Two minimalist accounts. *Psychological Inquiry, 12,* 228–230.

Paulhus, D.L. (2014). Toward a taxonomy of dark personalities. *Current Directions in Psychological Science, 23,* 421–426. https://doi.org/10.1177/0963721414547737

Paulhus, D.L. & Jones, D.N. (2015). Measures of Dark Personalities. In G. Boyle, D. Saklofske & G. Matthews (Eds.), *Measures of Personality and Social Psychological Constructs* (pp. 562–594). London: Academic Press.

Paulhus, D.L., Neumann, C.S. & Hare, R.D. (2016). *Self-Report Psychopathy Scale-Fourth Edition* (SRP 4). Toronto: Multi-Health Systems.

Paulhus, D.L., Westlake, B.G., Calvez, S.S. & Harms, P.D. (2013). Self-presentation style in job interviews: The role of personality and culture. *Journal of Applied Social Psychology, 43,* 2042–2059. https://doi.org/10.1111/jasp.12157

Paulhus, D.L. & Williams, K.M. (2002). The dark triad of personality: Narcissism, Machiavellianism, and Psychopathy. *Journal of Research in Personality, 36,* 556–563. https://doi.org/10.1016/S0092-6566(02)00505-6

Paulhus, D., Williams, K. & Harms, P. (2001). *Shedding light on the dark triad of personality. Narcissism, Machiavellianism, and Psychopathy.* Paper presented at the SPSP Convention, San Antonio.

Paunonen, S.V. (1998). Hierarchical organization of personality and prediction of behavior. *Journal of Personality and Social Psychology, 74,* 538–556. https://doi.org/10.1037/0022-3514.74.2.538

Paunonen, S.V. (2002). *Design and construction of the Supernumerary Personality Inventory* (Research Bulletin 763). London: University of Western Ontario.

Pelt, D.H., van der Linden, D., Dunkel, C.S. & Born, M.P. (2017). The general factor of personality and job performance: Revisiting previous meta-analyses. *International Journal of Selection and Assessment, 25,* 333–346. https://doi.org/10.1111/ijsa.12188

Penney, L.M. & Spector, P.E. (2002). Narcissism and counterproductive work behavior: Do bigger egos mean bigger problems? *International Journal of Selection and Assessment, 10,* 126–134. https://doi.org/10.1111/1468-2389.00199

Perri, F.S. & Brody, R.G. (2011). The dark triad: organized crime, terror and fraud. *Journal of Money Laundering Control, 14,* 44–59. https://doi.org/10.1108/13685201111098879

Peterson, S.J., Galvin, B.M. & Lange, D. (2012). CEO servant leadership: Exploring executive characteristics and firm performance. *Personnel Psychology, 65,* 565–596. https://doi.org/10.1111/j.1744-6570.2012.01253.x

Petrides, K.V. & Furnham, A. (2006). The role of trait emotional intelligence in a gender-specific model of organizational variables. *Journal of Applied Social Psychology, 36,* 552–569. https://doi.org/10.1111/j.0021-9029.2006.00019.x

Petrides, K.V., Vernon, P.A., Schermer, J.A. & Veselka, L. (2011). Trait emotional intelligence and the dark triad traits of personality. *Twin Research and Human Genetics, 14,* 35–41. https://doi.org/10.1375/twin.14.1.35

Pierce, J.R. & Aguinis, H. (2013). The too-much-of-a-good-thing effect in management. *Journal of Management, 39,* 313–338. https://doi.org/10.1177/0149206311410060

Pina, A., Holland, J. & James, M. (2017). The malevolent side of revenge porn proclivity: dark personality traits and sexist ideology. *International Journal of Technoethics, 8,* 30–43. https://doi.org/10.4018/IJT.2017010103

Podsakoff, P.M., MacKenzie, S.B., Lee, J.Y. & Podsakoff, N.P. (2003). Common method biases in behavioral research: A critical review of the literature and recommended remedies. *Journal of Applied Psychology, 88,* 879–903. https://doi.org/10.1037/0021-9010.88.5.879

Püttner, I. (2014). Rechtliche Aspekte der Personalarbeit. In H. Schuler & U.P. Kanning (Hrsg.), *Lehrbuch der Personalpsychologie* (3. Aufl., S. 1201–1228). Göttingen: Hogrefe.

Ragatz, L.L., Fremouw, W. & Baker, E. (2012). The psychological profile of white-collar offenders: Demographics, criminal thinking, psychopathic traits, and psychopathology. *Criminal Justice and Behavior, 39,* 978–997. https://doi.org/10.1177/0093854812437846

Raskin, R.N. & Hall, C.S. (1979). A narcissistic personality inventory. *Psychological Reports, 45,* 590. https://doi.org/10.2466/pr0.1979.45.2.590

Raskin, R. & Terry, H. (1988). A principal-components analysis of the Narcissistic Personality Inventory and further evidence of its construct validity. *Journal of Personality and Social Psychology, 54,* 890–902. https://doi.org/10.1037/0022-3514.54.5.890

Rauthmann, J.F. (2013). Investigating the MACH-IV with item response theory and proposing the trimmed MACH. *Journal of Personality Assessment, 95,* 388–397. https://doi.org/10.1080/00223891.2012.742905

Rauthmann, J.F. & Kolar, G.P. (2012). How „dark“ are the Dark Triad traits? Examining the perceived darkness of narcissism, Machiavellianism, and psychopathy. *Personality and Individual Differences, 53,* 884–889. https://doi.org/10.1016/j.paid.2012.06.020

Rauthmann, J.F. & Kolar, G.P. (2013). The perceived attractiveness and traits of the Dark Triad: Narcissists are perceived as hot, Machiavellians and psychopaths not. *Personality and Individual Differences, 54,* 582–586. https://doi.org/10.1016/j.paid.2012.11.005

Rauthmann, J.F. & Will, T. (2011). Proposing a multidimensional Machiavellianism conceptualization. *Social Behavior and Personality: An International Journal, 39,* 391–403. https://doi.org/10.2224/sbp.2011.39.3.391

Ray, J. (2007). *Psychopathy, Attitudinal Beliefs, and White Collar Crime.* Unpublished Master's Thesis, University of South Florida.

Ray, J.V. & Jones, S. (2011). Self-reported psychopathic traits and their relation to intentions to engage in environmental offending. *International Journal of Offender Therapy and Comparative Criminology, 55,* 370–391. https://doi.org/10.1177/0306624X10361582

Reichin, S.L., Grimaldi, E.M. & LeBreton, J.M. (2019). Critically evaluating the use of dark trait measurement in selection. *Industrial and Organizational Psychology, 12,* 163–166. https://doi.org/10.1017/iop.2019.32

Resick, C.J., Whitman, D.S., Weingarden, S.M. & Hiller, N.J. (2009). The bright-side and the dark-side of CEO personality: examining core self-evaluations, narcissism, transformational leadership, and strategic influence. *Journal of Applied Psychology, 94,* 1365–1381. https://doi.org/10.1037/a0016238

Ricks, J. & Fraedrich, J. (1999). The paradox of Machiavellianism: Machiavellianism may make for productive sales but poor management reviews. *Journal of Business Ethics, 20,* 197–205. https://doi.org/10.1023/A:1005956311600

Ricks, J. & Sterrett, J. (2002). An Empirical Examination of Machiavellianism on Adaptive Sales Performance. *Academy of Marketing Studies Journal, 6,* 15–23.

Roberts, B.W., Edmonds, G. & Grijalva, E. (2010). It is developmental me, not generation me: Developmental changes are more important than generational changes in narcissism – Commentary on Trzesniewski & Donnellan (2010). *Perspectives on Psychological Science, 5,* 97–102. https://doi.org/10.1177/1745691609357019

Roczniewska, M. & Bakker, A.B. (2016). Who seeks job resources, and who avoids job demands? The link between dark personality traits and job crafting. *The Journal of Psychology, 150,* 1026–1045. https://doi.org/10.1080/00223980.2016.1235537

Roeser, K., McGregor, V.E., Stegmaier, S., Mathew, J., Kübler, A. & Meule, A. (2016). The Dark Triad of personality and unethical behavior at different times of day. *Personality and Individual Differences, 88,* 73–77. https://doi.org/10.1016/j.paid.2015.09.002

Rogoza, R. & Cieciuch, J. (2018). Dark Triad traits and their structure: An empirical approach. *Current Psychology*. https://doi.org/10.1007/s12144-018-9834-6

Ross, S.R. & Rausch, M.K. (2001). Psychopathic attributes and achievement dispositions in a college sample. *Personality and Individual Differences, 30,* 471–480. https://doi.org/10.1016/S0191-8869(00)00038-6

Roulin, N. & Bourdage, J.S. (2017). Once an impression manager, always an impression manager? Antecedents of honest and deceptive impression management use and variability across multiple job interviews. *Frontiers in Psychology, 8,* 29. https://doi.org/10.3389/fpsyg.2017.00029

Rubin, R.S., Dierdorff, E.C. & Bachrach, D.G. (2013). Boundaries of citizenship behavior: Curvilinearity and context in the citizenship and task performance relationship. *Personnel Psychology, 66,* 377–406. https://doi.org/10.1111/peps.12018

Sackett, P.R. (2002). The structure of counterproductive work behaviors: Dimensionality and relationships with facets of job performance. *International Journal of Selection and Assessment, 10,* 5–11. https://doi.org/10.1111/1468-2389.00189

Sackett, P.R. (2011). Integrating and prioritizing theoretical perspectives on applicant faking of personality measures. *Human Performance, 24,* 379–385. https://doi.org/10.1080/08959285.2011.597478

Sackett, P.R., Berry, C.M., Wiemann, S.A. & Laczo, R.M. (2006). Citizenship and counterproductive behavior: Clarifying relations between the two domains. *Human Performance, 19,* 441–464. https://doi.org/10.1207/s15327043hup1904_7

Sackett, P.R., Lievens, F., Van Iddekinge, C.H. & Kuncel, N.R. (2017). Individual differences and their measurement: A review of 100 years of research. *Journal of Applied Psychology, 102,* 254–273. https://doi.org/10.1037/apl0000151

Sackett, P.R. & Wanek, J.E. (1996). New developments in the use of measures of honesty, integrity, conscientiousness, dependability, trustworthiness, and reliability for personnel selection. *Personnel Psychology, 49,* 787–829. https://doi.org/10.1111/j.1744-6570.1996.tb02450.x

Salgado, J.F. (2000). *Manual técnico del cuestionario de estilos de personalidad* (CEP). Vigo: Metis.

Samuel, D.B. & Widiger, T.A. (2008a). A meta-analytic review of the relationships between the five-factor model and DSM-IV-TR personality disorders: A facet level analysis. *Clinical Psychology Review, 28,* 1326–1342. https://doi.org/10.1016/j.cpr.2008.07.002

Samuel, D.B. & Widiger, T.A. (2008b). Convergence of Narcissism Measures From the Perspective of General Personality Functioning. *Assessment, 15,* 364–74. https://doi.org/10.1177/1073191108314278

Sanecka, E. (2013). The effects of supervisors' subclinical psychopathy on Subordinates organizational commitment, job satisfaction and satisfaction with supervisor. *The Journal of Education Culture and Society, 2,* 172–191.

Saucier, G. (2019). On the curious history of the big six. Variable selection and „moral exclusion" in the formation of fundamental personality models. *Zeitschrift für Psychologie, 227,* 166–173. https://doi.org/10.1027/2151-2604/a000375

Schaufeli, W. & Bakker, A. (2003). *Utrecht Work Engagement Scale. Preliminary manual.* Utrecht: Occupational Health Psychology Unit, Utrecht University.

Scherer, K.T., Baysinger, M., Zolynsky, D. & LeBreton, J.M. (2013). Predicting counterproductive work behaviors with sub-clinical psychopathy: Beyond the Five Factor Model of personality. *Personality and Individual Differences, 55,* 300–305. https://doi.org/10.1016/j.paid.2013.03.007

Schlenker, B.R. (2008). Integrity and character: Implications of principled and expedient ethical ideologies. *Journal of Social and Clinical Psychology, 27,* 1078–1125. https://doi.org/10.1521/jscp.2008.27.10.1078

Schmidt, F.L. & Hunter, J.E. (1998). The validity and utility of selection methods in personnel psychology: Practical and theoretical implications of 85 years of research findings. *Psychological Bulletin, 124,* 262–274. https://doi.org/10.1037/0033-2909.124.2.262

Schmitt, N. (1996). Uses and abuses of coefficient alpha. *Psychological Assessment, 8,* 350–353. https://doi.org/10.1037/1040-3590.8.4.350

Schneider, B. (1987). The people make the place. *Personnel Psychology, 40,* 437–453. https://doi.org/10.1111/j.1744-6570.1987.tb00609.x

Schneider, T.J., McLarnon, M.J. & Carswell, J.J. (2017). Career Interests, Personality, and the Dark Triad. *Journal of Career Assessment, 25,* 338–351. https://doi.org/10.1177/1069072715616128

Schröder, P. (2004). *Niccolò Machiavelli.* Frankfurt am Main: Campus.

Schuler, H. (2004). Leistungsbeurteilung – Gegenstand, Funktionen und Formen. In H. Schuler (Hrsg.), *Beurteilung und Förderung beruflicher Leistung* (2. Aufl., S. 1–24). Göttingen: Hogrefe.

Schuler, H. (2014a). *Psychologische Personalauswahl. Eignungsdiagnostik für Personalentscheidungen und Berufsberatung* (4. Aufl.). Göttingen: Hogrefe.

Schuler, H. (2014b). Gegenstand und Aufgaben der Personalpsychologie. In H. Schuler & U.P. Kanning (Hrsg.), *Lehrbuch der Personalpsychologie* (3. Aufl., S. 13–23). Göttingen: Hogrefe.

Schuler, H. (2018). Wie passen Menschen und Berufe zusammen? Rede zur Entgegennahme des Deutschen Psychologiepreises. *Report Psychologie, 43,* 10–17.

Schuler, H. & Höft, S. (2006). Konstruktorientierte Verfahren der Personalauswahl. In H. Schuler (Hrsg.), *Lehrbuch der Personalpsychologie* (2. Aufl., S. 101–144). Göttingen: Hogrefe.

Schuler, H., Höft, S. & Hell, B. (2014). Eigenschaftsorientierte Verfahren der Personalauswahl. In H. Schuler & U.P. Kanning (Hrsg.), *Lehrbuch der Personalpsychologie* (3. Aufl., S. 149–213). Göttingen: Hogrefe.

Schuler, H. & Prochaska, M. (2001). *Leistungsmotivationsinventar* (LMI). Göttingen: Hogrefe.

Schuler, H. & Stehle, W. (1983). Neuere Entwicklungen des Assessment-Center-Ansatzes – beurteilt unter dem Aspekt der sozialen Validität. *Psychologie und Praxis, 27,* 33–44.

Schütte, N., Blickle, G., Frieder, R.E., Wihler, A., Schnitzler, F., Heupel, J. & Zettler, I. (2018). The role of interpersonal influence in counterbalancing psychopathic personality trait facets at work. *Journal of Management, 44,* 1338–1368. https://doi.org/10.1177/0149206315607967

Schütz, A., Marcus, B. & Sellin, I. (2004). Die Messung von Narzissmus als Persönlichkeitskonstrukt. *Diagnostica, 50,* 202–218. https://doi.org/10.1026/0012-1924.50.4.202

Schwarzinger, D. (2009). *Die Dunkle Triade der Persönlichkeit im eignungsdiagnostischen Kontext. Eine empirische Untersuchung des Zusammenhangs von Integrität, Narzissmus, Machiavellismus und Psychopathie.* Unveröffentlichte Diplomarbeit, Universität Hohenheim.

Schwarzinger, D. & Schuler, H. (2016). *Dark Triad of Personality at Work* (TOP). Bern: Hogrefe.

Schwarzinger, D. & Schuler, H. (2019). *Dark Triad of Personality at Work* (TOP; UK/US Adaptation). Oxford: Hogrefe.

Schwarzinger, D., Schuler, H., Gelléri, P., Mussel, P. & Winter, C. (2010). *Shedding light from the dark side – Integrität aus der Perspektive der Dunklen Triade der Persönlichkeit.* Posterbeitrag auf dem Kongress der Deutschen Gesellschaft für Psychologie, Bremen.

Schyns, B. (2015). Dark Personality in the Workplace: Introduction to the Special Issue. *Applied Psychology: An International Review, Special Issue, 64,* 1–14. https://doi.org/10.1111/apps.12041

Semenyna, S.W., Belu, C.F., Vasey, P.L. & Honey, P.L. (2017). Not straight and not straightforward: The relationships between sexual orientation, sociosexuality, and dark triad traits in women. *Evolutionary Psychological Science, 4,* 1–14.

Shaffer, J.A. & Postlethwaite, B.E. (2012). A matter of context: A meta-analytic investigation of the relative validity of contextualized and noncontextualized personality measures. *Personnel Psychology, 65,* 445–494. https://doi.org/10.1111/j.1744-6570.2012.01250.x

Shiramizu, V.K.M., Kozma, L., DeBruine, L.M. & Jones, B.C. (2019). Are dark triad cues really visible in faces? *Personality and Individual Differences, 139,* 214–216. https://doi.org/10.1016/j.paid.2018.11.011

Shotland, A., Alliger, G.M. & Sales, T. (1998). Face validity in the context of personnel selection: A multimedia approach. *International Journal of Selection and Assessment, 6,* 124–130. https://doi.org/10.1111/1468-2389.00081

Shultz, C.J. (1993). Situational and dispositional predictors of performance: A test of the hypothesized Machiavellianism x structure interaction among sales persons. *Journal of Applied Social Psychology, 23,* 478–498. https://doi.org/10.1111/j.1559-1816.1993.tb01099.x

Simonet, D. V., Tett, R. P., Foster, J., Angelback, A. I. & Bartlett, J. M. (2018). Dark-Side Personality Trait Interactions: Amplifying Negative Predictions of Leadership Performance. *Journal of Leadership & Organizational Studies, 25,* 233–250. https://doi.org/10.1177/1548051817727703

Sitser, T., van der Linden, D. & Born, M. P. (2013). Predicting sales performance criteria with personality measures: The use of the general factor of personality, the Big Five and narrow traits. *Human Performance, 26,* 126–149. https://doi.org/10.1080/08959285.2013.765877

Skeem, J. L. & Cooke, D. J. (2010). Is criminal behavior a central component of psychopathy? Conceptual directions for resolving the debate. *Psychological Assessment, 22,* 433–445. https://doi.org/10.1037/a0008512

Skeem, J. L., Polaschek, D. L., Patrick, C. J. & Lilienfeld, S. O. (2011). Psychopathic personality: Bridging the gap between scientific evidence and public policy. *Psychological Science in the Public Interest, 12,* 95–162. https://doi.org/10.1177/1529100611426706

Sleep, C. E., Lynam, D. R., Hyatt, C. S. & Miller, J. D. (2017). Perils of partialing redux: The case of the Dark Triad. *Journal of Abnormal Psychology, 126,* 939–950. https://doi.org/10.1037/abn0000278

Smith, C. A., Organ, D. W. & Near, J. P. (1983). Organizational citizenship behavior: Its nature and antecedents. *Journal of Applied Psychology, 68,* 653–663. https://doi.org/10.1037/0021-9010.68.4.653

Smith, D. B. & Ellingson, J. E. (2002). Substance versus style: A new look at social desirability in motivating contexts. *Journal of Applied Psychology, 87,* 211–219. https://doi.org/10.1037/0021-9010.87.2.211

Smith, M. B., Hill, A. D., Wallace, J. C., Recendes, T. & Judge, T. A. (2018). Upsides to Dark and Downsides to Bright Personality: A Multidomain Review and Future Research Agenda. *Journal of Management, 44,* 191–217. https://doi.org/10.1177/0149206317733511

Smith, M. B., Wallace, C. J. & Jordan, P. (2016). When the dark ones become darker: How promotion focus moderates the effects of the dark triad on supervisor performance ratings. *Journal of Organizational Behavior, 37,* 236–254. https://doi.org/10.1002/job.2038

Smith, M. B. & Webster, B. D. (2017). A moderated mediation model of Machiavellianism, social undermining, political skill, and supervisor-rated job performance. *Personality and Individual Differences, 104,* 453–459. https://doi.org/10.1016/j.paid.2016.09.010

Smith, S. F. & Lilienfeld, S. O. (2013). Psychopathy in the workplace: The knowns and unknowns. *Aggression and Violent Behavior, 18,* 204–218. https://doi.org/10.1016/j.avb.2012.11.007

Society for Industrial and Organizational Psychology (SIOP) (2018). *Principles for the validation and use of personnel selection procedures* (5th ed.). Bowling Green: SIOP. Verfügbar unter: https://www.apa.org/ed/accreditation/about/policies/personnel-selection-procedures.pdf

Southard, A. C. & Zeigler-Hill, V. (2016). The dark triad traits and fame interest: Do dark personalities desire stardom? *Current Psychology: A Journal for Diverse Perspectives on Diverse Psychological Issues, 35,* 255–267. https://doi.org/10.1007/s12144-016-9416-4

Soyer, R. B., Rovenpor, J. L. & Kopelman, R. E. (1999). Narcissism and achievement motivation as related to three facets of the sales role: Attraction, satisfaction and performance. *Journal of Business and Psychology, 14,* 285–304. https://doi.org/10.1023/A:1022147326001

Spain, S. M. (2019). *Leadership, Work, and the Dark Side of Personality*. Cambridge: Academic Press.

Spain, S. M., Harms, P. & LeBreton, J. M. (2014). The dark side of personality at work. *Journal of Organizational Behavior, 35,* 41–60. https://doi.org/10.1002/job.1894

Sparks, J. R. (1994). Machiavellianism and personal success in marketing: The moderating role of latitude for improvisation. *Journal of the Academy of Marketing Science, 22,* 393–400. https://doi.org/10.1177/0092070394224008

Spezzaferri, M. R., Collins, G., Aguilar, J. E. & Larsen, A. M. (2017). Moral Depravity: Going Beyond Just an Attribute of Psychopathy. *Journal of Forensic Psychology, 2,* 1000122. https://doi.org/10.4172/2475-319X.1000122

Spurk, D., Keller, A. C. & Hirschi, A. (2016). Do bad guys get ahead or fall behind? Relationships of the dark triad of personality with objective and subjective career success. *Social Psychological and Personality Science, 7,* 113–121. https://doi.org/10.1177/1948550615609735

Staufenbiel, T. & Hartz, C. (2000). Organizational citizenship behavior: Development and validation of a measurement instrument. *Diagnostica, 46,* 73–83. https://doi.org/10.1026//0012-1924.46.2.73

Stephan, U. (Ed.). (2015). Beyond the Bright Side: Dark Personality in the Workplace [Special Issue]. *Applied Psychology: An International Review,* 64.

Steyer, R. & Eid, M. (2001). *Messen und Testen* (2. Aufl.). Berlin: Springer. https://doi.org/10.1007/978-3-642-56924-1

Stucke, T.S. (2003). Who's to Blame? Narcissism and Self-serving Attributions Following Feedback. *European Journal of Personality, 17,* 465–478. https://doi.org/10.1002/per.497

Sumner, C., Byers, A., Boochever, R. & Park, G.J. (2012). Predicting dark triad personality traits from twitter usage and a linguistic analysis of tweets. In *Proceedings at the IEEE 11th International Conference on Machine Learning and Applications* (pp. 386–393). Washington, DC: IEEE. https://doi.org/10.1109/ICMLA.2012.218

Tellegen, A. (1993). Folk concepts and psychological concepts of personality and personality disorder. *Psychological Inquiry, 4,* 122–130. https://doi.org/10.1207/s15327965pli0402_12

Templer, K.J. (2018). Dark personality, job performance ratings, and the role of political skill: An indication of why toxic people may get ahead at work. *Personality and Individual Differences, 124,* 209–214. https://doi.org/10.1016/j.paid.2017.11.030

ten Brinke, L., Black, P.J., Porter, S. & Carney, D.R. (2015). Psychopathic personality traits predict competitive wins and cooperative losses in negotiation. *Personality and Individual Differences, 79,* 116–122. https://doi.org/10.1016/j.paid.2015.02.001

ten Brinke, L., Kish, A. & Keltner, D. (2018). Hedge Fund Managers With Psychopathic Tendencies Make for Worse Investors. *Personality and Social Psychology Bulletin, 44,* 214–223. https://doi.org/10.1177/0146167217733080

Tikkanen, R., Auvinen-Lintunen, L., Ducci, F., Sjöberg, R.L., Goldman, D., Tiihonen, J., Ojansuu, I. & Virkkunen, M. (2011). Psychopathy, PCL-R, and MAOA genotype as predictors of violent reconvictions. *Psychiatry Research, 185,* 382–386. https://doi.org/10.1016/j.psychres.2010.08.026

Titze, J., Blickle, G. & Wihler, A. (2017). Fearless dominance and performance in field sales: A predictive study. *International Journal of Selection and Assessment, 25,* 299–310. https://doi.org/10.1111/ijsa.12181

Tokarev, A., Phillips, A.R., Hughes, D.J. & Irwing, P. (2017). Leader dark traits, workplace bullying, and employee depression: Exploring mediation and the role of the dark core. *Journal of Abnormal Psychology, 126,* 911–920. https://doi.org/10.1037/abn0000299

Touhey, J.C. (1973). Intelligence, Machiavellianism and social mobility. *British Journal of Clinical Psychology, 12,* 34–37. https://doi.org/10.1111/j.2044-8260.1973.tb00842.x

Trzesniewski, K.H., Donnellan, M.B. & Robins, R.W. (2008). Is „Generation Me" really more narcissistic than previous generations?. *Journal of Personality, 76,* 903–918. https://doi.org/10.1111/j.1467-6494.2008.00508.x

Tupes, E.C. & Christal, R.E. (1958). *Stability of personality trait ratings obtained under diverse conditions* (USAF WADC techn. Note. No. 58-61, AD-151 041). Lackland Air Force Base: Personnel Research Laboratory, Wright Air Development Center. https://doi.org/10.21236/AD0151041

Tupes, E.C. & Christal, R.E. (1961). *Recurrent personality factors based on trait ratings* (USAF ASD Tech. Rep. No. 61-97). Washington, DC: U.S. Government Printing Office. https://doi.org/10.21236/AD0267778

Turner, C.F. & Martinez, D.C. (1977). Socioeconomic achievement and the Machiavellian personality. *Sociometry, 40,* 325–336. https://doi.org/10.2307/3033481

Twenge, J.M. & Campbell, S.M. (2008). Generational differences in psychological traits and their impact on the workplace. *Journal of Managerial Psychology, 23,* 862–877. https://doi.org/10.1108/02683940810904367

Twenge, J.M. & Campbell, W.K. (2009). *The narcissism epidemic: Living in the age of entitlement.* New York: Simon and Schuster.

Twenge, J.M. & Foster, J.D. (2010). *Birth cohort increases in narcissistic personality traits among American college students*, 1982–2009. *Social Psychological and Personality Science, 1,* 99–106. https://doi.org/10.1177/1948550609355719

Twenge, J.M., Konrath, S., Foster, J.D., Campbell, W.K. & Bushman, B.J. (2008). Egos inflating over time: A cross-temporal meta-analysis of the Narcissistic Personality Inventory. *Journal of Personality, 76,* 875–902. https://doi.org/10.1111/j.1467-6494.2008.00507.x

Ullrich, S., Farrington, D.P. & Coid, J.W. (2008). Psychopathic personality traits and life-success. *Personality and Individual Differences, 44,* 1162–1171. https://doi.org/10.1016/j.paid.2007.11.008

Van Geel, M., Goemans, A., Toprak, F. & Vedder, P. (2017). Which personality traits are related to traditional bullying and cyberbullying? A study with the Big Five, Dark Triad and sadism. *Personality and Individual Differences, 106,* 231–235. https://doi.org/10.1016/j.paid.2016.10.063

Van Iddekinge, C.H., Lanivich, S.E., Roth, P.L. & Junco, E. (2013). Social media for selection? Validity and adverse impact potential of a Facebook-based assessment. *Journal of Management, 42,* 1811–1835. https://doi.org/10.1177/0149206313515524

Van Iddekinge, C.H., Roth, P.L., Raymark, P.H. & Odle-Dusseau, H.N. (2012). The criterion-related validity of integrity tests: An updated meta-analysis. *Journal of Applied Psychology, 97,* 499–530. https://doi.org/10.1037/a0021196

Vander Molen, R.J., Kaplan, S., Choi, E. & Montoya, D. (2018). Judgments of the Dark Triad based on Facebook profiles. *Journal of Research in Personality, 73,* 150–163. https://doi.org/10.1016/j.jrp.2017.11.010

Vedel, A. & Thomsen, D.K. (2017). The Dark Triad across academic majors. *Personality and Individual Differences, 116,* 86–91. https://doi.org/10.1016/j.paid.2017.04.030

Vernon, P.A., Villani, V.C., Vickers, L.C. & Harris, J.A. (2008). A behavioral genetic investigation of the Dark Triad and the Big 5. *Personality and Individual Differences, 44,* 445–452. https://doi.org/10.1016/j.paid.2007.09.007

Veselka, L., Giammarco, E.A. & Vernon, P.A. (2014). The Dark Triad and the seven deadly sins. *Personality and Individual Differences, 67,* 75–80. https://doi.org/10.1016/j.paid.2014.01.055

Veselka, L., Schermer, J.A. & Vernon, P.A. (2011). Beyond the big five: The dark triad and the supernumerary personality inventory. *Twin Research and Human Genetics, 14,* 158–168. https://doi.org/10.1375/twin.14.2.158

Veselka, L., Schermer, J.A. & Vernon, P.A. (2012). The Dark Triad and an expanded framework of personality. *Personality and Individual Differences, 53,* 417–425. https://doi.org/10.1016/j.paid.2012.01.002

Viswesvaran, C. & Ones, D.S. (1999). Meta-analyses of fakeability estimates: Implications for personality measurement. *Educational and Psychological Measurement, 59,* 197–210. https://doi.org/10.1177/00131649921969802

Viswesvaran, C., Schmidt, F.L. & Ones, D.S. (2005). Is there a general factor in ratings of job performance? A meta-analytic framework for disentangling substantive and error influences. *Journal of Applied Psychology, 90,* 108–131. https://doi.org/10.1037/0021-9010.90.1.108

Vize, C.E., Collison, K.L., Miller, J.D. & Lynam, D.R. (2018). Examining the Effects of Controlling for Shared Variance among the Dark Triad Using Meta-analytic Structural Equation Modelling. *European Journal of Personality, 32,* 46–61. https://doi.org/10.1002/per.2137

Vize, C.E., Lynam, D.R., Collison, K.L. & Miller, J.D. (2018). Differences among dark triad components: A meta-analytic investigation. *Personality Disorders: Theory, Research, and Treatment, 9,* 101–111. https://doi.org/10.1037/per0000222

Volmer, J., Koch, I.K. & Göritz, A.S. (2016). The bright and dark sides of leaders' dark triad traits: Effects on subordinates' career success and well-being. *Personality and Individual Differences, 101,* 413–418. https://doi.org/10.1016/j.paid.2016.06.046

Volmer, J., Koch, I.K. & Wolff, C. (2019). Illuminating the ‚dark core': Mapping global versus specific sources of variance across multiple measures of the dark triad. *Personality and Individual Differences, 145,* 97–102. https://doi.org/10.1016/j.paid.2019.03.024

Wai, M. & Tiliopoulos, N. (2012). The affective and cognitive empathic nature of the dark triad of personality. *Personality and Individual Differences, 52,* 794–799. https://doi.org/10.1016/j.paid.2012.01.008

Wallace, H.M. & Baumeister, R.F. (2002). The performance of narcissists rises and falls with perceived opportunity for glory. *Journal of Personality and Social Psychology, 82,* 819–834. https://doi.org/10.1037/0022-3514.82.5.819

Waller, N.G. & Zavala, J.D. (1993). Evaluating the Big Five. *Psychological Inquiry, 4,* 131–134. https://doi.org/10.1207/s15327965pli0402_13

Watts, A.L., Lilienfeld, S.O., Smith, S.F., Miller, J.D., Campbell, W.K., Waldman, I.D., Rubenzer, S.J. & Faschingbauer, T.J. (2013). The double-edged sword of grandiose narcissism: Implications for successful and unsuccessful leadership among US presidents. *Psychological Science, 24,* 2379–2389. https://doi.org/10.1177/0956797613491970

Watts, A.L., Waldman, I.D., Smith, S.F., Poore, H.E. & Lilienfeld, S.O. (2017). The nature and correlates of the dark triad: The answers depend on the questions. *Journal of Abnormal Psychology, 126,* 951–968. https://doi.org/10.1037/abn0000296

Webster, G.D. & Jonason, P.K. (2013). Putting the „IRT" in „Dirty": Item Response Theory analyses of the Dark Triad Dirty Dozen – An efficient measure of narcissism, psychopathy, and Machiavellianism. *Personality and Individual Differences, 54,* 302–306. https://doi.org/10.1016/j.paid.2012.08.027

Wetzel, E., Brown, A., Hill, P.L., Chung, J.M., Robins, R.W. & Roberts, B.W. (2017). The narcissism epidemic is dead; long live the narcissism epidemic. *Psychological Science, 28,* 1833–1847. https://doi.org/10.1177/0956797617724208

Widiger, T.A., Trull, T.J., Clarkin, J.F., Sanderson, C. & Costa, P.T., Jr. (2002). A description of the DSM-IV personality disorders with the five-factor model of personality. In P.T. Costa, Jr. & T.A. Widiger (Eds.), *Personality disorders and the five-factor model of personality* (pp. 89–99). Washington, DC: American Psychological Association. https://doi.org/10.1037/10423-006

Wiggins, J.S. & Trapnell, P.D. (1997). Personality structure: The return of the big five. In R. Hogan, J.A. Johnson & S.R. Briggs (Eds.), *Handbook of personality psychology* (pp. 737–765). San Diego: Academic Press.

Wille, B., De Fruyt, F. & De Clercq, B. (2013). Expanding and reconceptualizing aberrant personality at work: Validity of five-factor model aberrant personality tendencies to predict career outcomes. *Personnel Psychology, 66,* 173–223. https://doi.org/10.1111/peps.12016

Williams, K.M., McAndrew, A., Learn, T., Harms, P.D. & Paulhus, D.L. (2001). *The Dark Triad returns: Entertainment preferences and antisocial behavior among narcissists, Machiavellians, and psychopaths.* Paper presented at the Annual Meeting of the American Psychological Association, San Francisco.

Williams, K.M., Orpen, S., Hutchinson, L.R., Walker, L.J. & Zumbo, B.D. (2006). *Personality, Empathy, and Moral Development: Examining Ethical Reasoning in Relation to the Big Five and the Dark Triad.* Paper presented at the Annual Meeting of the Canadian Psychological Association, Calgary, Alberta.

Williams, K.M., Paulhus, D.L. & Hare, R.D. (2007). Capturing the four-factor structure of psychopathy in college students via self-report. *Journal of Personality Assessment, 88,* 205–219. https://doi.org/10.1080/00223890701268074

Wisse, B., Barelds, D.P. & Rietzschel, E.F. (2015). How innovative is your employee? The role of employee and supervisor Dark Triad personality traits in supervisor perceptions of employee innovative behavior. *Personality and Individual Differences, 82,* 158–162. https://doi.org/10.1016/j.paid.2015.03.020

Wisse, B. & Sleebos, E. (2016). When the dark ones gain power: Perceived position power strengthens the effect of supervisor Machiavellianism on abusive supervision in work teams. *Personality and Individual Differences, 99,* 122–126. https://doi.org/10.1016/j.paid.2016.05.019

Wissing, B.G. & Reinhard, M.A. (2017). The Dark Triad and the PID-5 Maladaptive Personality Traits: Accuracy, Confidence and Response Bias in Judgments of Veracity. *Frontiers in Psychology, 8,* 1549. https://doi.org/10.3389/fpsyg.2017.01549

Wojak, S. (2018). Intelligente Kollektiv-Algorithmen in der Personalverwaltung. *Datenschutz und Datensicherheit-DuD, 42,* 553–557. https://doi.org/10.1007/s11623-018-0998-x

World Health Organization (WHO). (2019). *International Classification of Diseases for Mortality and Morbidity Statistics. Eleventh Revision (ICD-11).* Verfügbar unter: https://icd.who.int/icd11refguide/en/index.html

Wright, J.P., Morgan, M.A., Almeida, P.R., Almosaed, N.F., Moghrabi, S.S. & Bashatah, F.S. (2017). Malevolent forces: Self-control, the Dark Triad, and crime. *Youth Violence and Juvenile Justice, 15,* 191–215. https://doi.org/10.1177/1541204016667995

Wu, J. & LeBreton, J.M. (2011). Reconsidering the dispositional basis of counterproductive work behavior: The role of aberrant personality. *Personnel Psychology, 64,* 593–626. https://doi.org/10.1111/j.1744-6570.2011.01220.x

Yang, Y. & Raine, A. (2009). Prefrontal structural and functional brain imaging findings in antisocial, violent, and psychopathic individuals: a meta-analysis. *Psychiatry Research: Neuroimaging, 174,* 81–88. https://doi.org/10.1016/j.pscychresns.2009.03.012

Yang, Y., Raine, A., Colletti, P., Toga, A.W. & Narr, K.L. (2010). Morphological alterations in the prefrontal cortex and the amygdala in unsuccessful psychopaths. *Journal of Abnormal Psychology, 119,* 546–554. https://doi.org/10.1037/a0019611

Yildirim, B.O. & Derksen, J.J. (2013). Systematic review, structural analysis, and new theoretical perspectives on the role of serotonin and associated genes in the etiology of psychopathy and sociopathy. *Neuroscience & Biobehavioral Reviews, 37,* 1254–1296. https://doi.org/10.1016/j.neubiorev.2013.04.009

Zeigler-Hill, V.E., Besser, A., Morag, J. & Campbell, W.K. (2016). The Dark Triad and sexual harassment proclivity. *Personality and Individual Differences, 89,* 75–79. https://doi.org/10.1016/j.paid.2015.09.048

Zeigler-Hill, V.E. & Marcus, D.K. (2016). *The dark side of personality: Science and practice in social, personality, and clinical psychology.* Washington, DC: American Psychological Association.

Zettler, I., Friedrich, N. & Hilbig, B.E. (2011). Dissecting work commitment: The role of Machiavellianism. *Career Development International, 16,* 20–35. https://doi.org/10.1108/13620431111107793

Zettler, I. & Solga, M. (2013). Not enough of a 'dark'trait? Linking Machiavellianism to job performance. *European Journal of Personality, 27,* 545–554. https://doi.org/10.1002/per.1912

Zhang, I.Y. & Goffin, R.D. (2018). *Evil Geniuses at Work: Does Intelligence Interact with the Dark Triad to Predict Workplace Deviance?* Undergraduate Honors Theses, University of Western Ontario, Psychology Department.

Zhu, D.H. & Chen, G. (2015). Narcissism, director selection, and risk-taking spending. *Strategic Management Journal, 36,* 2075–2098. https://doi.org/10.1002/smj.2322

Ziegler, M. & Bühner, M. (2009). Modeling socially desirable responding and its effects. *Educational and Psychological Measurement, 69,* 548–565. https://doi.org/10.1177/0013164408324469

Ziegler, M., Danay, E., Heene, M. & Bühner, M. (2011). *Faking in Persönlichkeitsinventaren: Ein potemkinsches Dorf?* Vortrag auf der Tagung der Arbeitsgruppe Differentielle Psychologie, Persönlichkeitspsychologie und Psychologische Diagnostik, Saarbrücken.

Zimmermann, J., Altenstein, D., Krieger, T., Grosse Holtforth, M.G., Pretsch, J., Alexopoulos, J. et al. (2014). The structure and correlates of self-reported DSM-5 maladaptive personality traits: Findings from two German-speaking samples. *Journal of Personality Disorders, 28,* 518–540. https://doi.org/10.1521/pedi_2014_28_130

Zimmermann, J., Brakemeier, E.L. & Benecke, C. (2015). Alternatives DSM-5-Modell zur Klassifikation von Persönlichkeitsstörungen. *Psychotherapeut, 60,* 269–227. https://doi.org/10.1007/s00278-015-0033-8

hogrefe